中国国家标准汇编

2010年修订-7

中国标准出版社　编

中国质检出版社
中国标准出版社
北　京

图书在版编目（CIP）数据

中国国家标准汇编：2010年修订. 7/中国标准出版社编. —北京：中国标准出版社，2012

ISBN 978-7-5066-6549-0

Ⅰ. ①中… Ⅱ. ①中… Ⅲ. ①国家标准-汇编-中国-2010 Ⅳ. ①T-652.1

中国版本图书馆CIP数据核字(2011)第195033号

中国质检出版社
中国标准出版社 出版发行
北京市朝阳区和平里西街甲2号(100013)
北京市西城区三里河北街16号(100045)

网址:www.spc.net.cn
总编室:(010)64275323 发行中心:(010)51780235
读者服务部:(010)68523946
中国标准出版社秦皇岛印刷厂印刷
各地新华书店经销

*

开本 880×1230 1/16 印张 25.75 字数 645 千字
2012年1月第一版 2012年1月第一次印刷

*

定价 220.00 元

出 版 说 明

1.《中国国家标准汇编》是一部大型综合性国家标准全集。自1983年起,按国家标准顺序号以精装本、平装本两种装帧形式陆续分册汇编出版。它在一定程度上反映了我国建国以来标准化事业发展的基本情况和主要成就,是各级标准化管理机构,工矿企事业单位,农林牧副渔系统,科研、设计、教学等部门必不可少的工具书。

2.《中国国家标准汇编》收入我国每年正式发布的全部国家标准,分为"制定"卷和"修订"卷两种编辑版本。

"制定"卷收入上一年度我国发布的、新制定的国家标准,顺延前年度标准编号分成若干分册,封面和书脊上注明"20××年制定"字样及分册号,分册号一直连续。各分册中的标准是按照标准编号顺序连续排列的,如有标准顺序号缺号的,除特殊情况注明外,暂为空号。

"修订"卷收入上一年度我国发布的、修订的国家标准,视篇幅分设若干分册,但与"制定"卷分册号无关联,仅在封面和书脊上注明"20××年修订-1,-2,-3,……"字样。"修订"卷各分册中的标准,仍按标准编号顺序排列(但不连续);如有遗漏的,均在当年最后一分册中补齐。需提请读者注意的是,个别非顺延前年度标准编号的新制定的国家标准没有收入在"制定"卷中,而是收入在"修订"卷中。

读者配套购买《中国国家标准汇编》"制定"卷和"修订"卷则可收齐上一年度我国制定和修订的全部国家标准。

3.由于读者需求的变化,自1996年起,《中国国家标准汇编》仅出版精装本。

4.2010年我国制修订国家标准共2846项。本分册为"2010年修订-7",收入新制修订的国家标准36项。

中国标准出版社
2011年8月

出版说明

目　　录

ICS 25.100.20
J 41

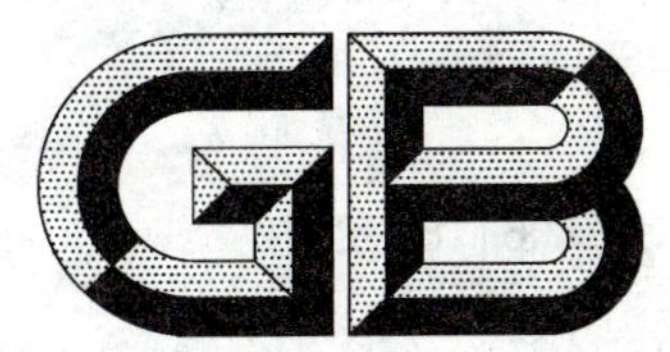

中华人民共和国国家标准

GB/T 6118—2010
代替 GB/T 6118—1996

立铣刀技术条件

End mills—Technical specifications

2010-11-10 发布　　2011-03-01 实施

中华人民共和国国家质量监督检验检疫总局
中国国家标准化管理委员会　发布

前　言

本标准代替 GB/T 6118—1996《立铣刀　技术条件》。

本标准与 GB/T 6118—1996 相比有如下变化：

——编写格式按 GB/T 1.1—2000；

——删除了第 3 章“符号”的内容；

——将第 4 章章标题由“尺寸”改为“尺寸和位置公差”；

——4.1 中增加了高性能高速钢的材料要求；

——4.1 中增加了焊接柄部的材料要求；

——删除了第 6 章性能试验的内容；

——删除了附录 A“立铣刀圆跳动的检测方法”的内容。

本标准由中国机械工业联合会提出。

本标准由全国刀具标准化技术委员会(SAC/TC 91)归口。

本标准主要起草单位：成都成量工具集团有限公司、成都工具研究所、上海工具厂有限公司。

本标准主要起草人：赵庆、严松波、黄华新、查国兵、励政伟、张红。

本标准所代替标准的历次版本发布情况为：

——GB/T 6118—1985、GB/T 6118—1996。

立铣刀技术条件

1 范围

本标准规定了立铣刀的位置公差、材料和硬度、外观和表面粗糙度、标志和包装的基本要求。

本标准适用于按 GB/T 6117.1、GB/T 6117.2 和 GB/T 6117.3 生产的立铣刀。根据供需双方协议,其他立铣刀也可以参照使用。

2 规范性引用文件

下列文件中的条款通过本标准的引用而成为本标准的条款。凡是注日期的引用文件,其随后所有的修改单(不包括勘误的内容)或修订版均不适用于本标准,然而,鼓励根据本标准达成协议的各方研究是否可使用这些文件的最新版本。凡是不注日期的引用文件,其最新版本适用于本标准。

GB/T 6117.1 立铣刀 第1部分:直柄立铣刀(GB/T 6117.1—2010,ISO 1641-1:2003,MOD)

GB/T 6117.2 立铣刀 第2部分:莫氏锥柄立铣刀(GB/T 6117.2—2010,ISO 1641-2:1978,MOD)

GB/T 6117.3 立铣刀 第3部分:7∶24锥柄立铣刀(GB/T 6117.3—2010,ISO 1641-3:2003,MOD)

JB/T 10231.3 刀具产品检测方法 第3部分:立铣刀

3 尺寸和位置公差

立铣刀的尺寸和位置公差由表1给出,检测方法按 JB/T 10231.3 执行。

表 1

单位为毫米

<table>
<tr><th rowspan="3">d</th><th colspan="4">圆周刃对柄部轴线的径向圆跳动</th><th rowspan="3">端刃对柄部轴线的端面圆跳动</th><th colspan="2" rowspan="2">工作部分直径锥度</th></tr>
<tr><th colspan="2">一转</th><th colspan="2">相邻</th></tr>
<tr><th>标准系列</th><th>长系列</th><th>标准系列</th><th>长系列</th><th>标准系列</th><th>长系列</th></tr>
<tr><td>1.9～6</td><td>0.025</td><td>0.032</td><td>0.013</td><td>0.016</td><td rowspan="2">0.050</td><td rowspan="4">0.02</td><td rowspan="4">0.03</td></tr>
<tr><td>>6～18</td><td>0.032</td><td>0.040</td><td>0.016</td><td>0.020</td></tr>
<tr><td>>18～28</td><td>0.040</td><td>0.050</td><td>0.020</td><td>0.025</td><td rowspan="2">0.060</td></tr>
<tr><td>>28～95</td><td>0.050</td><td>0.063</td><td>0.025</td><td>0.032</td></tr>
</table>

4 材料和硬度

4.1 材料

4.1.1 立铣刀工作部分采用 W6Mo5Cr4V2 或同等性能的高速钢(代号 HSS)制造,也可采用 W6Mo5Cr4V2Al 或同等性能及以上高性能高速钢(代号 HSS-E)制造。

4.1.2 焊接立铣刀柄部采用45钢或同等性能的其他牌号钢材制造。

4.2 硬度

立铣刀工作部分:普通高速钢(HSS) $d \leqslant 6$ mm,62 HRC～65 HRC;

$d > 6$ mm,63 HRC～66 HRC。

高性能高速钢(HSS-E) 不低于 64 HRC。

立铣刀柄部：普通直柄、螺纹柄和锥柄，不低于 30 HRC；

削平直柄和 2°斜削平直柄，不低于 50 HRC。

5 外观和表面粗糙度

5.1 立铣刀的表面不应有裂纹，切削刃应锋利，不应有崩刃、钝口以及磨削烧伤等影响使用性能的缺陷。焊接柄部的立铣刀在焊缝处不应有砂眼和未焊透现象。

5.2 立铣刀的表面粗糙度按以下规定：

——前面和后面：$Rz6.3\ \mu m$；

——普通直柄或螺纹柄柄部外圆：$Ra1.25\ \mu m$；

——削平直柄、2°斜削平直柄和锥柄柄部外圆：$Ra0.63\ \mu m$。

6 标志和包装

6.1 标志

6.1.1 产品上应标志：

a) 制造厂或销售商的商标（$d_1 \leqslant 5$ mm 的立铣刀允许不标志商标）；

b) 立铣刀直径；

c) 高速钢代号。

6.1.2 包装盒上应标志：

a) 制造厂或销售商的名称、地址和商标；

b) 立铣刀标记；

c) 高速钢牌号或代号；

d) 件数；

e) 制造年月。

注：如包装盒太小，也可在合格证、说明书等包装盒内文件上标志部分内容。

6.2 包装

立铣刀在包装前应经防锈处理，包装应牢靠，防止运输过程中的损伤。

ICS 75.140
E 45

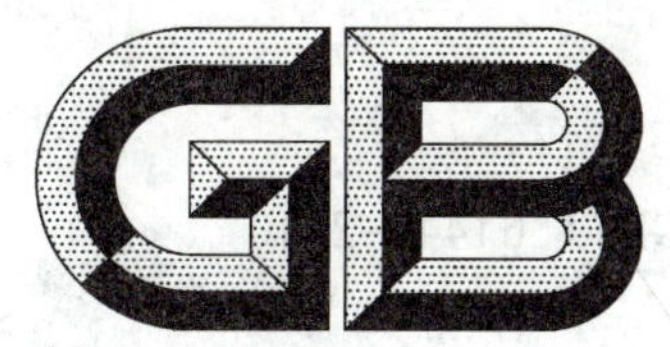

中华人民共和国国家标准

GB/T 6144—2010
代替 GB/T 6144—1985

合成切削液

Synthetic cutting fluids

2010-09-02 发布　　2010-12-01 实施

中华人民共和国国家质量监督检验检疫总局
中国国家标准化管理委员会　发布

前　言

本标准代替 GB/T 6144—1985《合成切削液》。

本标准与 GB/T 6144—1985 相比，主要差异如下：

——增加了规范性引用文件章节；

——增加了安全章节；

——调整了产品分类方法，并由 4 类改为 2 类；

——增加了产品中亚硝酸钠的检测项目；

——修改了产品最大无卡咬负荷 P_B 值。

本标准的附录 A 为规范性附录。

本标准由全国石油产品和润滑剂标准化技术委员会(SAC/TC 280)提出。

本标准由全国石油产品和润滑剂标准化技术委员会石油燃料和润滑剂分技术委员会(SAC/TC 280/SC 1)归口。

本标准由中国石油化工股份有限公司润滑油研发(上海)中心负责起草。

本标准主要起草人：李谨、周勤祖。

本标准于 1985 年 6 月首次发布，本次为第一次修订。

合成切削液

1 范围

本标准规定了由多种水溶性添加剂和水配制而成的合成切削液的产品分类及代号、要求、试验方法检验规则、标志、包装、运输和贮存及安全。

本标准规定的产品其浓缩液可以是液态、膏状和固体粉剂等形态。使用时，用一定比例的水稀释后，形成透明或半透明的稀释液，适用于金属车削、铣削等多种切削加工工艺的润滑、冷却、防锈等。

2 规范性引用文件

下列文件中的条款通过本标准的引用而成为本标准的条款。凡是注日期的引用文件，其随后所有的修改单(不包括勘误的内容)或修订版均不适用于本标准，然而，鼓励根据本标准达成协议的各方研究是否可使用这些文件的最新版本。凡是不注日期的引用文件，其最新版本适用于本标准。

GB 190　危险货物包装标志

GB/T 718　铸造用生铁

GB/T 3142　润滑剂承载能力测定法(四球法)

GB/T 3190　变形铝及铝合金化学成分

GB/T 4756　石油液体手工取样法(GB/T 4756—1998,eqv ISO 3170:1988)

GB/T 5231　加工铜及铜合金化学成分和产品形状

GB/T 7631.5　润滑剂和有关产品(L类)的分类　第5部分:M组(金属加工)(GB/T 7631.5—1989,eqv ISO 6743/7:1987)

GB 12268　危险货物品名表

GB 13690—1992　常用危险化学品的分类及标志

GB/T 16483　化学品安全技术说明书　内容和项目顺序

SH 0164　石油产品包装、贮运及交货验收规则

SH/T 0218　防锈油脂试验试片制备法

SH/T 0229　固体和半固体石油产品取样法

3 产品分类

本产品分类按 GB/T 7631.5 的规定进行，并根据合成切削液的浓缩物组成分为二类：

L-MAG 类，与水混合的浓缩物具有防锈性的透明液体，也可含有填充剂；

L-MAH 类，具有减摩性和(或)极压性的 MAG 型浓缩物。

4 要求

4.1 一般要求

本标准规定的合成切削液应无刺激性气味及不损害人体皮肤，保证使用者安全。

合成切削液的生产厂应保证产品自生产之日起保存期在一年以上，在保存期内性能指标应达到本标准的各项要求。

合成切削液出厂时的使用浓度(除特殊工艺或有特殊材料要求之外)一般不大于5%。

4.2 技术要求

合成切削液的技术要求见表1。

表 1 合成切削液的技术要求

<table>
<tr><th colspan="3" rowspan="2">项 目</th><th colspan="2">质量指标</th><th rowspan="2">试验方法</th></tr>
<tr><th>L-MAG</th><th>L-MAH</th></tr>
<tr><td rowspan="2">浓缩物</td><td colspan="2">外观</td><td colspan="2">液态:无分层、无沉淀、呈均匀液体
膏状:无异相物析出,呈均匀膏状
固体粉剂:无坚硬结块物,易溶于水的均匀粉剂</td><td>目测[a]</td></tr>
<tr><td colspan="2">贮存安定性</td><td colspan="2">无分层、相变及胶状等,试验后能恢复原状</td><td>见 5.1</td></tr>
<tr><td rowspan="11">稀释液</td><td colspan="2">透明度</td><td colspan="2">透明或半透明</td><td>见 5.2</td></tr>
<tr><td colspan="2">pH 值</td><td colspan="2">8.0～10.0</td><td>见 5.3</td></tr>
<tr><td>消泡性/(mL/10 min)</td><td>不大于</td><td colspan="2">2</td><td>见 5.4</td></tr>
<tr><td>表面张力/(mN/m)</td><td>不大于</td><td colspan="2">40</td><td>见 5.5</td></tr>
<tr><td>腐蚀试验[b](55 ℃±2 ℃),h
一级灰口铸铁,A 级
紫铜,B 级
LY12 铝,B 级</td><td>
不小于
不小于
不小于</td><td>
24
8
8</td><td>
24
4
4</td><td>见 5.6</td></tr>
<tr><td colspan="2">防锈性试验(35 ℃±2 ℃)
单片,24 h
叠片,4 h</td><td>
合格
合格</td><td>
合格
合格</td><td>见 5.7</td></tr>
<tr><td>最大无卡咬负荷 P_B 值/N</td><td>不小于</td><td>200</td><td>540</td><td>GB/T 3142</td></tr>
<tr><td colspan="2">对机床油漆的适应性[c]</td><td colspan="2">允许轻微失光和变色,但不允许油漆起泡、开裂和脱落</td><td>附录 A</td></tr>
<tr><td colspan="2">NO_2^- 浓度检测[d]</td><td colspan="2">报告</td><td>见 5.8</td></tr>
<tr><td colspan="6">注:试液制备,用蒸馏水配制。</td></tr>
<tr><td colspan="6">[a] 在 15 ℃～35 ℃温度下,用 100 mL 量筒量取 100 mL 被测液态浓缩物,静置 24 h 后观察。
[b] 产品只用于黑色金属加工时,不受紫铜和 LY12 铝试验结果限制。
[c] 可根据用户需要,进行针对性试验。
[d] 当测定值大于 0.1 g/L 时视为含有亚硝酸钠。含有亚硝酸钠的产品需测定经口摄取半数致死量 LD_{50}、经皮肤接触 24 h 半数致死量 LD_{50} 和蒸汽吸入半数致死量 LD_{50},按照 GB 13690—1992 中 3.6 判定产品是否属于有毒品。</td></tr>
</table>

5 试验方法

5.1 贮存安定性

将 50 mL 浓缩物置于 100 mL 具塞量筒中,放入 70 ℃±3 ℃恒温干燥箱中 5 h,取出冷至室温(15 ℃～35 ℃),放置 3 h,然后再置于-12 ℃±3 ℃的低温环境中 24 h,取出静置回到室温 1 h 后,应符合表 1 要求。

5.2 透明度评定

将被测液倒入 250 mL 烧杯中,液层高度为 75 mm±3 mm。把一个明亮的 5 W、220 V 灯泡对准烧杯的底部,从烧杯的上部透过切削液观看灯泡,如能清晰地辨出灯丝,即认为该切削液是透明的;如模糊可见灯丝,判定为半透明;如看不见灯丝,则认为切削液是不透明的。

5.3 **pH 值测定**

用精密试纸一条，浸入被测试液中，半秒钟取出，与标准色版比较，即得 pH 值。必要时，也可用 pH 值计测量 pH 值，报告中标明用 pH 试纸或 pH 值计。

5.4 **消泡性试验**

将被测试液倒入 100 mL 具塞量筒中，使液面在 70 mL 处，盖好塞，上下摇动 1 min，上下摇动的距离约为 1/3 m，摇动频率约为 100 次/min～120 次/min。然后，在室温下静置 10 min，观察液面残留泡沫体积应小于或等于 2 mL，为合格。

5.5 **表面张力测定**

5.5.1 仪器：界面张力仪(圆环法)

5.5.2 试验准备：按仪器操作说明进行仪器准备。铂金环预先用石油醚或丙酮漂洗，并在煤气灯的氧化焰中加热烘干。

5.5.3 试验步骤：先把调整到 25 ℃±1 ℃的试液倒入玻璃杯中。将玻璃杯放在试验位置，调节玻璃杯托盘或铂金环，使铂金环深入到液体中(5～7)mm 处。再次调节玻璃杯托盘或铂金环，使铂金环逐渐离开试液，试验过程中表面张力不断增大，膜破裂瞬间的表面张力最大值就是表面张力的测试值 M。

5.5.4 试验结果

试液的实际张力值 V 应由测试值 M 乘以一个校正因子 F，即 $V=M\times F$。校正因子 F 取决于测试值 P、试液密度、铂金丝的半径和铂金环的半径，具体计算如式(1)。

$$F=0.725\,0+\sqrt{\frac{0.036\,78M}{r_{\gamma}^{2}(\rho_0-\rho_1)}+0.045\,34-\frac{1.679r_{\mathrm{W}}}{r_{\gamma}}} \quad \cdots\cdots(1)$$

式中：

F——校正因子；

M——膜破裂时读数，单位为毫牛顿每米(mN/m)；

ρ_0——试样在 25 ℃时的密度，单位为克每毫升(g/mL)；

ρ_1——空气在 25 ℃时的密度，单位为克每毫升(g/mL)；

r_{W}——铂丝的半径，单位为毫米(mm)；

r_{γ}——铂丝环的平均半径，单位为毫米(mm)。

5.6 **腐蚀性试验**

5.6.1 主要仪器：恒温水浴锅或恒温干燥箱，150 mL～200 mL 的烧杯，玻璃盖皿。

5.6.2 试片材质

采用的一级灰口铸铁，应符合 GB/T 718 的规定，紫铜应符合 GB/T 5213 的规定，LY12 铝应符合 GB/T 3190 的规定；亦可用生产或使用双方商定的其他金属或镀层。

5.6.3 试片尺寸：(25×50×3)mm 或(50×50×3)mm。

5.6.4 试片制备：按 SH/T 0218 进行。

5.6.5 试验步骤：将制备的试片，全浸于被测试液中(不同材料的试片，不应浸于同一杯中)，加盖玻璃罩，移置到已恒温到 55 ℃±2 ℃的恒温器内，连续试验到规定时间，然后，取出试片进行检查：

铸铁片：	无锈，光泽如新	A 级
	无锈但轻微失光	B 级
	轻锈和轻微失光	C 级
	重锈或严重失光	D 级
紫铜：	无锈，光泽如新	A 级
	轻度变色	B 级
	中度变色	C 级

重度变色　　　　　D 级

铝合金:无锈,光泽如新　A 级

轻微变暗　　　　　B 级

中度变暗　　　　　C 级

严重变暗　　　　　D 级

铸铁,A 级为合格;紫铜、铝合金,A、B 级为合格。

5.7 单片、叠片防锈性试验

5.7.1 仪器:ϕ250 mm～ϕ300 mm 的玻璃干燥器一个,底部注入蒸馏水,其液面为底部高度的 1/3～1/2。

5.7.2 试片材质为一级灰口铸铁,金相组织应符合 GB/T 718 的规定。

5.7.3 试片尺寸:ϕ35×20 mm 圆柱型。

5.7.4 试片制备:按 SH/T 0218 进行。

5.7.5 单片防锈性试验

用滴液管吸取试液,按梅花格式滴入五滴,于试片磨光面上,每滴直径约为 4 mm～5 mm。然后将试片置于干燥器隔板上(注意不要堵孔),合上干燥器盖,置于已恒温到 35 ℃±2 ℃的恒温箱内,连续试验到规定时间取出试片,进行观察。

铸铁片:五滴全无锈　A 级

四滴无锈　　B 级

三滴无锈　　C 级

四～五滴全锈　D 级

A 级判为合格。

特殊情况下,可将试片用无水乙醇洗净后观察,并以洗净后检查结果为准。

仲裁试验时作 2 片平行试验,并以 2 片均为 A 级判为试验合格。

5.7.6 叠片防锈性试验

将准备好的试片平放在干燥器隔板上(不要堵孔),试片的磨光面向上,用滴液管吸取试液,涂布在试片上,然后,再用另一块试片的磨光面重叠其上。(注意使试片上、下片对齐,以防两试片滑开,造成试验误差)。合上干燥器盖,置于已恒温到 35 ℃±2 ℃的恒温箱内,连续试验到规定时间,打开试片,用脱脂棉蘸取无水乙醇擦除试液,立即观察,距试片边缘 1 mm 以内两叠面,无锈蚀或无明显迭印为合格。

5.8 NO_2^- 浓度检测

取亚硝酸盐测试条一条,将试纸的测量端浸入被测试液(15 ℃～30 ℃)中,1 s 后取出;甩去测试条上的多余液体,15 s 后与标准色版比较,得到 NO_2^- 的测试值。

注:亚硝酸盐测试条(nitrite test strips)和标准色版来自于德国默克公司。

6 检验规则

6.1 检验分类与检验项目

本产品检验分为出厂检验与型式检验。

6.1.1 出厂检验

出厂批次检验项目包括:外观、透明度、pH 值、消泡性、防锈性试验、亚硝酸离子浓度检测。

在原材料和工艺条件没有发生可能影响产品质量的变化时,出厂周期检验项目包括:贮存安定性、腐蚀试验、最大无卡咬负荷每三个月测试一次。表面张力、对机床油漆的适应性试验每半年测试一次。

6.1.2 型式检验

型式检验项目包括表 1 规定的所有检验项目。

在下列情况下进行型式检验:

a） 新产品投产或产品定型鉴定时；

b） 在原材料、工艺等发生较大变化，可能影响产品质量时；

c） 出厂检验结果与上次型式检验结果有较大差异时。

6.2 组批

在原材料、工艺不变的条件下，产品每生产一罐或釜为一组(批)。

6.3 取样

液态浓缩物，按 GB/T 4756 石油液体手工取样法，取样量不少于 500 mL。

膏状和固体粉剂浓缩物，取样按 SH/T 0229 进行，取 1 kg 作为检验和留样用。

6.4 判定规则

出厂检验结果应全部合格，方可出厂。

6.5 复验规则

如出厂检验结果中有不符合表 1 质量指标的规定时，按 GB/T 4756 的规定自同批产品中重新抽取双倍量样品，对不合格项目进行复验。复检结果如仍不符合要求，则判定该批产品为不合格。

7 标志、包装、运输和贮存

本产品标志、包装、运输和贮存及交货验收按照 SH 0164 进行。

按照表 1 中脚注 d 判定为有毒品的产品，其标志、包装按照 GB 12268、GB 13690 和 GB 190 进行。

8 安全

如果产品组分中含有亚硝酸钠，则生产商或供应商应提供符合 GB/T 16483 规定的“化学品安全技术说明书”(material safety data sheet)。此类产品的运输、储存、使用和事故处理等环节涉及安全方面的数据和信息应包含在产品的“化学品安全技术说明书”中。

属于有毒品的产品，其涉及的安全问题应符合相关法律法规和标准的规定。

附 录 A
（规范性附录）
对机床油漆的适应性试验

A.1 主题内容与试验范围

本试验用于测定水溶性切削液对机床油漆的适应性。

A.2 试验设备及材料

A.2.1 试片制备

A.2.1.1 试片采用HT20-40或HT15-33涂漆铸铁板，其表面平整，无凸起、毛刺、无明显的凹陷和密集的针孔。

A.2.1.2 试片尺寸可采用70 mm×150 mm×6 mm。

A.2.1.3 试片数量：每一试验项目应用三块试片进行平行试验。另备一块供检查时作对比用的标准试片。

A.2.2 切削液准备

将试验浓缩液按试验浓度用蒸馏水或指定用水稀释配制。

A.3 试验步骤

将试片一半浸入试验切削液中，在室温放置。试验期间，每7 d取出检查一次，目测检查时如已有明显起泡、脱落、开裂、皱纹等损坏，停止试验；检查合格，继续试验；连续进行21 d后试验期满进行评定。

A.4 试验结果评定

评定时，先用洁净棉纱揩干试片。然后观察漆层表面是否有起泡、脱落、开裂、皱纹等损坏，如有则为不合格。允许有轻微之失光、变色。评定时，三块平行试片中以二块情况接近者为准。

ICS 31.030
N 05

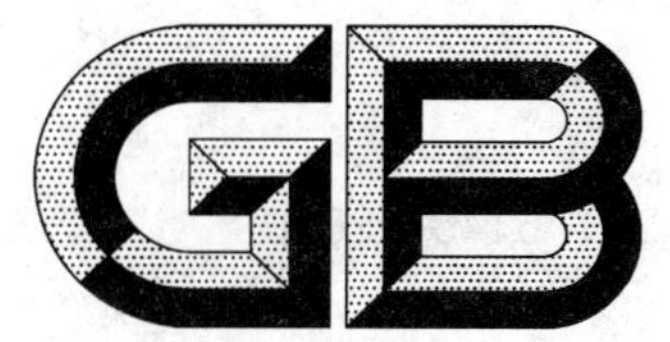

中华人民共和国国家标准

GB/T 6145—2010
代替 GB/T 6145—1999

锰铜、康铜精密电阻合金线、片及带

Manganin and constantan alloy wires, sheet and rolled wires for precision electrical resistance

2010-12-01 发布　　　　2011-05-01 实施

中华人民共和国国家质量监督检验检疫总局
中国国家标准化管理委员会　发布

前言

本标准代替 GB/T 6145—1999《锰铜、康铜精密电阻合金线、片及带》。

本标准与 GB/T 6145—1999 相比，主要变化如下：

——将“引用标准”和“定义”修改为“规范性引用文件”和“术语和定义”；

——按照 GB/T 1.1—2000 和 GB/T 1.2—2002 的要求进行了编辑格式上的修订；

——检验规则的交收检验按 GB/T 2828.1 规定的抽样方法进行抽样检验，型式检验按 GB/T 2829 规定的抽样方法进行抽样检验。

本标准的附录 A 和附录 B 为资料性附录。

本标准由中国机械工业联合会提出。

本标准由全国仪表功能材料标准化技术委员会(SAC/TC 419)归口。

本标准负责起草单位：重庆仪表材料研究所。

本标准参加起草单位：重庆川仪金属功能材料分公司、江苏华鑫合金有限公司、常州市潞城伟业合金厂、上海同立合金有限公司、德州群力合金材料有限公司。

本标准主要起草人：何伦英、吴承汕、李联文、袁勤华、王伯伟、曹征禄、张力群。

本标准所代替的标准的历次版本发布情况为：

——GB/T 6145—1985、GB/T 6145—1999。

锰铜、康铜精密电阻合金线、片及带

1 范围

本标准规定了锰铜、康铜精密电阻合金的产品分类、技术要求、试验方法、检验规则、供应方式、包装及标志。

本标准适用于制造各种标准电阻器、分流器、精密或普通的电阻元件的锰铜、康铜电阻合金的线材、片材及带材。

2 规范性引用文件

下列文件中的条款通过本标准的引用而成为本标准的条款。凡是注日期的引用文件，其随后所有的修改单(不包括勘误的内容)或修订版均不适用于本标准，然而，鼓励根据本标准达成协议的各方研究是否可使用这些文件的最新版本。凡是不注日期的引用文件，其最新版本适用于本标准。

GB/T 228 金属材料 室温拉伸试验方法

GB/T 2828.1 计数抽样检验程序 第1部分：按接收质量限(AQL)检索的逐批检验抽样计划

GB/T 2829 周期检查计数抽样程序及抽样表(适用于生产过程稳定性的检查)

GB/T 6146 精密电阻合金电阻率测试方法

GB/T 6147 精密电阻合金热电动势率测试方法

GB/T 6148 精密电阻合金电阻温度系数测试方法

JB/T 6819.3 仪表材料术语 电阻材料、导电材料和电接点材料

JB/T 9493 锰铜和新康铜电阻合金化学分析方法

JB/T 9499 康铜电阻合金化学分析方法

3 术语和定义

JB/T 6819.3 及 GB/T 6148 确立的以及下列术语和定义适用于本标准。

3.1

电阻值均匀性 homogeneity of resistance

同一盘线任意两段每米实际电阻值之差与其平均值的比。电阻值均匀性按式(1)计算：

$$U=\frac{|R_a-R_b|}{(R_a+R_b)/2}\times 100\% \qquad (1)$$

式中：

U——电阻值均匀性；

R_a——a段电阻线的每米电阻值，单位为欧姆每米(Ω/m)；

R_b——b段电阻线的每米电阻值，单位为欧姆每米(Ω/m)。

4 产品分类

4.1 产品名称、合金牌号及产品代号

产品名称、合金牌号及产品代号如表1所示：

表 1　产品名称、合金牌号及代号

<table>
<tr><th colspan="2">产品名称</th><th>合金牌号</th><th>产品代号</th></tr>
<tr><td rowspan="2">锰铜合金</td><td>线</td><td rowspan="2">6J12</td><td>6J12X</td></tr>
<tr><td>片</td><td>6J12P</td></tr>
<tr><td rowspan="2">F1 锰铜合金</td><td>线</td><td rowspan="2">6J8</td><td>6J8X</td></tr>
<tr><td>片</td><td>6J8P</td></tr>
<tr><td rowspan="2">F2 锰铜合金</td><td>线</td><td rowspan="2">6J13</td><td>6J13X</td></tr>
<tr><td>片</td><td>6J13P</td></tr>
<tr><td rowspan="3">康铜合金</td><td>线</td><td rowspan="3">6J40</td><td>6J40X</td></tr>
<tr><td>片</td><td>6J40P</td></tr>
<tr><td>带</td><td>6J40D</td></tr>
</table>

4.2　产品等级

锰铜合金线、片按电阻温度系数的大小分为 1 级,2 级,3 级。

4.3　产品规格

各种合金线材的标称线径见表 5,片材的标称尺寸见表 6,带材的标称尺寸见表 7。

4.4　产品标记

以符合 GB/T 6145,直径为 0.08 mm 的 1 级锰铜合金线材 6J12X 为例,其标记为:

精密电阻合金 GB/T 6145-6J12-X-Φ0.08

标记中各要素的含义如下:

6J12——合金牌号(6J12、6J8、6J13、6J40);

X——产品代号(X、P、D);

Φ0.08——产品标称尺寸。

5　技术要求

5.1　合金化学成分

合金化学成分见表 2。

表 2　合金化学成分

合金名称	合金牌号	主要化学成分(质量分数)/%			
		Cu	Mn	Ni	Si
锰铜	6J12	余量	11.0～13.0	2.0～3.0	—
F1 锰铜	6J8	余量	8.0～10.0	—	1.0～2.0
F2 锰铜	6J13	余量	11.0～13.0	2.0～5.0	—
康铜	6J40	余量	1.0～2.0	39.0～41.0	—
注:若能满足本标准的技术要求,化学成分允许稍有变动。					

5.2　表面质量

合金线、片及带的表面应平整、光洁、无油污、无折叠、无裂纹、无毛刺及夹层。允许有不超过尺寸允差的细小划痕和不影响使用的氧化色。

5.3　电阻率

合金线、片及带的电阻率应符合表 3 的规定。

表 3 合金电阻率

合金名称	合金牌号	电阻率/μΩ·m
锰铜	6J12	0.47±0.03
F1 锰铜	6J8	0.35±0.05
F2 锰铜	6J13	0.44±0.04
康铜	6J40	0.48±0.03

5.4 电阻温度系数

5.4.1 一次电阻温度系数和二次电阻温度系数

各种锰铜合金在适用温度范围内的一次电阻温度系数和二次电阻温度系数应符合表 4 的规定。

5.4.2 平均电阻温度系数

康铜合金的平均电阻温度系数应符合表 4 的规定。

表 4 康铜合金的平均电阻温度系数

产品名称		适用温度 ℃	测试温度 ℃	电阻温度系数		平均电阻温度系数
				$\alpha\times10^{-6}$/℃	$\beta\times10^{-6}$/℃	$\alpha\times10^{-6}$/℃
锰铜合金线、片	1 级	5～45	10、20、40	−3～+5	−0.7～0	—
	2 级			−5～+10		
	3 级			−10～+20		
F1 锰铜合金线、片		10～80	10、40、60	−5～+10	−0.25～0	—
F2 锰铜合金线、片		10～80		0～+40	−0.7～0	—
康铜合金线、片		0～50	20、50	—	—	−40～+40

5.5 尺寸

5.5.1 线材直径应符合表 5 的规定，线材的圆度应不超过允差的一半。

5.5.2 片材的尺寸应符合表 6 的规定。片材边的镰刀弯曲度每米长应不大于 10 mm，并限于单向。

5.5.3 带材的厚度和宽度应符合表 7 的规定，带材边的镰刀弯曲度每米长应不大于 10 mm，并限于单向。

表 5 线材直径及每米电阻值

线径 mm		截面积 mm^2	每米电阻值/(Ω/m)							
			6J12X		6J8X		6J13X		6J40X	
标称值	允差		标称值	允差	标称值	允差	标称值	允差	标称值	允差
0.020	±0.002	0.000 314	1 496	±10%					1 528	±10%
0.022		0.000 380	1 236						1 263	
0.025		0.000 491	957						978	
0.028		0.000 616	763						780	
0.032	±0.003	0.000 804	584	±8%		±8%		±8%	597	±8%
0.036		0.001 018	462						472	
0.040		0.001 257	374						382	
0.045		0.001 590	296						302	

表 5（续）

线径 mm		截面积 mm²	每米电阻值/(Ω/m)							
			6J12X		6J8X		6J13X		6J40X	
标称值	允差		标称值	允差	标称值	允差	标称值	允差	标称值	允差
0.050		0.001 963	239						244	
0.056		0.002 463	191						195	
0.063		0.003 117	151						154	
0.071	±0.003	0.003 959	119	±8%		±8%		±8%	121	±8%
0.080		0.005 027	93.5		69.6		87.5		95.5	
0.090		0.006 362	73.9		55.0		69.2		75.5	
0.100		0.007 854	59.8		44.6		56.0		61.1	
0.112		0.009 852	47.7		35.5		44.7		48.7	
0.125		0.012 27	38.3		28.5		35.9		39.1	
0.140	±0.005	0.015 39	30.5	±7%	22.7	±7%	28.6	±7%	31.2	±7%
0.160		0.020 11	23.4		17.4		21.9		23.9	
0.180		0.025 45	18.5		13.8		17.3		18.9	
0.200		0.031 42	15.0		11.1		14.0		15.3	
0.224	±0.005	0.039 41	11.9	±6%	8.88	±6%	11.2	±6%	12.2	±6%
0.250		0.049 09	9.57		7.13		8.96		9.78	
0.280		0.061 58	7.63		5.68		7.15		7.80	
0.315		0.077 93	6.03		4.49		5.65		6.16	
0.355		0.098 98	4.75		3.54		4.45		4.85	
0.400	±0.010	0.125 7	3.74	±5%	2.79	±5%	3.50	±5%	3.82	±5%
0.450		0.159 0	2.96		2.20		2.77		3.02	
0.500		0.196 3	2.39		1.78		2.24		2.44	
0.560		0.246 3	1.91		1.42		1.79		1.95	
0.630		0.311 7	1.51		1.12		1.41		1.54	
0.710		0.395 9	1.19		0.884		1.11		1.21	
0.750		0.441 8	1.06		0.792		1.00		1.09	
0.800	±0.015	0.502 7	0.935	±4%	0.696	±4%	0.875	±4%	0.955	±4%
0.850		0.567 4	0.828		0.617		0.775		0.846	
0.900		0.636 2	0.739		0.550		0.692		0.755	
0.950		0.708 8	0.663		0.494		0.621		0.677	
1.000		0.785 4	0.598		0.446		0.560		0.611	
1.060		0.882 5	0.533		0.397		0.499		0.544	
1.120	±0.020	0.985 2	0.477	±4%	0.355	±4%	0.447	±4%	0.487	±4%
1.180		1.094	0.430		0.320		0.402		0.439	

表 5（续）

线径 mm		截面积 mm²	每米电阻值/(Ω/m)							
			6J12X		6J8X		6J13X		6J40X	
标称值	允差		标称值	允差	标称值	允差	标称值	允差	标称值	允差
1.250		1.227	0.383		0.285		0.359		0.391	
1.320		1.368	0.343		0.256		0.322		0.351	
1.400	±0.020	1.539	0.305	±4%	0.227	±4%	0.286	±4%	0.312	±4%
1.500		1.767	0.266		0.198		0.249		0.272	
1.600		2.011	0.234		0.174		0.219		0.239	
1.700		2.270	0.207		0.154		0.194		0.211	
1.800		2.545	0.185		0.138		0.173		0.189	
1.900	±0.025	2.835	0.166	±4%	0.123	±4%	0.155	±4%	0.169	±4%
2.000		3.142	0.150		0.111		0.140		0.153	
2.120		3.530	0.133		0.099 2		0.125		0.136	
2.240		3.941	0.119		0.088 8		0.112		0.122	
2.360		4.374	0.107		0.080 0		0.101		0.110	
2.500		4.909	0.095 7		0.071 3		0.089 6		0.097 8	
2.650	±0.030	5.515	0.085 2	±4%	0.063 5	±4%	0.079 8	±4%	0.087 0	±4%
2.800		6.158	0.076 3		0.056 8		0.071 5		0.078 0	
3.000		7.069	0.066 5		0.049 5		0.062 2		0.067 9	
3.150		7.793	0.060 3		0.044 9		0.056 5		0.061 6	
3.350		8.814	0.053 3		0.039 7		0.049 9		0.054 5	
3.550		9.898	0.047 5		0.035 4		0.044 5		0.048 5	
3.750	±0.035	11.04	0.042 6	±4%	0.031 7	±4%	0.039 8	±4%	0.043 5	±4%
4.000		12.57	0.037 4		0.027 9		0.035 0		0.038 2	
4.250		14.19	0.033 1		0.024 7		0.031 0		0.033 8	
4.500		15.90	0.029 6		0.022 0		0.027 7		0.030 2	
4.750	±0.040	17.72	0.026 5		0.019 8		0.024 8		0.027 1	
5.000		19.63	0.023 9		0.017 8		0.022 4		0.024 4	
5.300	±0.050	22.06	0.021 3	±4%	0.015 9	±4%	0.019 9	±4%	0.021 8	±4%
5.600		24.63	0.019 1		0.014 2		0.017 9		0.019 5	
6.000	±0.060	28.27	0.016 6		0.012 4		0.015 6		0.017 0	
6.300		31.17	0.015 1		0.011 2		0.014 1		0.015 4	

表 6 片材尺寸

单位为毫米

厚 度	厚度允差	宽 度	宽度允差
0.100 0.112 0.125 0.140 0.160	±0.010	50 75 100	宽度＜100 时，±1 宽度≥100 时，±1.5
0.180 0.200 0.224 0.250 0.280 0.315 0.355	−0.020 +0.010		
0.400 0.450 0.500	±0.020	50 75 100 125 150 175	宽度＜100 时，±1 宽度≥100 时，±1.5
0.560 0.630 0.710	+0.020 −0.030		
0.800 0.900	±0.030		
1.000 1.120 1.250	±0.040		
1.400 1.600	±0.050		
1.800 2.000	±0.060		

表 7 康铜合金带材的厚度、宽度及有效截面积

厚度 mm	允差/mm	宽度/mm								
		6.3	8.0	10.0	12.5	16.0	20.0	25.0	31.5	40.0
		允差/mm								
		±0.3	±0.3	±0.3	±0.4	±0.4	±0.5	±0.5	±0.6	±0.7
		有效截面积/mm^2								
0.180	±0.010	1.066								
0.200		1.184								
0.224		1.327	1.684							
0.250	+0.010 −0.020	1.481	1.880	2.450						
0.280		1.658	2.106	2.744						
0.315		1.865	2.369	3.087	3.859					
0.355		2.102	2.670	3.479	4.349					

表 7（续）

厚度 mm	允差/mm	宽度/mm								
		6.3	8.0	10.0	12.5	16.0	20.0	25.0	31.5	40.0
		允差/mm								
		±0.3	±0.3	±0.3	±0.4	±0.4	±0.5	±0.5	±0.6	±0.7
		有效截面积/mm²								
0.400	±0.020	2.369	3.008	3.920	4.900	6.272				
0.450		2.665	3.384	4.410	5.513	7.056	8.820	11.03		
0.500		2.961	3.760	4.900	6.125	7.840	9.800	12.25		
0.560	+0.020 −0.030	3.316	4.211	5.488	6.860	8.781	10.98	13.72		
0.630		3.731	4.738	6.174	7.718	9.878	12.35	15.44		
0.710		4.205	5.339	6.958	8.698	11.13	13.92	17.40		
0.800	±0.030	4.738	6.016	7.840	9.800	12.54	15.68	19.60	24.70	31.36
0.900		5.330	6.768	8.820	11.03	14.11	17.64	22.05	27.78	35.28
1.000	±0.040	5.922	7.520	9.800	12.25	15.68	19.60	24.50	30.87	39.20
1.120		6.633	8.422	10.98	13.72	17.56	21.95	27.44	34.57	43.90
1.250		7.403	9.400	12.25	15.31	19.60	24.50	30.63	38.59	49.00
1.400	±0.050	8.291	10.53	13.72	17.15	21.95	27.44	34.30	43.22	54.88
1.600		9.475	12.03	15.68	19.60	25.09	31.36	39.20	49.39	62.72
1.800	±0.060	10.66	13.54	17.64	22.05	28.22	35.28	44.10	55.57	70.56
2.000		11.84	15.04	19.60	24.50	31.36	39.20	49.00	61.74	78.40
注：带材的有效截面积是把宽度与厚度之积乘以如下的系数求得： 宽度≥10 mm 时，乘以 0.98； 宽度＜10 mm 时，乘以 0.94。										

5.6 每米电阻值及均匀性

线材每米电阻值应符合表 5 的规定，同一盘(或卷)线材的每米电阻值均匀性应不超过 5％(康铜带材的每米电阻值参见附录 A)。

5.7 抗拉强度和伸长率

5.7.1 线材的伸长率应不小于表 8 的规定。

表 8 线材的伸长率

线径 mm	伸长率(L_0＝200 mm) %
≤0.05	6
＞0.05～0.10	8
＞0.10～0.50	12
＞0.50	15

5.7.2 厚度大于 0.5 mm 的片、带材的伸长率应不小于 15％。

5.7.3 康铜合金线、带材的抗拉强度应不小于 390 N/mm²。

5.8 对铜热电动势率

各种合金的对铜平均热电动势率应不大于表9的规定。

表9 合金对铜热电动势率

合金名称	合金牌号	温度范围/℃	对铜平均热电动势率/(μV/℃)
锰铜	6J12	0～100	1
F1锰铜	6J8	0～100	2
F2锰铜	6J13	0～100	2
康铜	6J40	0～100	45
注：对铜热电动势率为绝对值。			

6 试验方法

6.1 化学成分按JB/T 9493和JB/T 9499规定的方法进行分析。

6.2 表面质量用目力检查。

6.3 电阻率按GB/T 6146规定的方法进行测量。

6.4 电阻温度系数按GB/T 6148规定的方法进行测量。

6.5 尺寸

6.5.1 当尺寸小于0.40 mm时，用分度值不低于0.001 mm千分尺进行测量；当尺寸大于或等于0.40 mm时，用分度值不低于0.01 mm的测量工具测量。

6.5.2 线材的直径测量，应在同一截面两个相互垂直的方向上进行，每卷(盘)线材至少应测量三个不同部位。

6.5.3 片、带材的厚度测量应在距端头不小于100 mm，距边缘不小于10 mm的部位(带的宽度小于20 mm时，则在宽的中心线上)进行，至少应测量三个不同的部位。

6.5.4 镰刀弯曲度的测量，应把片材或带材平放在平板上，用一根1 m长的直尺向其靠拢，以弯曲部分到直尺的最大距离为其弯曲度数(mm)。

6.6 每米电阻值及均匀性按GB/T 6146规定的方法进行测量。

6.7 抗拉强度和伸长率按GB/T 228规定的方法进行测量。

6.8 对铜热电动势率按GB/T 6147规定的方法进行测量。

7 检验规则

7.1 合金化学成分应每炉进行检验。

7.2 产品检验分为出厂检验和型式检验。

7.3 出厂检验

7.3.1 产品应经质量检验部门出厂检验合格，附有产品合格证才能入库或出厂。

7.3.2 产品分批交收，一个交收批应由同一规格的产品组成。

7.3.3 出厂检验应采用GB/T 2828.1规定的抽样方法进行抽样检查，推荐的抽样方案参见附录B。

7.3.4 出厂检验的项目

a) 表面质量；

b) 尺寸；

c) 抗拉强度和伸长率；

d) 每米电阻值(线材)；

e) 电阻温度系数；

f) 对铜热电动势率。

注：康铜的平均电阻温度系数和对铜热电动势率，当用户无要求时，出厂检验时可以不检。

7.4 型式检验

7.4.1 型式检验按本产品标准规定的全部试验项目进行。有下列情况之一时，一般应进行型式检验：

a) 新产品或老产品转厂生产的试制定型鉴定；

b) 正常生产后，如原材料、工艺有较大改变时；

c) 正常生产时，每年应不少于一次检验；

d) 产品长期停产后，恢复生产时；

e) 出厂检验结果与上次型式检验有较大差异时；

f) 国家质量监督机构提出进行型式检验的要求时。

7.4.2 型式检验的样品在出厂检验合格批中随机抽取。

7.4.3 型式检验的抽检按 GB/T 2829 的一次抽检方案进行。

7.4.4 型式检验项目的分组、顺序、判别水平(DL)、不合格质量水平(RQL)、判定数组(Ac,Re)和抽样数量应按表 10 中的规定进行。

表 10 型式检验项目及判别

组号	不合格类	序号	检验项目	判别水平 DL	不合格质量水平 RQL	判定数组		抽样数量 *n* 轴
						Ac	Re	
Ⅰ	C类	1 2 3 4	表面质量 尺寸 抗拉强度和伸长率 电阻率	Ⅱ	40	2	3	10
Ⅱ	B类	5 6 7 8	每米电阻值 电阻温度系数 对铜热电动势率 电阻均匀性	Ⅱ	30	1	2	10

7.5 判定规则

7.5.1 出厂检验时，只要有一项不合格，则判定该卷(盘)产品为不合格产品。

7.5.2 型式检验时，只要有一项不合格，则应加倍抽样进行全部复验。若仍有一项不合格，则判定型式检验不合格。

8 供应方式，包装及标志

8.1 供应方式

8.1.1 本产品以软态供货。经供需双方协商可以提供硬态的丝材。

8.1.2 线材应成盘(或卷)交货，每盘(或卷)应由一根线组成，中间不得有接头、扭曲及结节。每盘(或卷)的净质量应不小于表 11 的规定。

表 11 每盘(或卷)的净质量

标称直轻 *d*/mm	净质量/g	标称直轻 *d*/mm	净质量/g
0.02～0.025	5	>0.28～0.45	300
>0.025～0.03	10	>0.45～0.63	400
>0.03～0.04	15	>0.63～0.75	700
>0.04～0.06	30	>0.75～1.18	1 200
>0.06～0.08	60	>1.18～2.50	2 000
>0.08～0.15	80	>2.50	3 000
>0.15～0.28	150		

8.1.3 片、带材一般成卷供应。当用户要求时，厚度在0.50 mm以上的片材，可以平直状态供应。

8.2 包装

线材应紧密、均匀、整齐地绕在线盘上或绕成卷，带材绕成卷，片材绕成卷或成平直状态，均应妥善包装，以保证运输中不受潮和不受机械损伤。

8.3 标志

每盘（或卷）产品应标志：

a） 制造厂名或商标；

b） 产品名称、规格及标准代号或标记；

c） 每米电阻值；

d） 批号；

e） 毛质量，净质量；

f） 生产日期。

附　录　A
（资料性附录）
康铜带材每米电阻值

A.1　康铜带材的标称每米电阻值如表A.1所示。

表A.1　康铜带材每米电阻值

厚度 mm	宽度/mm								
	6.3	8.0	10.0	12.5	16.0	20.0	25.0	31.5	40.0
	每米电阻值/(Ω/m)								
0.180	0.450								
0.200	0.405								
0.224	0.362	0.285							
0.250	0.324	0.255	0.196						
0.280	0.289	0.228	0.175						
0.315	0.257	0.203	0.155	0.124					
0.355	0.228	0.180	0.138	0.110					
0.400	0.203	0.160	0.122	0.098 0	0.076 5				
0.450	0.180	0.142	0.109	0.087 1	0.068 0	0.054 4	0.043 5		
0.500	0.162	0.128	0.098 0	0.078 4	0.061 2	0.049 0	0.039 2		
0.560	0.145	0.114	0.087 5	0.070 0	0.054 7	0.043 7	0.035 0		
0.630	0.129	0.101	0.077 7	0.062 2	0.048 6	0.038 9	0.031 1		
0.710	0.114	0.090	0.069 0	0.055 2	0.043 1	0.034 5	0.027 6		
0.800	0.101	0.080	0.061 2	0.049 0	0.038 3	0.030 6	0.024 5	0.019 4	0.015 3
0.900	0.090	0.071	0.054 4	0.043 5	0.034 0	0.027 2	0.021 8	0.017 3	0.013 6
1.000	0.081	0.064	0.049 0	0.039 2	0.030 6	0.024 5	0.019 6	0.015 5	0.012 2
1.120	0.072	0.057	0.043 7	0.035 0	0.027 3	0.021 9	0.017 5	0.013 9	0.010 9
1.250	0.065	0.051	0.039 2	0.031 3	0.024 5	0.019 6	0.015 7	0.012 4	0.009 8
1.400	0.058	0.046	0.035 0	0.028 0	0.021 9	0.017 5	0.014 0	0.011 1	0.008 75
1.600	0.051	0.040	0.030 6	0.024 5	0.019 1	0.015 3	0.012 2	0.009 72	0.007 65
1.800	0.045	0.035	0.027 2	0.021 8	0.017 0	0.013 6	0.010 9	0.008 64	0.006 80
2.000	0.041	0.032	0.024 5	0.019 6	0.015 3	0.012 2	0.009 8	0.007 77	0.006 12

附 录 B
（资料性附录）
推荐电阻合金产品交收检验抽样检查方案

B.1 按 GB/T 2828.1 正常检查的一次抽样方案，交收检验的项目、分组、检验顺序、检查水平（IL）和合格质量水平（AQL）如表 B.1 所示。对应的抽样数量如表 B.2 所示。

表 B.1 电阻合金产品检验项目

组 号	不合格类	序 号	检验项目	检查水平 IL	合格质量水平 AQL
Ⅰ	C类	1	表面质量	Ⅱ	6.5
		2	尺寸		
		3	抗拉强度和伸长率		
Ⅱ	B类	4	每米电阻值及均匀性	Ⅱ	4.0
		5	电阻温度系数		
		6	对铜热电动势率		

表 B.2 抽样数量

单位为盘（或卷）

批量数 N	AQL 4.0			AQL 6.5		
	n	Ac	Re	*n*	Ac	Re
1～15	3	0	1	2	0	1
16～25	3	0	1	8	1	2
26～50	13	1	2	8	1	2
51～90	13	1	2	13	2	3
91～150	20	2	3	20	3	4

ICS 77.040.01
H 21

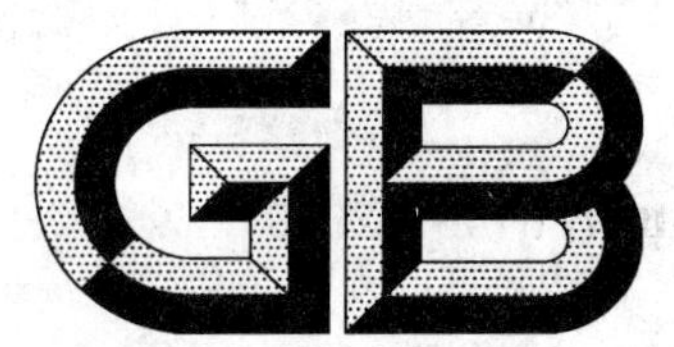

中华人民共和国国家标准

GB/T 6146—2010
代替 GB/T 6146—1985

精密电阻合金电阻率测试方法

Test method for resistivity of precision resistance alloys

2010-12-01 发布　　2011-05-01 实施

中华人民共和国国家质量监督检验检疫总局
中国国家标准化管理委员会 发布

前　言

本标准代替GB/T 6146—1985《精密电阻合金电阻率测试方法》。

本标准与GB/T 6146—1985相比，除了编辑、文字、格式上的修订外，其差异主要为：

——在范围中明确指出了参考温度为20℃；

——电阻率的单位为μΩ·m；

——删除了有关试样制取的表1，其内容在相关条文中进行规定；

——对电阻测试仪器进行了能保证准确测量试样电阻0.001%变化的规定；

——规定了测试具有简单截面的试样和不具有简单截面的试样尺寸的测量仪器。

本标准由机械工业联合会提出。

本标准由全国仪表功能材料标准化技术委员会（SAC/TC 419）归口。

本标准负责起草单位：重庆仪表材料研究所。

本标准参加起草单位：常州市潞城伟业合金厂、江苏华鑫合金有限公司、绍兴春晖自动化仪表有限公司、辽宁省计量科学研究院、德州群力合金材料有限公司。

本标准主要起草人：吴承汕、谌立新、何伦英、王伯伟、袁勤华、邹华、董亮、张力群。

本标准所代替的标准的历次版本发布情况为：

——GB/T 6146—1985。

精密电阻合金电阻率测试方法

1 范围

本标准规定了精密电阻合金电阻率测试方法。

本标准适用于在参考温度为20 ℃时，测量实心并具有均匀截面的精密电阻合金的体积电阻率和单位长度电阻。对于其他合金在此温度的电阻率的测量亦可参照采用。

2 规范性引用文件

下列文件中的条款通过本标准的引用而成为本标准的条款。凡是注日期的引用文件，其随后所有的修改单(不包括勘误的内容)或修订版均不适用于本标准，然而，鼓励根据本标准达成协议的各方研究是否可使用这些文件的最新版本。凡是不注日期的引用文件，其最新版本适用于本标准。

GB/T 8170 数值修约规则与极限数值的表示和判定

3 术语和定义

下列术语及定义适用于本标准。

3.1

电阻率 volunme resistivity

单位长度和单位截面积的导体电阻值。在室温为20 ℃时，其值按公式(1)计算：

$$\rho_{20}=R_{20}\frac{A_{20}}{L_{20}} \qquad \cdots\cdots\cdots\cdots(1)$$

式中：

ρ_{20}——20 ℃时的电阻率，单位为微欧米(μΩ·m)；

R_{20}——20 ℃时的试样电阻值，单位为欧姆(Ω)；

A_{20}——20 ℃时的试样截面积，单位为平方毫米(mm^2)；

L_{20}——20 ℃时的试样的测量长度，单位为米(m)。

3.2

每米电阻值 resistance per unit length

截面均匀的导体，单位长度的电阻值。室温为20 ℃时，其值按公式(2)计算：

$$R_{L\,20}=\frac{R_{20}}{L_{20}} \qquad \cdots\cdots\cdots\cdots(2)$$

式中：

$R_{L\,20}$——20 ℃时的每米电阻值，单位为欧姆每米(Ω/m)；

R_{20}——20 ℃时的试样实测的电阻值，单位为欧姆(Ω)；

L_{20}——20 ℃时的试样的测量长度，单位为米(m)。

3.3

测量长度 test length

指试样两电位端之间的长度。

4 试样

4.1 测试试样从成品中截取，长度不小于300 mm，电阻值应大于0.01 Ω。对于取样困难和有特殊要求的试样，可不按长度和电阻值的要求，并将原样作为测试试样。

4.2　测试试样应无焊接点、裂纹。表面应光滑、平直，无油污和氧化。片、带还应无毛刺、飞边和圆弧端面等。试样横向尺寸大于 1 mm 的用肉眼检查，小于或等于 1 mm 的用 5 倍放大镜进行检查。

5　试验装置

5.1　电阻测量装置

采用分辨力不低于 1×10^{-4} Ω 的电测设备及其配套装置。

5.2　尺寸测量仪器

5.2.1　长度测量采用专用夹具进行测量，其最小分度值应小于 0.1 mm。

5.2.2　对于丝材、棒材、片材、带材等具有简单截面的试样，截面积的尺寸测量采用千分尺、微米千分尺或测微仪。对于不具有简单截面的试样采用分度值为 0.1 mg 的精密天平，由称重法确定截面积。

6　试验环境条件

实验室环境温度为 20 ℃±1 ℃，环境相对湿度不大于 80%。

7　测试方法

7.1　长度测量

在室温下专用夹具测量试样长度时，用游标卡尺反复校准夹具上相互平行的两把刀之间的距离，当测量误差不大于±0.1%时，即为测量长度。

7.2　截面积测量

7.2.1　截面积测量误差不得大于±0.5%。

7.2.2　对于具有简单截面的试样，沿着试样长度方向，在大致等距离选 5 个测量点。丝材、棒材试样应在每个测量处互成直角地测量其直径，取平均值为该处的测量直径，直径的变化不得大于 1%。取 5 个测量处的平均值作为测试试样的平均直径，按公式(3)进行计算截面积。片材、带材应在所选的 5 个测量点测量其厚度和宽度，厚度和宽度的变化不得大于 3%，取 5 个测量处的平均值作为测试试样的平均厚度和宽度，按公式(4)计算截面积。

$$A=\frac{\pi}{4}d^2 \qquad \cdots\cdots(3)$$

$$A=h\cdot b \qquad \cdots\cdots(4)$$

式中：

A——试样截面积，单位为平方毫米(mm^2)；

π——圆周率，取值为 3.142；

d——试样直径平均值，单位为毫米(mm)；

h——试样厚度平均值，单位为毫米(mm)；

b——试样宽度平均值，单位为毫米(mm)。

7.2.3　对于不具有简单截面的试样，采用称量法测量。试样质量称量误差不得大于±0.1%，总长度测量误差不得大于±0.2%。其截面积按公式(5)计算。

$$A=\frac{M}{D\cdot L} \qquad \cdots\cdots(5)$$

式中：

A——试样截面积，单位为平方毫米(mm^2)；

M——试样质量，单位为克(g)；

D——试样的密度，单位为克每立方毫米(g/mm^3)；

L——试样长度，单位为毫米（mm）。

7.2.4 对于未知密度的试样，采用静水称重法测定其密度。试样质量为 10 g 以上，消除表面所吸附的气体、油污等，采用分度值为 0.1 mg 的精密天平分别称量试样在空气中和静水中的质量。注意水的温度应与试验室环境温度相同，同时应防止空气对流对称量结果产生影响。试样密度按公式(6)计算。

$$D=\frac{M\cdot D'}{M-m} \quad \cdots\cdots(6)$$

式中：

D——试样的密度，单位为克每立方毫米（g/mm^3）；

M——试样在空气中的质量，单位为克（g）；

m——试样在静水中的质量，单位为克（g）；

D'——水在 20 ℃的密度，单位为克每立方毫米（g/mm^3）。

注：水在 20 ℃的密度为 0.998 2 g/mm^3，通常近似值取 1 g/mm^3。

7.3 电阻测量

电阻测量误差不得大于±0.2%。

7.3.1 当试样电阻值大于 100 Ω 时，采用两端法测量，若采用单电桥时，用电阻值小于 0.02 Ω 的引线，否则应减去引线电阻值。

7.3.2 若试样电阻值等于或小于 100 Ω 时，采用四端法测量，其电位端和其相邻的电流端之间的距离，为试样截面周长的 1.5 倍，当用双电桥时，参考标准电阻器与试样之间的连接导线（跨线）电阻值，应明显地小于参考标准电阻值和试样电阻值。

7.3.3 当用夹具测量时，电位端的刀刃应互相平行并垂直于试样长轴，或者用锥形点接触试样。若两个电位端之间的测量长度选为 500 mm 时，电位端子同试样接触的轴向长度应小于 0.1 mm。

7.3.4 若试样电阻温度系数大于 2×10^{4} ℃$^{-1}$时，应将试样和夹具一起放入 20 ℃±1 ℃的恒温条件下测量，或用电阻温度系数来修正其电阻值，按公式(7)计算。

$$R_{20}=\frac{R_t}{1+\alpha(t-20)} \quad \cdots\cdots(7)$$

式中：

R_{20}——换算到 20 ℃时的电阻值，单位为欧姆（Ω）；

R_t——在温度 t 时测得的电阻值，单位为欧姆（Ω）；

α——试样电阻温度系数，℃$^{-1}$；

t——测量电阻时的温度，单位为摄氏度（℃）。

7.3.5 为了减少电流所引起的误差，可以用试验的方法确定测量电流的大小。选用一个初始电流测量电阻，然后将初始电流增大 40%，再次测量电阻，若前后两次测得电阻的差值与电阻值之比小于 0.06%，则初始电流合适，可作为测量电流。

7.3.6 测量试样电阻时，为了降低接触电势引起的误差，应通过正反两个方向的电流，取其测得结果的平均值。

8 数据处理

8.1 数值有效数字修约按 GB/T 8170 的规定进行。

8.2 电阻率 ρ_{20} 按公式(1)计算，其值取三位有效数字，误差不得大于±0.65%。

8.3 每米电阻值 R_{L20} 按公式(2)计算，其值取四位有效数字，误差不得大于±0.40%。

9 测试报告

测试报告应包括如下内容：

a） 试样名称、牌号和来源；
b） 试样规格和编号；
c） 测试方法标准号；
d） 测试前试样截取方法和加工状态等；
e） 测试环境温度、湿度；
f） 测试结果；
g） 测试、校核人员；
h） 测试日期。

ICS 31.030
N 05

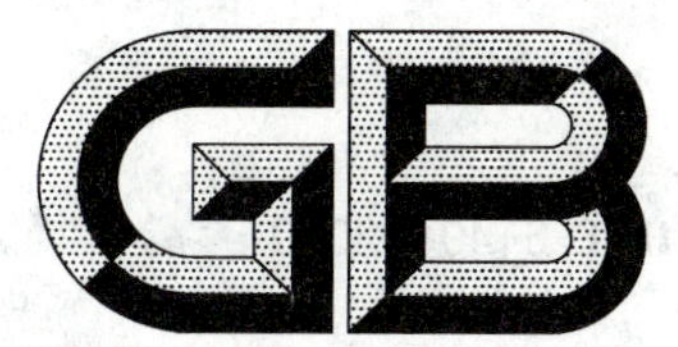

中华人民共和国国家标准

GB/T 6149—2010
代替 GB/T 6149—1985

新康铜电阻合金

New constantan resistance alloy

2010-12-01 发布 2011-05-01 实施

中华人民共和国国家质量监督检验检疫总局
中国国家标准化管理委员会 发布

前言

本标准代替GB/T 6149—1985《新康铜电阻合金》。

本标准与GB/T 6149—1985相比，主要变化如下：

——按GB/T 1.1—2000的要求增加了“范围”和“规范性引用文件”等要素；

——合金化学成分检测按JB/T 9493的规定进行；

——增加带材镰刀形弯曲度试验方法图；

——检验规则分为检验分类、检验项目、组批规则、抽样数量、判定规则。

本标准的附录A、附录B为资料性附录。

本标准由中国机械工业联合会提出。

本标准由全国仪表功能材料标准化技术委员会(SAC/TC 419)归口。

本标准负责起草单位：重庆仪表材料研究所。

本标准参加起草单位：常州市潞城伟业合金厂、江苏华鑫合金有限公司。

本标准主要起草人：何伦英、吴承汕、李方、王伯伟、袁勤华。

本标准所代替标准的历次版本发布情况为：

——GB/T 6149—1985。

新康铜电阻合金

1 范围

本标准规定了新康铜电阻合金的产品分类、技术要求、试验方法、检验规则、供应方式、包装及标志。

本标准适用于制造各种电器变阻器和电阻元件的最高使用温度为500℃的新康铜线材和带材。

2 规范性引用文件

下列文件中的条款通过本标准的引用而成为本标准的条款。凡是注日期的引用文件，其随后所有的修改单(不包括勘误的内容)或修订版均不适用于本标准，然而，鼓励根据本标准达成协议的各方研究是否可使用这些文件的最新版本。凡是不注日期的引用文件，其最新版本适用于本标准。

GB/T 228 金属材料 室温拉伸试验方法

GB/T 6146 精密电阻合金电阻率测试方法

GB/T 6148 精密电阻合金电阻温度系数测试方法

JB/T 9493 锰铜和新康铜电阻合金化学分析方法

3 品种、牌号及规格

3.1 新康铜的牌号及品种

新康铜的牌号及品种如表1所示。

表1 新康铜合金的产品品种和牌号

名称	品种	合金牌号	产品代号
新康铜	线材	6J11	6J11X
	带材		6J11D

3.2 产品规格

合金线材的标称尺寸如表2所示。带材的标称尺寸如表3所示。带材标称质量参见附录A。新康铜的熔点、密度、比热、导热系数、热电动势率参见附录B。

3.3 产品标记

直径为0.80 mm的新康铜线材标记为：

新康铜电阻合金 GB/T 6149-6J11-X-Φ0.8

标记中各要素的含义如下：

6J11——合金牌号；

X——产品代号；

Φ0.8——产品标称尺寸。

表2 新康铜合金线材标称尺寸

线径/mm		截面积 mm²	每米电阻值		每米标称质量 g/m
标称值	允差		标称值/(Ω/m)	允差/%	
0.315	±0.010	0.077 93	6.29	±7	0.623 4
0.355		0.098 98	4.95		0.791 8
0.400		0.125 7	3.90		1.005
0.45		0.159 0	3.08		1.272

表 2（续）

线径/mm		截面积 mm²	每米电阻值		每米标称质量 g/m
标称值	允差		标称值/(Ω/m)	允差/%	
0.50	+0.01 −0.02	0.196 3	2.50	±7	1.571
0.56		0.246 3	1.99		1.970
0.63		0.311 7	1.57		2.494
0.71		0.395 9	1.24		3.167
0.75		0.441 8	1.11		3.534
0.80		0.502 7	0.975		4.021
0.85	±0.02	0.567 4	0.864	±6	4.540
0.90		0.636 2	0.770		5.089
0.95		0.708 8	0.691		5.671
1.00		0.785 4	0.624		6.283
1.06		0.882 5	0.555		7.060
1.12		0.985 2	0.497		7.882
1.18		1.093	0.448		8.749
1.25		1.227	0.399		9.817
1.32		1.368	0.358		10.95
1.40		1.539	0.318		12.32
1.50		1.767	0.277		14.14
1.60		2.011	0.244		16.08
1.70	+0.02 −0.03	2.270	0.216		18.16
1.80		2.545	0.193		20.36
1.90		2.835	0.173		22.68
2.00		3.142	0.156	±5	25.13
2.12	±0.03	3.530	0.139		28.24
2.24		3.941	0.124		31.53
2.36		4.374	0.112		34.99
2.50		4.909	0.099 8		39.27
2.65		5.515	0.088 8		44.12
2.80		6.158	0.079 6		49.26
3.00	+0.03 −0.04	7.069	0.069 3		56.55
3.15		7.793	0.062 9		62.34
3.35		8.814	0.055 6		70.51
3.55		9.898	0.049 5		79.18
3.75		11.04	0.044 4		88.36
4.00		12.57	0.039 0		100.5

表 2（续）

线径/mm		截面积 mm²	每米电阻值		每米标称质量 g/m
标称值	允差		标称值/(Ω/m)	允差/%	
4.25	+0.03 −0.04	14.18	0.034 6	±5	113.5
4.50		15.90	0.030 8		127.2
4.75	±0.04	17.72	0.027 6	±4	141.8
5.00		19.63	0.025 0		157.1
5.30		22.06	0.022 2		176.5
5.60		24.63	0.019 9		197.2
6.00		26.27	0.018 6		226.2
6.30	±0.05	31.17	0.015 7		249.4
6.70		35.26	0.013 9		282.1
7.10		39.59	0.012 4		316.7
7.50		44.18	0.011 1		353.4
8.00		50.27	0.009 75		402.1

注 1：计算每米标称电阻时，电阻率取 0.49 μΩ·m；

注 2：计算每米标称质量时，密度取 8 g/cm³。

表 3　新康铜带材的标称尺寸

厚度 mm	允许偏差 mm	宽度/mm								
		6.3	8.0	10.0	12.5	16.0	20.0	25.0	31.5	40.0
		允许偏差/mm								
		±0.3	±0.3	±0.3	±0.4	±0.4	±0.5	±0.5	±0.6	±0.7
		有效截面积/mm²								
0.180	±0.01	1.07								
0.200		1.18								
0.224		1.32	1.68							
0.250	+0.01 −0.02	1.48	1.88	2.45						
0.280		1.66	2.11	2.74	3.43					
0.315		1.87	2.37	3.09	3.86					
0.355		2.10	2.67	3.48	4.35	5.57				
0.400	±0.02	2.37	3.01	3.92	4.90	6.27				
0.450		2.66	3.38	4.41	5.51	7.06	8.82	11.03		
0.500		2.96	3.76	4.90	6.13	7.84	9.80	12.25		
0.560	+0.02 −0.03	3.32	4.21	5.49	6.86	8.78	10.98	13.72		
0.630		3.73	4.74	6.17	7.72	9.88	12.35	15.43		
0.710		4.20	5.34	6.96	8.70	11.13	13.92	17.40		

表 3（续）

厚度 mm	允许偏差 mm	宽度/mm								
		6.3	8.0	10.0	12.5	16.0	20.0	25.0	31.5	40.0
		允许偏差/mm								
		±0.3	±0.3	±0.3	±0.4	±0.4	±0.5	±0.5	±0.6	±0.7
		有效截面积/mm²								
0.800	±0.03	4.74	6.02	7.84	9.80	12.54	15.68	19.60	24.70	
0.900		5.33	6.77	8.82	11.03	14.11	17.64	22.05	27.78	
1.000	±0.04	5.92	7.52	9.80	12.25	15.68	19.60	24.50	30.87	39.20
1.120		6.63	8.42	10.98	13.72	17.56	21.95	27.44	34.57	43.90
1.250		7.40	9.40	12.25	15.31	19.60	24.50	30.63	38.59	49.00
1.400	±0.05	8.29	10.53	13.72	17.15	21.95	27.44	34.30	43.22	54.88
1.600		9.48	12.03	15.68	19.60	25.09	31.36	39.20	49.39	62.72
1.800	±0.06	10.66	13.54	17.64	22.05	28.22	35.28	44.10	55.57	70.56
2.000		11.84	15.04	19.60	24.50	31.36	39.20	49.00	61.74	78.40

注：带材的有效截面积是把宽度与厚度之积乘以如下的系数求得：

——宽度大于或等于 10 mm，乘 0.98；

——宽度小于 10 mm，乘 0.94。

4 技术要求

4.1 化学成分

合金的化学成分如表 4 所示。

表 4 合金的化学成分

合金名称	合金牌号	主要化学成分（质量分数）/%			
		铜	锰	铝	铁
新康铜	6J11	余	11.50～12.50	2.50～4.50	1.00～1.60

注：若能满足本标准技术要求，化学成分允许稍有变动。

4.2 表面质量

线材、带材表面应光滑、平整。不允许有裂缝、分层及超过线径或厚度允差的局部微小缺陷。

4.3 尺寸

4.3.1 线材的尺寸允差应符合表 2 的规定。带材尺寸允差应符合表 3 的规定。

4.3.2 线材的圆度应不超过线径允差范围的二分之一。

4.3.3 带材任 1 000 mm 长的镰刀形弯曲度应不大于 10 mm，并仅限于单向。

4.4 抗拉强度和伸长率

4.4.1 线材的伸长率应不小于表 5 的规定。

4.4.2 厚度大于或等于 0.5 mm 带材的伸长率应不小于 15%。

4.4.3 合金的抗拉强度应大于 240 N/mm²。

表 5 线材的伸长率

线径/mm	伸长率(L_0=200 mm)/%
≥Φ1.00	25
<Φ1.00	15

4.5 每米电阻值

4.5.1 线材的每米标称电阻值及允差应符合表 2 的规定,带材的每米标称电阻值参见附录 A。

4.5.2 同一盘(卷)线材和带材任意两段的每米电阻值相对差不得大于表 6 的规定。

表 6 线材和带材的每米电阻值相对差

尺 寸	线径/mm	带宽/mm		
	≥0.315	<10.0	10.0～20.0	>20.0
每米电阻值相对差/%	5	8	6	5

4.6 电阻率

合金在 20 ℃的电阻率应为(0.49±0.03)μΩ·m。

4.7 平均电阻温度系数

合金的平均电阻温度系数见表 7。

表 7 合金的平均电阻温度系数

合金名称	温度范围/℃	平均电阻温度系数/(10^{-6}/℃)
新康铜	20～200	−40～+40
	20～500	−80～+80

5 试验方法

5.1 化学成分

合金化学成分按 JB/T 9493 规定的方法进行测定。

5.2 表面质量

表面质量用目测法检验。

5.3 尺寸检验

5.3.1 当线径或带材厚度不大于 0.40 mm 时,测量工具的最小分度值应不大于 0.001 mm;当线径或带材厚度大于 0.4 mm 时,测量工具的最小分度值应不大于 0.01 mm。

5.3.2 线径的测量,在垂直于试样线轴的同一截面上,在相互垂直的方向上测量,试样的两端和中部共测量三处,取其平均值作为线径。

5.3.3 带材厚度测量,在距两端不小于 100 mm,距边缘不小于 10 mm 的部位(带的宽度小于 20 mm 时,则在宽的中心线上)测量三点,以平均值作为厚度。

5.3.4 测量镰刀形弯曲度时,把长度大于 1 000 mm 的带材平放在平板上,将 1 000 mm 长度直尺平靠在带材侧面,用另一直尺测量带材侧面与直尺侧面的最大距离,即为弯曲度数(mm),见图 1。

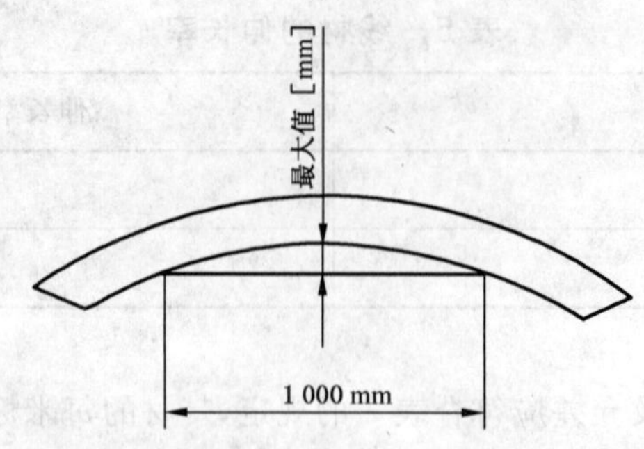

图1 带材镰刀形弯曲度测量方法

5.4 合金伸长率和抗拉强度按 GB/T 228 的规定进行测量。

5.5 每米电阻值按 GB/T 6146 的规定进行测量。

5.6 电阻率按 GB/T 6146 的规定进行测量。

5.7 平均电阻温度系数按 GB/T 6148 的规定进行测量。

6 检验规则

6.1 检验分类

产品检验分为出厂检验和型式检验。

6.2 检验项目

6.2.1 出厂检验

产品应经质量检验部门出厂检验合格,并附有产品合格证,方可出厂。检验项目见表8。

6.2.2 型式检验

产品型式检验按本标准规定的全部检验项目进行,检验项目见表8。有下列情况之一时,应进行型式试验:

a) 新产品或老产品转厂生产时;

b) 正式生产后,如结构、材料、工艺有较大改变时;

c) 正常生产时,每年应不少于一次检验;

d) 产品长期停产后,恢复生产时;

e) 出厂检验结果与上次型式检验有较大差异时;

f) 国家质量监督机构提出进行型式检验要求时。

6.2.3 本标准规定线材以每米电阻值为主要考核指标,线径允差和电阻率允差为参考值,但用户需要时,可以指定线径或电阻率为考核指标,其余两项允差为参考值。

6.3 组批规则

产品应成批交验,每批应由同一规格的产品组成。

6.4 抽样数量

6.4.1 出厂检验实行抽样检验,每批出厂产品抽样数量如表8所示。每个项目批量抽样数量至少不少于三盘(卷)。

表8 检验项目及抽样数量

序号	检验项目	出厂检验	型式检验	要求对应章条号	试验方法对应章条号	出厂检验抽样数量
1	化学成分	●	●	4.1	5.1	每炉
2	表面质量	●	●	4.2	5.2	逐盘
3	尺寸	○	●	4.3	5.3	每批5%盘

表 8（续）

序号	检验项目	出厂检验	型式检验	要求对应章条号	试验方法对应章条号	出厂检验抽样数量
4	机械性能	●	●	4.4	5.4	每批 2%盘
5	每米电阻值	●	●	4.5	5.5	每批 20%盘
6	电阻率	○	●	4.6	5.6	每批 3%盘
7	平均电阻温度系数	—	●	4.7	5.7	3 盘
注：●必检项目；○协商检验项目；—不检项目。						

6.4.2 型式检验应从出厂检验合格品中随机抽取三盘(卷)。

6.5 判定规则

6.5.1 出厂检验时，受检项目只要有一项不合格，则判定该产品为不合格品。

6.5.2 型式检验时，如有不合格项目，允许重新抽取双倍产品进行复验，若复验仍有不合格时，则判定该产品型式检验不合格。

7 供应方式、包装及标志

7.1 供应方式

7.1.1 本产品以软态供货。经供需双方协商也可以提供硬态的丝材。表面可以是本色、褐色或黑色。

7.1.2 线材、带材应成盘(卷)交货，线材每盘(卷)应由一根线组成。线材、带材的成盘(卷)净质量应符合表 9 的规定。

表 9 线材、带材的成盘(卷)净质量

线径/mm	带宽/mm	最低净质量/kg	供货情况
0.315～0.75	—	0.5	装盘
>0.75～1.25	6.3～8.0	1.5	成卷
>1.25～2.50	>18.0～12.5	2.5	成卷
>2.50～5.00	>12.5～25.0	3.5	成卷
>5.00～8.00	>25.0～40.0	5.0	成卷

7.2 线材的包装应紧密、均匀、整齐地绕在线盘上或绕成卷，带材绕成卷或平直状态，并妥善包装。

7.3 标志

每盘(卷)产品应标志：

a) 制造厂名或商标；

b) 合金牌号、规格、标准号或标记；

c) 毛重、净重；

d) 出厂日期。

附 录 A
（资料性附录）
新康铜带材每米标称电阻值和每米标称质量

A.1 带材每米标称电阻值如表 A.1 所示。

表 A.1 新康铜带材每米标称电阻值

厚度 mm	宽度/mm								
	6.3	8.0	10.0	12.5	16.0	20.0	25.0	31.5	40.0
	每米标称电阻值/(Ω/m)								
0.180	0.460								
0.200	0.414								
0.224	0.369	0.291							
0.250	0.331	0.261	0.200						
0.280	0.296	0.233	0.179						
0.315	0.263	0.207	0.159	0.127					
0.355	0.233	0.184	0.141	0.113					
0.400	0.207	0.163	0.125	0.100	0.078 1				
0.450	0.184	0.145	0.111	0.088 9	0.069 4	0.055 6	0.044 4		
0.500	0.165	0.130	0.100	0.080 0	0.062 5	0.050 0	0.040 0		
0.560	0.148	0.116	0.089 3	0.071 4	0.055 8	0.044 6	0.035 7		
0.630	0.131	0.103	0.079 4	0.063 5	0.049 6	0.039 7	0.031 7		
0.710	0.117	0.091 8	0.070 4	0.056 3	0.044 0	0.035 2	0.028 2		
0.800	0.103	0.081 4	0.062 5	0.050 0	0.039 1	0.031 2	0.025 0	0.019 8	
0.900	0.091 9	0.072 4	0.055 6	0.044 4	0.034 7	0.027 8	0.022 2	0.017 6	
1.000	0.082 7	0.065 2	0.050 0	0.040 0	0.031 3	0.025 0	0.020 0	0.015 9	0.012 5
1.120	0.073 9	0.058 2	0.044 6	0.035 7	0.027 9	0.022 3	0.017 9	0.014 2	0.011 2
1.250	0.066 2	0.052 1	0.040 0	0.032 0	0.025 0	0.020 0	0.016 0	0.012 7	0.010 0
1.400	0.059 1	0.046 5	0.035 7	0.028 6	0.022 3	0.017 9	0.014 3	0.011 3	0.008 9
1.600	0.051 7	0.040 7	0.031 2	0.025 0	0.019 5	0.015 6	0.012 5	0.009 9	0.007 8
1.800	0.046 0	0.036 2	0.027 8	0.022 2	0.017 4	0.013 9	0.011 1	0.008 8	0.006 9
2.000	0.041 4	0.032 6	0.025 0	0.020 0	0.015 6	0.012 5	0.010 0	0.007 9	0.006 3
注：本表电阻率取 0.49 μΩ·m。									

A.2 带材每米标称质量如表 A.2 所示。

表 A.2　新康铜带材每米标称质量

厚度 mm	宽度/mm								
	6.3	8.0	10.0	12.5	16.0	20.0	25.0	31.5	40.0
	每米标称质量/(g/m)								
0.180	8.6								
0.200	9.4								
0.224	10.6	13.4							
0.250	11.8	15.0	19.6						
0.280	13.3	16.9	21.9	26.7					
0.315	15.0	19.0	24.7	30.9					
0.355	16.8	21.4	27.8	34.8	44.6				
0.400	19.0	24.1	31.4	39.2	50.2				
0.450	21.3	27.0	35.3	44.1	56.5	70.6	88.2		
0.500	23.7	30.1	39.2	49.0	62.7	78.4	98.0		
0.560	26.6	33.7	43.9	54.9	70.2	87.8	110.0		
0.630	29.8	37.9	49.4	61.8	79.0	98.8	123.4		
0.710	33.6	42.7	55.7	69.6	89.0	111.4	139.2		
0.800	37.9	48.2	62.7	78.4	100.3	125.4	156.8	197.6	
0.900	42.6	54.2	70.6	88.24	112.9	141.1	176.4	222.2	
1.000	47.4	60.2	78.4	98	125.4	156.8	196.0	247.0	313.6
1.120	53.0	67.4	87.8	109.8	140.5	175.6	219.5	276.6	351.2
1.250	59.2	72.3	98.0	122.5	156.8	196.0	245.0	308.7	392.0
1.400	66.3	84.2	109.8	137.2	175.6	219.5	274.4	345.8	439.0
1.600	75.8	96.2	125.4	156.8	200.7	250.9	313.6	395.1	501.8
1.800	85.3	108.3	141.1	176.4	225.8	282.2	352.8	444.6	564.5
2.00	94.7	120.3	156.8	196.0	250.9	313.6	392.0	493.9	627.2

注：本表密度取 8 g/cm^3。

附 录 B
（资料性附录）
新康铜的熔点、密度、比热、导热系数、对铜热电动势率

B.1 新康铜的熔点、密度、比热、导热系数、线胀系数、对铜热电动势率如表B.1所示。

表B.1 新康铜的熔点、密度、比热、导热系数、热电动势

项　目	性能数据
熔点/℃	965
密度(20 ℃)/(g/cm^3)	8.0
导热系数(20 ℃)/[W/(m·℃)]	21.8
比热(20 ℃)/[kJ/(kg·℃)]	0.4
线胀系数(25 ℃～400 ℃)/(10^{-6}/℃)	19.8
对铜热电动势率(0 ℃～100 ℃)/mV	0.002

ICS 21.060.20
J 13

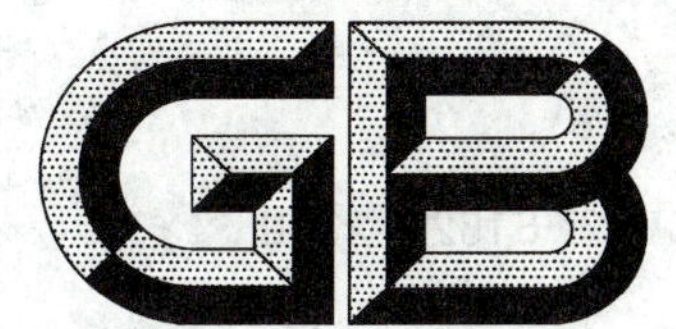

中华人民共和国国家标准

GB/T 6182—2010
代替 GB/T 6182—2000

2型非金属嵌件六角锁紧螺母

Prevailing torque type hexagon nuts(with non-metallic insert),style 2

[ISO 7041:2002 Prevailing torque type hexagon nuts(with non-metallic insert),style 2—Property classes 9 and 12,MOD]

2011-01-10 发布 2011-10-01 实施

中华人民共和国国家质量监督检验检疫总局
中国国家标准化管理委员会 发布

前 言

本标准是国家标准“有效力矩型锁紧螺母”产品系列标准之一，该系列标准包括：

——GB/T 889.1—2000 1型非金属嵌件六角锁紧螺母；

——GB/T 889.2—2000 1型非金属嵌件六角锁紧螺母 细牙；

——GB/T 6172.2—2000 非金属嵌件六角锁紧薄螺母；

——GB/T 6182—2010 2型非金属嵌件六角锁紧螺母；

——GB/T 6183.1—2000 非金属嵌件六角法兰面锁紧螺母；

——GB/T 6183.2—2000 非金属嵌件六角法兰面锁紧螺母 细牙；

——GB/T 6184—2000 1型全金属六角锁紧螺母；

——GB/T 6185.1—2000 2型全金属六角锁紧螺母；

——GB/T 6185.2—2000 2型全金属六角锁紧螺母 细牙；

——GB/T 6186—2000 2型全金属六角锁紧螺母9级；

——GB/T 6187.1—2000 全金属六角法兰面锁紧螺母；

——GB/T 6187.2—2000 全金属六角法兰面锁紧螺母 细牙。

本标准修改采用国际标准 ISO 7041:2002《有效力矩型六角螺母(非金属嵌件)、2型 性能等级9和12级》(英文版)，主要修改如下：

——在引用文件中，用我国标准代替国际标准(第2章)；

——ISO 7041未规定包装技术要求，本标准予以规定(表2)；

——ISO 7041未规定简化标记，本标准按GB/T 1237给出简化的标记(5.2)。

本标准代替GB/T 6182—2000《2型非金属嵌件六角锁紧螺母》。

本标准与GB/T 6182—2000相比主要变化如下：

——调整了最小扳拧高度(m_w)(见表1)；

——增加非电解锌片涂层(见表2)。

本标准由中国机械工业联合会提出。

本标准由全国紧固件标准化技术委员会(SAC/TC 85)归口。

本标准起草单位：中机生产力促进中心。

本标准所代替标准的历次版本发布情况为：

——GB 6182—1986、GB/T 6182—2000。

2型非金属嵌件六角锁紧螺母

1 范围

本标准规定了螺纹规格为M5～M36、性能等级为9级和12级、产品等级为A级和B级的2型非金属嵌件六角锁紧螺母。A级用于$D\leqslant16$ mm;B级用于$D>16$ mm的螺母。

注:这种螺母,相当于GB/T 6175加上有效力矩部分。

如需其他技术要求,从现行标准(如GB/T 196、GB/T 3098.9和GB/T 3103.1)中选择。

2 规范性引用文件

下列文件中的条款通过本标准的引用而成为本标准的条款。凡是注日期的引用文件,其随后所有的修改单(不包括勘误的内容)或修订版均不适用于本标准,然而,鼓励根据本标准达成协议的各方研究是否可使用这些文件的最新版本。凡是不注日期的引用文件,其最新版本适用于本标准。

GB/T 90.1 紧固件 验收检查(GB/T 90.1—2002,ISO 3269:2000,IDT)

GB/T 90.2 紧固件 标志与包装

GB/T 193 普通螺纹 直径与螺距系列(GB/T 193—2003,ISO 261:1998,MOD)

GB/T 196 普通螺纹 基本尺寸(GB/T 196—2003,ISO 724:1993, MOD)

GB/T 1237 紧固件标记方法(GB/T 1237—2000,eqv ISO 8991:1986)

GB/T 3098.9 紧固件机械性能 有效力矩型钢锁紧螺母(GB/T 3098.9—2010,ISO 2320:2008,IDT)

GB/T 3103.1 紧固件公差 螺栓、螺钉、螺柱和螺母(GB/T 3103.1—2002, ISO 4759-1:2000,IDT)

GB/T 5267.1 紧固件 电镀层(GB/T 5267.1—2002,ISO 4042:1999,IDT)

GB/T 5267.2 紧固件 非电解锌片涂层(GB/T 5267.2—2002,ISO 10683:2000,IDT)

GB/T 5779.2 紧固件表面缺陷 螺母(GB/T 5779.2—2000,idt ISO 6157-2:1995)

GB/T 6175 2型六角螺母(GB/T 6175—2000,eqv ISO 4033:1999)

GB/T 9145 普通螺纹 中等精度、优选系列的极限尺寸(GB/T 9145—2003,ISO 965-2:1998,MOD)

GB/T 16938 紧固件 螺栓、螺钉、螺柱和螺母 通用技术条件(GB/T 16938—2008,ISO 8992:2005,IDT)

3 尺寸

螺母的型式尺寸见图1和表1。

尺寸代号和标注符合GB/T 5267。

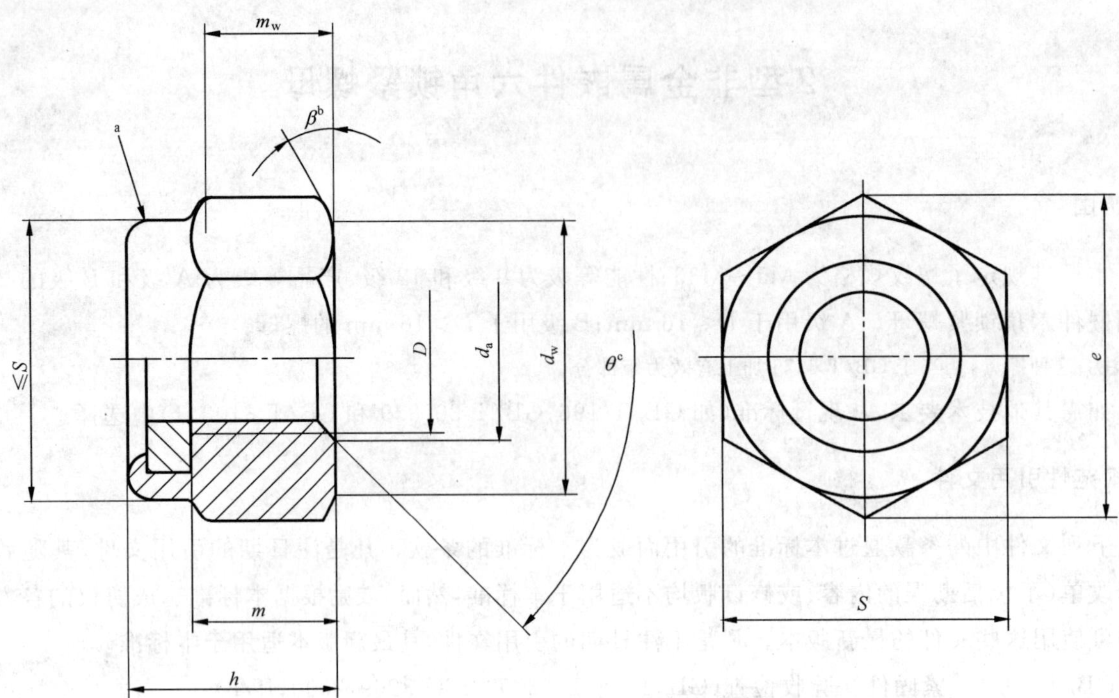

a 有效力矩部分，形状任选；

b $\beta=15°\sim30°$；

c $\theta=90°\sim120°$。

图 1

表 1 尺寸

单位为毫米

螺纹规格 D		M5	M6	M8	M10	M12	(M14)[a]	M16	M20	M24	M30	M36
P[b]		0.8	1	1.25	1.5	1.75	2	2	2.5	3	3.5	4
d_a	max	5.75	6.75	8.75	10.8	13	15.1	17.3	21.6	25.9	32.4	38.9
	min	5.00	6.00	8.00	10.0	12	14.0	16.0	20.0	24.0	30.0	36.0
d_w	min	6.88	8.88	11.63	14.63	16.63	19.64	22.49	27.7	33.25	42.75	51.11
e	min	8.79	11.05	14.38	17.77	20.03	23.36	26.75	32.95	39.55	50.85	60.79
h	max	7.20	8.50	10.2	12.8	16.1	18.3	20.7	25.1	29.5	35.6	42.6
	min	6.62	7.92	9.5	12.1	15.4	17.0	19.4	23.0	27.4	33.1	40.1
m[c]	min	4.8	5.4	7.14	8.94	11.57	13.4	15.7	19	22.6	27.3	33.1
m_w[d]	min	3.84	4.32	5.71	7.15	9.26	10.7	12.6	15.2	18.1	21.8	26.5
S	max	8.00	10.00	13.00	16.00	18.00	21.00	24.00	30.00	36	46	55.0
	min	7.78	9.78	12.73	15.73	17.73	20.67	23.67	29.16	35	45	53.8

a 尽可能不采用括号内的规格。

b P——螺距。

c 最小螺纹高度。

d 最小扳拧高度。

4　技术条件和引用标准

技术条件和引用标准见表2。

表2　技术条件和引用标准

材　　料	螺母体	钢
	嵌件	推荐采用尼龙66
通用技术条件		GB/T 16938
螺纹	公差	6H
	标准	GB/T 193、GB/T 9145
机械性能	等级	9、12
	标准	GB/T 3098.9
公差	产品等级	$D \leqslant 16$ mm：A；$D>16$ mm：B
	标准	GB/T 3103.1
表面缺陷		GB/T 5779.2
表面处理		氧化。 电镀，技术要求按GB/T 5267.1。 非电解锌片涂层，技术要求按GB/T 5267.2
验收及包装		GB/T 90.1、GB/T 90.2

5　标记

5.1　标记方法

标记方法按GB/T 1237规定。

5.2　标记示例

螺纹规格 D=M12、性能等级为9级、表面氧化、产品等级为A级的2型非金属嵌件六角锁紧螺母的标记：

螺母　GB/T 6182　M12

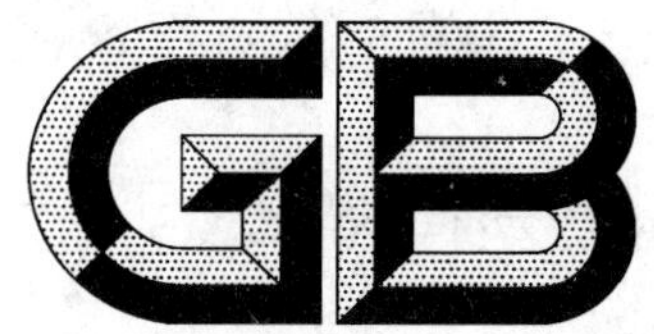

中华人民共和国国家标准

GB 6227.1—2010

食品安全国家标准
食品添加剂　日落黄

2010-12-21 发布　　　　2011-02-21 实施

中华人民共和国卫生部　发布

前言

本标准代替 GB 6227.1—1999《食品添加剂　日落黄》。

本标准与 GB 6227.1—1999 相比，主要变化如下：

——增加了安全提示；

——取消了≥60.0%的质量规格，将≥85.0%的指标修改为≥87.0%；

——修改了鉴别试验的方法；

——分光光度比色法平行测定的允许差由 2.0%修改为 1.0%；

——干燥减量、氯化物和硫酸盐总量指标由≤15.0%修改为≤13.0%，并修改了检测方法；

——增加了对氨基苯磺酸钠、2-萘酚-6-磺酸钠、6，6′-氧代双(2-萘磺酸)二钠、4，4′-(重氮亚氨基)二苯磺酸二钠盐等未反应中间体及 1-苯基偶氮基-2-萘酚指标和检测方法；

——增加了未磺化芳族伯胺(以苯胺计)指标和检测方法；

——砷(As)的检测方法由化学限量法修改为原子吸收法；

——取消了重金属(以 Pb 计)的质量规格；

——增加了铅(Pb)指标和检测方法；

——增加了汞(Hg)指标和检测方法。

本标准的附录 A、附录 B 和附录 C 为规范性附录，附录 D 为资料性附录。

本标准所代替标准的历次版本发布情况为：

——GB 6227.1—1986，GB 6227.1—1999。

食品安全国家标准

食品添加剂 日落黄

1 范围

本标准适用于由对氨基苯磺酸重氮化后与薛佛氏盐偶合而制得的食品添加剂日落黄。

2 规范性引用文件

本标准中引用的文件对于本标准的应用是必不可少的。凡是注日期的引用文件，仅所注日期的版本适用于本标准。凡是不注日期的引用文件，其最新版本(包括所有的修改单)适用于本标准。

3 化学名称、结构式、分子式和相对分子质量

3.1 化学名称

6-羟基-5-[(4-磺酸基苯基)偶氮]-2-萘磺酸的二钠盐

3.2 结构式

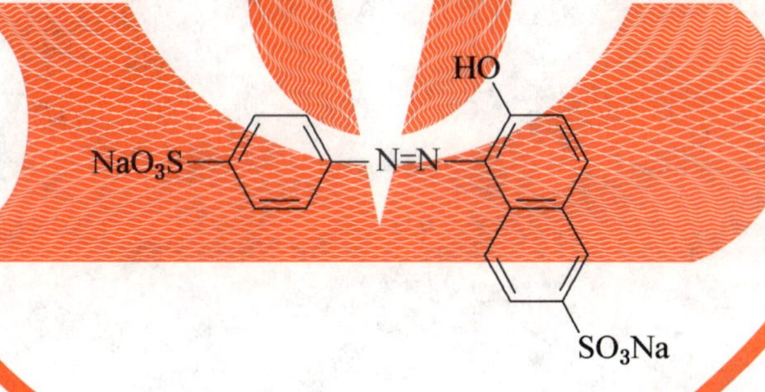

3.3 分子式

$C_{16}H_{10}N_2Na_2O_7S_2$

3.4 相对分子质量

452.37(按2007年国际相对原子质量)

4 技术要求

4.1 感官要求：应符合表1的规定。

表1 感官要求

项 目	要 求	检 验 方 法
色泽	橙红色	自然光线下采用目视评定
组织状态	粉末或颗粒	

4.2 理化指标:应符合表2的规定。

表2 理化指标

项 目		指 标	检验方法
日落黄,w/%	≥	87.0	附录A中A.4
干燥减量、氯化物(以NaCl计)及硫酸盐(以$NaSO_4$计)总量,w/%	≤	13.0	附录A中A.5
水不溶物,w/%	≤	0.20	附录A中A.6
对氨基苯磺酸钠,w/%	≤	0.20	附录A中A.7
2-萘酚-6-磺酸钠,w/%	≤	0.30	附录A中A.8
6,6′-氧代双(2-萘磺酸)二钠,w/%	≤	1.0	附录A中A.9
4,4′-(重氮亚氨基)二苯磺酸二钠盐,w/%	≤	0.10	附录A中A.10
1-苯基偶氮基-2-萘酚/(mg/kg)	≤	10.0	附录A中A.11
未磺化芳族伯胺(以苯胺计)/%	≤	0.01	附录A中A.12
副染料,w/%	≤	4.0	附录A中A.13
砷(AS)/(mg/kg)	≤	1.0	附录A中A.14
铅(PA)/(mg/kg)	≤	10.0	附录A中A.15
汞(Hg)/(mg/kg)	≤	1.0	附录A中A.16

附 录 A
（规范性附录）
检 验 方 法

A.1 安全提示

本标准试验方法中使用的部分试剂具有毒性或腐蚀性，按相关规定操作，操作时需小心谨慎。若溅到皮肤上应立即用水冲洗，严重者应立即治疗。在使用挥发性酸时，要在通风橱中进行。

A.2 一般规定

本标准所用试剂和水，在没有注明其他要求时，均指分析纯试剂和 GB/T 6682—2008 规定的三级水。试验中所需标准溶液、杂质标准溶液、制剂及制品在没有注明其他规定时，均按 GB/T 601、GB/T 602、GB/T 603 规定配制和标定。

A.3 鉴别试验

A.3.1 试剂和材料

A.3.1.1 硫酸。
A.3.1.2 乙酸铵溶液：1.5 g/L。

A.3.2 仪器和设备

A.3.2.1 分光光度计。
A.3.2.2 比色皿：10 mm。

A.3.3 鉴别方法

应满足如下条件：
A.3.3.1 称取约 0.1 g 试样（精确至 0.01 g），溶于 100 mL 水中，显橙色澄清溶液。
A.3.3.2 称取约 0.1 g 试样（精确至 0.01 g），加 10 mL 硫酸后显橙红色，取此液 2 滴～3 滴加入 5 mL 水中显橙黄色。
A.3.3.3 称取约 0.1 g 试样（精确至 0.01 g），溶于 100 mL 乙酸铵溶液中，取此溶液 1 mL，加乙酸铵溶液配至 100 mL，该溶液的最大吸收波长为 482 nm±2 nm。

A.4 日落黄的测定

A.4.1 三氯化钛滴定法（仲裁法）

A.4.1.1 方法提要

在酸性介质中，日落黄中的偶氮基被三氯化钛还原分解，按三氯化钛标准滴定溶液的消耗量，计算其含量。

A.4.1.2 试剂和材料

A.4.1.2.1 酒石酸氢钠。

A.4.1.2.2 三氯化钛标准滴定溶液：$c(TiCl_3)=0.1$ mol/L（现用现配，配制方法见附录 B）。

A.4.1.2.3 钢瓶装二氧化碳。

A.4.1.3 仪器和设备

三氯化钛滴定法的装置图见图 A.1。

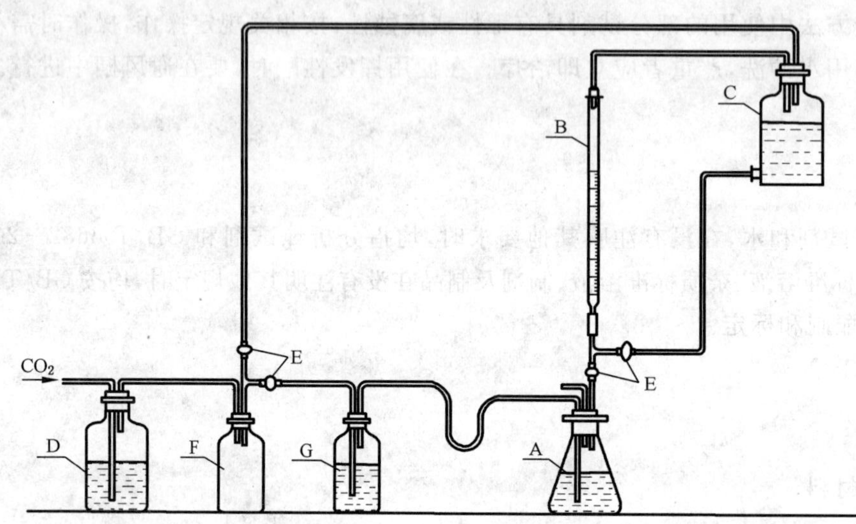

A——锥形瓶(500 mL)；

B——棕色滴定管(50 mL)；

C——包黑纸的下口玻璃瓶(2 000 mL)；

D——装有 100 g/L 碳酸铵溶液和 100 g/L 硫酸亚铁溶液等量混合液的容器(5 000 mL)；

E——活塞；

F——空瓶；

G——装有水的洗气瓶。

图 A.1 三氯化钛滴定法的装置图

A.4.1.4 分析步骤

称取约 0.5 g 试样(精确至 0.000 1 g)，置于 500 mL 锥形瓶中，溶于 50 mL 煮沸并冷却至室温的水中，加入 15 g 酒石酸氢钠和 150 mL 沸水，振荡溶解后，按图 A.1 装好仪器，在液面下通入二氧化碳的同时，加热沸腾，用三氯化钛标准滴定溶液滴定使其固有颜色消失为终点。

A.4.1.5 结果计算

日落黄以质量分数 w_1 计，数值用%表示，按公式(A.1)计算：

$$w_1=\frac{c(V/1\ 000)(M/4)}{m_1}\times 100\% \qquad \text{(A.1)}$$

式中：

c ——三氯化钛标准滴定溶液浓度的准确数值，单位为摩尔每升(mol/L)；

V ——滴定试样耗用的三氯化钛标准滴定溶液体积的准确数值，单位为毫升(mL)；

M——日落黄的摩尔质量数值，单位为克每摩尔(g/mol)[$M(C_{16}H_{10}N_2Na_2O_7S_2)=452.37$]；

m_1——试样的质量数值，单位为克(g)。

计算结果表示到小数点后1位。

平行测定结果的绝对差值不大于1.0%(质量分数)，取其算术平均值作为测定结果。

A.4.2 分光光度比色法

A.4.2.1 方法提要

将试样与已知含量的日落黄标准品分别用水溶解，用乙酸铵溶液稀释定容后，在最大吸收波长处，分别测其吸光度值，计算其含量。

A.4.2.2 试剂和材料

A.4.2.2.1 乙酸铵溶液：1.5 g/L。

A.4.2.2.2 日落黄标准品：≥87.0%(质量分数，按A.4.1测定)。

A.4.2.3 仪器和设备

A.4.2.3.1 分光光度计。

A.4.2.3.2 比色皿：10 mm。

A.4.2.4 日落黄标样溶液的配制

称取约0.25 g日落黄标准品(精确到0.000 1 g)，溶于适量水中，移入1 000 mL容量瓶中，加水稀释至刻度，摇匀。吸取10 mL，移入500 mL容量瓶中，加乙酸铵溶液稀释至刻度，摇匀，备用。

A.4.2.5 日落黄试样溶液的配制

称量与操作方法同A.4.2.4标样溶液的配制。

A.4.2.6 分析步骤

将日落黄标样溶液和日落黄试样溶液分别置于10 mm比色皿中，同在最大吸收波长处用分光光度计测定各自的吸光度值，用乙酸铵溶液作参比液。

A.4.2.7 结果计算

日落黄以质量分数 w_1 计，数值用%表示，按公式(A.2)计算：

$$w_1=\frac{Am_0}{A_0m}\times w_0 \qquad \text{(A.2)}$$

式中：

A——日落黄试样溶液的吸光度值；

m_0——日落黄标准品的质量数值，单位为克(g)；

A_0——日落黄标样溶液的吸光度值；

m——试样质量的数值，单位为克(g)；

w_0——日落黄标准品的质量分数%。

计算结果表示到小数点后1位。

平行测定结果的绝对差值不大于1.0%(质量分数)，取其算术平均值作为测定结果。

A.5 干燥减量、氯化物(以 NaCl 计)及硫酸盐(以 Na_2SO_4 计)总量的测定

A.5.1 干燥减量的测定

A.5.1.1 分析步骤

称取约 2 g 试样(精确至 0.001 g),置于已在 135 ℃±2 ℃恒温干燥箱恒量的称量瓶中,在 135 ℃±2 ℃恒温干燥箱中烘至恒量。

A.5.1.2 结果计算

干燥减量的含量以质量分数 w_2 计,数值用%表示,按公式(A.3)计算:

$$w_2 = \frac{m_2 - m_3}{m_2} \times 100\% \qquad \cdots\cdots(A.3)$$

式中:

m_2——试样干燥前质量的数值,单位为克(g);

m_3——试样干燥至恒量质量的数值,单位为克(g)。

计算结果表示到小数点后 1 位。

平行测定结果的绝对差值不大于 0.2%(质量分数),取其算术平均值作为测定结果。

A.5.2 氯化物(以 NaCl 计)的测定

A.5.2.1 试剂和材料

A.5.2.1.1 硝基苯。

A.5.2.1.2 活性炭:767 针型。

A.5.2.1.3 硝酸溶液:1+1。

A.5.2.1.4 硝酸银溶液:$c(AgNO_3)$=0.1 mol/L。

A.5.2.1.5 硫酸铁铵溶液:称取约 14 g 硫酸铁铵,溶于 100 mL 水中,过滤,加 10 mL 硝酸,贮存于棕色瓶中。

A.5.2.1.6 硫氰酸铵标准滴定溶液:$c(NH_4CNS)$=0.1 mol/L。

A.5.2.2 试样溶液的配制

称取约 2 g 试样(精确至 0.001 g),溶于 150 mL 水中,加约 15 g 活性炭,温和煮沸 2 min~3 min,加入 1 mL 硝酸溶液,不断摇动均匀,放置 30 min(其间不时摇动)。用干燥滤纸过滤。如滤液有色,则再加 5 g 活性炭,不时摇动下放置 1 h,再用干燥滤纸过滤(如仍有色则更换活性炭重复操作至滤液无色)。每次以 10 mL 水洗活性炭三次,滤液合并移至 200 mL 容量瓶中,加水至刻度,摇匀。用于氯化物和硫酸盐含量的测定。

A.5.2.3 分析步骤

移取 50 mL 试样溶液,置于 500 mL 锥形瓶中,加 2 mL 硝酸溶液和 10 mL 硝酸银溶液(氯化物含量多时要多加些)及 5 mL 硝基苯,剧烈摇动至氯化银凝结,加入 1 mL 硫酸铁铵溶液,用硫氰酸铵标准滴定溶液滴定过量的硝酸银到终点并保持 1 min,同时以同样方法做一空白试验。

A.5.2.4 结果计算

氯化物(以 NaCl 计)以质量分数 w_3 计,数值用%表示,按公式(A.4)计算:

$$w_3=\frac{c_1[(V_1-V_0)/1\,000]M_1}{m_4(50/200)}\times 100\% \quad \cdots\cdots(A.4)$$

式中：

c_1 ——硫氰酸铵标准滴定溶液浓度的准确数值，单位为摩尔每升(mol/L)；

V_1——滴定空白溶液耗用硫氰酸铵标准滴定溶液体积的准确数值，单位为毫升(mL)；

V_0——滴定试样溶液耗用硫氰酸铵标准滴定溶液体积的准确数值，单位为毫升(mL)；

M_1——氯化钠的摩尔质量数值，单位为克每摩尔(g/mol)[M_1(NaCl)=58.4]；

m_4——试样的质量数值，单位为克(g)。

计算结果表示到小数点后1位。

平行测定结果的绝对差值不大于0.3%(质量分数)，取其算术平均值作为测定结果。

A.5.3 硫酸盐(以 Na_2SO_4 计)的测定

A.5.3.1 试剂和材料

A.5.3.1.1 氢氧化钠溶液：2 g/L。

A.5.3.1.2 盐酸溶液：1+1 999。

A.5.3.1.3 氯化钡标准滴定溶液：$c(1/2BaCl_2)$=0.1 mol/L(配制方法见附录B)。

A.5.3.1.4 酚酞指示液：10 g/L。

A.5.3.1.5 玫瑰红酸钠指示液：称取0.1 g玫瑰红酸钠，溶于10 mL水中(现用现配)。

A.5.3.2 分析步骤

吸取25 mL试样溶液(A.5.2.2)，置于250 mL锥形瓶中，加1滴酚酞指示液，滴加氢氧化钠溶液呈粉红色，然后滴加盐酸溶液至粉红色消失，摇匀，溶解后在不断摇动下用氯化钡标准滴定溶液滴定，以玫瑰红酸钠指示液作外指示液，反应液与指示液在滤纸上交汇处呈现玫瑰红色斑点并保持2 min不褪色为终点。

同时以相同方法做空白试验。

A.5.3.3 结果计算

硫酸盐(以 Na_2SO_4 计)以质量分数 w_4 计，数值用%表示，按公式(A.5)计算：

$$w_4=\frac{c_2[(V_2-V_3)/1\,000](M_2/2)}{m_4(25/200)}\times 100\% \quad \cdots\cdots(A.5)$$

式中：

c_2 ——氯化钡标准滴定溶液浓度的准确数值，单位为摩尔每升(mol/L)；

V_2——滴定试样溶液耗用氯化钡标准滴定溶液体积的准确数值，单位为毫升(mL)；

V_3——滴定空白溶液耗用氯化钡标准滴定溶液体积的准确数值，单位为毫升(mL)；

M_2——硫酸钠的摩尔质量的数值，单位为克每摩尔(g/mol)[$M_2(Na_2SO_4)$=142.04]；

m_4——试样质量的数值，单位为克(g)。

计算结果表示到小数点后1位。

平行测定结果的绝对差值不大于0.2%(质量分数)，取其算术平均值作为测定结果。

A.5.4 干燥减量、氯化物(以NaCl计)及硫酸盐(以 Na_2SO_4 计)总量的结果计算

干燥减量和氯化物(以NaCl计)及硫酸盐(以 Na_2SO_4 计)的总量以质量分数 w_5 计，数值用%表示，按公式(A.6)计算：

$$w_5 = w_2 + w_3 + w_4 \qquad \cdots\cdots (A.6)$$

式中：

w_2——干燥减量的质量分数，%；

w_3——氯化物（以 NaCl 计）的质量分数，%；

w——硫酸盐（以 Na_2SO_4 计）的质量分数，%。

计算结果表示到小数点后 1 位。

A.6 水不溶物的测定

A.6.1 仪器和设备

A.6.1.1 玻璃砂芯坩埚：G4，孔径为 5 μm～15 μm。

A.6.1.2 恒温干燥箱。

A.6.2 分析步骤

称取约 3 g 试样（精确至 0.001 g），置于 500 mL 烧杯中，加入 50 ℃～60 ℃热水 250 mL，使之溶解，用已在 135 ℃±2 ℃烘至恒量的 G4 玻璃砂芯坩埚过滤，并用热水充分洗涤到洗涤液无色，在 135 ℃±2 ℃恒温干燥箱中烘至恒量。

A.6.3 结果计算

水不溶物以质量分数 w_6 计，数值用%表示，按公式（A.7）计算：

$$w_6 = \frac{m_6}{m_5} \times 100\% \qquad \cdots\cdots (A.7)$$

式中：

m_6——干燥后水不溶物质量的数值，单位为克（g）；

m_5——试样质量的数值，单位为克（g）。

计算结果表示到小数点后 2 位。

平行测定结果的绝对差值不大于 0.05%（质量分数），取其算术平均值作为测定结果。

A.7 对氨基苯磺酸钠的测定

A.7.1 方法提要

采用反相液相色谱法，用外标法进行定量，计算对氨基苯磺酸钠的质量分数。

A.7.2 试剂和材料

A.7.2.1 甲醇。

A.7.2.2 对氨基苯磺酸钠。

A.7.2.3 乙酸铵溶液：2 g/L。

A.7.3 仪器和设备

A.7.3.1 高效液相色谱仪：输液泵-流量范围 0.1 mL/min～5.0 mL/min，在此范围内其流量稳定性为±1%；检测器-多波长紫外分光检测器或具有同等性能的紫外分光检测器。

A.7.3.2 色谱柱：长为 150 mm，内径为 4.6 mm 的不锈钢柱，固定相为 C18、粒径 5 μm。

A.7.3.3 色谱工作站或积分仪。

A.7.3.4 超声波发生器。

A.7.3.5 定量环:20 μL。

A.7.3.6 微量注射器:20 μL～100 μL。

A.7.4 色谱分析条件

A.7.4.1 检测波长:254 nm。

A.7.4.2 柱温:40 ℃。

A.7.4.3 流动相:A,乙酸铵溶液;B,甲醇;

浓度梯度:40 min 线性浓度梯度从 A(95)比 B(5)至 A(50)比 B(50)。

A.7.4.4 流量:1 mL/min。

A.7.4.5 进样量:20 μL。

可根据仪器不同,选择最佳分析条件,流动相应摇匀后用超声波发生器进行脱气。

A.7.5 试样溶液的配制

称取约 0.1 g 试样(精确至 0.000 1 g),加乙酸铵溶液溶解,稀释至 100 mL,此为试样溶液。

A.7.6 标准溶液的配制

称取约 0.01 g(精确至 0.000 1 g)已置于真空干燥器中干燥 24 h 后的对氨基苯磺酸钠,用乙酸铵溶液溶解,稀释至 100 mL。吸取 10 mL 上述溶液,加乙酸铵溶液稀释至 100 mL 后,再分别吸取 2.5 mL、2.0 mL、1.0 mL 此溶液,再用乙酸铵溶液分别稀释定容至 100 mL,作为系列标准溶液。

A.7.7 分析步骤

在 A.7.4 规定的色谱分析条件下,分别用微量注射器吸取试样溶液及各系列标准溶液注入并充满定量环进行色谱检测,待最后一个组分流出完毕,进行结果处理。测定系列标准溶液中对氨基苯磺酸钠的峰面积,绘制成标准曲线。测定试样溶液中对氨基苯磺酸钠的峰面积,根据标准曲线计算对氨基苯磺酸钠的含量。色谱图见附录 D。

A.8 2-萘酚-6-磺酸钠的测定

A.8.1 方法提要

采用反相液相色谱法,用外标法进行定量,计算 2-萘酚-6-磺酸钠的质量分数。

A.8.2 试剂和材料

A.8.2.1 2-萘酚-6-磺酸钠。

A.8.2.2 其余同 A.7.2。

A.8.3 仪器和设备

同 A.7.3。

A.8.4 试样溶液的配制

同 A.7.5。

A.8.5 标准溶液的配制

称取约 0.01 g(精确至 0.000 1 g)已置于真空干燥器中干燥 24 h 后的 2-萘酚-6-磺酸钠,用乙酸铵溶液溶解,稀释定容至 100 mL。吸取 10 mL 上述溶液,加乙酸铵溶液稀释定容至 100 mL。分别吸取 2.5 mL、2.0 mL、1.0 mL,再用乙酸铵溶液准确稀释定容至 100 mL,作为系列标准溶液。

A.8.6 色谱分析条件

同 A.7.4。

A.8.7 分析步骤

在 A.8.6 规定的色谱分析条件下,分别用微量注射器吸取试样溶液及各系列标准溶液注入并充满定量环进行色谱检测,待最后一个组分流出完毕,进行结果处理。测定系列标准溶液中 2-萘酚-6-磺酸钠盐的峰面积,绘制成标准曲线。测定试样溶液中 2-萘酚-6-磺酸钠盐的峰面积,根据标准曲线计算 2-萘酚-6-磺酸钠盐的含量。色谱图见附录 D。

A.9 6,6′-氧代双(2-萘磺酸)二钠的测定

A.9.1 方法提要

采用反相液相色谱法,用外标法进行定量,计算 6,6′-氧代双(2-萘磺酸)二钠的质量分数。

A.9.2 试剂和溶液

A.9.2.1 6,6′-氧代双(2-萘磺酸)二钠。
A.9.2.2 其余同 A.7.2。

A.9.3 仪器和设备

同 A.7.3。

A.9.4 试样溶液的配制

同 A.7.5。

A.9.5 标准溶液的配制

称取约 0.01 g(精确至 0.000 1 g)已置于真空干燥器中干燥 24 h 后的 6,6′-氧代双(2-萘磺酸)二钠,用乙酸铵溶液溶解,稀释定容至 100 mL。吸取 10 mL 上述溶液,加乙酸铵溶液,稀释定容至100 mL 后分别吸取 10.0 mL、5.0 mL、2.0 mL、1.0 mL,再用乙酸铵溶液稀释定容至 100 mL,作为系列标准溶液。

A.9.6 色谱分析条件

同 A.7.4。

A.9.7 分析步骤

在 A.9.6 规定的色谱分析条件下,分别用微量注射器吸取试样溶液及各系列标准溶液注入并充满定量环进行色谱检测,待最后一个组分流出完毕,进行结果处理。测定系列标准溶液中 6,6′-氧代双(2-

萘磺酸)二钠的峰面积,绘制成标准曲线。测定试样溶液中6,6′-氧代双(2-萘磺酸)二钠的峰面积,根据标准曲线计算6,6′-氧代双(2-萘磺酸)二钠的含量。色谱图见附录D。

A.10 4,4′-(重氮亚氨基)二苯磺酸二钠盐的测定

A.10.1 方法提要

采用反相液相色谱法,用外标法进行定量,计算4,4′-(重氮亚氨基)二苯磺酸二钠盐的质量分数。

A.10.2 试剂和材料

A.10.2.1 4,4′-(重氮亚氨基)二苯磺酸二钠盐。

A.10.2.2 其余同A.7.2。

A.10.3 仪器和设备

同A.7.3。

A.10.4 试样溶液的配制

同A.7.5。

A.10.5 标准溶液的配制

称取约0.01 g(精确至0.000 1 g)已置于真空干燥器中干燥24 h后的4,4′-(重氮亚氨基)二苯磺酸二钠盐,用乙酸铵溶液溶解,稀释定容至100 mL。吸取10 mL上述溶液,加乙酸铵溶液,稀释定容至100 mL后分别吸取10.0 mL、5.0 mL、2.0 mL、1.0 mL,再用乙酸铵溶液稀释定容至100 mL,作为系列标准溶液。

A.10.6 色谱分析条件

A.10.6.1 检测波长:358 nm。

A.10.6.2 其他均同A.7.4。

A.10.7 分析步骤

在A.10.6规定的色谱分析条件下,分别用微量注射器吸取试样溶液及各系列标准溶液注入并充满定量环进行色谱检测,待最后一个组分流出完毕,进行结果处理。测定系列标准溶液中4,4′-(重氮亚氨基)二苯磺酸二钠盐的峰面积,绘制成标准曲线。测定试样溶液中4,4′-(重氮亚氨基)二苯磺酸二钠盐的峰面积,根据标准曲线计算4,4′-(重氮亚氨基)二苯磺酸二钠盐的含量。色谱图见附录D。

A.11 1-苯基偶氮基-2-萘酚的测定

A.11.1 方法提要

采用反相液相色谱法,用外标法进行定量,计算1-苯基偶氮基-2-萘酚的质量分数。

A.11.2 试剂和材料

A.11.2.1 1-苯基偶氮基-2-萘酚。

A.11.2.2　甲醇和 2 g/L 乙酸铵溶液的混合液：1+1。

A.11.2.3　其余同 A.7.2。

A.11.3　仪器和设备

同 A.7.3。

A.11.4　试样溶液的配制

同 A.7.5。

A.11.5　标准溶液的配制

称取约 0.01 g(精确至 0.000 1 g)已置于真空干燥器中干燥 24 h 后的 1-苯基偶氮基-2-萘酚。用甲醇溶解，移入 1 000 mL 容量瓶中，以甲醇和 2 g/L 乙酸铵溶液的混合液定容。吸取 10 mL 上述溶液，以甲醇和 2 g/L 乙酸铵溶液的混合液定容至 1 000 mL，然后分别吸取 2.0 mL、1.0 mL、0.5 mL，以甲醇和 2 g/L 乙酸铵溶液的混合液定容至 100 mL 作为系列标准溶液。

A.11.6　色谱分析条件

A.11.6.1　检测波长：382 nm。

A.11.6.2　浓度梯度：50 min 线性浓度梯度从 A(80)比 B(20)至 A(10)比 B(90)。

A.11.6.3　其他同 A.7.4。

A.11.7　分析步骤

在 A.11.6 规定的色谱分析条件下，分别用微量注射器吸取试样溶液及各系列标准溶液注入并充满定量环进行色谱检测，待最后一个组分流出完毕，进行结果处理。测定系列标准溶液中 1-苯基偶氮基-2-萘酚的峰面积，绘制成标准曲线。测定试样溶液中 1-苯基偶氮基-2-萘酚的峰面积，根据标准曲线计算 1-苯基偶氮基-2-萘酚的含量。色谱图见附录 D。

A.12　未磺化芳族伯胺(以苯胺计)的测定

A.12.1　方法提要

以乙酸乙酯萃取出试样中未磺化芳族伯胺成分，将萃取液和苯胺标准溶液分别经重氮化和偶合后再测定各自生成染料的吸光度予以比较与判别。

A.12.2　试剂和材料

A.12.2.1　乙酸乙酯。

A.12.2.2　盐酸溶液：1+10。

A.12.2.3　盐酸溶液：1+3。

A.12.2.4　溴化钾溶液：500 g/L。

A.12.2.5　碳酸钠溶液：200 g/L。

A.12.2.6　氢氧化钠溶液：40 g/L。

A.12.2.7　氢氧化钠溶液：4 g/L。

A.12.2.8　R 盐溶液：20 g/L。

A.12.2.9　亚硝酸钠溶液：3.52 g/L。

A.12.2.10 苯胺标准溶液:0.100 0 g/L。

配制:用小烧杯称取 0.500 0 g 新蒸馏的苯胺,移至 500 mL 容量瓶中,以 150 mL 盐酸溶液(1+3)分三次洗涤烧杯,并入 500 mL 容量瓶中,水稀释至刻度。移取 25 mL 该溶液至 250 mL 容量瓶中,用水定容。此溶液苯胺浓度为 0.100 0 g/L。

A.12.3 仪器和设备

A.12.3.1 可见分光光度计。

A.12.3.2 40 mm 比色皿。

A.12.4 试样萃取溶液的配制

称取约 2.0 g 试样(精确至 0.001 g)于 150 mL 烧杯中,加 100 mL 水和 5 mL 氢氧化钠溶液(40 g/L),在温水浴中搅拌至完全溶解。将此溶液移入分液漏斗中,少量水洗净烧杯。每次以 50 mL 乙酸乙酯萃取两次,合并萃取液。以 10 mL 氢氧化钠溶液(4 g/L)洗涤乙酸乙酯萃取液,除去痕量色素。再每次以 10 mL 盐酸溶液(1+3)对乙酸乙酯溶液反萃取三次。合并该盐酸萃取液,然后用水稀释至 100 mL,摇匀。此溶液为试样萃取溶液。

A.12.5 标准对照溶液的制备

吸取 2.0 mL 苯胺标准溶液至 100 mL 容量瓶中,用盐酸溶液(1+10)稀释至刻度,混合均匀,此为标准对照溶液。

A.12.6 重氮化偶合溶液的制备

吸取 10 mL 试样萃取溶液,移入透明洁净的试管中,浸入盛有冰水混合物的烧杯内冷却 10 min。在试管中加入 1 mL 溴化钾溶液及 0.5 mL 亚硝酸钠溶液,稍用力摇匀后仍置于冰水浴中冷却 10 min,进行重氮化反应。另取一个 25 mL 容量瓶移入 1 mL R 盐溶液和 10 mL 碳酸钠溶液。将上述试管中的苯胺重氮盐溶液加至盛有 R 盐溶液的容量瓶中,边加边略振摇容量瓶,用少许水洗净试管一并加入容量瓶中,再以水定容。充分混匀后在暗处放置 15 min。该溶液为试样重氮化偶合溶液。

标准重氮化偶合溶液的制备,吸取 10 mL 标准对照溶液,其余步骤同上。

A.12.7 参比溶液的制备

吸取 10 mL 盐酸溶液(1+10)、10 mL 碳酸钠溶液及 1 mL R 盐溶液于 25 mL 容量瓶中,水定容。该溶液为参比溶液。

A.12.8 分析步骤

将标准重氮化偶合溶液和试样重氮化偶合溶液分别置于比色皿中,在 510 nm 波长处用分光光度计测定各自的吸光度 A_a、A_b,以 A.12.7 作参比溶液。

A.12.9 结果判定

$A_b \leqslant A_a$ 即为合格。

A.13 副染料的测定

A.13.1 方法提要

用纸上层析法将各组分分离,洗脱,然后用分光光度法定量。

A.13.2 试剂和材料

A.13.2.1 无水乙醇。

A.13.2.2 正丁醇。

A.13.2.3 丙酮溶液:1+1。

A.13.2.4 氨水溶液:4+96。

A.13.2.5 碳酸氢钠溶液:4 g/L。

A.13.3 仪器和设备

A.13.3.1 分光光度计。

A.13.3.2 层析滤纸:1号中速,150 mm×250 mm。

A.13.3.3 层析缸:ϕ240 mm×300 mm。

A.13.3.4 微量进样器:100 μL。

A.13.3.5 纳氏比色管:50 mL有玻璃磨口塞。

A.13.3.6 玻璃砂芯漏斗:G3,孔径为15 μm~40 μm。

A.13.3.7 50 mm比色皿。

A.13.3.8 10 mm比色皿。

A.13.4 分析步骤

A.13.4.1 纸上层析条件

A.13.4.1.1 展开剂:正丁醇+无水乙醇+氨水溶液=6+2+3。

A.13.4.1.2 温度:20 ℃~25 ℃。

A.13.4.2 试样溶液的配制

称取约1 g试样(精确至0.001 g),置于烧杯中,加入适量水溶解后,移入100 mL容量瓶中,稀释至刻度,摇匀备用,该试样溶液浓度为1%。

A.13.4.3 试样洗出液的制备

用微量进样器吸取100 μL试样溶液,均匀地注在离滤纸底边25 mm的一条基线上,成一直线,使其在滤纸上的宽度不超过5 mm,长度为130 mm,用吹风机吹干。将滤纸放入装有配制好展开剂的层析缸中展开,滤纸底边浸入展开剂液面下10 mm,待展开剂前沿线上升至150 mm或直到副染料分离满意为止。取出层析滤纸,用冷风吹干。

用空白滤纸在相同条件下展开,该空白滤纸应与上述步骤展开用的滤纸在同一张滤纸上相邻部位裁取。

副染料纸上层析示意图见图A.2。

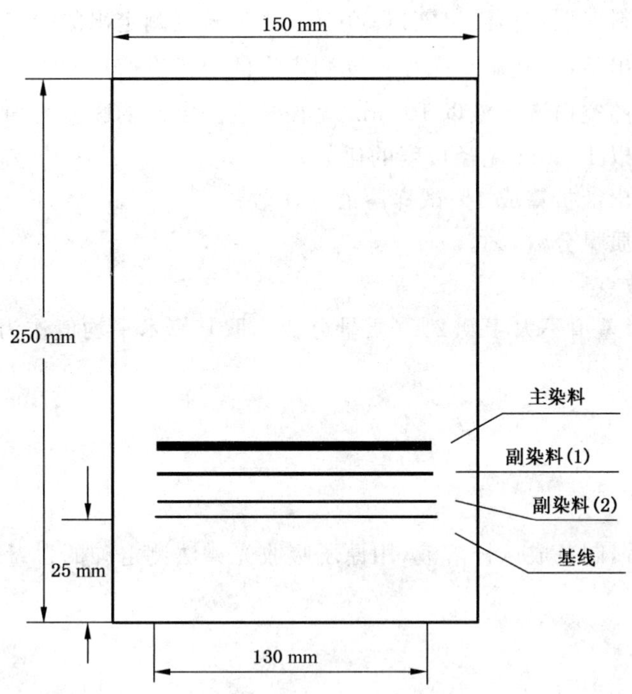

图 A.2 副染料纸上层析示意图

将展开后取得的各个副染料和在空白滤纸上与各副染料相对应的部位的滤纸按同样大小剪下，并剪成约 5 mm×15 mm 的细条，分别置于 50 mL 的纳氏比色管中，准确加入 5 mL 丙酮溶液，摇动 3 min～5 min 后，再准确加入 20 mL 碳酸氢钠溶液，充分摇动，然后分别在 G3 玻璃砂芯漏斗中自然过滤，滤液应澄清，无悬浮物。分别得到各副染料和空白的洗出液。在各自副染料的最大吸收波长处，用 50 mm 比色皿，将各副染料的洗出液在分光光度计上测定各自的吸光度值。

在分光光度计上测定吸光度时，以 5 mL 丙酮溶液和 20 mL 碳酸氢钠溶液的混合液作参比液。

A.13.4.4 标准溶液的配制

吸取 2 mL 试样溶液移入 100 mL 容量瓶中，稀释至刻度，摇匀，该溶液为标准溶液。

A.13.4.5 标准洗出液的制备

用微量进样器吸取 100 μL 标准溶液，均匀地点注在离滤纸底边 25 mm 的一条基线上，用吹风机吹干。将滤纸放入装有预先配制好展开剂的层析缸中展开，待展开剂前沿线上升 40 mm，取出用冷风吹干，剪下所有展开的染料部分，按 A.13.4.3 的方法进行操作，得到标准洗出液。用 10 mm 比色皿在最大吸收波长处测吸光度值。

同时用空白滤纸在相同条件下展开，按相同方法操作后测空白洗出液的吸光度值。

A.13.4.6 结果计算

副染料以质量分数 w_7 计，数值用%表示，按公式(A.8)计算：

$$w_7=\frac{[(A_1-b_1)+\cdots\cdots+(A_n-b_n)]/5}{(A_S-b_S)(100/2)}\times S \quad \cdots\cdots\cdots\cdots(A.8)$$

式中：

$A_1\cdots A_n$ ——各副染料洗出液以 50 mm 光径长度测定出的吸光度值；

$b_1 \cdots b_n$ ——各副染料对照空白洗出液以 50 mm 光径长度测定出的吸光度值；

A_S ——标准洗出液以 10 mm 光径长度测定出的吸光度值；

b_S ——标准对照空白洗出液以 10 mm 光径长度测定出的吸光度值；

5 ——折算成以 10 mm 光径长度的比数；

100/2 ——标准洗出液折算成 1%试样溶液的比数；

S ——试样的质量分数，%。

计算结果表示到小数点后 1 位。

平行测定结果的绝对差值不大于 0.2%（质量分数），取其算术平均值作为测定结果。

A.14 砷的测定

A.14.1 方法提要

日落黄经湿法消解后，制备成试样溶液，用原子吸收光谱法测定砷的含量。

A.14.2 试剂和材料

A.14.2.1 硝酸。

A.14.2.2 硫酸溶液：1＋1。

A.14.2.3 硝酸-高氯酸混合溶液：3＋1。

A.14.2.4 砷(As)标准溶液：按 GB/T 602 配制和标定后，再根据使用的仪器要求进行稀释配制成含砷相应浓度的三种标准溶液。

A.14.2.5 氢氧化钠溶液：1 g/L。

A.14.2.6 硼氢化钠溶液：8 g/L（溶剂为 1 g/L 的氢氧化钠溶液）。

A.14.2.7 盐酸溶液：1＋10。

A.14.2.8 碘化钾溶液：200 g/L。

A.14.3 仪器和设备

A.14.3.1 原子吸收光谱仪

A.14.3.2 仪器参考条件：砷空心阴极灯分析线波长：193.7 nm；狭缝：0.5 nm～1.0 nm；灯电流：6 mA～10 mA 。

A.14.3.3 载气流速：氩气 250 mL/min。

A.14.3.4 原子化器温度：900 ℃。

A.14.4 分析步骤

A.14.4.1 试样消解

称取约 1 g 试样（精确至 0.001 g），置于 250 mL 三角或圆底烧瓶中，加 10 mL～15 mL 硝酸和 2 mL 硫酸溶液，摇匀后用小火加热赶出二氧化氮气体，溶液变成棕色，停止加热，放冷后加入 5 mL 硝酸-高氯酸混合液，强火加热至溶液透明或微黄色，如仍不透明，放冷后再补加 5 mL 硝酸-高氯酸混合溶液，继续加热至溶液透明无色或微黄色并产生白烟（避免烧干出现炭化现象），停止加热，放冷后加 5 mL 水加热至沸，除去残余的硝酸-高氯酸（必要时可再加水煮沸一次），继续加热至发生白烟，保持 10 min，放冷后移入 100 mL 容量瓶（若溶液出现浑浊、沉淀或机械杂质应过滤），用盐酸溶液稀释定容。

同时按相同的方法制备空白溶液。

A.14.4.2 测定

量取 25 mL 消解后的试样溶液至 50 mL 容量瓶，加入 5 mL 碘化钾溶液，用盐酸溶液稀释定容，摇匀，静置 15 min。

同时按相同的方法以空白溶液制备空白测试液。

开启仪器，待仪器及砷空心阴极灯充分预热，基线稳定后，用硼氢化钠溶液作氢化物还原发生剂，以标准空白、标准溶液、样品空白测试液及样品溶液的顺序，按电脑指令分别进样。测试结束后电脑自动生成工作曲线及扣除样品空白后的样品溶液中砷浓度，输入样品信息（如：名称、称样量、稀释体积等），即自动换算出试样中砷含量。

平行测定结果的绝对差值不大于 0.1 mg/kg，取其算术平均值作为测定结果。

A.15 铅的测定

A.15.1 方法提要

日落黄经湿法消解后，制备成试样溶液，用原子吸收光谱法测定铅的含量。

A.15.2 试剂和材料

A.15.2.1 铅（Pb）标准溶液：按 GB/T 602 配制和标定后，再根据使用的仪器要求进行稀释配制成含铅相应浓度的三种标准溶液。

A.15.2.2 氢氧化钠溶液：1 g/L。

A.15.2.3 硼氢化钠溶液：8 g/L（溶剂为 1 g/L 的氢氧化钠溶液）。

A.15.2.4 盐酸溶液：1+10。

A.15.3 仪器和设备

A.15.3.1 原子吸收光谱仪。

A.15.3.2 仪器参考条件：GB 5009.12—2010 中第三法火焰原子吸收光谱法。

A.15.4 分析步骤

可直接采用 A.14.4.1 的试样溶液和空白溶液。

按 GB 5009.12—2010 中第三法火焰原子吸收光谱法操作。

平行测定结果的绝对差值不大于 1.0 mg/kg，取其算术平均值作为测定结果。

A.16 汞的测定

A.16.1 方法提要

日落黄经微波或回流消解后，制备成试样溶液，用原子吸收光谱法测定汞的含量。

A.16.2 试剂和材料

A.16.2.1 汞（Hg）标准溶液：按 GB/T 602 配制和标定后，再稀释配制成 1 mL 含汞 0.5 μg、1 μg、2 μg 的三种标准溶液。

A.16.2.2 硝酸。

A.16.2.3 过氧化氢。

A.16.2.4 氢氧化钠溶液:1 g/L。

A.16.2.5 硼氢化钠溶液:8 g/L(溶剂为 1 g/L 的氢氧化钠溶液)。

A.16.2.6 盐酸溶液:1+10。

A.16.3 仪器和设备

A.16.3.1 原子吸收光谱仪。

A.16.3.2 仪器参考条件:汞空心阴极灯分析线波长:253.7 nm;狭缝:0.5 nm;灯电流:6 mA。

A.16.3.3 载气流速:氩气 200 mL/min。

A.16.3.4 原子化器温度:常温。

A.16.4 分析步骤

A.16.4.1 微波消解

称取约 0.1 g 试样(精确至 0.001 g),置于消解罐中,加入 10 mL 硝酸和 2 mL 过氧化氢,盖好安全阀后,将消解罐置于微波炉中,10 min 内升温至 130 ℃,停留 2 min 后再 5 min 升温至 150 ℃,停留 3 min后再 5 min 升温至 180 ℃,保温 10 min。待完全冷却后将试样转移至 25 mL 容量瓶中(若溶液出现浑浊、沉淀或机械杂质应过滤),用盐酸溶液稀释定容。

A.16.4.2 回流消解

参考 GB/T 5009.17—2003 中第二法冷原子吸收光谱法中的回流消解。

同时按相同的方法制备空白溶液,作为空白参比液。

A.16.4.3 测定

开启仪器,待仪器及汞空心阴极灯充分预热,基线稳定后,用硼氢化钠溶液作氢化物还原发生剂,以标准空白、标准溶液、样品空白及样品溶液的顺序,按电脑指令分别进样。测试结束后电脑自动生成工作曲线及扣除样品空白后的样品溶液中汞浓度,输入样品信息(如:名称、称样量、稀释体积等),即自动换算出试样中汞含量。

平行测定结果的绝对差值不大于 0.1 mg/kg,取其算术平均值作为测定结果。

附 录 B
（规范性附录）
三氯化钛标准滴定溶液的配制方法

B.1 试剂和材料

B.1.1 盐酸。

B.1.2 硫酸亚铁铵。

B.1.3 硫氰酸铵溶液：200 g/L。

B.1.4 硫酸溶液：1+1。

B.1.5 三氯化钛溶液。

B.1.6 重铬酸钾标准滴定溶液：$c(1/6K_2Cr_2O_7)=0.1$ mol/L，按 GB/T 602 配制与标定。

B.2 仪器和设备

见图 A.1。

B.3 三氯化钛标准滴定溶液的配制

B.3.1 配制

取 100 mL 三氯化钛溶液和 75 mL 盐酸，置于 1 000 mL 棕色容量瓶中，用煮沸并已冷却到室温的水稀释至刻度，摇匀，立即倒入避光的下口瓶中，在二氧化碳气体保护下贮藏。

B.3.2 标定

称取约 3 g（精确至 0.000 1 g）硫酸亚铁铵，置于 500 mL 锥形瓶中，在二氧化碳气流保护作用下，加入 50 mL 煮沸并已冷却的水，使其溶解，再加入 25 mL 硫酸溶液，继续在液面下通入二氧化碳气流作保护，迅速准确加入 35 mL 重铬酸钾标准滴定溶液，然后用需标定的三氯化钛标准溶液滴定到接近计算量终点，立即加入 25 mL 硫氰酸铵溶液，并继续用需标定的三氯化钛标准溶液滴定到红色转变为绿色，即为终点。整个滴定过程应在二氧化碳气流保护下操作，同时做一空白试验。

B.3.3 结果计算

三氯化钛标准溶液的浓度以 $c(TiCl_3)$ 计，单位以摩尔每升（mol/L）表示，按公式（B.1）计算：

$$c(TiCl_3)=\frac{cV_1}{V_2-V_3} \qquad \cdots\cdots(B.1)$$

式中：

c ——重铬酸钾标准滴定溶液浓度的准确数值，单位为摩尔每升（mol/L）；

V_1——重铬酸钾标准滴定溶液体积的准确数值，单位为毫升（mL）；

V_2——滴定被重铬酸钾标准滴定溶液氧化成高钛所消耗的三氯化钛标准滴定溶液体积的准确数值，单位为毫升（mL）；

V_3——滴定空白消耗三氯化钛标准滴定溶液体积的准确数值，单位为毫升（mL）。

计算结果表示到小数点后 4 位。

以上标定需在分析样品时即时标定。

附 录 C
（规范性附录）
氯化钡标准溶液的配制方法

C.1 试剂和材料

C.1.1 氯化钡。

C.1.2 氨水。

C.1.3 硫酸标准滴定溶液：$c(1/2H_2SO_4)=0.1$ mol/L，按 GB/T 601 配制与标定。

C.1.4 玫瑰红酸钠指示液（称取 0.1 g 玫瑰红酸钠，溶于 10 mL 水中，现用现配）。

C.1.5 广范 pH 试纸。

C.2 配制

称取 12.25 g 氯化钡，溶于 500 mL 水，移入 1 000 mL 容量瓶中，稀释至刻度，摇匀。

C.3 标定方法

吸取 20 mL 硫酸标准滴定溶液，置于 250 mL 锥形瓶中，加 50 mL 水，并用氨水中和到广范 pH 试纸为 8，然后用氯化钡标准滴定溶液滴定，以玫瑰红酸钠指示液作外指示液，反应液与指示液在滤纸上交汇处呈现玫瑰红色斑点且保持 2 min 不褪色为终点。

C.4 结果计算

氯化钡标准滴定溶液浓度以 $c(1/2BaCl_2)$ 计，单位以摩尔每升（mol/L）表示，按公式（C.1）计算：

$$c\left(\frac{1}{2}BaCl_2\right)=\frac{c_1V_1}{V_2} \qquad \cdots\cdots(C.1)$$

式中：

c_1 ——硫酸标准滴定溶液浓度的准确数值，单位为摩尔每升（mol/L）；

V_1 ——硫酸标准滴定溶液体积的准确数值，单位为毫升（mL）；

V_2 ——消耗氯化钡标准滴定溶液体积的准确数值，单位为毫升（mL）。

计算结果表示到小数点后 4 位。

附 录 D
（资料性附录）
日落黄液相色谱图和各组分保留时间

D.1 日落黄液相色谱图见图 D.1。

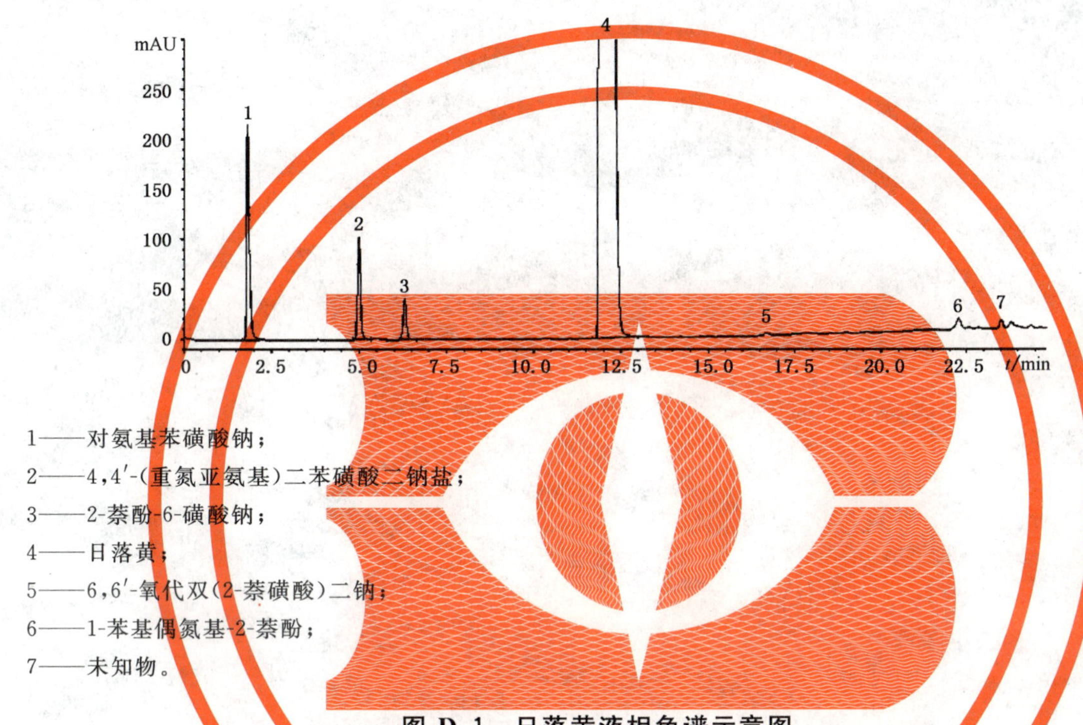

1——对氨基苯磺酸钠；
2——4,4′-(重氮亚氨基)二苯磺酸二钠盐；
3——2-萘酚-6-磺酸钠；
4——日落黄；
5——6,6′-氧代双(2-萘磺酸)二钠；
6——1-苯基偶氮基-2-萘酚；
7——未知物。

图 D.1 日落黄液相色谱示意图

D.2 日落黄各组分保留时间见表 D.1。

表 D.1 日落黄各组分保留时间

峰号	组分名称	保留时间/min
1	对氨基苯磺酸钠	1.83
2	4,4′-(重氮亚氨基)二苯磺酸二钠盐	4.99
3	2-萘酚-6-磺酸钠	6.29
4	日落黄	11.92
5	6,6′-氧代双(2-萘磺酸)二钠	16.21
6	1-苯基偶氮基-2-萘酚	21.86
注：不同仪器、不同分离柱、甚至不同时间进样各组分的保留时间均会有所不同，但各组分的洗脱顺序是不变的。		

ICS 71.060.50
G 12

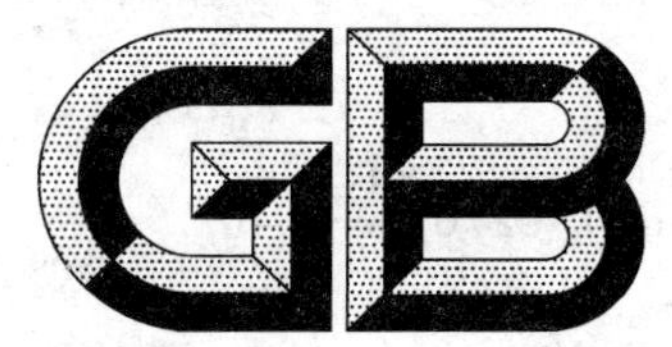

中华人民共和国国家标准

GB/T 6276.2—2010
代替 GB/T 6276.2—1986

工业用碳酸氢铵的测定方法 第2部分：氯化物含量 电位滴定法

Determination of ammonium hydrogen carbonate for industrial use—Part 2: Chloride content—Potentiometric titration method

2010-06-30 发布 2011-01-01 实施

中华人民共和国国家质量监督检验检疫总局
中国国家标准化管理委员会 发布

前　言

GB/T 6276《工业用碳酸氢铵的测定方法》分为九个部分：

——第1部分：碳酸氢铵含量　酸碱滴定法；

——第2部分：氯化物含量　电位滴定法；

——第3部分：硫化物含量　目视比浊法；

——第4部分：硫酸盐含量　目视比浊法；

——第5部分：灰分含量　重量法；

——第6部分：铁含量　邻菲啰啉分光光度法；

——第7部分：砷含量　二乙基二硫代氨基甲酸银分光光度法；

——第8部分：砷含量　砷斑法；

——第9部分：重金属含量　目视比浊法。

本部分是GB/T 6276的第2部分。

本部分的附录A为资料性附录。

本部分代替GB/T 6276.2—1986《工业用碳酸氢铵　氯化物含量的测定　电位滴定法》。

本部分与GB/T 6276.2—1986的主要差异是：

——试剂溶液、标准滴定溶液等的配制和标定方法执行HG/T 2843标准；

——测量电极选用氯离子选择电极；

——增加了平行测定结果允许差的规定。

本部分由中国石油和化学工业协会提出。

本部分由全国肥料和土壤调理剂标准化技术委员会归口。

本部分起草单位：国家化肥质量监督检验中心(上海)。

本部分主要起草人：周庆云、屈昕。

本部分于1986年首次发布。

工业用碳酸氢铵的测定方法
第2部分:氯化物含量　电位滴定法

1　范围

GB/T 6276的本部分规定了采用电位滴定法测定工业用碳酸氢铵中氯化物的含量。

本部分适用于工业用碳酸氢铵中氯化物含量的测定。

2　规范性引用文件

下列文件中的条款通过GB/T 6276的本部分的引用而成为本部分的条款。凡是注日期的引用文件,其随后所有的修改单(不包括勘误的内容)或修订版均不适用于本部分,然而,鼓励根据本部分达成协议的各方研究是否可使用这些文件的最新版本。凡是不注日期的引用文件,其最新版本适用于本部分。

HG/T 2843　化肥产品　化学分析常用标准滴定溶液、标准溶液、试剂溶液和指示剂溶液

3　原理

在丙酮(或乙醇)的酸性溶液中,以银离子、氯离子选择电极或银-硫化银电极为测量电极,甘汞电极为参比电极,用硝酸银标准滴定溶液滴定,用电位突跃确定滴定终点。

4　试剂和材料

下列的部分试剂和溶液易燃且有腐蚀性,操作者应小心谨慎!如溅到皮肤上应立即用水冲洗,如有不适应立即就医。

本部分所用试剂、溶液和水,在未注明规格和配制方法时,均应符合HG/T 2843的规定。

4.1　丙酮。

4.2　95%乙醇。

4.3　30%过氧化氢。

4.4　硝酸溶液,6 mol/L。

4.5　硝酸钾饱和溶液。

4.6　碳酸钠溶液,5%。

4.7　氯化钾标准溶液,0.1 mol/L:准确称取3.728 g预先在130 ℃下干燥至质量恒定的氯化钾(基准试剂),称准至0.000 2 g,置于烧杯中,加水溶解后移入500 mL容量瓶中,用水稀释至刻度,摇匀备用。

4.8　氯化钾标准溶液:0.005 mol/L,吸取5 mL氯化钾标准溶液(4.7),置于100 mL容量瓶中,用水稀释至刻度,摇匀。

4.9　硝酸银标准滴定溶液,$c(AgNO_3)=0.1$ mol/L。

4.10　硝酸银标准滴定溶液,$c(AgNO_3)=0.005$ mol/L:

4.10.1　配制

吸取5 mL硝酸银标准滴定溶液(4.9),置于100 mL容量瓶中,用水稀释至刻度,摇匀。

4.10.2　标定

吸取5 mL氯化钾标准溶液(4.8),置于150 mL烧杯中,加水5 mL,加一滴溴酚蓝指示液,滴加硝酸溶液约1～2滴,使溶液刚好呈黄色。再加入30 mL丙酮,放入电磁搅拌子,将烧杯置于电磁搅拌器

上，开动电磁搅拌器，将参比电极和测量电极插入溶液中，连接电位计接线，调整电位计零点，记录起始电位值。

用硝酸银标准溶液进行滴定，先加入 4 mL，再每次加入 0.1 mL，记录每次加入硝酸银标准溶液后的总体积及相对应的电位值 E，计算出电位增量值 ΔE_1 和 ΔE_1 之间的差值 ΔE_2，ΔE_1 的最大值即为滴定终点。终点后再加入 0.1 mL 硝酸银标准溶液，记录一个电位值 E。记录格式参见附录 A。

滴定至终点所消耗的硝酸银标准溶液的体积 V 按式(1)计算：

$$V = V_0 + V_1 \times \frac{b}{B} \qquad \cdots\cdots(1)$$

式中：

V_0——电位增量值 ΔE_1 达最大值前，加入硝酸银标准溶液的总体积的数值，单位为毫升(mL)；

V_1——电位增量值 ΔE_1 达最大值前，最后一次加入硝酸银标准溶液的体积的数值，单位为毫升(mL)；

b——ΔE_2 的最后一次正值的数值，单位为毫伏(mV)；

B——ΔE_2 最后一次正值和第一次负值绝对值之和。

4.10.3 计算

硝酸银标准溶液的浓度 c 按式(2)计算：

$$c = \frac{c_0 V_2}{V} \qquad \cdots\cdots(2)$$

式中：

c_0——氯化钾标准溶液浓度的准确数值，单位为摩尔每升(mol/L)；

V_2——氯化钾标准溶液体积的数值，单位为毫升(mL)；

V——滴定时所消耗的硝酸银标准溶液体积的数值，单位为毫升(mL)。

4.11 溴(甲)酚蓝指示液。

5 仪器

5.1 一般实验室仪器。

5.2 电位滴定装置：

5.2.1 电位计：分度值为 2 mV，量程为－500 mV～＋500 mV；

5.2.2 参比电极：双液接型甘汞电极，内充饱和氯化钾溶液，滴定时外套管内盛饱和硝酸钾溶液，和甘汞电极相连接；

5.2.3 测量电极：氯离子选择电极；

5.3 微量滴定管：分度值为 0.02 mL 或 0.01 mL。

6 分析步骤

做两份试料的平行测定。

6.1 试液的制备

称取约 5 g～10 g 试样(精确到 0.1 g)置于 150 mL 烧杯中，加入 30 mL 水溶解，再加入 2 滴过氧化氢溶液、0.5 mL 碳酸钠溶液，用小火加热煮沸，逐尽二氧化碳和氨，并在水浴上蒸发至干，冷却后加水至总体积为 10 mL，加入 1 滴溴酚蓝指示液，滴加硝酸溶液，使溶液刚好呈黄色。

6.2 滴定

向试液中加入 30 mL 丙酮，然后按硝酸银标准溶液的标定中加丙酮以后的步骤进行。但第一次不加入 4 mL 硝酸银标准溶液。

若试液中氯离子浓度太低，滴定消耗硝酸银标准溶液的体积小于 1 mL 时，可采用标准加入法测定，在计算结果时应扣除加入的氯化钾标准溶液(4.8)所消耗的硝酸银标准滴定溶液的体积。

如用乙醇能得到明显的电位突跃，也可用乙醇代替丙酮。

6.3 空白试验

除不加试料外，操作步骤和试剂均与测定时相同。

6.4 试验记录格式

附录A给出了试验记录格式示例。

7 分析结果的表述

氯化物的含量以氯(Cl)的质量分数 w_1 计，数值以%表示，按式(3)计算：

$$w_1=\frac{c(V_3-V_4)\times 35.45}{m\times 1\ 000}\times 100 \qquad (3)$$

式中：

c——硝酸银标准溶液的实际浓度的准确数值，单位为摩尔每升(mol/L)；

V_3——测定时所消耗硝酸银标准溶液的体积的数值，单位为毫升(mL)；

V_4——空白试验所消耗硝酸银标准溶液的体积的数值，单位为毫升(mL)；

35.45——氯(Cl)摩尔质量的数值，单位为克每摩尔(g/mol)；

m——试料质量的数值，单位为克(g)。

计算结果表示至小数点后四位，取平行测定结果的算术平均值为测定结果。

8 允许差

平行测定结果的相对偏差不大于50%。

附 录 A
（资料性附录）
试验记录格式

表 A.1 试验记录格式示例

硝酸银标准滴定溶液的体积 V/mL	电位值 E/mV	ΔE_1/mV	ΔE_2/mV
4.80	176	35	+37
4.90	211	72	
5.00	283	23	−49
5.10	306		−10
5.20	319	13	
5.30	330		

$$V=4.90+0.10\times\frac{37}{37+49}=4.94$$

注：表 A.1 中的第一、二栏分别记录所加入的硝酸银标准滴定溶液的总体积和对应的电位值 E。第三栏记录连续增加的电位值 ΔE_1，第四栏记录增加的电位值 ΔE_1 之间的差值 ΔE_2，此差值有正有负。

ICS 71.060.50
G 12

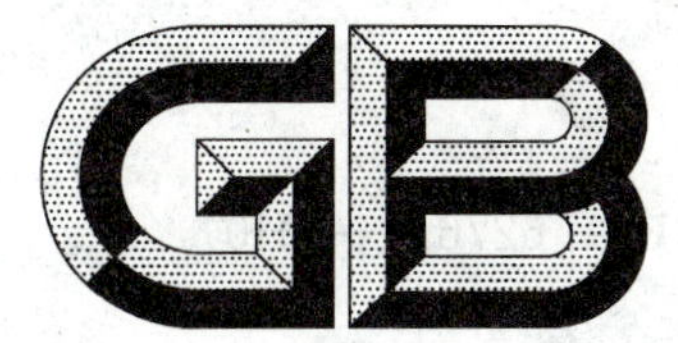

中华人民共和国国家标准

GB/T 6276.3—2010
代替 GB/T 6276.3—1986

工业用碳酸氢铵的测定方法 第3部分:硫化物含量 目视比浊法

Determination of ammonium hydrogen carbonate for industrial use—Part 3:Sulphide content—Visible turbidimetric method

2010-06-30 发布 2011-01-01 实施

中华人民共和国国家质量监督检验检疫总局
中国国家标准化管理委员会 发布

前　言

GB/T 6276《工业用碳酸氢铵的测定方法》分为九个部分：

——第1部分：碳酸氢铵含量　酸碱滴定法；

——第2部分：氯化物含量　电位滴定法；

——第3部分：硫化物含量　目视比浊法；

——第4部分：硫酸盐含量　目视比浊法；

——第5部分：灰分含量　重量法；

——第6部分：铁含量　邻菲啰啉分光光度法；

——第7部分：砷含量　二乙基二硫代氨基甲酸银分光光度法；

——第8部分：砷含量　砷斑法；

——第9部分：重金属含量　目视比浊法。

本部分是GB/T 6276的第3部分。

本部分代替GB/T 6276.3—1986《工业用碳酸氢铵　硫化物含量的测定　目视比浊法》。

本部分与GB/T 6276.3—1986的主要差异是：

——试剂溶液、标准滴定溶液等的配制和标定方法执行HG/T 2843标准。

本部分由中国石油和化学工业协会提出。

本部分由全国肥料和土壤调理剂标准化技术委员会归口。

本部分起草单位：国家化肥质量监督检验中心(上海)。

本部分主要起草人：屈昕、仲文轶。

本部分于1986年首次发布。

工业用碳酸氢铵的测定方法
第3部分：硫化物含量 目视比浊法

1 范围

GB/T 6276的本部分规定了采用目视比浊法测定工业用碳酸氢铵的硫化物的含量。

本部分适用于工业用碳酸氢铵中硫化物含量的测定。

2 规范性引用文件

下列文件中的条款通过GB/T 6276的本部分的引用而成为本部分的条款。凡是注日期的引用文件，其随后所有的修改单(不包括勘误的内容)或修订版均不适用于本部分，然而，鼓励根据本部分达成协议的各方研究是否可使用这些文件的最新版本。凡是不注日期的引用文件，其最新版本适用于本部分。

HG/T 2843 化肥产品 化学分析常用标准滴定溶液、标准溶液、试剂溶液和指示剂溶液

3 原理

向试液中加入碱性铅酸盐溶液，与硫离子生成黄褐色硫化物悬浮微粒，与标准浊度进行比较，确定硫化物含量。

4 试剂和材料

下列的部分试剂具有腐蚀性和毒性，操作者应小心谨慎！如溅到皮肤上应立即用水冲洗，如有不适应立即治疗。

本部分所用试剂、溶液和水，在未注明规格和配制方法时，均应符合HG/T 2843的规定。

4.1 硫化钠；

4.2 氢氧化钾；

4.3 乙酸铅；

4.4 柠檬酸钾；

4.5 三氯甲烷；

4.6 碱性铅酸钾溶液：称取1 g乙酸铅、3.4 g柠檬酸钾、70 g氢氧化钾，溶解于水并稀释至100 mL；

4.7 硫化物标准溶液，以S计，0.1 mg/mL：称取0.749 g硫化钠($Na_2S \cdot 9H_2O$)，溶解于水，移入1 000 mL容量瓶中，稀释至刻度，使用前制备；

4.8 硫化物标准溶液，以S计，0.01 mg/mL：用硫化物标准溶液(4.7)准确稀释10倍制得。

5 仪器

通常实验室用仪器。

6 分析步骤

6.1 标准浊度的配制

于数支50 mL比色管中，分别加入0 mL、0.1 mL、0.3 mL…1.0 mL硫化物标准溶液(4.8)，加水至近48 mL，摇匀。

6.2 测定

称取约 5 g 试样(精确到 0.1 g),置于烧杯中加水溶解后移入 50 mL 比色管中,使总体积接近 48 mL,摇匀后,与标准管同时加入 2 mL 碱性铅酸钾溶液,用水稀释至 50 mL,摇匀后在 5 min 内与标准浊度进行比较。

若试样中含有植物油脂肪酸防结块剂,称取约 5 g 试样(精确到 0.1 g),置于烧杯中,用 30 mL 水溶解后移入 150 mL 分液漏斗中,加入 20 mL 三氯甲烷,剧烈振荡 5 min~10 min,静置,待其分层后,放出下层三氯甲烷相,将上层水相定量移入 50 mL 比色管中,加水至近 48 mL,摇匀,与标准管同时加入 2 mL碱性铅酸钾溶液,用水稀释至 50 mL,摇匀后在 5 min 内与标准浊度进行比较。

7 分析结果的表述

硫化物的含量 w_1,以硫(S)质量分数计,数值以%表示,按式(1)计算:

$$w_1 = \frac{V \times 0.000\,01}{m} \times 100 \qquad \cdots\cdots(1)$$

式中:

V——与试液管浊度相当的标准管中加入的硫化物标准溶液体积的数值,单位为毫升(mL);

0.000 01——1 mL 硫化物标准溶液中硫(S)的质量的数值,单位为克每毫升(g/mL);

m——试料质量的数值,单位为克(g)。

计算结果表示到小数点后五位。

ICS 71.060.50
G 12

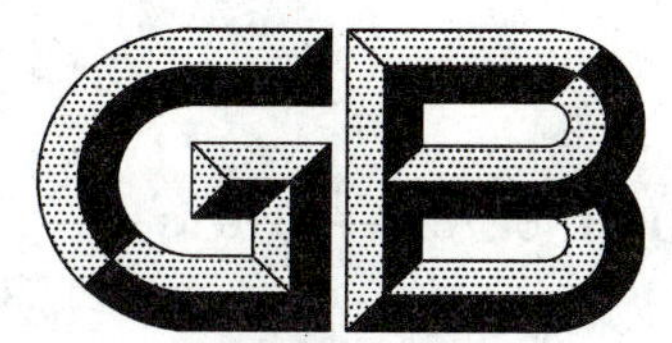

中华人民共和国国家标准

GB/T 6276.4—2010
代替 GB/T 6276.4—1986

工业用碳酸氢铵的测定方法 第4部分:硫酸盐含量 目视比浊法

Determination of ammonium hydrogen carbonate for industrial use—Part 4: Sulphate content—Visible turbidimetric method

2010-06-30 发布 2011-01-01 实施

中华人民共和国国家质量监督检验检疫总局
中国国家标准化管理委员会 发布

前　言

GB/T 6276《工业用碳酸氢铵的测定方法》分为九个部分：

——第1部分：碳酸氢铵含量　酸碱滴定法；

——第2部分：氯化物含量　电位滴定法；

——第3部分：硫化物含量　目视比浊法；

——第4部分：硫酸盐含量　目视比浊法；

——第5部分：灰分含量　重量法；

——第6部分：铁含量　邻菲啰啉分光光度法；

——第7部分：砷含量　二乙基二硫代氨基甲酸银分光光度法；

——第8部分：砷含量　砷斑法；

——第9部分：重金属含量　目视比浊法。

本部分是GB/T 6276的第4部分。

本部分代替GB/T 6276.4—1986《工业用碳酸氢铵　硫酸盐含量的测定　目视比浊法》。

本部分与GB/T 6276.4—1986的主要差异是：

——试剂溶液、标准滴定溶液等的配制和标定方法执行HG/T 2843标准。

本部分由中国石油和化学工业协会提出。

本部分由全国肥料和土壤调理剂标准化技术委员会归口。

本部分起草单位：国家化肥质量监督检验中心(上海)。

本部分主要起草人：屈昕、仲文轶。

本部分于1986年首次发布。

工业用碳酸氢铵的测定方法 第4部分:硫酸盐含量 目视比浊法

1 范围

GB/T 6276的本部分规定了采用目视比浊法测定工业用碳酸氢铵的硫酸盐的含量。

本部分适用于工业用碳酸氢铵中硫酸盐含量的测定。

2 规范性引用文件

下列文件中的条款通过GB/T 6276的本部分的引用而成为本部分的条款。凡是注日期的引用文件,其随后所有的修改单(不包括勘误的内容)或修订版均不适用于本部分,然而,鼓励根据本部分达成协议的各方研究是否可使用这些文件的最新版本。凡是不注日期的引用文件,其最新版本适用于本部分。

HG/T 2843 化肥产品 化学分析常用标准滴定溶液、标准溶液、试剂溶液和指示剂溶液

3 原理

在酸性条件下,向试液中加入氯化钡溶液,用生成硫酸钡白色悬浮微粒所产生的浊度,与标准浊度进行比较,确定硫酸盐的含量。

4 试剂和材料

下列的部分试剂具有腐蚀性和毒性,操作者应小心谨慎!如溅到皮肤上应立即用水冲洗,如有不适应立即治疗。

本部分所用试剂、溶液和水,在未注明规格和配制方法时,均应符合HG/T 2843的规定。

4.1 三氯甲烷;

4.2 氯化钡溶液,5%;

4.3 盐酸溶液,1+1;

4.4 硫酸盐标准溶液,以SO_4计,0.1 mg/mL:称取0.148 g于105 ℃~110 ℃干燥至质量恒定的无水硫酸钠,溶解于水,移入1 000 mL容量瓶中,稀释至刻度。

5 分析步骤

5.1 标准浊度的配制

于数支50 mL比色管中,分别加入0 mL、0.5 mL、1.0 mL、1.5 mL…3.5 mL硫酸盐标准溶液,加入0.5 mL盐酸,加水至约40 mL。

5.2 测定

称取5 g~10 g试样(精确到0.1 g),置于250 mL烧杯中,加80 mL水溶解,缓慢加热,煮沸逐尽二氧化碳和氨,冷却后移入50 mL比色管中,加0.5 mL盐酸溶液,加水至40 mL,与标准管同时在不断摇动下滴加5 mL氯化钡溶液,用水稀释至50 mL,摇匀后放置20 min,与标准浊度进行比较。

若试样中含有植物油脂肪酸防结块剂,称取5 g~10 g试样(精确到0.1 g),置于烧杯中,加入80 mL水溶解后移入150 mL分液漏斗中,加入20 mL三氯甲烷,剧烈振荡5 min~10 min,静置,待其分层后,放出下层三氯甲烷相,将上层水相移入250 mL烧杯中,缓慢加热,煮沸逐尽二氧化碳和氨,冷

却后移入 50 mL 比色管中,加 0.5 mL 盐酸,加水至 40 mL,与标准管同时在不断摇动下滴加 5 mL 氯化钡溶液,用水稀释至 50 mL,摇匀后放置 20 min,与标准浊度进行比较。

6 分析结果的表述

硫酸盐的含量 w_1,以硫酸盐(SO_4)的质量分数计,数值以%表示,按式(1)计算:

$$w_1 = \frac{V \times 0.0001}{m} \times 100 \qquad \cdots\cdots (1)$$

式中:

V——与试液浊度相当的标准管中硫酸盐标准溶液体积的数值,单位为毫升(mL);

0.000 1——1 mL 硫酸盐标准溶液中硫酸根(SO_4^{2-})的质量的数值,单位为克每毫升(g/mL);

m——试料质量的数值,单位为克(g)。

计算结果表示到小数点后四位。

ICS 71.060.50
G 12

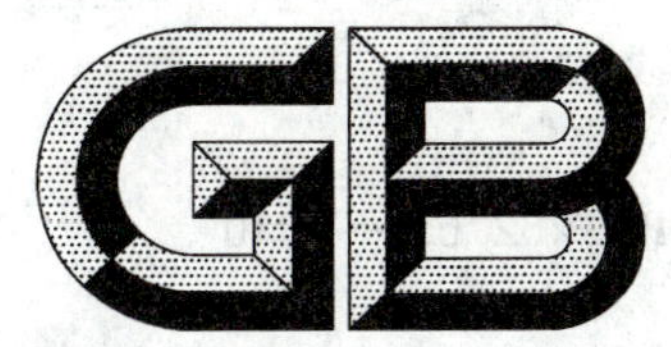

中华人民共和国国家标准

GB/T 6276.5—2010
代替 GB/T 6276.5—1986

工业用碳酸氢铵的测定方法 第5部分:灰分含量 重量法

Determination of ammonium hydrogen carbonate for industrial use—Part 5:Ash content—Gravimetric method

2010-06-30 发布 2011-01-01 实施

中华人民共和国国家质量监督检验检疫总局
中国国家标准化管理委员会 发布

前言

GB/T 6276《工业用碳酸氢铵的测定方法》分为九个部分：

——第1部分：碳酸氢铵含量　酸碱滴定法；

——第2部分：氯化物含量　电位滴定法；

——第3部分：硫化物含量　目视比浊法；

——第4部分：硫酸盐含量　目视比浊法；

——第5部分：灰分含量　重量法；

——第6部分：铁含量　邻菲啰啉分光光度法；

——第7部分：砷含量　二乙基二硫代氨基甲酸银分光光度法；

——第8部分：砷含量　砷斑法；

——第9部分：重金属含量　目视比浊法。

本部分是GB/T 6276的第5部分。

本部分代替GB/T 6276.5—1986《工业用碳酸氢铵　灰分含量的测定　重量法》。

本部分与GB/T 6276.5—1986的主要差异是：

——增加了平行测定结果允许差的规定。

本部分由中国石油和化学工业协会提出。

本部分由全国肥料和土壤调理剂标准化技术委员会归口。

本部分起草单位：国家化肥质量监督检验中心(上海)。

本部分主要起草人：仲文轶、王婷。

本部分于1986年首次发布。

工业用碳酸氢铵的测定方法
第5部分:灰分含量　重量法

1　范围

GB/T 6276的本部分规定了采用重量法测定工业用碳酸氢铵的灰分的含量。

本部分适用于工业用碳酸氢铵中灰分含量的测定。

2　原理

试样在(575±25)℃下灼烧至质量恒定,用质量损失来表示灰分的含量。

3　仪器设备

3.1　瓷坩埚或石英坩埚,100 mL;

3.2　箱式高温电阻炉:能够控制温度在(575±25)℃。

4　分析步骤

做两份试料的平行测定。

将预先在(575±25)℃下灼烧至质量恒定的瓷坩埚或石英坩埚放在通风良好的通风橱中,缓慢加热,称取约50 g试样(精确到0.1 g),分多次少量加入到坩埚中,应注意等待前次加入的试料完成挥发后再加入下一批,等试样全部挥发后,将瓷坩埚或石英坩埚放入温度为300 ℃的箱式高温电阻炉内,慢慢升温至(575±25)℃,继续在此温度下灼烧,直到质量恒定。

5　分析结果的表述

灰分的含量w_1,以质量分数计,数值以%表示,按式(1)计算:

$$w_1=\frac{m_2-m_1}{m}\times 100 \qquad \cdots\cdots(1)$$

式中:

m_2——盛有灰分的瓷坩埚或石英坩埚的质量的数值,单位为克(g);

m_1——空的瓷坩埚或石英坩埚的质量的数值,单位为克(g);

m——试料质量的数值,单位为克(g)。

计算结果表示到小数点后四位,取平行测定结果的算术平均值为测定结果。

6　允许差

平行测定结果的相对偏差不大于50%。

ICS 71.060.50
G 12

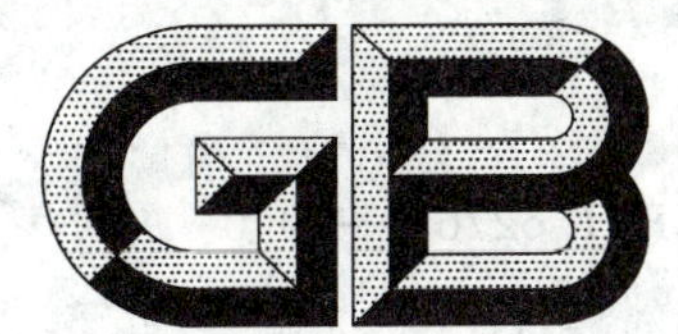

中华人民共和国国家标准

GB/T 6276.6—2010
代替 GB/T 6276.6—1986

工业用碳酸氢铵的测定方法 第6部分:铁含量 邻菲啰啉分光光度法

Determination of ammonium hydrogen carbonate for industrial use—Part 6: Iron content—*o*-Phenathroline spectrophotometric method

(ISO 6685:1982, Chemical products for industrial use—General method for determination of iron content—1,10-Phenanthroline spectrophotometric method, NEQ)

2010-06-30 发布 2011-01-01 实施

中华人民共和国国家质量监督检验检疫总局
中国国家标准化管理委员会 发布

前言

GB/T 6276《工业用碳酸氢铵的测定方法》分为九个部分：

——第1部分：碳酸氢铵含量　酸碱滴定法；

——第2部分：氯化物含量　电位滴定法；

——第3部分：硫化物含量　目视比浊法；

——第4部分：硫酸盐含量　目视比浊法；

——第5部分：灰分含量　重量法；

——第6部分：铁含量　邻菲啰啉分光光度法；

——第7部分：砷含量　二乙基二硫代氨基甲酸银分光光度法；

——第8部分：砷含量　砷斑法；

——第9部分：重金属含量　目视比浊法。

本部分是GB/T 6276的第6部分。

本部分代替GB/T 6276.6—1986《工业用碳酸氢铵　铁含量的测定　邻菲啰啉分光光度法》。

本部分与ISO 6685:1982的一致性程度为非等效。

本部分与GB/T 6276.6—1986的主要差异是：

——试剂溶液、标准滴定溶液等的配制和标定方法执行HG/T 2843标准；

——增加了平行测定结果允许差的规定。

本部分由中国石油和化学工业协会提出。

本部分由全国肥料和土壤调理剂标准化技术委员会归口。

本部分起草单位：国家化肥质量监督检验中心(上海)。

本部分主要起草人：周庆云、屈昕。

本部分于1986年首次发布。

工业用碳酸氢铵的测定方法 第6部分：铁含量 邻菲啰啉分光光度法

1 范围

GB/T 6276的本部分规定了采用邻菲啰啉分光光度法测定工业用碳酸氢铵的铁含量。

本部分适用于工业用碳酸氢铵铁含量的测定。

2 规范性引用文件

下列文件中的条款通过GB/T 6276的本部分的引用而成为本部分的条款。凡是注日期的引用文件，其随后所有的修改单(不包括勘误的内容)或修订版均不适用于本部分，然而，鼓励根据本部分达成协议的各方研究是否可使用这些文件的最新版本。凡是不注日期的引用文件，其最新版本适用于本部分。

HG/T 2843 化肥产品 化学分析常用标准滴定溶液、标准溶液、试剂溶液和指示剂溶液

3 原理

用抗坏血酸将试液中的三价铁离子还原成二价铁离子，在pH值为2～9时，二价铁离子可与邻菲啰啉生成橙红色络合物，在最大吸收波长510 nm处，用分光光度计测定其吸光度，计算出铁含量。

4 仪器

4.1 一般实验室仪器；

4.2 分光光度计，带1 cm或3 cm比色皿。

5 试剂和材料

本标准中所用试剂、溶液和水，在未注明规格和配制方法时，均应符合HG/T 2843的规定。

5.1 盐酸溶液，$c(HCl)=1$ mol/L；

5.2 氨水溶液，2.5%；

5.3 对硝基苯酚指示液，1 g/L；

5.4 乙酸-乙酸钠缓冲溶液，pH值约为4.5；

5.5 抗坏血酸溶液，20 g/L，该溶液贮存于棕色瓶中，使用期约为10 d；

5.6 邻菲啰啉溶液，2 g/L；

5.7 铁标准溶液，1 mg/mL；

5.8 铁标准溶液，0.01 mg/mL，用铁标准溶液(5.7)准确稀释100倍，当日使用。

6 分析步骤

6.1 标准曲线的绘制

6.1.1 标准比色溶液的制备

于数只100 mL烧杯中，分别加入0 mL、1.0 mL、2.0 mL、3.0 mL、4.0 mL…10.0 mL铁标准溶液(5.8)，加40 mL水和10 mL盐酸溶液，加两滴对硝基苯酚指示液，滴加氨水溶液至溶液刚好呈黄色，再用盐酸溶液滴至黄色褪去并过量1.0 mL，加热至微沸，冷却后移入100 mL容量瓶中。

6.1.2 显色

于上述系列溶液中，加入 2.5 mL 抗坏血酸溶液，10 mL 缓冲溶液，摇匀后加入 5 mL 邻菲啰啉溶液，用水稀释至刻度，摇匀后放置 10 min。

6.1.3 吸光度测定

将部分显色溶液移入 1 cm 或 3 cm 比色皿中，以空白溶液(6.1.1 中的 0 mL)作参比溶液，于分光光度计波长 510 nm 处测定其吸光度。

6.1.4 标准曲线的绘制

以 100 mL 标准比色溶液中所含铁的毫克数为横坐标，相对应的吸光度为纵坐标，绘制标准曲线。

6.2 测定

做两份试料的平行测定。

称取 5 g～10 g 试样(精确到 0.1 g)置于 250 mL 烧杯中，加水溶解，加热煮沸逐尽二氧化碳和氨，冷却后加入 10 mL 盐酸溶液，再加热煮沸 5 min，冷却后加两滴对硝基苯酚指示液，滴加氨水溶液至试液刚好呈黄色，以下步骤与 6.1 相同。

若试样中含有植物油脂肪酸防结块剂，称取 5 g～10 g(精确至 0.1 g)，置于用热盐酸处理并清洗干净的 100 mL 瓷蒸发皿中，缓慢加热，待试料全部分解后，提高温度灼烧约半小时，直至蒸发皿内有机物全部分解，取出冷却后加 40 mL 水，10 mL 盐酸溶液，再置于小火上加热至蒸发皿内的棕色物全部溶解，冷却后滴加 2 滴对硝基苯酚指示液，滴加氨水溶液至试液刚好呈黄色，以下步骤与 6.1 相同。

7 分析结果的表述

铁含量 w_1，以铁(Fe)质量分数计，数值以%表示，按式(1)计算：

$$w_1 = \frac{m_1}{m \times 1\,000} \times 100 \qquad \cdots\cdots(1)$$

式中：

m_1——从标准曲线上查出的试液中铁的质量的数值，单位为毫克(mg)；

m——试料质量的数值，单位为克(g)。

计算结果表示到小数点后四位。取平行测定结果的算术平均值为测定结果。

8 允许差

平行测定结果的相对偏差不大于 50%。

ICS 71.060.50
G 12

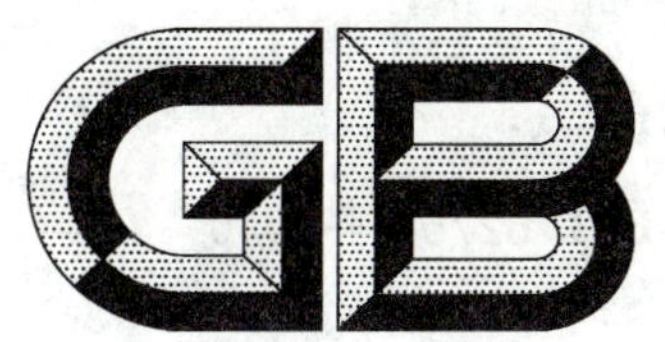

中华人民共和国国家标准

GB/T 6276.7—2010
代替 GB/T 6276.7—1986

工业用碳酸氢铵的测定方法 第7部分：砷含量 二乙基二硫代氨基甲酸银分光光度法

Determination of ammonium hydrogen carbonate for industrial use—Part 7: Arsenic content—Silver diethyl dithiocarbamate photometric method

2010-06-30 发布 2011-01-01 实施

中华人民共和国国家质量监督检验检疫总局
中国国家标准化管理委员会 发布

前　言

GB/T 6276《工业用碳酸氢铵的测定方法》分为九个部分：

——第1部分：碳酸氢铵含量　酸碱滴定法；

——第2部分：氯化物含量　电位滴定法；

——第3部分：硫化物含量　目视比浊法；

——第4部分：硫酸盐含量　目视比浊法；

——第5部分：灰分含量　重量法；

——第6部分：铁含量　邻菲啰啉分光光度法；

——第7部分：砷含量　二乙基二硫代氨基甲酸银分光光度法；

——第8部分：砷含量　砷斑法；

——第9部分：重金属含量　目视比浊法。

本部分是GB/T 6276的第7部分。

本部分代替GB/T 6276.7—1986《工业用碳酸氢铵　砷含量的测定　二乙基二硫代氨基甲酸银分光光度法》。

本部分与GB/T 6276—1986的主要差异是：

——删除了等效采用ISO 4275：1977的内容；

——试剂溶液、标准滴定溶液等的配制和标定方法均执行HG/T 2843；

——增加了平行测定结果允许差的规定。

本部分由中国石油和化学工业协会提出。

本部分由全国肥料和土壤调理剂标准化技术委员会归口。

本部分起草单位：国家化肥质量监督检验中心(上海)。

本部分主要起草人：王婷、仲文轶。

本部分于1986年首次发布。

工业用碳酸氢铵的测定方法
第7部分：砷含量
二乙基二硫代氨基甲酸银分光光度法

1 范围

GB/T 6276的本部分规定了采用二乙基二硫代氨基甲酸银分光光度法测定工业用碳酸氢铵的砷含量。

本部分适用于工业用碳酸氢铵中砷含量的测定。

2 规范性引用文件

下列文件中的条款通过GB/T 6276的本部分的引用而成为本部分的条款。凡是注日期的引用文件，其随后所有的修改单(不包括勘误的内容)或修订版均不适用于本部分，然而，鼓励根据本部分达成协议的各方研究是否可使用这些文件的最新版本。凡是不注日期的引用文件，其最新版本适用于本部分。

HG/T 2843　化肥产品　化学分析常用标准滴定溶液、标准溶液、试剂溶液和指示剂溶液

3 原理

在酸性条件下，用金属锌将砷还原为砷化氢，用二乙基二硫代氨基甲酸银的吡啶溶液吸收，析出紫红色胶状分散银，在最大吸收波长540 nm处，用分光光度计测定其吸光度，计算出砷含量。

4 仪器设备

4.1　分光光度计，带1 cm比色皿。

4.2　定砷仪，见图1。

单位为毫米

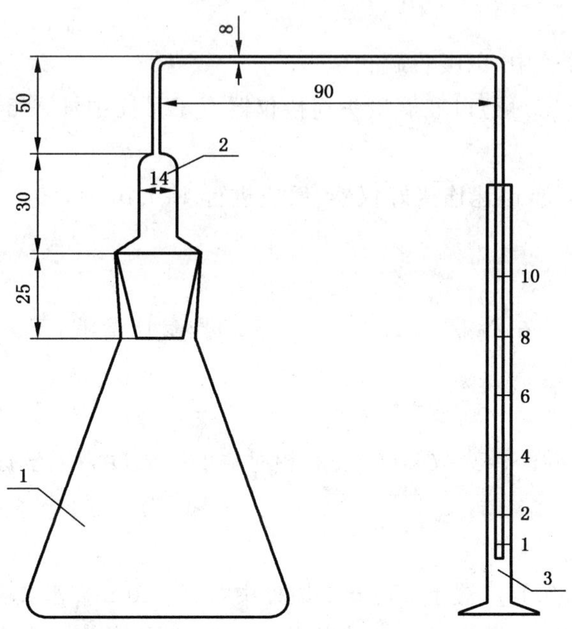

1——100 mL锥形瓶，用于发生砷化氢；

2——连接管，用于捕集硫化氢；

3——10 mL量筒，吸收砷化氢用。

图1　定砷仪

用于砷测定的所有玻璃仪器，事先用热的浓硫酸或洗液小心洗涤，并用水充分洗涤和完全干燥。

5 试剂和材料

下列的部分试剂具有毒害性，操作者须小心谨慎！如溅到皮肤上应立即用水冲洗，严重者应立即治疗。

本部分中所用试剂、溶液和水，在未注明规格和配制方法时，均应符合 HG/T 2843 的规定。

5.1 盐酸；

5.2 无砷金属锌粒，粒径 0.5 mm～1.0 mm 或其他相应纯度的锌粒；

5.3 二乙基二硫代氨基甲酸银-吡啶溶液，5 g/L，贮存于棕色瓶中，该溶液约稳定两周；

5.4 氢氧化钠溶液，5%；

5.5 碘化钾溶液，15%；

5.6 氯化亚锡盐酸溶液，400 g/L；

5.7 砷标准溶液，1 mg/mL；

5.8 砷标准溶液，1 μg/mL：吸取 1 mL 砷标准溶液(5.7)，置于 1 000 mL 容量瓶中，稀释至刻度，摇匀，使用前配制；

5.9 乙酸铅棉花。

6 分析步骤

6.1 标准曲线的绘制

每换一批锌粒或新制备一次二乙基二硫代氨基甲酸银-吡啶溶液，都应重新绘制标准曲线。

6.1.1 标准比色溶液的制备

于数只锥形瓶中，分别加入 0 mL、1.0 mL、2.0 mL、4.0 mL、6.0 mL…20.0 mL 的砷标准溶液(5.8)，加 10 mL 盐酸，加水至约 40 mL，然后加入 2 mL 碘化钾溶液和 2 mL 氯化亚锡溶液，摇匀后放置 15 min。

将乙酸铅棉花置于连接管中，以吸收硫化氢。

用不溶解于吡啶的油脂密封磨口玻璃接头连接仪器。于量筒中加入 5 mL 二乙基二硫代氨基甲酸银-吡啶溶液。

于锥形瓶中加入 5 g 锌粒，迅速连接好仪器，反应进行 45 min 后，移去量筒，混匀吸收液，该溶液颜色在暗处可稳定 2 h。

6.1.2 吸光度测定

用 1 cm 的比色皿中，以空白溶液(6.1.1 中的 0 mL)作参比溶液，于分光光度计波长 540 nm 处测定其吸光度。

6.1.3 标准曲线的绘制

以 5 mL 吸收液中所含砷的微克数为横坐标，相对应的吸光度为纵坐标，绘制标准曲线。

6.2 测定

做两份试料的平行测定。

称取 10 g 试样(精确到 0.1 g)置于 250 mL 烧杯中，加约 50 mL 水，缓慢加热煮沸逐尽二氧化碳和氨，冷却后将试液移入锥形瓶中，除以此溶液代替砷标准溶液外，其余步骤与 6.1 相同。

7 分析结果的表述

砷含量 w_1，以砷(As)质量分数计，数值以%表示，按式(1)计算：

$$w_1 = \frac{m_1}{m \times 1\ 000\ 000} \times 100 \qquad \cdots\cdots(1)$$

式中：

m_1——从标准曲线上查出的试液中砷的质量的数值，单位为微克(μg)；

m——试料质量的数值，单位为克(g)。

计算结果表示到小数点后五位，取平行测定结果的算术平均值为测定结果。

8 允许差

平行测定结果的相对偏差不大于100%。

ICS 71.060.50
G 12

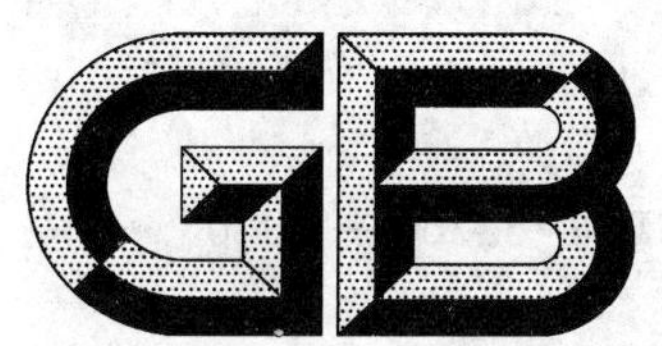

中华人民共和国国家标准

GB/T 6276.8—2010
代替 GB/T 6276.8—1986

工业用碳酸氢铵的测定方法
第8部分:砷含量 砷斑法

Determination of ammonium hydrogen carbonate for industrial use—Part 8: Arsenic content—Gutzeit method

2010-06-30 发布 2011-01-01 实施

中华人民共和国国家质量监督检验检疫总局
中国国家标准化管理委员会 发布

前言

GB/T 6276《工业用碳酸氢铵的测定方法》分为九个部分：

——第1部分：碳酸氢铵含量　酸碱滴定法；

——第2部分：氯化物含量　电位滴定法；

——第3部分：硫化物含量　目视比浊法；

——第4部分：硫酸盐含量　目视比浊法；

——第5部分：灰分含量　重量法；

——第6部分：铁含量　邻菲啰啉分光光度法；

——第7部分：砷含量　二乙基二硫代氨基甲酸银分光光度法；

——第8部分：砷含量　砷斑法；

——第9部分：重金属含量　目视比浊法。

本部分是GB/T 6276的第8部分。

本标准代替GB/T 6276.8—1986《工业用碳酸氢铵　砷含量的测定　砷斑法》。

本部分与GB/T 6276.8—1986的主要差异是：

——试剂溶液、标准滴定溶液等的配制和标定方法执行HG/T 2843标准。

本部分由中国石油和化学工业协会提出。

本部分由全国肥料和土壤调理剂标准化技术委员会归口。

本部分起草单位：国家化肥质量监督检验中心(上海)。

本部分主要起草人：王婷、仲文轶。

本部分于1986年首次发布。

工业用碳酸氢铵的测定方法
第8部分:砷含量 砷斑法

1 范围

GB/T 6276的本部分规定了采用砷斑法测定工业用碳酸氢铵的砷含量。

本部分适用于工业用碳酸氢铵砷含量的测定。

2 规范性引用文件

下列文件中的条款通过GB/T 6276的本部分的引用而成为本部分的条款。凡是注日期的引用文件,其随后所有的修改单(不包括勘误的内容)或修订版均不适用于本部分,然而,鼓励根据本部分达成协议的各方研究是否可使用这些文件的最新版本。凡是不注日期的引用文件,其最新版本适用于本部分。

HG/T 2843 化肥产品 化学分析常用标准滴定溶液、标准溶液、试剂溶液和指示剂溶液

3 原理

在酸性条件下,用金属锌将砷还原为砷化氢,砷化氢在溴化汞试纸上形成红棕色砷斑,将此砷斑与标准色阶进行比较,确定砷含量。

4 仪器

4.1 定砷器,见图1。

单位为毫米

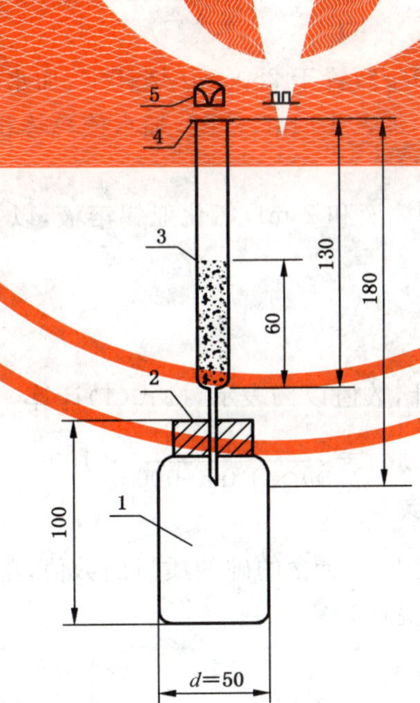

1——广口瓶;

2——胶塞;

3——玻璃管;

4——玻璃管上端管口;

5——玻璃帽。

图1 定砷器

4.2 用于砷测定的所有玻璃仪器，事先用热的浓硫酸或洗液小心洗涤，并用水充分洗涤和完全干燥。

5 试剂和材料

下列的部分试剂具有毒害性，操作者须小心谨慎！如溅到皮肤上应立即用水冲洗，严重者应立即治疗。

本标准中所用试剂、溶液和水，在未注明规格和配制方法时，均应符合 HG/T 2843 的规定。

5.1 盐酸；

5.2 无砷金属锌，粒径 0.5 mm～1.0 mm 或其他相应纯度的锌粒；

5.3 氢氧化钠溶液，5%；

5.4 碘化钾溶液，15%；

5.5 氯化亚锡盐酸溶液，400 g/L；

5.6 砷标准溶液，1 mg/mL；

5.7 砷标准溶液，1 μg/mL：吸取 1 mL 砷标准溶液(5.6)，置于 1 000 mL 容量瓶中，稀释至刻度，摇匀，使用前配制；

5.8 乙酸铅棉花；

5.9 溴化汞试纸。

6 分析步骤

6.1 标准色阶的制备

于数只定砷器的广口瓶中，分别加入 0 mL、0.5 mL、1.0 mL、1.5 mL、2.0 mL、3.0 mL 的砷标准溶液(5.7)，加 10 mL 盐酸，加水至 40 mL，然后加入 2 mL 碘化钾溶液和 2 mL 氯化亚锡溶液，摇匀后放置 15 min，加 5 g 锌粒，迅速安装好仪器，于室温下，在暗处放置 1 h～1.5 h 后取下溴化汞试纸。

6.2 试样溶液的制备

称取 1 g～10 g 试样(精确至 0.1 g)，置于 250 mL 烧杯中，加水 50 mL，缓慢加热煮沸逐尽二氧化碳和氨，冷却后将试液移入锥形瓶中，加入 10 mL 盐酸，加水使总体积为 40 mL。

6.3 测定

向试样溶液中加入 2 mL 碘化钾溶液和 2 mL 氯化亚锡溶液，以下步骤与 6.1 相同，取下溴化汞试纸，与标准色阶进行比较。

7 分析结果的表述

砷含量 w_1，以砷(As)质量分数计，数值以%表示，按式(1)计算：

$$w_1 = \frac{m_1}{m \times 1\ 000\ 000} \times 100 \quad \cdots\cdots(1)$$

式中：

m_1——与试液色斑相当的标准色斑中所含的砷的质量的数值，单位为微克(μg)；

m——试料质量的数值，单位为克(g)。

计算结果表示到小数点后五位。

ICS 71.060.50
G 12

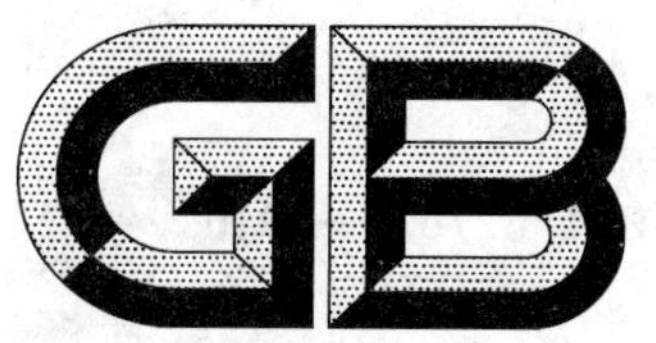

中华人民共和国国家标准

GB/T 6276.9—2010
代替 GB/T 6276.9—1986

工业用碳酸氢铵的测定方法 第9部分:重金属含量 目视比浊法

Determination of ammonium hydrogen carbonate for industrial use—Part 9: Heavy metal content—Visible turbidimetric method

2010-06-30 发布 2011-01-01 实施

中华人民共和国国家质量监督检验检疫总局
中国国家标准化管理委员会 发布

前　言

GB/T 6276《工业用碳酸氢铵的测定方法》分为九个部分：

——第1部分：碳酸氢铵含量　酸碱滴定法；

——第2部分：氯化物含量　电位滴定法；

——第3部分：硫化物含量　目视比浊法；

——第4部分：硫酸盐含量　目视比浊法；

——第5部分：灰分含量　重量法；

——第6部分：铁含量　邻菲啰啉分光光度法；

——第7部分：砷含量　二乙基二硫代氨基甲酸银分光光度法；

——第8部分：砷含量　砷斑法；

——第9部分：重金属含量　目视比浊法。

本部分是GB/T 6276的第9部分。

本标准代替GB/T 6276.9—1986《工业用碳酸氢铵　重金属含量的测定　目视比浊法》。

本部分与GB/T 6276.9—1986的主要差异是：

——试剂溶液、标准滴定溶液等的配制和标定方法执行HG/T 2843标准。

本部分由中国石油和化学工业协会提出。

本部分由全国肥料和土壤调理剂标准化技术委员会归口。

本部分起草单位：国家化肥质量监督检验中心(上海)。

本部分主要起草人：仲文轶、王婷。

本部分于1986年首次发布。

工业用碳酸氢铵的测定方法
第9部分:重金属含量　目视比浊法

1　范围

GB/T 6276的本部分规定了采用目视比浊法测定工业用碳酸氢铵的重金属的含量。

本部分适用于工业用碳酸氢铵中重金属含量的测定。

2　规范性引用文件

下列文件中的条款通过GB/T 6276的本部分的引用而成为本部分的条款。凡是注日期的引用文件,其随后所有的修改单(不包括勘误的内容)或修订版均不适用于本部分,然而,鼓励根据本部分达成协议的各方研究是否可使用这些文件的最新版本。凡是不注日期的引用文件,其最新版本适用于本部分。

HG/T 2843　化肥产品　化学分析常用标准滴定溶液、标准溶液、试剂溶液和指示剂溶液

3　原理

在弱酸性条件下,向试液中加入硫化氢溶液,与试液中的重金属生成硫化物,再与铅的标准浊度进行比较,确定重金属(以铅计)的含量。

4　试剂和材料

下列的部分试剂具有腐蚀性,操作者须小心谨慎!如溅到皮肤上应立即用水冲洗,严重者应立即治疗。

本标准中所用试剂、溶液和水,在未注明规格和配制方法时,均应符合HG/T 2843的规定。

4.1　氨水溶液,2+3。

4.2　盐酸溶液,1+1。

4.3　乙酸溶液,1 mol/L。

4.4　饱和硫化氢水溶液。

4.5　铅标准溶液,1 mg/mL。

4.6　铅标准溶液,0.01 mg/mL:用铅标准溶液(4.5)准确稀释100倍,仅限当天使用。

4.7　对硝基苯酚指示液。

5　分析步骤

5.1　标准浊度的配制

于6支50 mL比色管中,分别加入0 mL、1.0 mL、2.0 mL、3.0 mL、4.0 mL、5.0 mL铅标准溶液(4.6),加入2 mL乙酸溶液,用水稀释至约35 mL。

5.2　测定

称取10 g试样(精确到0.1 g),置于250 mL烧杯中,加50 mL水,缓慢加热煮沸逐尽二氧化碳和氨,加入2 mL盐酸溶液,再加热煮沸5 min,冷却后加1滴对硝基苯酚指示液,滴加氨水溶液至试液刚好呈黄色,移入50 mL比色管中,加入2 mL乙酸溶液,用水稀释至约35 mL,与标准管同时加入10 mL饱和硫化氢水溶液,用水稀释至刻度,摇匀后放置10 min,与标准浊度进行比较。

6 分析结果的表述

重金属的含量 w_1，以铅(Pb)的质量分数计，数值以%表示，按式(1)计算：

$$w_1 = \frac{V \times 0.000\,01}{m} \times 100 \quad \cdots\cdots(1)$$

式中：

V——与试液浊度相当的标准管中铅标准溶液体积的数值，单位为毫升(mL)；

0.000 01——1 mL 铅标准溶液中铅(Pb)的质量的数值，单位为克每毫升(g/mL)；

m——试料质量的数值，单位为克(g)。

计算结果表示到小数点后五位。

ICS 25.100.30
J 41

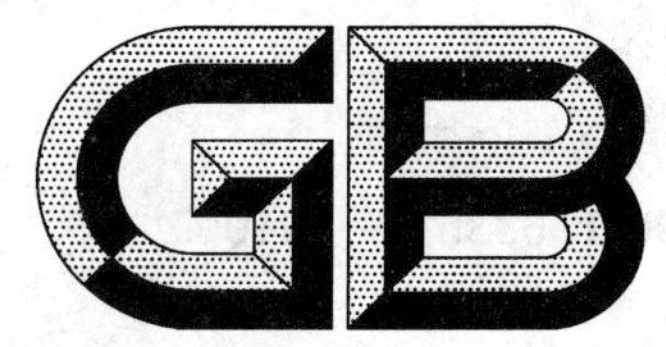

中华人民共和国国家标准

GB/T 6335.1—2010
代替 GB/T 6335.1—1996

旋转和旋转冲击式硬质合金建工钻 第1部分：尺寸

Rotary and rotary impact masonry drill bits with hardmetal tips—Part 1: Dimensions

(ISO 5468:2006, Rotary and rotary impact masonry drill bits with hardmetal tips—Dimensions, MOD)

2010-12-23 发布　　2011-07-01 实施

中华人民共和国国家质量监督检验检疫总局
中国国家标准化管理委员会　发布

前 言

GB/T 6335《旋转和旋转冲击式硬质合金建工钻》分为两个部分：

——第1部分：尺寸；

——第2部分：技术条件。

本部分为GB/T 6335的第1部分。

本部分修改采用ISO 5468:2006《镶硬质合金刀片的旋转冲击式建工钻 尺寸》(英文版)。

本部分根据ISO 5468:2006重新起草。

本部分与ISO 5468:2006相比有下列技术差异和编辑性修改：

——“本国际标准”一词改为“本部分”；

——用小数点“.”代替作为小数点的逗号“,”；

——删除了国际标准的前言；

——增加了标记示例；

——增加了冲击钻柄部的型式和尺寸(附录A)。

本部分代替GB/T 6335.1—1996《旋转和旋转冲击式硬质合金建工钻 第1部分：尺寸》。

本部分与GB/T 6335.1—1996相比主要变化如下：

——取消了原标准中的第2章参考标准；

——增加了第2章 符号；

——修改了原图1中悬伸于冲击钻机夹头外的长度尺寸 l 的标注；

——将原图1中增加硬质合金刀片高度 a 和硬质合金刀片肩部高度 a_1；

——将原标准3.1中图1的注1修改为“冲击钻直径 d 在转角处去掉油漆或保护层后的硬质合金刀片的尺寸”；

——将原标准3.1中表1的极限偏差按现行国际标准规定；

——将原标准3.1中表1增加硬质合金刀片高度 a 和硬质合金刀片肩部高度 a_1 的要求；

——取消了附录A中冲击钻四种柄部型式尺寸中的尺寸($L-l$)。

本部分的附录A为规范性附录。

本部分由中国机械工业联合会提出。

本部分由全国刀具标准化技术委员会(SAC/TC 91)归口。

本部分起草单位：成都工具研究所、常州市西夏墅工具产业生产力促进中心。

本部分主要起草人：刘玉玲、邹春英、查国兵、许刚。

本部分所代替标准的历次版本发布情况为：

——GB/T 6335—1986；

——GB/T 6335.1—1996。

旋转和旋转冲击式硬质合金建工钻
第1部分：尺寸

1 范围

GB/T 6335 的本部分规定了旋转和旋转冲击式硬质合金建工钻（以下简称冲击钻）的直径和在短系列、长系列、加长系列中的总长和工作部分长度。

本部分适用于在砖、砌块及轻质墙等材料上钻孔直径为 4 mm～25 mm 的旋转和旋转冲击式硬质合金建工钻。本部分不适用于凿岩钻头。

2 符号

a——硬质合金刀片高度；

a_1——硬质合金刀片肩部高度；

d——冲击钻的直径；

l——冲击钻的悬伸长度；

L——冲击钻的总长。

3 尺寸

3.1 冲击钻的尺寸和公差按图1和表1的规定。

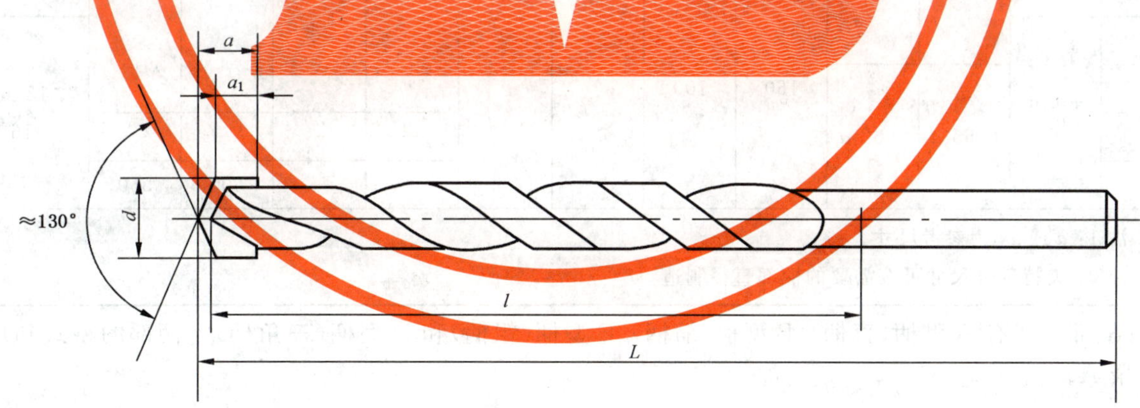

注1：冲击钻直径 d 在转角处去掉油漆或保护层后的硬质合金刀片的尺寸。

注2：l 为悬伸于冲击钻机夹头外的长度。

图1 旋转和旋转冲击式硬质合金建工钻

表 1

单位为毫米

<table>
<tr><th colspan="2">d</th><th rowspan="2">a
min</th><th rowspan="2">a_1
min</th><th colspan="2">短系列</th><th colspan="2">长系列</th><th colspan="4">加长系列(穿墙钻)</th><th rowspan="2">夹持部分尺寸</th></tr>
<tr><th>基本尺寸</th><th>极限偏差</th><th>总长
L</th><th>工作长度
≈l</th><th>总长
L</th><th>工作长度
≈l</th><th>总长
L</th><th>工作长度
≈l</th><th>总长
L</th><th>工作长度
≈l</th></tr>
<tr><td>4.0</td><td rowspan="5">+0.40
+0.15</td><td rowspan="7">0.8 d</td><td rowspan="7">0.57 d</td><td>75</td><td>39</td><td rowspan="7">150</td><td rowspan="7">85</td><td rowspan="7">—</td><td rowspan="7">—</td><td rowspan="7">—</td><td rowspan="7">—</td><td>10</td></tr>
<tr><td>4.5</td><td rowspan="3">85</td><td rowspan="3">39</td><td rowspan="6">10 或 13</td></tr>
<tr><td>5.0</td></tr>
<tr><td>5.5</td></tr>
<tr><td>6.0</td><td rowspan="3">100</td><td rowspan="3">54</td></tr>
<tr><td>6.5</td><td rowspan="5">+0.45
+0.20</td></tr>
<tr><td>7.0</td></tr>
<tr><td>8.0</td><td rowspan="8">0.7 d</td><td rowspan="8">0.47 d</td><td rowspan="3">120</td><td rowspan="3">80</td><td rowspan="4">200</td><td rowspan="4">135</td><td rowspan="4">—</td><td rowspan="4">—</td><td rowspan="4">—</td><td rowspan="4">—</td><td rowspan="10">10、13
或 16</td></tr>
<tr><td>9.0</td></tr>
<tr><td>10.0</td></tr>
<tr><td>11.0</td><td rowspan="7">+0.5
+0.2</td><td rowspan="6">150</td><td rowspan="6">90</td></tr>
<tr><td>12.0</td><td>220</td><td>150</td><td>400</td><td>350</td><td>600</td><td>550</td></tr>
<tr><td>13.0</td><td rowspan="10">—</td><td rowspan="10">—</td><td>—</td><td>—</td><td>—</td><td>—</td></tr>
<tr><td>14.0</td><td rowspan="6">400</td><td rowspan="6">350</td><td rowspan="6">600</td><td rowspan="6">550</td></tr>
<tr><td>15.0</td></tr>
<tr><td>16.0</td><td rowspan="3">0.6 d</td><td rowspan="3">0.37 d</td></tr>
<tr><td>18.0</td><td rowspan="5">160</td><td rowspan="5">100</td></tr>
<tr><td>20.0</td><td rowspan="4">+0.55
+0.20</td><td rowspan="4">13 或
16</td></tr>
<tr><td>22.0</td><td rowspan="3">0.55 d</td><td rowspan="3">0.32 d</td></tr>
<tr><td>24.0</td><td>—</td><td>—</td><td>—</td><td>—</td></tr>
<tr><td>25.0</td><td>—</td><td>—</td><td>600</td><td>550</td></tr>
<tr><td colspan="13">注 1：a 或 a_1 为参考尺寸。
注 2：夹持部分尺寸可按需要的柄部直径制造。</td></tr>
</table>

3.2 柄部型式有 A 型柄(直柄)、B 型柄(缩柄)、C 型柄(粗柄)和 D 型柄(三角柄)。柄部的型式和尺寸按附录 A。

4 标记示例

直径 d=18 mm，总长 L=160 mm，柄部型式为 B 型柄(缩柄)的冲击钻的标记为：

冲击钻 18×160-B GB/T 6335.1—2010

附 录 A
（规范性附录）
冲击钻柄部的型式和尺寸

A.1 A 型柄（直柄）的型式和尺寸按图 A.1 所示。

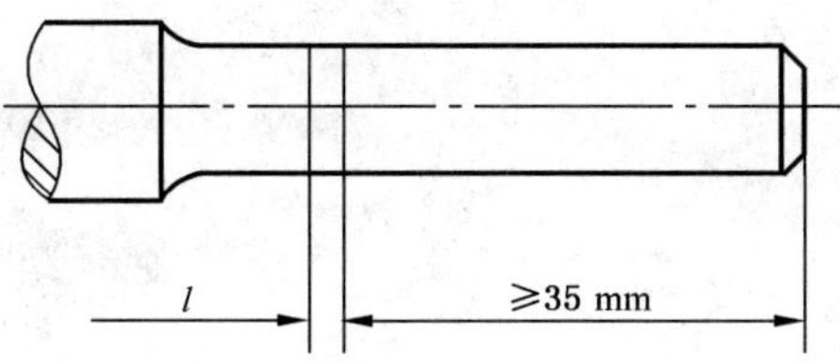

图 A.1

A.2 B 型柄（缩柄）的型式和尺寸按图 A.2 所示。

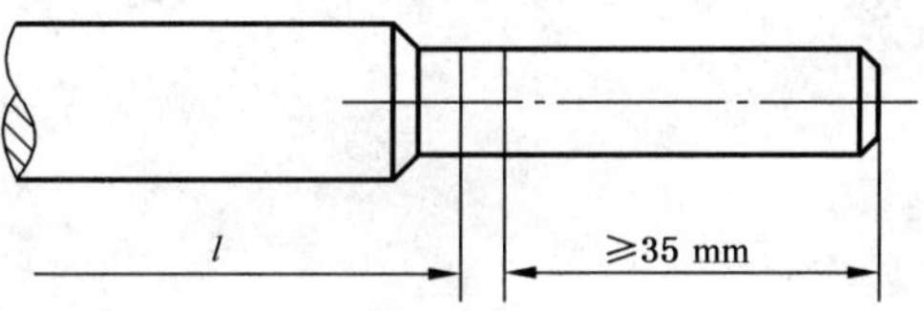

图 A.2

A.3 C 型柄（粗柄）的型式和尺寸按图 A.3 所示。

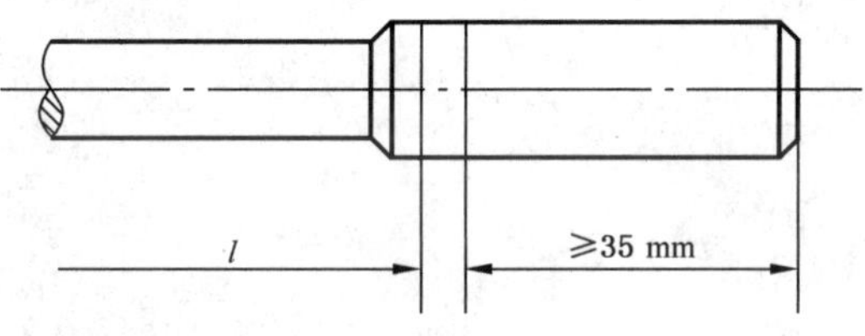

图 A.3

A.4 D 型柄（三角柄）的型式和尺寸按图 A.4 所示。

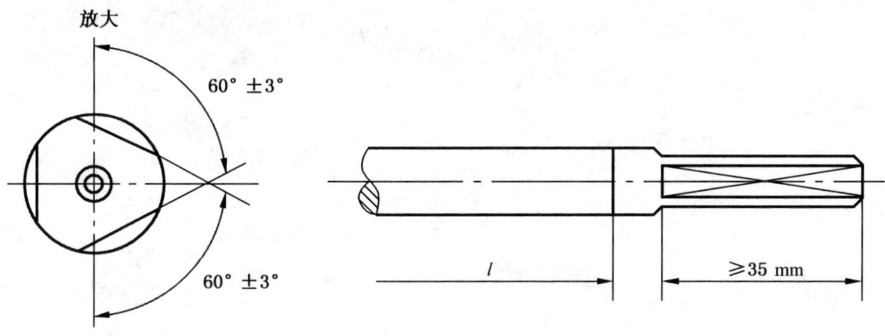

图 A.4

ICS 25.100.30
J 41

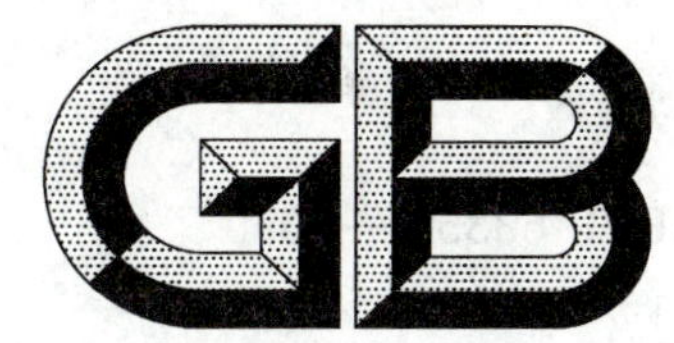

中华人民共和国国家标准

GB/T 6335.2—2010
代替 GB/T 6335.2—1996

旋转和旋转冲击式硬质合金建工钻 第2部分:技术条件

Rotary and rotary impact masonry drill bits with hardmetal tips—Part 2: Technical specifications

2010-12-23 发布　　2011-07-01 实施

中华人民共和国国家质量监督检验检疫总局
中国国家标准化管理委员会　发布

前 言

GB/T 6335《旋转和旋转冲击式硬质合金建工钻》分为两个部分：

——第1部分：尺寸；

——第2部分：技术条件。

本部分为GB/T 6335的第2部分。

本部分代替GB/T 6335.2—1996《旋转和旋转冲击式硬质合金建工钻　第2部分：技术条件》。

本部分与GB/T 6335.2—1996相比主要变化如下：

——将原标准第2章引用标准中的JB/T 8369修改为GB/T 18376.2；

——将原标准5.1修改为4.3.1的“冲击钻用硬质合金刀片按GB/T 18376.2的规定”；

——将原标准8.1.1修改为4.5.1.1的“产品上应标志”；

——将原标准8.1.1a)修改为4.5.1.1中的“直径”；

——将原标准8.1.2b)修改为4.5.1.2中的“产品的标记”。

本部分的附录A为规范性附录。

本部分由中国机械工业联合会提出。

本部分由全国刀具标准化技术委员会(SAC/TC 91)归口。

本部分起草单位：成都工具研究所、常州市西夏墅工具产业生产力促进中心。

本部分主要起草人：刘玉玲、邹春英、查国兵。

本部分所代替标准的历次版本发布情况为：

——GB/T 6335—1986；

——GB/T 6335.2—1996。

旋转和旋转冲击式硬质合金建工钻 第2部分:技术条件

1 范围

GB/T 6335 的本部分规定了旋转和旋转冲击式硬质合金建工钻(以下简称冲击钻)的尺寸和位置公差、外观和表面粗糙度、材料和硬度、性能试验、标志和包装的基本要求。

本部分适用于在砖、砌块及轻质墙等材料上钻孔直径为 4 mm～25 mm 的旋转和旋转冲击式硬质合金建工钻。本部分不适用于凿岩钻头。

2 规范性引用文件

下列文件中的条款通过 GB/T 6335 的本部分的引用而成为本部分的条款。凡是注日期的引用文件,其随后所有的修改单(不包括勘误的内容)或修订版均不适用于本部分,然而,鼓励根据本部分达成协议的各方研究是否可使用这些文件的最新版本。凡是不注日期的引用文件,其最新版本适用于本部分。

GB/T 6335.1 旋转和旋转冲击式硬质合金建工钻 第1部分:尺寸(GB/T 6335.1—2010,ISO 5468:2006,Rotary and rotary impact masonry drill bits with hardmetal tips—Dimensions,MOD)

GB/T 18376.2 硬质合金牌号 第2部分:地质、矿山工具用硬质合金牌号

3 符号

d——冲击钻直径;

l——悬伸长度。

4 技术要求

4.1 尺寸和位置公差

冲击钻的尺寸应符合 GB/T 6335.1 的规定,其位置公差按表1。

表1　　单位为毫米

项目	*d*	*l*				
		≤50	>50～100	>100～200	>300～400	>400～550
柄部定位圆对刀体轴线的径向圆跳动	4～8	1.0	1.5	2.0	2.5	2.75
	>8～25	1.5				
硬质合金刀片外圆对刀体轴线的对称度	4～6	0.20				
	>6～8	0.35				
	>8～16	0.50				
	>16	1.00				
切削刃对刀体轴线的斜向圆跳动	4～25	0.50				
注:冲击钻位置公差的检测方法按附录A。						

4.2 外观和表面粗糙度

4.2.1 冲击钻上硬质合金刀片应焊接牢固，不应有裂纹、烧伤、夹渣、气孔及未焊透现象；切削刃应锋利，不得有崩刃等影响使用性能的缺陷。

4.2.2 冲击钻的表面粗糙度上限值为：

——前面和后面：Rz12.5 μm；

——柄部(定位圆柱部分)：Ra3.2 μm。

4.2.3 冲击钻表面应镀锌、发黑或喷砂等处理。

4.3 材料和硬度

4.3.1 冲击钻用硬质合金刀片按 GB/T 18376.2 的规定。

4.3.2 冲击钻刀体和刀柄材料采用 45 号钢或同等及以上性能其他牌号的结构钢制造。

4.3.3 直径 $d\leqslant8$ mm 的冲击钻应从距刀片底面(轴向)20 mm 处向柄部方向进行热处理，其硬度不低于 35 HRC；直径 $d>8$ mm 的冲击钻允许不经热处理。

4.4 性能试验

成批生产的冲击钻，每批应进行切削性能抽样试验。

4.4.1 试验条件

4.4.1.1 试验钻机：试验用冲击钻机应符合相应标准的规定。

4.4.1.2 试验件数：样本数为 5 件。

4.4.1.3 试验材料：试验材料为 150～200 号水泥砂浆块或用同等强度的其他建筑材料。

4.4.2 试验规范

冲击钻的性能试验应在转速大于 500 r/min，冲击次数大于 10 000 次/min 的钻机上进行，冲击钻每次钻孔深度为 $l/2$，累积钻孔深度为 0.5 m。

4.4.3 试验方式

钻不通孔。

4.4.4 试验结果评定

试验后的冲击钻不应有崩刃、脱焊、裂纹等现象。如有一件不符合上述规定，则判该批冲击钻的性能试验不合格。

4.5 标志、包装

4.5.1 标志

4.5.1.1 产品上应标志：

——制造厂或销售商的商标；

——直径。

4.5.1.2 包装盒上应标志：

——制造厂或销售商的名称、地址和商标；

——产品的标记；

——件数；

——刀片材料(硬质合金牌号或用途代号)；

——制造年月。

4.5.2 包装

冲击钻在包装前应经防锈处理。包装应牢固，并能防止冲击钻在运输中的损伤。

附 录 A
（规范性附录）
冲击钻位置公差的检测方法

A.1 冲击钻位置公差的检测方法按表 A.1。

表 A.1

项目	检测方法	检测方法简图	检测工具
柄部定位圆对刀体轴线的径向圆跳动	将靠近刀片的刀体沟槽部分放在 V 型铁上，放置长度不大于 $l/2$，轴向进行定位，然后将指示表测头垂直接触柄部定位圆（距柄端 25 mm 处）；旋转冲击钻，则指示表读数的最大差值即为径向圆跳动误差		平板、V 型铁、分度值为 0.01 mm 的指示表、表架及定位块
硬质合金刀片外圆对刀体轴线的对称度	将靠近刀片的刀体沟槽部分放在 V 型铁上，放置长度不大于 $l/2$，轴向进行定位，然后将指示表测头垂直接触硬质合金刀片外圆中部，左右旋转冲击钻，使指示表示值最大，然后将冲击钻旋转 180°重复上述测量，两次指示表读数的差值即为对称度误差		平板、V 型铁、分度值为 0.01 mm 的指示表、表架及定位块
切削刃对刀体轴线的斜向圆跳动	将靠近刀片的刀体沟槽部分放在 V 型铁上，放置长度不大于 $l/2$，轴向进行定位，然后将指示表测头垂直接触刀片的主切削刃，左右旋转冲击钻，使指示表示值最大，然后将冲击钻旋转 180°重复上述测量，两次指示表读数的差值即为斜向圆跳动误差		平板、V 型铁、分度值为 0.01 mm 的指示表、表架及定位块

注：V 型铁左端距冲击钻刀片底面不大于 15 mm。

ICS 35.040
L 71

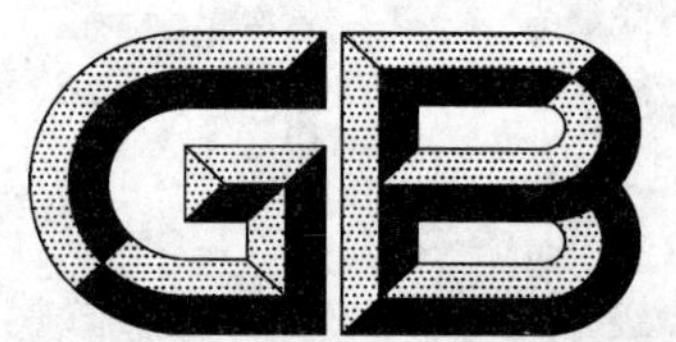

中华人民共和国国家标准

GB 6345.1—2010
代替 GB 6345—2001

信息技术 汉字编码字符集(基本集) 32点阵字型 第1部分:宋体

Information technology—Chinese ideogram coded character set (basic set)—32 dot matrix font—Part 1:Song Ti

2011-01-10 发布 2011-12-01 实施

中华人民共和国国家质量监督检验检疫总局
中国国家标准化管理委员会 发布

前　言

GB 6345 的本部分除字表 1 区～11 区外的全部技术内容为强制性。

GB 6345《信息技术　汉字编码字符集(基本集)　32 点阵字型》分为如下四部分：

——第 1 部分：宋体；

——第 2 部分：黑体；

——第 3 部分：楷体；

——第 4 部分：仿宋体。

本部分为 GB 6345 的第 1 部分。

本部分规定的 32 点阵汉字字型是以《第一批异体字整理表》、《简化字总表》、《印刷通用汉字字表》和《现代汉字通用字表》(见参考文献)为依据，按照现行汉字字形整理原则进行设计。

本部分代替 GB 6345—2001《信息技术　汉字编码字符集(基本集)　32 点阵字型　宋体》，与 GB 6345—2001 相比，主要变化如下：

——为了进一步提高字型质量和保证标准间的协调统一，对 01 区的数学符号错误进行了修正；

——对 03 区、10 区的字符错误、小写英文字母偏离基准线错误进行了修正；

——对 04 区、05 区日文假名/片假名部分字符进行了重新设计；

——对不符合修改后的汉字字型规范的一些汉字也进行了修正。

本部分的附录 A 和附录 B 是规范性附录。

本部分由中华人民共和国工业和信息化部提出。

本部分由全国信息技术标准化技术委员会(SAC/TC 28)归口。

本部分起草单位：中国电子技术标准化研究所、第二炮兵装备研究院第四研究所。

本部分起草人：熊涛、翟广臣、魏励、周济萍、代红、戴涌、王立建、王永平。

本部分历次版本发布情况为：

——GB/T 6345.1～6345.2—1986；

——GB 6345—2001。

引　　言

有关字型数据的授权转让使用事宜，字型标准数据的维护、更新及修订工作，统一由归口单位负责。

地　　址：北京市东城区安定门东大街1号（北京市1101信箱）
邮　　编：100007
电　　话：64007689　84029173
传　　真：64007681
E-mail：daihong@cesi. ac. cn

信息技术　汉字编码字符集(基本集)
32 点阵字型　第 1 部分:宋体

1　范围

本部分规定了 GB 2312—1980 中图形字符的 32 点阵宋体字型。

本部分适用于各种电子信息产品、各种数字化产品,也可用于其他有关设备。

2　规范性引用文件

下列文件中的条款通过 GB 6345 的本部分的引用而成为本部分的条款。凡是注日期的引用文件,其随后所有的修改单(不包括勘误的内容)或修订版均不适用于本部分,然而,鼓励根据本部分达成协议的各方研究是否可使用这些文件的最新版本。凡是不注日期的引用文件,其最新版本适用于本部分。

GB 2312—1980　信息交换用汉字编码字符集　基本集

3　术语和定义

下列术语和定义适用于 GB 6345 的本部分。

3.1

字形　glyph

一种可辨认的抽象的图形符号,它不依赖于任何特定的设计。

3.2

字型　font

具有同一基本设计的字形图像的集合,如:宋体。

3.3

点阵字型　dot matrix font

以点的集合来表现图形字符的(型)形。

3.4

字序　character order

图形字符在集合中按一定规则排列的次序。

4　汉字图形字符

本部分根据 GB 2312—1980 规定,相应提供了:

01～09 区　　外文字母及其他图形字符 682 个;

16～55 区　　第一级汉字 3 755 个;

56～87 区　　第二级汉字 3 008 个;

另外在 8 区 27 位至 32 位补充了 6 个字符;10 区 01 位至 94 位补充了 94 个半字图形字符;11 区 01 位至 32 位补充了 32 个汉语拼音的半字字符,见附录 A。

本部分共提供图形字符 7 577 个。

5　标准数据的管理

为加强对信息技术产品用汉字字型与字模标准数据的管理,保证本部分在实施中数据的一致性和正确性,有关字型数据的授权转让使用事宜,字型标准数据的维护、更新及修订工作,统一由归口单位负责。

6 点阵字型的表示方法

6.1 栅格

栅格由若干条等距离的垂直线与水平线相交叉而形成。

本部分规定的是 32 点阵字型,其栅格是横向 32 格,纵向 32 格。每个方格的中心定为点的中心位置。

栅格仅对构成点阵的各点进行定位,32 点阵栅格图如图 1 所示。

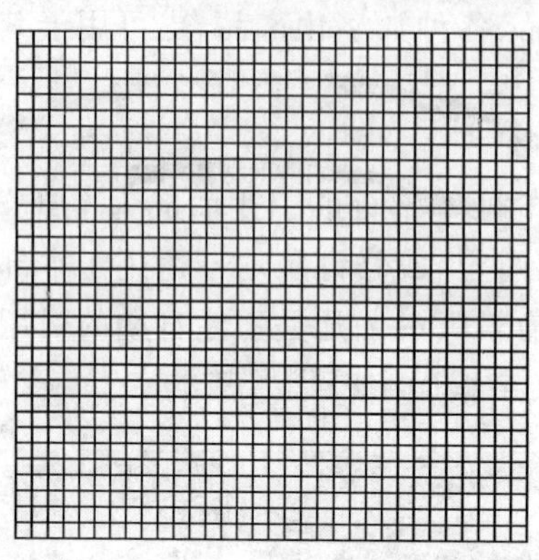

图 1 32 点阵栅格图

6.2 点

点是构成点阵字型的最小单位,以圆形表示,它是位于各方格内的黑色区域。

6.3 点阵字样

汉字点阵字型的字样,由置于栅格内的若干个点的集合来表示。汉字“永”的 32 点阵字样如图 2 所示。

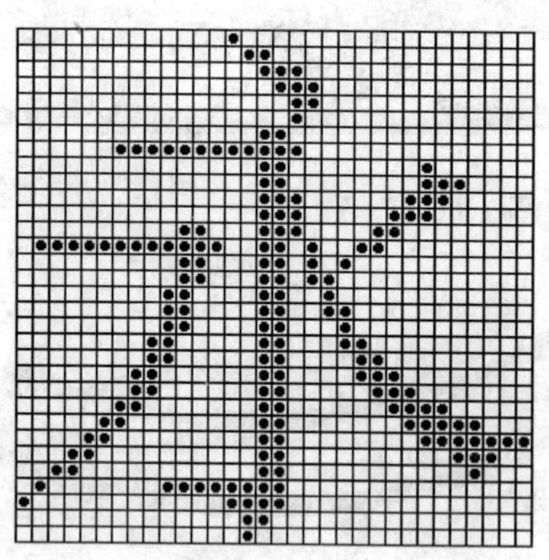

图 2 32 点阵汉字“永”的字样

6.4 字型数据

32 点阵字型数据的表示,见附录 B。

6.5 点阵字型表

本部分提供了 GB 2312—1980 规定的 7 445 个汉字/图形字符及补充的 132 个图形字符的 32 点阵字型。

本部分的点阵字型列表如下:

1区	0	1	2	3	4	5	6	7	8	9	10	11	12	13	14	15	16	17	18	19
010			、	。	·	ˉ	ˇ	¨	〃	々	—	～	‖	…	‘	’	“	”	〔	〕
012	〈	〉	《	》	「	」	『	』	〖	〗	【	】	±	×	÷	∶	∧	∨	∑	∏
014	∪	∩	∈	∷	√	⊥	∥	∠	⌒	⊙	∫	∮	≡	≌	≈	∽	∝	≠	≮	≯
016	≤	≥	∞	∵	∴	♂	♀	°	′	″	℃	＄	¤	￠	￡	‰	§	№	☆	★
018	○	●	◎	◇	◆	□	■	△	▲	※	→	←	↑	↓	〓					

2区	0	1	2	3	4	5	6	7	8	9	10	11	12	13	14	15	16	17	18	19
020																		⒈	⒉	⒊
022	⒋	⒌	⒍	⒎	⒏	⒐	⒑	⒒	⒓	⒔	⒕	⒖	⒗	⒘	⒙	⒚	⒛	⑴	⑵	⑶
024	⑷	⑸	⑹	⑺	⑻	⑼	⑽	⑾	⑿	⒀	⒁	⒂	⒃	⒄	⒅	⒆	⒇	①	②	③
026	④	⑤	⑥	⑦	⑧	⑨	⑩			㈠	㈡	㈢	㈣	㈤	㈥	㈦	㈧	㈨	㈩	
028		Ⅰ	Ⅱ	Ⅲ	Ⅳ	Ⅴ	Ⅵ	Ⅶ	Ⅷ	Ⅸ	Ⅹ	Ⅺ	Ⅻ							

3区	0	1	2	3	4	5	6	7	8	9	10	11	12	13	14	15	16	17	18	19
030		！	＂	＃	￥	％	＆	＇	（	）	＊	＋	，	－	．	／	０	１	２	３
032	４	５	６	７	８	９	：	；	＜	＝	＞	？	＠	Ａ	Ｂ	Ｃ	Ｄ	Ｅ	Ｆ	Ｇ
034	Ｈ	Ｉ	Ｊ	Ｋ	Ｌ	Ｍ	Ｎ	Ｏ	Ｐ	Ｑ	Ｒ	Ｓ	Ｔ	Ｕ	Ｖ	Ｗ	Ｘ	Ｙ	Ｚ	［
036	＼	］	＾	＿	｀	ａ	ｂ	ｃ	ｄ	ｅ	ｆ	ｇ	ｈ	ｉ	ｊ	ｋ	ｌ	ｍ	ｎ	ｏ
038	ｐ	ｑ	ｒ	ｓ	ｔ	ｕ	ｖ	ｗ	ｘ	ｙ	ｚ	｛	｜	｝	￣					

4区	0	1	2	3	4	5	6	7	8	9	10	11	12	13	14	15	16	17	18	19
040		ぁ	あ	ぃ	い	ぅ	う	ぇ	え	ぉ	お	か	が	き	ぎ	く	ぐ	け	げ	こ
042	ご	さ	ざ	し	じ	す	ず	せ	ぜ	そ	ぞ	た	だ	ち	ぢ	っ	つ	づ	て	で
044	と	ど	な	に	ぬ	ね	の	は	ば	ぱ	ひ	び	ぴ	ふ	ぶ	ぷ	へ	べ	ぺ	ほ
046	ぼ	ぽ	ま	み	む	め	も	ゃ	や	ゅ	ゆ	ょ	よ	ら	り	る	れ	ろ	ゎ	わ
048	ゐ	ゑ	を	ん																

5区	0	1	2	3	4	5	6	7	8	9	10	11	12	13	14	15	16	17	18	19
050		ァ	ア	ィ	イ	ゥ	ウ	ェ	エ	ォ	オ	カ	ガ	キ	ギ	ク	グ	ケ	ゲ	コ
052	ゴ	サ	ザ	シ	ジ	ス	ズ	セ	ゼ	ソ	ゾ	タ	ダ	チ	ヂ	ッ	ツ	ヅ	テ	デ
054	ト	ド	ナ	ニ	ヌ	ネ	ノ	ハ	バ	パ	ヒ	ビ	ピ	フ	ブ	プ	ヘ	ベ	ペ	ホ
056	ボ	ポ	マ	ミ	ム	メ	モ	ャ	ヤ	ュ	ユ	ョ	ヨ	ラ	リ	ル	レ	ロ	ヮ	ワ
058	ヰ	ヱ	ヲ	ン	ヴ	ヵ	ヶ													

6区	0	1	2	3	4	5	6	7	8	9	10	11	12	13	14	15	16	17	18	19
060		Α	Β	Γ	Δ	Ε	Ζ	Η	Θ	Ι	Κ	Λ	Μ	Ν	Ξ	Ο	Π	Ρ	Σ	Τ
062	Υ	Φ	Χ	Ψ	Ω									α	β	γ	δ	ε	ζ	η
064	θ	ι	κ	λ	μ	ν	ξ	ο	π	ρ	σ	τ	υ	φ	χ	ψ	ω			
066																				
068																				

7区	0	1	2	3	4	5	6	7	8	9	10	11	12	13	14	15	16	17	18	19
070		А	Б	В	Г	Д	Е	Ё	Ж	З	И	Й	К	Л	М	Н	О	П	Р	С
072	Т	У	Ф	Х	Ц	Ч	Ш	Щ	Ъ	Ы	Ь	Э	Ю	Я						
074										а	б	в	г	д	е	ё	ж	з	и	й
076	к	л	м	н	о	п	р	с	т	у	ф	х	ц	ч	ш	щ	ъ	ы	ь	э
078	ю	я																		

8区	0	1	2	3	4	5	6	7	8	9	10	11	12	13	14	15	16	17	18	19
080		ā	á	ǎ	à	ē	é	ě	è	ī	í	ǐ	ì	ō	ó	ǒ	ò	ū	ú	ǔ
082	ù	ǖ	ǘ	ǚ	ǜ	ü	ê	ɑ	ḿ	ń	ň	ǹ	ɡ					ㄅ	ㄆ	ㄇ
084	ㄈ	ㄉ	ㄊ	ㄋ	ㄌ	ㄍ	ㄎ	ㄏ	ㄐ	ㄑ	ㄒ	ㄓ	ㄔ	ㄕ	ㄖ	ㄗ	ㄘ	ㄙ	ㄚ	ㄛ
086	ㄜ	ㄝ	ㄞ	ㄟ	ㄠ	ㄡ	ㄢ	ㄣ	ㄤ	ㄥ	ㄦ	ㄧ	ㄨ	ㄩ						
088																				

9区	0	1	2	3	4	5	6	7	8	9	10	11	12	13	14	15	16	17	18	19
090					─	━	│	┃	┄	┅	┆	┇	┈	┉	┊	┋	┌	┍	┎	┏
092	┐	┑	┒	┓	└	┕	┖	┗	┘	┙	┚	┛	├	┝	┞	┟	┠	┡	┢	┣
094	┤	┥	┦	┧	┨	┩	┪	┫	┬	┭	┮	┯	┰	┱	┲	┳	┴	┵	┶	┷
096	┸	┹	┺	┻	┼	┽	┾	┿	╀	╁	╂	╃	╄	╅	╆	╇	╈	╉	╊	╋
098																				

10区	0	1	2	3	4	5	6	7	8	9	10	11	12	13	14	15	16	17	18	19
100		!	"	#	¥	%	&	'	(	)	*	+	,	-	.	/	0	1	2	3
102	4	5	6	7	8	9	:	;	<	=	>	?	@	A	B	C	D	E	F	G
104	H	I	J	K	L	M	N	O	P	Q	R	S	T	U	V	W	X	Y	Z	[
106	\	]	^	_	`	a	b	c	d	e	f	g	h	i	j	k	l	m	n	o
108	p	q	r	s	t	u	v	w	x	y	z	{	|	}	‾					

11区	0	1	2	3	4	5	6	7	8	9	10	11	12	13	14	15	16	17	18	19
110		ā	á	ǎ	à	ē	é	ě	è	ī	í	ǐ	ì	ō	ó	ǒ	ò	ū	ú	ǔ
112	ù	ǖ	ǘ	ǚ	ǜ	ü	ê	ɑ	ḿ	ń	ň	ǹ	ɡ							
114																				
116																				
118																				

16区	0	1	2	3	4	5	6	7	8	9	10	11	12	13	14	15	16	17	18	19
160		啊	阿	埃	挨	哎	唉	哀	皑	癌	蔼	矮	艾	碍	爱	隘	鞍	氨	安	俺
162	按	暗	岸	胺	案	肮	昂	盎	凹	敖	熬	翱	袄	傲	奥	懊	澳	芭	捌	扒
164	叭	吧	笆	八	疤	巴	拔	跋	靶	把	耙	坝	霸	罢	爸	白	柏	百	摆	佰
166	败	拜	稗	斑	班	搬	扳	般	颁	板	版	扮	拌	伴	瓣	半	办	绊	邦	帮
168	梆	榜	膀	绑	棒	磅	蚌	镑	傍	谤	苞	胞	包	褒	剥					

17区	0	1	2	3	4	5	6	7	8	9	10	11	12	13	14	15	16	17	18	19
170		薄	雹	保	堡	饱	宝	抱	报	暴	豹	鲍	爆	杯	碑	悲	卑	北	辈	背
172	贝	钡	倍	狈	备	惫	焙	被	奔	苯	本	笨	崩	绷	甭	泵	蹦	迸	逼	鼻
174	比	鄙	笔	彼	碧	蓖	蔽	毕	毙	毖	币	庇	痹	闭	敝	弊	必	辟	壁	臂
176	避	陛	鞭	边	编	贬	扁	便	变	卞	辨	辩	辫	遍	标	彪	膘	表	鳖	憋
178	别	瘪	彬	斌	濒	滨	宾	摈	兵	冰	柄	丙	秉	饼	炳					

18区	0	1	2	3	4	5	6	7	8	9	10	11	12	13	14	15	16	17	18	19
180		病	并	玻	菠	播	拨	钵	波	博	勃	搏	铂	箔	伯	帛	舶	脖	膊	渤
182	泊	驳	捕	卜	哺	补	埠	不	布	步	簿	部	怖	擦	猜	裁	材	才	财	睬
184	踩	采	彩	菜	蔡	餐	参	蚕	残	惭	惨	灿	苍	舱	仓	沧	藏	操	糙	槽
186	曹	草	厕	策	侧	册	测	层	蹭	插	叉	茬	茶	查	碴	搽	察	岔	差	诧
188	拆	柴	豺	搀	掺	蝉	馋	谗	缠	铲	产	阐	颤	昌	猖					

19区	0	1	2	3	4	5	6	7	8	9	10	11	12	13	14	15	16	17	18	19
190		场	尝	常	长	偿	肠	厂	敞	畅	唱	倡	超	抄	钞	朝	嘲	潮	巢	吵
192	炒	车	扯	撤	掣	彻	澈	郴	臣	辰	尘	晨	忱	沉	陈	趁	衬	撑	称	城
194	橙	成	呈	乘	程	惩	澄	诚	承	逞	骋	秤	吃	痴	持	匙	池	迟	弛	驰
196	耻	齿	侈	尺	赤	翅	斥	炽	充	冲	虫	崇	宠	抽	酬	畴	踌	稠	愁	筹
198	仇	绸	瞅	丑	臭	初	出	橱	厨	躇	锄	雏	滁	除	楚					

20区	0	1	2	3	4	5	6	7	8	9	10	11	12	13	14	15	16	17	18	19
200		础	储	矗	搐	触	处	揣	川	穿	椽	传	船	喘	串	疮	窗	幢	床	闯
202	创	吹	炊	捶	锤	垂	春	椿	醇	唇	淳	纯	蠢	戳	绰	疵	茨	磁	雌	辞
204	慈	瓷	词	此	刺	赐	次	聪	葱	囱	匆	从	丛	凑	粗	醋	簇	促	蹿	篡
206	窜	摧	崔	催	脆	瘁	粹	淬	翠	村	存	寸	磋	撮	搓	措	挫	错	搭	达
208	答	瘩	打	大	呆	歹	傣	戴	带	殆	代	贷	袋	待	逮					

21区	0	1	2	3	4	5	6	7	8	9	10	11	12	13	14	15	16	17	18	19
210		怠	耽	担	丹	单	郸	掸	胆	旦	氮	但	惮	淡	诞	弹	蛋	当	挡	党
212	荡	档	刀	捣	蹈	倒	岛	祷	导	到	稻	悼	道	盗	德	得	的	蹬	灯	登
214	等	瞪	凳	邓	堤	低	滴	迪	敌	笛	狄	涤	翟	嫡	抵	底	地	蒂	第	帝
216	弟	递	缔	颠	掂	滇	碘	点	典	靛	垫	电	佃	甸	店	惦	奠	淀	殿	碉
218	叼	雕	凋	刁	掉	吊	钓	调	跌	爹	碟	蝶	迭	谍	叠					

22区	0	1	2	3	4	5	6	7	8	9	10	11	12	13	14	15	16	17	18	19
220		丁	盯	叮	钉	顶	鼎	锭	定	订	丢	东	冬	董	懂	动	栋	侗	恫	冻
222	洞	兜	抖	斗	陡	豆	逗	痘	都	督	毒	犊	独	读	堵	睹	赌	杜	镀	肚
224	度	渡	妒	端	短	锻	段	断	缎	堆	兑	队	对	墩	吨	蹲	敦	顿	囤	钝
226	盾	遁	掇	哆	多	夺	垛	躲	朵	跺	舵	剁	惰	堕	蛾	峨	鹅	俄	额	讹
228	娥	恶	厄	扼	遏	鄂	饿	恩	而	儿	耳	尔	饵	洱	二					

23区	0	1	2	3	4	5	6	7	8	9	10	11	12	13	14	15	16	17	18	19
230		贰	发	罚	筏	伐	乏	阀	法	珐	藩	帆	番	翻	樊	矾	钒	繁	凡	烦
232	反	返	范	贩	犯	饭	泛	坊	芳	方	肪	房	防	妨	仿	访	纺	放	菲	非
234	啡	飞	肥	匪	诽	吠	肺	废	沸	费	芬	酚	吩	氛	分	纷	坟	焚	汾	粉
236	奋	份	忿	愤	粪	丰	封	枫	蜂	峰	锋	风	疯	烽	逢	冯	缝	讽	奉	凤
238	佛	否	夫	敷	肤	孵	扶	拂	辐	幅	氟	符	伏	俘	服					

24区	0	1	2	3	4	5	6	7	8	9	10	11	12	13	14	15	16	17	18	19
240		浮	涪	福	袱	弗	甫	抚	辅	俯	釜	斧	脯	腑	府	腐	赴	副	覆	赋
242	复	傅	付	阜	父	腹	负	富	讣	附	妇	缚	咐	噶	嘎	该	改	概	钙	盖
244	溉	干	甘	杆	柑	竿	肝	赶	感	秆	敢	赣	冈	刚	钢	缸	肛	纲	岗	港
246	杠	篙	皋	高	膏	羔	糕	搞	镐	稿	告	哥	歌	搁	戈	鸽	胳	疙	割	革
248	葛	格	蛤	阁	隔	铬	个	各	给	根	跟	耕	更	庚	羹					

25区	0	1	2	3	4	5	6	7	8	9	10	11	12	13	14	15	16	17	18	19
250		埂	耿	梗	工	攻	功	恭	龚	供	躬	公	宫	弓	巩	汞	拱	贡	共	钩
252	勾	沟	苟	狗	垢	构	购	够	辜	菇	咕	箍	估	沽	孤	姑	鼓	古	蛊	骨
254	谷	股	故	顾	固	雇	刮	瓜	剐	寡	挂	褂	乖	拐	怪	棺	关	官	冠	观
256	管	馆	罐	惯	灌	贯	光	广	逛	瑰	规	圭	硅	归	龟	闺	轨	鬼	诡	癸
258	桂	柜	跪	贵	刽	辊	滚	棍	锅	郭	国	果	裹	过	哈					

26区	0	1	2	3	4	5	6	7	8	9	10	11	12	13	14	15	16	17	18	19
260		骸	孩	海	氦	亥	害	骇	酣	憨	邯	韩	含	涵	寒	函	喊	罕	翰	撼
262	捍	旱	憾	悍	焊	汗	汉	夯	杭	航	壕	嚎	豪	毫	郝	好	耗	号	浩	呵
264	喝	荷	菏	核	禾	和	何	合	盒	貉	阂	河	涸	赫	褐	鹤	贺	嘿	黑	痕
266	很	狠	恨	哼	亨	横	衡	恒	轰	哄	烘	虹	鸿	洪	宏	弘	红	喉	侯	猴
268	吼	厚	候	后	呼	乎	忽	瑚	壶	葫	胡	蝴	狐	糊	湖					

27区	0	1	2	3	4	5	6	7	8	9	10	11	12	13	14	15	16	17	18	19
270		弧	虎	唬	护	互	沪	户	花	哗	华	猾	滑	画	划	化	话	槐	徊	怀
272	淮	坏	欢	环	桓	还	缓	换	患	唤	痪	豢	焕	涣	宦	幻	荒	慌	黄	磺
274	蝗	簧	皇	凰	惶	煌	晃	幌	恍	谎	灰	挥	辉	徽	恢	蛔	回	毁	悔	慧
276	卉	惠	晦	贿	秽	会	烩	汇	讳	诲	绘	荤	昏	婚	魂	浑	混	豁	活	伙
278	火	获	或	惑	霍	货	祸	击	圾	基	机	畸	稽	积	箕					

28区	0	1	2	3	4	5	6	7	8	9	10	11	12	13	14	15	16	17	18	19
280		肌	饥	迹	激	讥	鸡	姬	绩	缉	吉	极	棘	辑	籍	集	及	急	疾	汲
282	即	嫉	级	挤	几	脊	己	蓟	技	冀	季	伎	祭	剂	悸	济	寄	寂	计	记
284	既	忌	际	妓	继	纪	嘉	枷	夹	佳	家	加	荚	颊	贾	甲	钾	假	稼	价
286	架	驾	嫁	歼	监	坚	尖	笺	间	煎	兼	肩	艰	奸	缄	茧	检	柬	碱	硷
288	拣	捡	简	俭	剪	减	荐	槛	鉴	践	贱	见	键	箭	件					

29区	0	1	2	3	4	5	6	7	8	9	10	11	12	13	14	15	16	17	18	19
290		健	舰	剑	饯	渐	溅	涧	建	僵	姜	将	浆	江	疆	蒋	桨	奖	讲	匠
292	酱	降	蕉	椒	礁	焦	胶	交	郊	浇	骄	娇	嚼	搅	铰	矫	侥	脚	狡	角
294	饺	缴	绞	剿	教	酵	轿	较	叫	窖	揭	接	皆	秸	街	阶	截	劫	节	桔
296	杰	捷	睫	竭	洁	结	解	姐	戒	藉	芥	界	借	介	疥	诫	届	巾	筋	斤
298	金	今	津	襟	紧	锦	仅	谨	进	靳	晋	禁	近	烬	浸					

30区	0	1	2	3	4	5	6	7	8	9	10	11	12	13	14	15	16	17	18	19
300		尽	劲	荆	兢	茎	睛	晶	鲸	京	惊	精	粳	经	井	警	景	颈	静	境
302	敬	镜	径	痉	靖	竟	竞	净	炯	窘	揪	究	纠	玖	韭	久	灸	九	酒	厩
304	救	旧	臼	舅	咎	就	疚	鞠	拘	狙	疽	居	驹	菊	局	咀	矩	举	沮	聚
306	拒	据	巨	具	距	踞	锯	俱	句	惧	炬	剧	捐	鹃	娟	倦	眷	卷	绢	撅
308	攫	抉	掘	倔	爵	觉	决	诀	绝	均	菌	钧	军	君	峻					

31区	0	1	2	3	4	5	6	7	8	9	10	11	12	13	14	15	16	17	18	19
310		俊	竣	浚	郡	骏	喀	咖	卡	咯	开	揩	楷	凯	慨	刊	堪	勘	坎	砍
312	看	康	慷	糠	扛	抗	亢	炕	考	拷	烤	靠	坷	苛	柯	棵	磕	颗	科	壳
314	咳	可	渴	克	刻	客	课	肯	啃	垦	恳	坑	吭	空	恐	孔	控	抠	口	扣
316	寇	枯	哭	窟	苦	酷	库	裤	夸	垮	挎	跨	胯	块	筷	侩	快	宽	款	匡
318	筐	狂	框	矿	眶	旷	况	亏	盔	岿	窥	葵	奎	魁	傀					

32区	0	1	2	3	4	5	6	7	8	9	10	11	12	13	14	15	16	17	18	19
320		馈	愧	溃	坤	昆	捆	困	括	扩	廓	阔	垃	拉	喇	蜡	腊	辣	啦	莱
322	来	赖	蓝	婪	栏	拦	篮	阑	兰	澜	谰	揽	览	懒	缆	烂	滥	琅	榔	狼
324	廊	郎	朗	浪	捞	劳	牢	老	佬	姥	酪	烙	涝	勒	乐	雷	镭	蕾	磊	累
326	儡	垒	擂	肋	类	泪	棱	楞	冷	厘	梨	犁	黎	篱	狸	离	漓	理	李	里
328	鲤	礼	莉	荔	吏	栗	丽	厉	励	砾	历	利	傈	例	俐					

33区	0	1	2	3	4	5	6	7	8	9	10	11	12	13	14	15	16	17	18	19
330		痢	立	粒	沥	隶	力	璃	哩	俩	联	莲	连	镰	廉	怜	涟	帘	敛	脸
332	链	恋	炼	练	粮	凉	梁	粱	良	两	辆	量	晾	亮	谅	撩	聊	僚	疗	燎
334	寥	辽	潦	了	撂	镣	廖	料	列	裂	烈	劣	猎	琳	林	磷	霖	临	邻	鳞
336	淋	凛	赁	吝	拎	玲	菱	零	龄	铃	伶	羚	凌	灵	陵	岭	领	另	令	溜
338	琉	榴	硫	馏	留	刘	瘤	流	柳	六	龙	聋	咙	笼	窿					

34区	0	1	2	3	4	5	6	7	8	9	10	11	12	13	14	15	16	17	18	19
340		隆	垄	拢	陇	楼	娄	搂	篓	漏	陋	芦	卢	颅	庐	炉	掳	卤	虏	鲁
342	麓	碌	露	路	赂	鹿	潞	禄	录	陆	戮	驴	吕	铝	侣	旅	履	屡	缕	虑
344	氯	律	率	滤	绿	峦	挛	孪	滦	卵	乱	掠	略	抡	轮	伦	仑	沦	纶	论
346	萝	螺	罗	逻	锣	箩	骡	裸	落	洛	骆	络	妈	麻	玛	码	蚂	马	骂	嘛
348	吗	埋	买	麦	卖	迈	脉	瞒	馒	蛮	满	蔓	曼	慢	漫					

35区	0	1	2	3	4	5	6	7	8	9	10	11	12	13	14	15	16	17	18	19
350		谩	芒	茫	盲	氓	忙	莽	猫	茅	锚	毛	矛	铆	卯	茂	冒	帽	貌	贸
352	么	玫	枚	梅	酶	霉	煤	没	眉	媒	镁	每	美	昧	寐	妹	媚	门	闷	们
354	萌	蒙	檬	盟	锰	猛	梦	孟	眯	醚	靡	糜	迷	谜	弥	米	秘	觅	泌	蜜
356	密	幂	棉	眠	绵	冕	免	勉	娩	缅	面	苗	描	瞄	藐	秒	渺	庙	妙	蔑
358	灭	民	抿	皿	敏	悯	闽	明	螟	鸣	铭	名	命	谬	摸					

36区	0	1	2	3	4	5	6	7	8	9	10	11	12	13	14	15	16	17	18	19
360		摹	蘑	模	膜	磨	摩	魔	抹	末	莫	墨	默	沫	漠	寞	陌	谋	牟	某
362	拇	牡	亩	姆	母	墓	暮	幕	募	慕	木	目	睦	牧	穆	拿	哪	呐	钠	那
364	娜	纳	氖	乃	奶	耐	奈	南	男	难	囊	挠	脑	恼	闹	淖	呢	馁	内	嫩
366	能	妮	霓	倪	泥	尼	拟	你	匿	腻	逆	溺	蔫	拈	年	碾	撵	捻	念	娘
368	酿	鸟	尿	捏	聂	孽	啮	镊	镍	涅	您	柠	狞	凝	宁					

37区	0	1	2	3	4	5	6	7	8	9	10	11	12	13	14	15	16	17	18	19
370		拧	泞	牛	扭	钮	纽	脓	浓	农	弄	奴	努	怒	女	暖	虐	疟	挪	懦
372	糯	诺	哦	欧	鸥	殴	藕	呕	偶	沤	啪	趴	爬	帕	怕	琶	拍	排	牌	徘
374	湃	派	攀	潘	盘	磐	盼	畔	判	叛	乓	庞	旁	耪	胖	抛	咆	刨	炮	袍
376	跑	泡	呸	胚	培	裴	赔	陪	配	佩	沛	喷	盆	砰	抨	烹	澎	彭	蓬	棚
378	硼	篷	膨	朋	鹏	捧	碰	坯	砒	霹	批	披	劈	琵	毗					

38区	0	1	2	3	4	5	6	7	8	9	10	11	12	13	14	15	16	17	18	19
380		啤	脾	疲	皮	匹	痞	僻	屁	譬	篇	偏	片	骗	飘	漂	瓢	票	撇	瞥
382	拼	频	贫	品	聘	乒	坪	苹	萍	平	凭	瓶	评	屏	坡	泼	颇	婆	破	魄
384	迫	粕	剖	扑	铺	仆	莆	葡	菩	蒲	埔	朴	圃	普	浦	谱	曝	瀑	期	欺
386	栖	戚	妻	七	凄	漆	柒	沏	其	棋	奇	歧	畦	崎	脐	齐	旗	祈	祁	骑
388	起	岂	乞	企	启	契	砌	器	气	迄	弃	汽	泣	讫	掐					

39区	0	1	2	3	4	5	6	7	8	9	10	11	12	13	14	15	16	17	18	19
390		恰	洽	牵	扦	钎	铅	千	迁	签	仟	谦	乾	黔	钱	钳	前	潜	遣	浅
392	谴	堑	嵌	欠	歉	枪	呛	腔	羌	墙	蔷	强	抢	橇	锹	敲	悄	桥	瞧	乔
394	侨	巧	鞘	撬	翘	峭	俏	窍	切	茄	且	怯	窃	钦	侵	亲	秦	琴	勤	芹
396	擒	禽	寝	沁	青	轻	氢	倾	卿	清	擎	晴	氰	情	顷	请	庆	琼	穷	秋
398	丘	邱	球	求	囚	酋	泅	趋	区	蛆	曲	躯	屈	驱	渠					

40区	0	1	2	3	4	5	6	7	8	9	10	11	12	13	14	15	16	17	18	19
400		取	娶	龋	趣	去	圈	颧	权	醛	泉	全	痊	拳	犬	券	劝	缺	炔	瘸
402	却	鹊	榷	确	雀	裙	群	然	燃	冉	染	瓤	壤	攘	嚷	让	饶	扰	绕	惹
404	热	壬	仁	人	忍	韧	任	认	刃	妊	纫	扔	仍	日	戎	茸	蓉	荣	融	熔
406	溶	容	绒	冗	揉	柔	肉	茹	蠕	儒	孺	如	辱	乳	汝	入	褥	软	阮	蕊
408	瑞	锐	闰	润	若	弱	撒	洒	萨	腮	鳃	塞	赛	三	叁					

41区	0	1	2	3	4	5	6	7	8	9	10	11	12	13	14	15	16	17	18	19
410		伞	散	桑	嗓	丧	搔	骚	扫	嫂	瑟	色	涩	森	僧	莎	砂	杀	刹	沙
412	纱	傻	啥	煞	筛	晒	珊	苫	杉	山	删	煽	衫	闪	陕	擅	赡	膳	善	汕
414	扇	缮	墒	伤	商	赏	晌	上	尚	裳	梢	捎	稍	烧	芍	勺	韶	少	哨	邵
416	绍	奢	赊	蛇	舌	舍	赦	摄	射	慑	涉	社	设	砷	申	呻	伸	身	深	娠
418	绅	神	沈	审	婶	甚	肾	慎	渗	声	生	甥	牲	升	绳					

42区	0	1	2	3	4	5	6	7	8	9	10	11	12	13	14	15	16	17	18	19
420		省	盛	剩	胜	圣	师	失	狮	施	湿	诗	尸	虱	十	石	拾	时	什	食
422	蚀	实	识	史	矢	使	屎	驶	始	式	示	士	世	柿	事	拭	誓	逝	势	是
424	嗜	噬	适	仕	侍	释	饰	氏	市	恃	室	视	试	收	手	首	守	寿	授	售
426	受	瘦	兽	蔬	枢	梳	殊	抒	输	叔	舒	淑	疏	书	赎	孰	熟	薯	暑	曙
428	署	蜀	黍	鼠	属	术	述	树	束	戍	竖	墅	庶	数	漱					

43区	0	1	2	3	4	5	6	7	8	9	10	11	12	13	14	15	16	17	18	19
430		恕	刷	耍	摔	衰	甩	帅	栓	拴	霜	双	爽	谁	水	睡	税	吮	瞬	顺
432	舜	说	硕	朔	烁	斯	撕	嘶	思	私	司	丝	死	肆	寺	嗣	四	伺	似	饲
434	巳	松	耸	怂	颂	送	宋	讼	诵	搜	艘	擞	嗽	苏	酥	俗	素	速	粟	僳
436	塑	溯	宿	诉	肃	酸	蒜	算	虽	隋	随	绥	髓	碎	岁	穗	遂	隧	祟	孙
438	损	笋	蓑	梭	唆	缩	琐	索	锁	所	塌	他	它	她	塔					

44区	0	1	2	3	4	5	6	7	8	9	10	11	12	13	14	15	16	17	18	19
440		獭	挞	蹋	踏	胎	苔	抬	台	泰	酞	太	态	汰	坍	摊	贪	瘫	滩	坛
442	檀	痰	潭	谭	谈	坦	毯	袒	碳	探	叹	炭	汤	塘	搪	堂	棠	膛	唐	糖
444	倘	躺	淌	趟	烫	掏	涛	滔	绦	萄	桃	逃	淘	陶	讨	套	特	藤	腾	疼
446	誊	梯	剔	踢	锑	提	题	蹄	啼	体	替	嚏	惕	涕	剃	屉	天	添	填	田
448	甜	恬	舔	腆	挑	条	迢	眺	跳	贴	铁	帖	厅	听	烃					

45区	0	1	2	3	4	5	6	7	8	9	10	11	12	13	14	15	16	17	18	19
450		汀	廷	停	亭	庭	挺	艇	通	桐	酮	瞳	同	铜	彤	童	桶	捅	筒	统
452	痛	偷	投	头	透	凸	秃	突	图	徒	途	涂	屠	土	吐	兔	湍	团	推	颓
454	腿	蜕	褪	退	吞	屯	臀	拖	托	脱	鸵	陀	驮	驼	椭	妥	拓	唾	挖	哇
456	蛙	洼	娃	瓦	袜	歪	外	豌	弯	湾	玩	顽	丸	烷	完	碗	挽	晚	皖	惋
458	宛	婉	万	腕	汪	王	亡	枉	网	往	旺	望	忘	妄	威					

46区	0	1	2	3	4	5	6	7	8	9	10	11	12	13	14	15	16	17	18	19
460		巍	微	危	韦	违	桅	围	唯	惟	为	潍	维	苇	萎	委	伟	伪	尾	纬
462	未	蔚	味	畏	胃	喂	魏	位	渭	谓	尉	慰	卫	瘟	温	蚊	文	闻	纹	吻
464	稳	紊	问	嗡	翁	瓮	挝	蜗	涡	窝	我	斡	卧	握	沃	巫	呜	钨	乌	污
466	诬	屋	无	芜	梧	吾	吴	毋	武	五	捂	午	舞	伍	侮	坞	戊	雾	晤	物
468	勿	务	悟	误	昔	熙	析	西	硒	矽	晰	嘻	吸	锡	牺					

47区	0	1	2	3	4	5	6	7	8	9	10	11	12	13	14	15	16	17	18	19
470		稀	息	希	悉	膝	夕	惜	熄	烯	溪	汐	犀	檄	袭	席	习	媳	喜	铣
472	洗	系	隙	戏	细	瞎	虾	匣	霞	辖	暇	峡	侠	狭	下	厦	夏	吓	掀	锨
474	先	仙	鲜	纤	咸	贤	衔	舷	闲	涎	弦	嫌	显	险	现	献	县	腺	馅	羡
476	宪	陷	限	线	相	厢	镶	香	箱	襄	湘	乡	翔	祥	详	想	响	享	项	巷
478	橡	像	向	象	萧	硝	霄	削	哮	嚣	销	消	宵	淆	晓					

48区	0	1	2	3	4	5	6	7	8	9	10	11	12	13	14	15	16	17	18	19
480		小	孝	校	肖	啸	笑	效	楔	些	歇	蝎	鞋	协	挟	携	邪	斜	胁	谐
482	写	械	卸	蟹	懈	泄	泻	谢	屑	薪	芯	锌	欣	辛	新	忻	心	信	衅	星
484	腥	猩	惺	兴	刑	型	形	邢	行	醒	幸	杏	性	姓	兄	凶	胸	匈	汹	雄
486	熊	休	修	羞	朽	嗅	锈	秀	袖	绣	墟	戌	需	虚	嘘	须	徐	许	蓄	酗
488	叙	旭	序	畜	恤	絮	婿	绪	续	轩	喧	宣	悬	旋	玄					

49区	0	1	2	3	4	5	6	7	8	9	10	11	12	13	14	15	16	17	18	19
490		选	癣	眩	绚	靴	薛	学	穴	雪	血	勋	熏	循	旬	询	寻	驯	巡	殉
492	汛	训	讯	逊	迅	压	押	鸦	鸭	呀	丫	芽	牙	蚜	崖	衙	涯	雅	哑	亚
494	讶	焉	咽	阉	烟	淹	盐	严	研	蜒	岩	延	言	颜	阎	炎	沿	奄	掩	眼
496	衍	演	艳	堰	燕	厌	砚	雁	唁	彦	焰	宴	谚	验	殃	央	鸯	秧	杨	扬
498	佯	疡	羊	洋	阳	氧	仰	痒	养	样	漾	邀	腰	妖	瑶					

50区	0	1	2	3	4	5	6	7	8	9	10	11	12	13	14	15	16	17	18	19
500		摇	尧	遥	窑	谣	姚	咬	舀	药	要	耀	椰	噎	耶	爷	野	冶	也	页
502	掖	业	叶	曳	腋	夜	液	一	壹	医	揖	铱	依	伊	衣	颐	夷	遗	移	仪
504	胰	疑	沂	宜	姨	彝	椅	蚁	倚	已	乙	矣	以	艺	抑	易	邑	屹	亿	役
506	臆	逸	肄	疫	亦	裔	意	毅	忆	义	益	溢	诣	议	谊	译	异	翼	翌	绎
508	茵	荫	因	殷	音	阴	姻	吟	银	淫	寅	饮	尹	引	隐					

51区	0	1	2	3	4	5	6	7	8	9	10	11	12	13	14	15	16	17	18	19
510		印	英	樱	婴	鹰	应	缨	莹	萤	营	荧	蝇	迎	赢	盈	影	颖	硬	映
512	哟	拥	佣	臃	痈	庸	雍	踊	蛹	咏	泳	涌	永	恿	勇	用	幽	优	悠	忧
514	尤	由	邮	铀	犹	油	游	酉	有	友	右	佑	釉	诱	又	幼	迂	淤	于	盂
516	榆	虞	愚	舆	余	俞	逾	鱼	愉	渝	渔	隅	予	娱	雨	与	屿	禹	宇	语
518	羽	玉	域	芋	郁	吁	遇	喻	峪	御	愈	欲	狱	育	誉					

52区	0	1	2	3	4	5	6	7	8	9	10	11	12	13	14	15	16	17	18	19
520		浴	寓	裕	预	豫	驭	鸳	渊	冤	元	垣	袁	原	援	辕	园	员	圆	猿
522	源	缘	远	苑	愿	怨	院	曰	约	越	跃	钥	岳	粤	月	悦	阅	耘	云	郧
524	匀	陨	允	运	蕴	酝	晕	韵	孕	匝	砸	杂	栽	哉	灾	宰	载	再	在	咱
526	攒	暂	赞	赃	脏	葬	遭	糟	凿	藻	枣	早	澡	蚤	躁	噪	造	皂	灶	燥
528	责	择	则	泽	贼	怎	增	憎	曾	赠	扎	喳	渣	札	轧					

53区	0	1	2	3	4	5	6	7	8	9	10	11	12	13	14	15	16	17	18	19
530		铡	闸	眨	栅	榨	咋	乍	炸	诈	摘	斋	宅	窄	债	寨	瞻	毡	詹	粘
532	沾	盏	斩	辗	崭	展	蘸	栈	占	战	站	湛	绽	樟	章	彰	漳	张	掌	涨
534	杖	丈	帐	账	仗	胀	瘴	障	招	昭	找	沼	赵	照	罩	兆	肇	召	遮	折
536	哲	蛰	辙	者	锗	蔗	这	浙	珍	斟	真	甄	砧	臻	贞	针	侦	枕	疹	诊
538	震	振	镇	阵	蒸	挣	睁	征	狰	争	怔	整	拯	正	政					

54区	0	1	2	3	4	5	6	7	8	9	10	11	12	13	14	15	16	17	18	19
540		帧	症	郑	证	芝	枝	支	吱	蜘	知	肢	脂	汁	之	织	职	直	植	殖
542	执	值	侄	址	指	止	趾	只	旨	纸	志	挚	掷	至	致	置	帜	峙	制	智
544	秩	稚	质	炙	痔	滞	治	窒	中	盅	忠	钟	衷	终	种	肿	重	仲	众	舟
546	周	州	洲	诌	粥	轴	肘	帚	咒	皱	宙	昼	骤	珠	株	蛛	朱	猪	诸	诛
548	逐	竹	烛	煮	拄	瞩	嘱	主	著	柱	助	蛀	贮	铸	筑					

55区	0	1	2	3	4	5	6	7	8	9	10	11	12	13	14	15	16	17	18	19
550		住	注	祝	驻	抓	爪	拽	专	砖	转	撰	赚	篆	桩	庄	装	妆	撞	壮
552	状	椎	锥	追	赘	坠	缀	谆	准	捉	拙	卓	桌	琢	茁	酌	啄	着	灼	浊
554	兹	咨	资	姿	滋	淄	孜	紫	仔	籽	滓	子	自	渍	字	鬃	棕	踪	宗	综
556	总	纵	邹	走	奏	揍	租	足	卒	族	祖	诅	阻	组	钻	纂	嘴	醉	最	罪
558	尊	遵	昨	左	佐	柞	做	作	坐	座										

56区	0	1	2	3	4	5	6	7	8	9	10	11	12	13	14	15	16	17	18	19
560		亍	丌	兀	丐	廿	卅	丕	亘	丞	鬲	孬	噩	丨	禺	丿	匕	乇	夭	爻
562	卮	氐	囟	胤	馗	毓	睾	鼗	丶	亟	鼐	乜	乩	亓	芈	孛	啬	嘏	仄	厍
564	厝	厣	厥	厮	靥	赝	匚	叵	匦	匮	匾	赜	卦	卣	刂	刈	刎	刭	刳	刿
566	剀	剌	剞	剡	剜	蒯	剽	劂	劁	劐	劓	冂	罔	亻	仃	仉	仂	仨	仡	仫
568	仞	伛	仳	伢	佤	仵	伥	伧	伉	伫	佞	佧	攸	佚	佝					

57区	0	1	2	3	4	5	6	7	8	9	10	11	12	13	14	15	16	17	18	19
570		佟	佗	伲	伽	佶	佴	侑	侉	侃	侏	佾	佻	侪	佼	侬	侔	俦	俨	俪
572	俅	俚	俣	俜	俑	俟	俸	倩	偌	俳	倬	倏	倮	倭	俾	倜	倌	倥	倨	偾
574	偃	偕	偈	偎	偬	偻	傥	傧	傩	傺	僖	儆	僭	僬	僦	僮	儇	儋	仝	氽
576	佘	佥	俎	龠	汆	籴	兮	巽	黉	馘	冁	夔	勹	匍	訇	匐	凫	夙	兕	亠
578	兖	亳	衮	袤	亵	脔	裒	禀	嬴	蠃	羸	冫	冱	冽	冼					

58区	0	1	2	3	4	5	6	7	8	9	10	11	12	13	14	15	16	17	18	19
580		凇	冖	冢	冥	讠	讦	讧	讪	讴	讵	讷	诂	诃	诋	诏	诎	诒	诓	诔
582	诖	诘	诙	诜	诟	诠	诤	诨	诩	诮	诰	诳	诶	诹	诼	诿	谀	谂	谄	谇
584	谌	谏	谑	谒	谔	谕	谖	谙	谛	谘	谝	谟	谠	谡	谥	谧	谪	谫	谮	谯
586	谲	谳	谵	谶	卩	卺	阝	阢	阡	阱	阪	阽	阼	陂	陉	陔	陟	陧	陬	陲
588	陴	隈	隍	隗	隰	邗	邛	邝	邙	邬	邡	邴	邳	邶	邺					

59区	0	1	2	3	4	5	6	7	8	9	10	11	12	13	14	15	16	17	18	19
590		邸	邰	郏	郅	邾	郐	郄	郇	郓	郦	郢	郜	郗	郛	郫	郯	郾	鄄	鄢
592	鄞	鄣	鄱	鄯	鄹	酃	酆	刍	奂	劢	劬	劭	劾	哿	勐	勖	勰	叟	燮	矍
594	廴	凵	凼	鬯	厶	弁	畚	巯	坌	垩	垡	塾	墼	壅	壑	圩	圬	圪	圳	圹
596	圮	圯	坜	圻	坂	坩	垅	坫	垆	坼	坻	坨	坭	坶	坳	垭	垤	垌	垲	埏
598	垧	垴	垓	垠	埕	埘	埚	埙	埒	垸	埴	埯	埸	埤	埝					

60区	0	1	2	3	4	5	6	7	8	9	10	11	12	13	14	15	16	17	18	19
600		堋	堍	埽	埭	堀	堞	堙	塄	堠	塥	塬	墁	墉	墚	墀	馨	鼙	懿	艹
602	艽	艿	芏	芊	芨	芄	芎	芑	芗	芙	芫	芸	芾	芰	苈	苊	苣	芘	芷	芮
604	苋	苌	苁	芩	芴	芡	芪	芟	苄	苎	芤	苡	茉	苷	苤	茏	茇	苜	苴	苒
606	苘	茌	苻	苓	茑	茚	茆	茔	茕	苠	苕	茜	荑	荛	荜	茈	莒	茼	茴	茱
608	莛	荞	茯	荏	荇	荃	荟	荀	茗	荠	茭	茺	茳	荦	荥					

61区	0	1	2	3	4	5	6	7	8	9	10	11	12	13	14	15	16	17	18	19
610		荨	茛	荩	荬	荪	荭	荮	莰	荸	莳	莴	莠	莪	莓	莜	莅	荼	莶	莩
612	荽	莸	荻	莘	莞	莨	莺	莼	菁	萁	菥	菘	堇	萘	萋	菝	菽	菖	萜	萸
614	萑	萆	菔	菟	萏	萃	菸	菹	菪	菅	菀	萦	菰	菡	葜	葑	葚	葙	葳	蒇
616	蒈	葺	蒉	葸	萼	葆	葩	葶	蒌	蒎	萱	葭	蓁	蓍	蓐	蓦	蒽	蓓	蓊	蒿
618	蒺	蓠	蒡	蒹	蒴	蒗	蓥	蓣	蔌	甍	蔸	蓰	蔹	蔟	蔺					

62区	0	1	2	3	4	5	6	7	8	9	10	11	12	13	14	15	16	17	18	19
620		蕖	蔻	蓿	蓼	蕙	蕈	蕨	蕤	蕞	蕺	瞢	蕃	蕲	蕻	薤	薨	薇	薏	蕹
622	薮	薜	薅	薹	薷	薰	藓	藁	藜	藿	蘧	蘅	蘩	蘖	蘼	廾	弈	夼	奁	耷
624	奕	奚	奘	匏	尢	尥	尬	尴	扌	扪	抟	抻	拊	拚	拗	拮	挢	拶	挹	捋
626	捃	掭	揶	捱	捺	掎	掴	捭	掬	掊	捩	掮	掼	揲	揸	揠	揿	揄	揞	揎
628	摒	揆	掾	摅	摁	搋	搛	搠	搌	搦	搡	摞	撄	摭	撖					

63区	0	1	2	3	4	5	6	7	8	9	10	11	12	13	14	15	16	17	18	19
630		摺	撷	撸	撙	撺	擀	擐	擗	擤	擢	攉	攥	攮	弋	忒	甙	弑	卟	叱
632	叽	叩	叨	叻	吒	吖	吆	呋	呒	呓	呔	呖	呃	吡	呗	呙	吣	吲	咂	咔
634	呷	呱	呤	咚	咛	咄	呶	呦	咝	哐	咭	哂	咴	哒	咧	咦	哓	哔	呲	咣
636	哕	咻	咿	哌	哙	哚	哜	咩	咪	咤	哝	哏	哞	唛	哧	唠	哽	唔	哳	唢
638	唣	唏	唑	唧	唪	啧	喏	喵	啉	啭	啁	啕	唿	啐	唼					

64区	0	1	2	3	4	5	6	7	8	9	10	11	12	13	14	15	16	17	18	19
640		唷	啖	啵	啶	啷	唳	唰	啜	喋	嗒	喃	喱	喹	喈	喁	喟	啾	嗖	喑
642	啻	嗟	喽	喾	喔	喙	嗪	嗷	嗉	嘟	嗑	嗫	嗬	嗔	嗦	嗝	嗄	嗯	嗥	嗲
644	嗳	嗌	嗍	嗨	嗵	嗤	辔	嘞	嘈	嘌	嘁	嘤	嘣	嗾	嘀	嘧	嘭	噘	嘹	噗
646	嘬	噍	噢	噙	噜	噌	噔	嚆	噤	噱	噫	噻	噼	嚅	嚓	嚯	囔	囗	囝	囡
648	囵	囫	囹	囿	圄	圊	圉	圜	帏	帙	帔	帑	帱	帻	帼					

65区	0	1	2	3	4	5	6	7	8	9	10	11	12	13	14	15	16	17	18	19
650		帷	幄	幔	幛	幞	幡	岌	屺	岍	岐	岖	岈	岘	岙	岑	岚	岜	岵	岢
652	岽	岬	岫	岱	岣	峁	岷	峄	峒	峤	峋	峥	崂	崃	崧	崦	崮	崤	崞	崆
654	崛	嵘	崾	崴	崽	嵬	嵛	嵯	嵝	嵫	嵋	嵊	嵩	嵴	嶂	嶙	嶝	豳	嶷	巅
656	彳	彷	徂	徇	徉	後	徕	徙	徜	徨	徭	徵	徼	衢	彡	犭	犰	犴	犷	犸
658	狃	狁	狎	狍	狒	狨	狯	狩	狲	狴	狷	猁	狳	猃	狺					

66区	0	1	2	3	4	5	6	7	8	9	10	11	12	13	14	15	16	17	18	19
660		狻	猗	猓	猡	猊	猞	猝	猕	猢	猹	猥	猬	猸	猱	獐	獍	獗	獠	獬
662	獯	獾	舛	夥	飧	夤	夂	饣	饧	饨	饩	饪	饫	饬	饴	饷	饽	馀	馄	馇
664	馊	馍	馐	馑	馓	馔	馕	庀	庑	庋	庖	庥	庠	庹	庵	庾	庳	赓	廒	廑
666	廛	廨	廪	膺	忄	忉	忖	忏	怃	忮	怄	忡	忤	忾	怅	怆	忪	忭	忸	怙
668	怵	怦	怛	怏	怍	怩	怫	怊	怿	怡	恸	恹	恻	恺	恂					

67区	0	1	2	3	4	5	6	7	8	9	10	11	12	13	14	15	16	17	18	19
670		恪	恽	悖	悚	悭	悝	悃	悒	悌	悛	惬	悻	悱	惝	惘	惆	惚	悴	愠
672	愦	愕	愣	惴	愀	愎	愫	慊	慵	憬	憔	憧	憷	懔	懵	忝	隳	闩	闫	闱
674	闳	闵	闶	闼	闾	阃	阄	阆	阈	阊	阋	阌	阍	阏	阒	阕	阖	阗	阙	阚
676	丬	爿	戕	氵	汔	汜	汊	沣	沅	沐	沔	沌	汨	汩	汴	汶	沆	沩	泐	泔
678	沭	泷	泸	泱	泗	沲	泠	泖	泺	泫	泮	沱	泓	泯	泾					

68区	0	1	2	3	4	5	6	7	8	9	10	11	12	13	14	15	16	17	18	19
680		洹	洧	洌	浃	浈	洇	洄	洙	洎	洫	浍	洮	洵	洚	浏	浒	浔	洳	涑
682	浯	涞	涠	浞	涓	涔	浜	浠	浼	浣	渚	淇	淅	淞	渎	涿	淠	渑	淦	淝
684	淙	渖	涫	渌	涮	渫	湮	湎	湫	溲	湟	溆	湓	湔	渲	渥	湄	滟	溱	溘
686	滠	漭	滢	溥	溧	溽	溻	溷	滗	溴	滏	溏	滂	溟	潢	潆	潇	漤	漕	滹
688	漯	漶	潋	潴	漪	漉	漩	澉	澍	澌	潸	潲	潼	潺	濑					

69区	0	1	2	3	4	5	6	7	8	9	10	11	12	13	14	15	16	17	18	19
690		濉	澧	澹	澶	濂	濡	濮	濞	濠	濯	瀚	瀣	瀛	瀹	瀵	灏	灞	宀	宄
692	宕	宓	宥	宸	甯	骞	搴	寤	寮	褰	寰	蹇	謇	辶	迓	迕	迥	迮	迤	迩
694	迦	迳	迨	逅	逄	逋	逦	逑	逍	逖	逡	逵	逶	逭	逯	遄	遑	遒	遐	遨
696	遘	遢	遛	暹	遴	遽	邂	邈	邃	邋	彐	彗	彖	彘	尻	咫	屐	屙	孱	屣
698	屦	羼	弪	弩	弭	艴	弼	鬻	屮	妁	妃	妍	妩	妪	妣					

70区	0	1	2	3	4	5	6	7	8	9	10	11	12	13	14	15	16	17	18	19
700		妗	姊	妫	妞	妤	姒	妲	妯	姗	妾	娅	娆	姝	娈	姣	姘	姹	娌	娉
702	娲	娴	娑	娣	娓	婀	婧	婊	婕	娼	婢	婵	胬	媪	媛	婷	婺	媾	嫫	媲
704	嫒	嫔	媸	嫠	嫣	嫱	嫖	嫦	嫘	嫜	嬉	嬗	嬖	嬲	嬷	孀	尕	尜	孚	孥
706	孳	孑	孓	孢	驵	驷	驸	驺	驿	驽	骀	骁	骅	骈	骊	骐	骒	骓	骖	骘
708	骛	骜	骝	骟	骠	骢	骣	骥	骧	纟	纡	纣	纥	纨	纩					

71区	0	1	2	3	4	5	6	7	8	9	10	11	12	13	14	15	16	17	18	19
710		纭	纰	纾	绀	绁	绂	绉	绋	绌	绐	绔	绗	绛	绠	绡	绨	绫	绮	绯
712	绱	绲	缍	绶	绺	绻	绾	缁	缂	缃	缇	缈	缋	缌	缏	缑	缒	缗	缙	缜
714	缛	缟	缡	缢	缣	缤	缥	缦	缧	缪	缫	缬	缭	缯	缰	缱	缲	缳	缵	幺
716	畿	巛	甾	邕	玎	玑	玮	玢	玟	珏	珂	珑	玷	玳	珀	珉	珈	珥	珙	顼
718	琊	珩	珧	珞	玺	珲	琏	琪	瑛	琦	琥	琨	琰	琮	琬					

72区	0	1	2	3	4	5	6	7	8	9	10	11	12	13	14	15	16	17	18	19
720		琛	琚	瑁	瑜	瑗	瑕	瑙	瑷	瑭	瑾	璜	璎	璀	璁	璇	璋	璞	璨	璩
722	璐	璧	瓒	璺	韪	韫	韬	杌	杓	杞	杈	杩	枥	枇	杪	杳	枘	枧	杵	枨
724	枞	枭	枋	杷	杼	柰	栉	柘	栊	柩	枰	栌	柙	枵	柚	枳	柝	栀	柃	枸
726	柢	栎	柁	柽	栲	栳	桠	桡	桎	桢	桄	桤	梃	栝	桕	桦	桁	桧	桀	栾
728	桊	桉	栩	梵	梏	桴	桷	梓	桫	棂	楮	棼	椟	椠	棹					

73区	0	1	2	3	4	5	6	7	8	9	10	11	12	13	14	15	16	17	18	19
730		椤	棰	椋	椁	楗	棣	椐	楱	椹	楠	楂	楝	榄	楫	榀	榘	楸	椴	槌
732	榇	榈	槎	榉	楦	楣	楹	榛	榧	榻	榫	榭	槔	榱	槁	槊	槟	榕	槠	榍
734	槿	樯	槭	樗	樘	橥	槲	橄	樾	檠	橐	橛	樵	檎	橹	樽	樨	橘	橼	檑
736	檐	檩	檗	檫	猷	獒	殁	殂	殇	殄	殒	殓	殍	殚	殛	殡	殪	轫	轭	轱
738	轲	轳	轵	轶	轸	轷	轹	轺	轼	轾	辁	辂	辄	辇	辋					

74区	0	1	2	3	4	5	6	7	8	9	10	11	12	13	14	15	16	17	18	19
740		辍	辎	辏	辘	辚	軎	戋	戗	戛	戟	戢	戡	戥	戤	戬	臧	瓯	瓴	瓿
742	甏	甑	甓	攴	旮	旯	旰	昊	昙	杲	昃	昕	昀	炅	曷	昝	昴	昱	昶	昵
744	耆	晟	晔	晁	晏	晖	晡	晗	晷	暄	暌	暧	暝	暾	曛	曜	曦	曩	贲	贳
746	贶	贻	贽	赀	赅	赆	赈	赉	赇	赍	赕	赙	觇	觊	觋	觌	觎	觏	觐	觑
748	牮	犟	牝	牦	牯	牾	牿	犄	犋	犍	犏	犒	挈	挲	掰					

75区	0	1	2	3	4	5	6	7	8	9	10	11	12	13	14	15	16	17	18	19
750		搿	擘	耄	毪	毳	毽	毵	毹	氅	氇	氆	氍	氕	氘	氙	氚	氡	氩	氤
752	氪	氲	攵	敕	敫	牍	牒	牖	爰	虢	刖	肟	肜	肓	肼	朊	肽	肱	肫	肭
754	肴	肷	胧	胨	胩	胪	胛	胂	胄	胙	胍	胗	朐	胝	胫	胱	胴	胭	脍	脎
756	胲	胼	朕	脒	豚	脶	脞	脬	脘	脲	腈	腌	腓	腴	腙	腚	腱	腠	腩	腼
758	腽	腭	腧	塍	媵	膈	膂	膑	滕	膣	膪	臌	朦	臊	膻					

76区	0	1	2	3	4	5	6	7	8	9	10	11	12	13	14	15	16	17	18	19
760		臁	膦	欤	欷	欹	歃	歆	歙	飑	飒	飓	飕	飙	飚	殳	彀	毂	觳	斐
762	齑	斓	於	旆	旄	旃	旌	旎	旒	旖	炀	炜	炖	炝	炻	烀	炷	炫	炱	烨
764	烊	焐	焓	焖	焯	焱	煳	煜	煨	煅	煲	煊	煸	煺	熘	熳	熵	熨	熠	燠
766	燔	燧	燹	爝	爨	灬	焘	煦	熹	戾	戽	扃	扈	扉	礻	祀	祆	祉	祛	祜
768	祓	祚	祢	祗	祠	祯	祧	祺	禅	禊	禚	禧	禳	忑	忐					

77区	0	1	2	3	4	5	6	7	8	9	10	11	12	13	14	15	16	17	18	19
770		怼	恝	恚	恧	恁	恙	恣	悫	愆	愍	慝	憩	憝	懋	懑	戆	肀	聿	沓
772	泶	淼	矶	矸	砀	砉	砗	砘	砑	斫	砭	砜	砝	砹	砺	砻	砟	砼	砥	砬
774	砣	砩	硎	硭	硖	硗	砦	硐	硇	硌	硪	碛	碓	碚	碇	碜	碡	碣	碲	碹
776	碥	磔	磙	磉	磬	磲	礅	磴	礓	礤	礞	礴	龛	黹	黻	黼	盱	眄	眍	盹
778	眇	眈	眚	眢	眙	眭	眦	眵	眸	睐	睑	睇	睃	睚	睨					

78区	0	1	2	3	4	5	6	7	8	9	10	11	12	13	14	15	16	17	18	19
780		睢	睥	睿	瞍	睽	瞀	瞌	瞑	瞟	瞠	瞰	瞵	瞽	町	畀	畎	畋	畈	畛
782	畲	畹	疃	罘	罡	罟	詈	罨	罴	罱	罹	羁	罾	盍	盥	蠲	钅	钆	钇	钋
784	钊	钌	钍	钏	钐	钔	钗	钕	钚	钛	钜	钣	钤	钫	钪	钭	钬	钯	钰	钲
786	钴	钶	钷	钸	钹	钺	钼	钽	钿	铄	铈	铉	铊	铋	铌	铍	铎	铐	铑	铒
788	铕	铖	铗	铙	铘	铛	铞	铟	铠	铢	铤	铥	铧	铨	铪					

79区	0	1	2	3	4	5	6	7	8	9	10	11	12	13	14	15	16	17	18	19
790		铩	铫	铮	铯	铳	铴	铵	铷	铹	铼	铽	铿	锃	锂	锆	锇	锉	锊	锍
792	锎	锏	锒	锓	锔	锕	锖	锘	锛	锝	锞	锟	锢	锪	锫	锩	锬	锱	锲	锴
794	锶	锷	锸	锼	锾	锿	镂	锵	镄	镅	镆	镉	镌	镎	镏	镒	镓	镔	镖	镗
796	镘	镙	镛	镞	镟	镝	镡	镢	镤	镥	镦	镧	镨	镩	镪	镫	镬	镯	镱	镲
798	镳	锺	矧	矬	雉	秕	秭	秣	秫	稆	嵇	稃	稂	稞	稔					

80区	0	1	2	3	4	5	6	7	8	9	10	11	12	13	14	15	16	17	18	19
800		稹	稷	穑	黏	馥	穰	皈	皎	皓	皙	皤	瓞	瓠	甬	鸠	鸢	鸨	鸩	鸪
802	鸫	鸬	鸲	鸱	鸶	鸸	鸷	鸹	鸺	鸾	鹁	鹂	鹄	鹆	鹇	鹈	鹉	鹋	鹌	鹎
804	鹑	鹕	鹗	鹚	鹛	鹜	鹞	鹣	鹦	鹧	鹨	鹩	鹪	鹫	鹬	鹱	鹭	鹳	疒	疔
806	疖	疠	疝	疬	疣	疳	疴	疸	痄	疱	疰	痃	痂	痖	痍	痣	痨	痦	痤	痫
808	痧	瘃	痱	痼	痿	瘐	瘀	瘅	瘌	瘗	瘊	瘥	瘘	瘕	瘙					

81区	0	1	2	3	4	5	6	7	8	9	10	11	12	13	14	15	16	17	18	19
810		瘛	瘼	瘢	瘠	癀	瘭	瘰	瘿	瘵	癃	瘾	瘳	癍	癞	癔	癜	癖	癫	癯
812	翊	竦	穸	穹	窀	窆	窈	窕	窦	窠	窬	窨	窭	窳	衤	衩	衲	衽	衿	袂
814	袢	裆	袷	袼	裉	裢	裎	裣	裥	裱	褚	裼	裨	裾	裰	褡	褙	褓	褛	褊
816	褴	褫	褶	襁	襦	襻	疋	胥	皲	皴	矜	耒	耔	耖	耜	耠	耢	耥	耦	耧
818	耩	耨	耱	耋	耵	聃	聆	聍	聒	聩	聱	覃	顸	颀	颃					

82区	0	1	2	3	4	5	6	7	8	9	10	11	12	13	14	15	16	17	18	19
820		颉	颌	颍	颏	颔	颚	颛	颞	颟	颡	颢	颥	颦	虍	虔	虬	虮	虿	虺
822	虼	虻	蚨	蚍	蚋	蚬	蚝	蚧	蚣	蚪	蚓	蚩	蚶	蛄	蚵	蛎	蚰	蚺	蚱	蚯
824	蛉	蛏	蚴	蛩	蛱	蛲	蛭	蛳	蛐	蜓	蛞	蛴	蛟	蛘	蛑	蜃	蜇	蛸	蜈	蜊
826	蜍	蜉	蜣	蜻	蜞	蜥	蜮	蜚	蜾	蝈	蜴	蜱	蜩	蜷	蜿	螂	蜢	蝽	蝾	蝻
828	蝠	蝰	蝌	蝮	螋	蝓	蝣	蝼	蝤	蝙	蝥	螓	螯	螨	蟒					

83区	0	1	2	3	4	5	6	7	8	9	10	11	12	13	14	15	16	17	18	19
830		蟆	螈	螅	螭	螗	螃	螫	蟥	螬	螵	螳	蟋	蟓	螽	蟑	蟀	蟊	蟛	蟪
832	蟠	蟮	蠖	蠓	蟾	蠊	蠛	蠡	蠹	蠼	缶	罂	罄	罅	舐	竺	竽	笈	笃	笄
834	笕	笊	笫	笏	筇	笸	笪	笙	笮	笱	笠	笥	笤	笳	笾	笞	筘	筚	筅	筵
836	筌	筝	筠	筮	筻	筢	筲	筱	箐	箦	箧	箸	箬	箝	箨	箅	箪	箜	箢	箫
838	箴	篑	篁	篌	篝	篚	篥	篦	篪	簌	篾	篼	簏	簖	簋					

84区	0	1	2	3	4	5	6	7	8	9	10	11	12	13	14	15	16	17	18	19
840		簟	簪	簦	簸	籁	籀	臾	舁	舂	舄	臬	衄	舡	舢	舣	舭	舯	舨	舫
842	舸	舻	舳	舴	舾	艄	艉	艋	艏	艚	艟	艨	衾	袅	袈	裘	裟	襞	羝	羟
844	羧	羯	羰	羲	籼	敉	粑	粝	粜	粞	粢	粲	粼	粽	糁	糇	糌	糍	糈	糅
846	糗	糨	艮	暨	羿	翎	翕	翥	翡	翦	翩	翮	翳	糸	縶	綦	綮	繇	纛	麩
848	麴	赳	趄	趔	趑	趲	赧	赭	豇	豉	酊	酐	酎	酏	酤					

85区	0	1	2	3	4	5	6	7	8	9	10	11	12	13	14	15	16	17	18	19
850		酢	酡	酰	酩	酯	酽	酾	酲	酴	酹	醌	醅	醐	醍	醑	醢	醣	醪	醭
852	醮	醯	醵	醴	醺	豕	鹾	趸	跫	踅	蹙	蹩	趵	趿	趼	趺	跄	跖	跗	跚
854	跞	跎	跏	跛	跆	跬	跷	跸	跣	跹	跻	跤	踉	跽	踔	踝	踟	踬	踮	踣
856	踯	踺	蹀	踹	踵	踽	踱	蹉	蹁	蹂	蹑	蹒	蹊	蹰	蹶	蹼	蹯	蹴	躅	躏
858	躔	躐	躜	躞	豸	貂	貊	貅	貘	貔	斛	觖	觞	觚	觜					

86区	0	1	2	3	4	5	6	7	8	9	10	11	12	13	14	15	16	17	18	19
860		觥	觫	觶	訾	謦	靚	雩	靂	雯	霆	霽	霈	霏	霎	霪	靄	霰	霾	齔
862	齟	齙	齠	齜	齦	齬	齪	齷	黽	黿	鼉	隹	隼	雋	雎	雒	瞿	讎	銎	鑾
864	鋈	鏨	鍪	鏊	鎏	鐾	鑫	魷	魴	鮁	鮃	鮎	鱸	穌	鮒	鱟	鮐	鮭	鮚	鮪
866	鮞	鱭	鮫	鯗	鱘	鯁	鱺	鰱	鰹	鰣	鰷	鯀	鯊	鯇	鯽	鯖	鯪	鯫	鯡	鯤
868	鯧	鯝	鯢	鯰	鯛	鯴	鯔	鱝	鰈	鰐	鰍	鰒	鰉	鯿	鰠					

87区	0	1	2	3	4	5	6	7	8	9	10	11	12	13	14	15	16	17	18	19
870		鰲	鰭	鰨	鰥	鰩	鰳	鰾	鱈	鰻	鰵	鱅	鱖	鱔	鱒	鱧	靼	鞅	韃	鞽
872	鞔	韉	鞫	鞣	鞲	鞴	骱	骰	骷	鶻	骶	骺	骼	髁	髀	髏	髂	髖	髕	髑
874	魅	魃	魘	魎	魈	魍	魑	饗	饜	餮	饕	饔	髟	髡	髦	髯	髫	髻	髭	髹
876	鬈	鬏	鬢	鬟	鬣	麼	麾	縻	麂	麇	麈	麋	麒	鏖	麝	麟	黛	黜	黝	黠
878	黟	黢	黷	黧	黥	黲	黯	鼢	鼬	鼯	鼴	鼷	鼽	鼾	齄					

附 录 A
（规范性附录）
字符补充的说明

本部分是以 GB 2312—1980 为依据制定的。根据使用需要，在 GB 2312—1980 修订之前，在本部分中对字符暂作如下补充。

08-27 至 08-32　　补充 ɑ ḿ ń ň ǹ ɡ。

10-01 至 10-94　　补充 94 个半字图形的字符，其排列顺序与 GB 2312—1980 表 1 中第 03 区一一对应，字形宽度为对应第 03 区字形宽度的 1/2。

11-01 至 11-32　　补充汉语拼音 ɑ、e、i、o、u、ü 的四声半字字符和 ê、ɑ、ḿ、ń、ň、ǹ、ɡ 的半字字符，排列顺序与本部分第 8 区 01 位至 32 位的 32 个字符一一对应，字形宽度为相应第 8 区字形宽度的 1/2。

附 录 B
（规范性附录）
32 点阵字型数据

B.1 32 点阵字型数据的表示

本部分中，图形字符的字型可由点阵数据来表示。每个字型的点阵数据为 32×32（横行点数×纵列点数），共 1 024 个二进制位，128 个字节。

B.2 32 点阵字型数据的记录格式

32 点阵字型数据的 128 个字节排列次序是以 0 字节开始至 127 字节结束，均用十六进制表示，每行 4 个字节，记录格式如下：

行数	列数																															
	0	1	2	3	4	5	6	7	8	9	10	11	12	13	14	15	16	17	18	19	20	21	22	23	24	25	26	27	28	29	30	31
0	0 字节								1 字节								2 字节								3 字节							
1 2 3 4 ……																																
31	124 字节								125 字节								126 字节								127 字节							

B.3 32 点阵字型数据举例

长 19-04

```
00 80 00 00
00 E0 00 00
00 C0 01 00
00 C0 03 C0
00 C0 07 00
00 C0 0E 00
00 C0 18 00
00 C0 70 00
00 C1 C0 00
00 C7 00 00
00 DC 00 00
00 E0 00 00
00 C0 00 08
00 C0 00 1C
7F FF FF FE
```

治 54-46

```
00 00 10 00
00 00 1C 00
18 00 38 00
0E 00 30 00
07 00 70 00
03 00 E0 00
02 40 C0 80
00 41 80 60
00 43 00 30
80 82 00 18
60 84 00 1C
30 88 00 0E
39 3F FF FE
19 1F C0 06
11 10 00 04
```

久 30-35

```
00 08 00 00
00 0E 00 00
00 0C 00 00
00 1C 00 00
00 18 00 00
00 18 00 00
00 30 04 00
00 30 0E 00
00 7F FF 00
00 60 0E 00
00 C0 0C 00
00 C0 1C 00
01 80 18 00
01 80 18 00
03 00 30 00
```

安 16-18

```
00 06 00 00
00 03 80 00
00 01 C0 00
00 00 C0 00
04 00 80 00
04 00 00 08
07 FF FF FC
0C 00 00 1E
1C 02 00 18
38 03 80 30
30 03 00 20
00 06 00 00
00 06 00 00
00 0C 00 04
00 0C 00 0E
```

00 C1 00 00
00 C1 00 00
00 C0 80 00
00 C0 C0 00
00 C0 40 00
00 C0 20 00
00 C0 30 00
00 C0 18 00
00 C0 0E 00
00 C0 67 00
00 C1 83 C0
00 C6 01 F0
00 DC 00 FF
00 F8 00 38
01 E0 00 10
00 C0 00 00
00 80 00 00

03 00 00 00
02 00 00 00
02 04 00 60
06 07 FF F0
06 06 00 60
FC 06 00 60
0C 06 00 60
0C 06 00 60
0C 06 00 60
0C 06 00 60
0C 06 00 60
0C 06 00 60
0C 07 FF E0
0C 06 00 60
0C 06 00 60
04 04 00 40
00 00 00 00

06 00 30 00
04 00 70 00
08 00 D0 00
10 00 D8 00
00 01 88 00
00 03 0C 00
00 06 0C 00
00 0C 06 00
00 18 06 00
00 30 03 00
00 60 03 80
00 C0 01 E0
03 80 00 F8
06 00 00 7F
1C 00 00 3C
70 00 00 08
80 00 00 00

FF FF FF FF
00 18 06 00
00 30 06 00
00 30 0C 00
00 60 0C 00
00 C0 18 00
00 C0 18 00
01 F8 30 00
00 07 E0 00
00 00 F8 00
00 01 9E 00
00 03 07 80
00 0E 01 E0
00 38 00 F8
00 E0 00 3C
07 00 00 18
38 00 00 00

参 考 文 献

［1］ 第一批异体字整理表.中华人民共和国文化部，中国文字改革委员会.1955年12月22日.

［2］ 简化字总表.中国文字改革委员会，中华人民共和国文化部，中华人民共和国教育部.1964年3月7日(1986年10月10日国家语言文字工作委员会重新发表).

［3］ 印刷通用汉字字形表.中华人民共和国文化部，中国文字改革委员会.1965年1月30日.

［4］ 现代汉语通用字表.国家语言文字工作委员会，中华人民共和国新闻出版署.1988年3月25日.

ICS 21.100.20
J 11

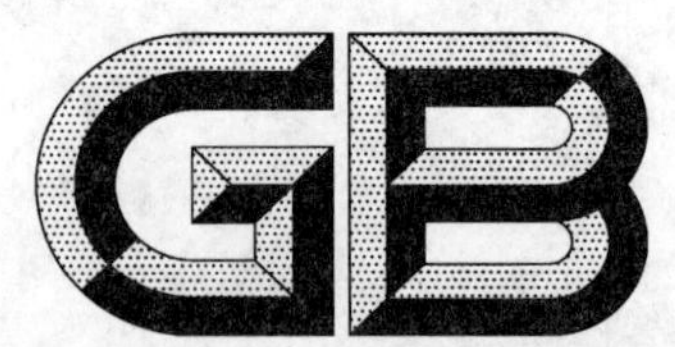

中华人民共和国国家标准

GB/T 6391—2010/ISO 281:2007
代替 GB/T 6391—2003
GB/T 20059—2006

滚动轴承　额定动载荷和额定寿命

Rolling bearings—Dynamic load ratings and rating life

（ISO 281:2007,IDT）

2011-01-14 发布　　2011-10-01 实施

中华人民共和国国家质量监督检验检疫总局
中国国家标准化管理委员会　发布

前　言

本标准等同采用 ISO 281:2007《滚动轴承　额定动载荷和额定寿命》。

本标准等同翻译 ISO 281:2007。

为了便于使用，本标准做了下列编辑性修改：

——“本国际标准”一词改为“本标准”；

——删除了国际标准的目次和前言；

——用小数点“.”代替作为小数点的逗号“,”。

本标准代替 GB/T 6391—2003《滚动轴承　额定动载荷和额定寿命》和 GB/T 20059—2006《滚动轴承　额定动载荷和额定寿命　基本额定动载荷计算中的间断点》。

本标准与 GB/T 6391—2003 相比，主要变化如下：

——增加了部分术语和定义(见第 3 章)；

——增加了部分符号(见第 4 章)；

——可靠度寿命修正系数 a_1 值略有改变，并且可靠度由 99%延伸至 99.95%(2003 年版和本版的表 12)；

——增加了“疲劳载荷极限”方面的内容(见 9.3.2)；

——增加了“估算寿命修正系数的实用方法”方面的内容(见 9.3.3)；

——增加了附录“估算污染系数的详细方法”(见附录 A)；

——增加了附录“疲劳载荷极限的计算方法”(见附录 B)；

——将 GB/T 20059—2006 的内容纳入，增加了附录“基本额定动载荷计算中的间断点”(见附录 C)；

——删除了附录“参考文献”(2003 年版的附录 A)；

——删除了附录“计算可靠度寿命修正系数 a_1 的公式”(2003 年版的附录 B)。

本标准的附录 A、附录 B 和附录 C 均为资料性附录。

本标准由中国机械工业联合会提出。

本标准由全国滚动轴承标准化技术委员会(SAC/TC 98)归口。

本标准起草单位：洛阳轴承研究所有限公司、上海斐赛轴承科技有限公司。

本标准主要起草人：李飞雪、赵联春。

本标准所代替标准的历次版本发布情况为：

——GB 6391—1986、GB 6391—1995、GB/T 6391—2003；

——GB/T 20059—2006。

引　言

对于每一特定应用场合所选用的轴承，若都通过大量的试验来确定其是否适用，通常是不现实的。然而寿命(见 3.1)是适用性的一种主要表现形式，因此，可以认为，可靠的寿命计算可以恰当和方便地替代试验。本标准旨在为寿命计算提供必要的依据。

GB/T 6391 自 1995 年发布以来，人们关于污染、润滑、安装内应力、淬硬应力、材料的疲劳载荷极限等因素对轴承寿命影响方面的知识增加了许多。在 GB/T 6391—2003 轴承的修正额定寿命计算中，提出了一种笼统的方法，来考虑这些影响因素。本标准提出了一种实用的方法，来考虑润滑条件、被污染的润滑剂和轴承材料的疲劳载荷对轴承寿命的影响。

ISO/TS 16281[1]引入了先进的计算方法，可以使用户对常规载荷条件下轴承工作游隙和偏斜对轴承寿命的影响予以考虑。用户也可向轴承制造厂咨询这样的工作条件以及其他影响因素(如滚动体离心力或其他高速效应)下当量载荷和寿命的推荐值和估算值。

对于由使用条件和(或)内部结构造成滚动体与套圈滚道的接触区出现明显截断的轴承，按照本标准进行计算则不能得到满意的结果。例如，有装填槽的球轴承，当轴承在使用中承受轴向载荷时，装填槽实际上会伸入到球与沟道的接触区，其计算结果应进行修正方可适用。此时，用户应向轴承制造厂咨询。

可靠度寿命修正系数 a_1 略有改变，并已扩展至 99.95%可靠度。

根据特殊轴承类型和材料的发展或其新信息，本标准尚需不断地进行修订。

关于本标准所列公式和系数推导的背景资料参见 ISO/TR 8646[1)] 和 ISO/TR 1281-2[2]。

1)　已以 ISO/TR 1281-1:2008 发布。

滚动轴承　额定动载荷和额定寿命

1　范围

本标准规定了滚动轴承基本额定动载荷的计算方法，适用于尺寸范围符合有关标准规定、采用当代常用优质淬硬轴承钢，按良好的加工方法制造，且滚动接触表面的形状基本上为常规设计的滚动轴承。

本标准还规定了基本额定寿命的计算方法，该寿命是与90%的可靠度、常用优质材料和良好加工质量以及常规运转条件相关的寿命。此外，本标准还规定了考虑了不同可靠度、润滑条件、被污染的润滑剂和轴承疲劳载荷的修正额定寿命的计算方法。

本标准不包括磨损、腐蚀和电蚀对轴承寿命的影响。

本标准不适用于滚动体直接在轴或轴承座表面上运转的结构，除非该表面在各方面均与轴承套圈（或垫圈）滚道相当。

本标准中的双列向心轴承和双向推力轴承，均假定为对称结构。

有关各类轴承的其他限制条件，在相关条款中说明。

2　规范性引用文件

下列文件中的条款通过本标准的引用而成为本标准的条款。凡是注日期的引用文件，其随后所有的修改单（不包括勘误的内容）或修订版均不适用于本标准，然而，鼓励根据本标准达成协议的各方研究是否可使用这些文件的最新版本。凡是不注日期的引用文件，其最新版本适用于本标准。

GB/T 4662—2003　滚动轴承　额定静载荷(ISO 76:1987,IDT)

GB/T 6930—2002　滚动轴承　词汇(ISO 5593:1997,IDT)

GB/T 7811—2007　滚动轴承　参数符号(ISO 15241:2001,IDT)

ISO/TR 8646:1985　滚动轴承　对 ISO 281/1-1977 的注释[2)]

3　术语和定义

GB/T 6930—2002确立的以及下列术语和定义适用于本标准。

3.1

寿命　life

〈单套滚动轴承的〉寿命系指轴承的一个套圈或垫圈或滚动体材料上出现第一个疲劳扩展迹象之前，轴承的一个套圈或垫圈相对另一个套圈或垫圈旋转的转数。

注：寿命也可用某一给定的恒定转速下运转的小时数表示。

3.2

可靠度　reliability

〈轴承寿命范畴的可靠度〉系指一组在相同条件下运转、近于相同的滚动轴承期望达到或超过规定寿命的百分率。

注：单套滚动轴承的可靠度为该轴承达到或超过规定寿命的概率。

3.3

额定寿命　rating life

基于径向基本额定动载荷或轴向基本额定动载荷的寿命预期值。

---

2)　已以 ISO/TR 1281-1:2008 发布。

3.4

基本额定寿命　basic rating life

对于采用当代常用优质材料和具有良好加工质量并在常规运转条件下运转的轴承，系指与90%的可靠度相关的额定寿命。

3.5

修正额定寿命　modified rating life

考虑90%或其他可靠度水平、轴承疲劳载荷和(或)特殊的轴承性能和(或)被污染的润滑剂和(或)其他非常规运转条件，对基本额定寿命进行修正所得到的额定寿命。

3.6

径向基本额定动载荷　basic dynamic radial load rating

系指一套滚动轴承理论上所能承受的恒定不变的径向载荷。在该载荷作用下，轴承的基本额定寿命为一百万转。

注：对于单列角接触轴承，该载荷系指引起轴承套圈相互间产生纯径向位移的载荷的径向分量。

3.7

轴向基本额定动载荷　basic dynamic axial load rating

系指一套滚动轴承理论上所能承受的恒定的中心轴向载荷。在该载荷作用下，轴承的基本额定寿命为一百万转。

3.8

径向当量动载荷　dynamic equivalent radial load

系指一恒定不变的径向载荷，在该载荷作用下，滚动轴承具有与实际载荷条件下相同的寿命。

3.9

轴向当量动载荷　dynamic equivalent axial load

系指一恒定的中心轴向载荷，在该载荷作用下，滚动轴承具有与实际载荷条件下相同的寿命。

3.10

疲劳载荷极限　fatigue load limit

滚道最大承载接触处应力刚好达到疲劳应力极限 σ_u 时的轴承载荷。

3.11

滚子直径　roller diameter

对于对称滚子，〈用于额定载荷计算的〉滚子直径系指通过滚子长度中部的径向平面内的理论直径。

注：对于圆锥滚子，取滚子大端和小端理论尖角处直径的平均值。

对于非对称凸球面滚子，近似地取零载荷下滚子与无挡边滚道接触点处的直径。

3.12

滚子有效长度　effective roller length

〈用于额定载荷计算的〉滚子有效长度系指滚子与滚道在最短接触处的最大理论接触长度。

注：通常取滚子理论尖角之间的距离减去滚子倒角，或者取不包括磨削越程槽的滚道长度，择其小者。

3.13

公称接触角　nominal contact angle

垂直于轴承轴线的平面(径向平面)与通过轴承套圈或垫圈向滚动体传递力的合力名义作用线之间的夹角。

注：对于非对称滚子轴承，与无挡边滚道的接触决定了公称接触角。

3.14

球组节圆直径　pitch diameter of a ball set

包容轴承一列球的中心的圆的直径。

3.15

滚子组节圆直径　pitch diameter of a roller set

在轴承一列滚子的中部，贯穿滚子轴线的圆的直径。

3.16

常规运转条件　conventional operating conditions

可以假定这种运转条件为：轴承正确安装，无外来物侵入，润滑充分，按常规加载，工作温度不很苛刻，运转速度不是特别高或特别低。

3.17

黏度比　viscosity ratio

工作温度下油的实际运动黏度除以为达到充分润滑所需的参考运动黏度。

3.18

油膜参数　film parameter

油膜厚度与综合表面粗糙度之比，用于评定润滑对轴承寿命的影响。

3.19

黏压系数　pressure-viscosity coefficient

表征滚动体接触处油压对油黏度影响的参数。

3.20

黏度指数　viscosity index

表征温度对润滑油黏度影响程度的指数。

4　符号

GB/T 7811—2007 给出的以及下列符号适用于本标准。

a_{ISO}：寿命修正系数，基于寿命计算的系统方法

a_1：可靠度寿命修正系数

b_m：当代常用优质淬硬轴承钢和良好加工方法的额定系数，该值随轴承类型和设计不同而异

C_a：轴向基本额定动载荷，N

C_r：径向基本额定动载荷，N

C_u：疲劳载荷极限，N

C_{0a}：轴向基本额定静载荷[3)]，N

C_{0r}：径向基本额定静载荷[3)]，N

D：轴承外径，mm

D_{pw}：球组或滚子组节圆直径，mm

D_w：球公称直径，mm

D_{we}：用于额定载荷计算的滚子直径，mm

d：轴承内径，mm

e：适用于不同 X 和 Y 系数值的 F_a/F_r 的极限值

e_C：污染系数

F_a：轴承轴向载荷（轴承实际载荷的轴向分量），N

F_r：轴承径向载荷（轴承实际载荷的径向分量），N

f_c：与轴承零件几何形状、制造精度及材料有关的系数

f_0：用于基本额定静载荷计算的系数[3)]

3）　其定义、计算方法和数值见 GB/T 4662—2003。

i:滚动体列数

L_{nm}:修正额定寿命,百万转

L_{we}:用于额定载荷计算的滚子有效长度,mm

L_{10}:基本额定寿命,百万转

n:转速,r/min

n:失效概率的下标,%

P:当量动载荷,N

P_a:轴向当量动载荷,N

P_r:径向当量动载荷,N

S:可靠度(幸存概率),%

X:径向动载荷系数

Y:轴向动载荷系数

Z:单列轴承中的滚动体数;每列滚动体数相同的多列轴承中的每列滚动体数

α:公称接触角,(°)

κ:黏度比,ν/ν_1

Λ:油膜参数

ν:工作温度下润滑剂的实际运动黏度,mm^2/s

ν_1:为达到充分润滑条件所要求的参考运动黏度,mm^2/s

σ:用于疲劳判据的实际应力,N/mm^2

σ_u:滚道材料的疲劳应力极限,N/mm^2

5 向心球轴承

5.1 径向基本额定动载荷

5.1.1 单套轴承的径向基本额定动载荷

向心球轴承的径向基本额定动载荷公式为:

$D_w \leqslant 25.4$ mm 时,

$$C_r = b_m f_c (i \cos \alpha)^{0.7} Z^{2/3} D_w^{1.8} \qquad \cdots\cdots(1)$$

$D_w > 25.4$mm 时,

$$C_r = 3.647 b_m f_c (i \cos \alpha)^{0.7} Z^{2/3} D_w^{1.4} \qquad \cdots\cdots(2)$$

式中 b_m 值和 f_c 值分别见表1和表2。表中数值适用于内圈滚道沟曲率半径不大于 $0.52D_w$、外圈滚道沟曲率半径不大于 $0.53D_w$ 的径向接触和角接触球轴承以及内圈滚道沟曲率半径不大于 $0.53D_w$ 的调心球轴承。

采用更小的滚道沟曲率半径未必能提高轴承的承载能力,但采用大于上述值的沟曲率半径,则会降低承载能力。在后一种情况下,应采用相应减小的 f_c 值,减小的 f_c 值由 ISO/TR 8646:1985 中的公式(3-15)计算得出。

表1 向心球轴承的 b_m 值

轴承类型	b_m
径向接触和角接触球轴承(有装填槽的轴承除外)以及调心球轴承和外球面轴承	1.3
有装填槽的轴承	1.1

5.1.2 轴承组的径向基本额定动载荷

5.1.2.1 两套单列径向接触球轴承作为一个整体运转

两套相同的单列径向接触球轴承并排安装在同一轴上,作为一个整体(成对安装)运转,计算其径向基本额定动载荷时，应按一套双列径向接触球轴承来考虑。

5.1.2.2 单列角接触球轴承“背对背”或“面对面”配置

两套相同的单列角接触球轴承以“背对背”或“面对面”配置，并排安装在同一轴上，作为一个整体(成对安装)运转，计算其径向基本额定动载荷时，应按一套双列角接触球轴承来考虑。

表 2 向心球轴承的 f_c 值

$\frac{D_w \cos\alpha}{D_{pw}}$ [a]	f_c 系数			
	单列径向接触球轴承、单列和双列角接触球轴承	双列径向接触球轴承	单列和双列调心球轴承	分离型单列径向接触球轴承(磁电机轴承)
0.01	29.1	27.5	9.9	9.4
0.02	35.8	33.9	12.4	11.7
0.03	40.3	38.2	14.3	13.4
0.04	43.8	41.5	15.9	14.9
0.05	46.7	44.2	17.3	16.2
0.06	49.1	46.5	18.6	17.4
0.07	51.1	48.4	19.9	18.5
0.08	52.8	50	21.1	19.5
0.09	54.3	51.4	22.3	20.6
0.1	55.5	52.6	23.4	21.5
0.11	56.6	53.6	24.5	22.5
0.12	57.5	54.5	25.6	23.4
0.13	58.2	55.2	26.6	24.4
0.14	58.8	55.7	27.7	25.3
0.15	59.3	56.1	28.7	26.2
0.16	59.6	56.5	29.7	27.1
0.17	59.8	56.7	30.7	27.9
0.18	59.9	56.8	31.7	28.8
0.19	60	56.8	32.6	29.7
0.2	59.9	56.8	33.5	30.5
0.21	59.8	56.6	34.4	31.3
0.22	59.6	56.5	35.2	32.1
0.23	59.3	56.2	36.1	32.9
0.24	59	55.9	36.8	33.7
0.25	58.6	55.5	37.5	34.5
0.26	58.2	55.1	38.2	35.2
0.27	57.7	54.6	38.8	35.9
0.28	57.1	54.1	39.4	36.6
0.29	56.6	53.6	39.9	37.2
0.3	56	53	40.3	37.8
0.31	55.3	52.4	40.6	38.4
0.32	54.6	51.8	40.9	38.9
0.33	53.9	51.1	41.1	39.4
0.34	53.2	50.4	41.2	39.8
0.35	52.4	49.7	41.3	40.1
0.36	51.7	48.9	41.3	40.4
0.37	50.9	48.2	41.2	40.7
0.38	50	47.4	41	40.8
0.39	49.2	46.6	40.7	40.9
0.4	48.4	45.8	40.4	40.9

[a] 对于 $\frac{D_w \cos\alpha}{D_{pw}}$ 的中间值，其 f_c 值可由线性内插法求得。

表 3 向心球轴承的 *X* 和 *Y* 值

轴承类型		"相对轴向载荷"[a,b]		单列轴承				双列轴承				e
				$\frac{F_a}{F_r}\leqslant e$		$\frac{F_a}{F_r}>e$		$\frac{F_a}{F_r}\leqslant e$		$\frac{F_a}{F_r}>e$		
				X	Y	X	Y	X	Y	X	Y	
径向接触球轴承		$\frac{f_0F_a}{C_{0r}}$ [c]	$\frac{F_a}{iZD_w^2}$									
		0.172	0.172				2.3				2.3	0.19
		0.345	0.345				1.99				1.99	0.22
		0.689	0.689				1.71				1.71	0.26
		1.03	1.03				1.55				1.55	0.28
		1.38	1.38	1	0	0.56	1.45	1	0	0.56	1.45	0.3
		2.07	2.07				1.31				1.31	0.34
		3.45	3.45				1.15				1.15	0.38
		5.17	5.17				1.04				1.04	0.42
		6.89	6.89				1				1	0.44
角接触球轴承		$\frac{f_0iF_a}{C_{0r}}$ [c]	$\frac{F_a}{ZD_w^2}$									
	$\alpha=5°$	0.173	0.172						2.78		3.74	0.23
		0.346	0.345						2.4		3.23	0.26
		0.692	0.689						2.07		2.78	0.3
		1.04	1.03			此类轴承的X、Y和e值采用单列径向接触球轴承的值			1.87		2.52	0.34
		1.38	1.38	1	0			1	1.75	0.78	2.36	0.36
		2.08	2.07						1.58		2.13	0.4
		3.46	3.45						1.39		1.87	0.45
		5.19	5.17						1.26		1.69	0.5
		6.92	6.89						1.21		1.63	0.52
	$\alpha=10°$	0.175	0.172				1.88		2.18		3.06	0.29
		0.35	0.345				1.71		1.98		2.78	0.32
		0.7	0.689				1.52		1.76		2.47	0.36
		1.05	1.03				1.41		1.63		2.29	0.38
		1.4	1.38	1	0	0.46	1.34	1	1.55	0.75	2.18	0.4
		2.1	2.07				1.23		1.42		2	0.44
		3.5	3.45				1.1		1.27		1.79	0.49
		5.25	5.17				1.01		1.17		1.64	0.54
		7	6.89				1		1.16		1.63	0.54
	$\alpha=15°$	0.178	0.172				1.47		1.65		2.39	0.38
		0.357	0.345				1.4		1.57		2.28	0.4
		0.714	0.689				1.3		1.46		2.11	0.43
		1.07	1.03				1.23		1.38		2	0.46
		1.43	1.38	1	0	0.44	1.19	1	1.34	0.72	1.93	0.47
		2.14	2.07				1.12		1.26		1.82	0.5
		3.57	3.45				1.02		1.14		1.66	0.55
		5.35	5.17				1		1.12		1.63	0.56
		7.14	6.89				1		1.12		1.63	0.56
	$\alpha=20°$	—	—			0.43	1		1.09	0.7	1.63	0.57
	$\alpha=25°$	—	—			0.41	0.87		0.92	0.67	1.41	0.68
	$\alpha=30°$	—	—	1	0	0.39	0.76	1	0.78	0.63	1.24	0.8
	$\alpha=35°$	—	—			0.37	0.66		0.66	0.6	1.07	0.95
	$\alpha=40°$	—	—			0.35	0.57		0.55	0.57	0.93	1.14
	$\alpha=45°$	—	—			0.33	0.5		0.47	0.54	0.81	1.34
调心球轴承				1	0	0.4	0.4cotα	1	0.42cotα	0.65	0.65cotα	1.5tanα
分离型单列径向接触球轴承（磁电机轴承）				1	0	0.5	2.5	—	—	—	—	0.2

[a] 允许的最大值取决于轴承设计（游隙和沟道深度）。可根据已知条件，采用第 1 栏或第 2 栏的值。

[b] 对于"相对轴向载荷"和（或）接触角的中间值，其 X、Y 和 e 值可由线性内插法求得。

[c] f_0 的值见 GB/T 4662—2003。

5.1.2.3 串联配置

两套或多套相同的单列径向接触球轴承或两套或多套相同的单列角接触球轴承以“串联”配置，并排安装在同一轴上，作为一个整体（成对安装或成组安装）运转，该轴承组的径向基本额定动载荷等于轴承套数的 0.7 次幂乘以一套单列轴承的径向基本额定动载荷。为保证轴承之间载荷均匀分布，轴承应正确制造和安装。

5.1.2.4 可单独更换的轴承

如果由于某些技术上的原因，轴承组被视为若干套彼此可单独更换的专门加工的单列轴承，则 5.1.2.3的规定不适用。

5.2 径向当量动载荷

5.2.1 单套轴承的径向当量动载荷

径向接触和角接触球轴承在恒定的径向和轴向载荷作用下的径向当量动载荷为：

$$P_r = XF_r + YF_a \qquad (3)$$

式中 X、Y 值见表 3。这些系数适用于滚道沟曲率半径符合 5.1.1 规定的轴承。对于其他的滚道沟曲率半径，其 X、Y 值可通过 ISO/TR 8646:1985 中的 4.2 计算求得。

5.2.2 轴承组的径向当量动载荷

5.2.2.1 单列角接触球轴承“背对背”或“面对面”配置

两套相同的单列角接触球轴承以“背对背”或“面对面”配置，并排安装在同一轴上，作为一个整体（成对安装）运转，计算其径向当量动载荷时，应按一套双列角接触轴承来考虑。

注：如果两套相同的单列径向接触球轴承以“背对背”或“面对面”配置运转，用户应向轴承制造厂咨询其径向当量动载荷的计算方法。

5.2.2.2 串联配置

两套或多套相同的单列径向接触球轴承或两套或多套相同的单列角接触球轴承以“串联”配置，并排安装在同一轴上，作为一个整体（成对安装或成组安装）运转，计算其径向当量动载荷时，采用单列轴承的 X 和 Y 值。

“相对轴向载荷”（见表 3）按 $i=1$ 和一套轴承的 F_a 和 C_{0r} 值确定（即使 F_r 和 F_a 值为计算整个轴承组当量载荷时用的总载荷）。

5.3 基本额定寿命

5.3.1 寿命公式

向心球轴承的基本额定寿命公式为：

$$L_{10} = \left(\frac{C_r}{P_r}\right)^3 \qquad (4)$$

C_r 和 P_r 的值按 5.1 和 5.2 计算。

该寿命公式也适用于 5.1.2 中所述的两套或多套单列轴承组成的轴承组的寿命估算。此时，额定载荷 C_r 按整个轴承组计算，当量载荷 P_r 按作用于该轴承组上的总载荷计算，所用的 X 和 Y 值按 5.2.2 的规定。

5.3.2 寿命公式的载荷限制条件

该寿命公式在很宽的轴承载荷范围内均能给出满意的结果。但是，载荷过大会在球与沟道的接触处产生有害的塑性变形。因此，当 P_r 大于 C_{0r} 或 $0.5C_r$ 两者中的较小者时，用户应向轴承制造厂咨询，以确定该寿命公式的适用性。

载荷过小会造成其他失效模式发生，本标准不包括这些失效模式。

6 推力球轴承

6.1 轴向基本额定动载荷

6.1.1 单列轴承的轴向基本额定动载荷

单列、单向或双向推力球轴承的轴向基本额定动载荷为：

$D_w \leqslant 25.4\text{mm}$、$\alpha=90°$时，

$$C_a = b_m f_c Z^{2/3} D_w^{1.8} \qquad (5)$$

$D_w \leqslant 25.4\text{mm}$、$\alpha \neq 90°$时，

$$C_a = b_m f_c (\cos\alpha)^{0.7} \tan\alpha Z^{2/3} D_w^{1.8} \qquad (6)$$

$D_w > 25.4\text{mm}$、$\alpha=90°$时，

$$C_a = 3.647 b_m f_c Z^{2/3} D_w^{1.4} \qquad (7)$$

$D_w > 25.4\text{mm}$、$\alpha \neq 90°$时，

$$C_a = 3.647 b_m f_c (\cos\alpha)^{0.7} \tan\alpha Z^{2/3} D_w^{1.4} \qquad (8)$$

式中：

Z——同一方向上承受载荷的球数；

$b_m = 1.3$。

f_c 值见表 4，适用于滚道沟曲率半径不大于 $0.54D_w$ 的轴承。

采用更小的滚道沟曲率半径未必能提高轴承的承载能力，但采用大于上述值的沟曲率半径，则会降低承载能力。在后一种情况下，应采用相应减小的 f_c 值。对于 $\alpha \neq 90°$的轴承，其减小的 f_c 值可通过 ISO/TR 8646:1985 中的公式(3-20)计算求得；对于 $\alpha=90°$的轴承，其减小的 f_c 值可通过 ISO/TR 8646:1985 中的公式(3-25)计算求得。

6.1.2 双列或多列球轴承的轴向基本额定动载荷

承受同一方向载荷的双列或多列推力球轴承的轴向基本额定动载荷为：

$$C_a = (Z_1 + Z_2 + \cdots + Z_n) \times \left[\left(\frac{Z_1}{C_{a1}}\right)^{10/3} + \left(\frac{Z_2}{C_{a2}}\right)^{10/3} + \cdots + \left(\frac{Z_n}{C_{an}}\right)^{10/3}\right]^{-3/10} \qquad (9)$$

球数为 Z_1、Z_2、…、Z_n的各列的额定载荷 C_{a1}、C_{a2}、…C_{an}，按 6.1.1 中相应的单列轴承的公式计算。

6.2 轴向当量动载荷

$\alpha \neq 90°$的推力球轴承，在恒定的径向和轴向载荷作用下的轴向当量动载荷为：

$$P_a = XF_r + YF_a \qquad (10)$$

式中 X 和 Y 值见表 5。这些系数适用于滚道沟曲率半径符合 6.1.1 规定的轴承。对于其他的滚道沟曲率半径，其 X、Y 值可通过 ISO/TR 8646:1985 中的 4.2 计算求得。

$\alpha=90°$的推力球轴承，只能承受轴向载荷。此类轴承的轴向当量动载荷为：

$$P_a = F_a \qquad (11)$$

6.3 基本额定寿命

6.3.1 寿命公式

推力球轴承的基本额定寿命公式为：

$$L_{10} = \left(\frac{C_a}{P_a}\right)^3 \qquad (12)$$

C_a 和 P_a 的值按 6.1 和 6.2 计算。

6.3.2 寿命公式的载荷限制条件

该寿命公式在很宽的轴承载荷范围内均能给出满意的结果。但是，载荷过大会在球与沟道的接触处产生有害的塑性变形。因此，当 $P_a > 0.5C_a$ 时，用户应向轴承制造厂咨询，以确定该寿命公式的适用性。

载荷过小会造成其他失效模式发生，本标准不包括这些失效模式。

表 4　推力球轴承的 f_c 值

$\frac{D_w}{D_{pw}}$ [a]	f_c	$\frac{D_w \cos\alpha}{D_{pw}}$ [a]	f_c		
	$\alpha=90°$		$\alpha=45°$ [b]	$\alpha=60°$	$\alpha=75°$
0.01	36.7	0.01	42.1	39.2	37.3
0.02	45.2	0.02	51.7	48.1	45.9
0.03	51.1	0.03	58.2	54.2	51.7
0.04	55.7	0.04	63.3	58.9	56.1
0.05	59.5	0.05	67.3	62.6	59.7
0.06	62.9	0.06	70.7	65.8	62.7
0.07	65.8	0.07	73.5	68.4	65.2
0.08	68.5	0.08	75.9	70.7	67.3
0.09	71	0.09	78	72.6	69.2
0.1	73.3	0.1	79.7	74.2	70.7
0.11	75.4	0.11	81.1	75.5	
0.12	77.4	0.12	82.3	76.6	
0.13	79.3	0.13	83.3	77.5	
0.14	81.1	0.14	84.1	78.3	
0.15	82.7	0.15	84.7	78.8	
0.16	84.4	0.16	85.1	79.2	
0.17	85.9	0.17	85.4	79.5	
0.18	87.4	0.18	85.5	79.6	
0.19	88.8	0.19	85.5	79.6	
0.2	90.2	0.2	85.4	79.5	
0.21	91.5	0.21	85.2		
0.22	92.8	0.22	84.9		
0.23	94.1	0.23	84.5		
0.24	95.3	0.24	84		
0.25	96.4	0.25	83.4		
0.26	97.6	0.26	82.8		
0.27	98.7	0.27	82		
0.28	99.8	0.28	81.3		
0.29	100.8	0.29	80.4		
0.3	101.9	0.3	79.6		
0.31	102.9				
0.32	103.9				
0.33	104.8				
0.34	105.8				
0.35	106.7				

a　对于$\frac{D_w}{D_{pw}}$或$\frac{D_w \cos\alpha}{D_{pw}}$和(或)接触角非表中所列值时，其 f_c 值可用线性内插法求得。

b　对于 $\alpha>45°$ 的推力轴承，$\alpha=45°$ 的值可用于 α 在 45°和 60°之间的内插计算。

表 5　推力球轴承的 X 和 Y 值

α[a]	单向轴承[b]		双向轴承				e
	$\frac{F_a}{F_r}>e$		$\frac{F_a}{F_r}\leqslant e$		$\frac{F_a}{F_r}>e$		
	X	Y	X	Y	X	Y	
45°[c]	0.66		1.18	0.59	0.66		1.25
50°	0.73		1.37	0.57	0.73		1.49
55°	0.81		1.6	0.56	0.81		1.79
60°	0.92		1.9	0.55	0.92		2.17
65°	1.06	1	2.3	0.54	1.06	1	2.68
70°	1.28		2.9	0.53	1.28		3.43
75°	1.66		3.89	0.52	1.66		4.67
80°	2.43		5.86	0.52	2.43		7.09
85°	4.8		11.75	0.51	4.8		14.29
$\alpha\neq 90°$	$1.25\tan\alpha\left(1-\frac{2}{3}\sin\alpha\right)$	1	$\frac{20}{13}\tan\alpha\left(1-\frac{1}{3}\sin\alpha\right)$	$\frac{10}{13}\left(1-\frac{1}{3}\sin\alpha\right)$	$1.25\tan\alpha\left(1-\frac{2}{3}\sin\alpha\right)$	1	$1.25\tan\alpha$

a 对于 α 的中间值，其 X、Y 和 e 的值由线性内插法求得。

b $\frac{F_a}{F_r}\leqslant e$ 不适用于单向轴承。

c 对于 $\alpha>45°$ 的推力轴承，$\alpha=45°$ 的值可用于 α 在 45° 和 50° 之间的内插计算。

7　向心滚子轴承

7.1　径向基本额定动载荷

7.1.1　单套轴承的径向基本额定动载荷

向心滚子轴承的径向基本额定动载荷为：

$$C_r = b_m f_c (iL_{we}\cos\alpha)^{7/9} Z^{3/4} D_{we}^{29/27} \qquad \cdots\cdots(13)$$

式中 b_m 值和 f_c 值分别见表 6 和表 7。仅对于在轴承载荷作用下接触应力沿受载最大的滚子与滚道的接触区大致均匀分布的滚子轴承，表 6、表 7 中所列的值才是适用的最大值。

如果在载荷作用下，滚子与滚道接触的某些部分出现严重的应力集中，则应使用小于表 7 所列的 f_c 值。可以预计，这样的应力集中发生在诸如名义接触点的中心、线接触的两端、滚子未被精确引导的轴承以及滚子长度大于 2.5 倍滚子直径的轴承中。

7.1.2　轴承组的径向基本额定动载荷

7.1.2.1　“背对背”或“面对面”配置

两套相同的单列向心滚子轴承以“背对背”或“面对面”配置，并排安装在同一轴上，作为一个整体(成对安装)运转，计算其径向基本额定动载荷时应按一套双列轴承来考虑。

7.1.2.2　“背对背”或“面对面”配置中可单独更换的轴承

如果由于某些技术上的原因，轴承组被视为两套彼此可单独更换的轴承，则 7.1.2.1 的规定不适用。

表 6　向心滚子轴承的 b_m 值

轴承类型	b_m
圆柱滚子轴承、圆锥滚子轴承和机制套圈滚针轴承	1.1
冲压外圈滚针轴承	1
调心滚子轴承	1.15

表 7 向心滚子轴承 f_c 的最大值

$\frac{D_{we}\cos\alpha}{D_{pw}}$ [a]	f_c
0.01	52.1
0.02	60.8
0.03	66.5
0.04	70.7
0.05	74.1
0.06	76.9
0.07	79.2
0.08	81.2
0.09	82.8
0.1	84.2
0.11	85.4
0.12	86.4
0.13	87.1
0.14	87.7
0.15	88.2
0.16	88.5
0.17	88.7
0.18	88.8
0.19	88.8
0.2	88.7
0.21	88.5
0.22	88.2
0.23	87.9
0.24	87.5
0.25	87
0.26	86.4
0.27	85.8
0.28	85.2
0.29	84.5
0.3	83.8

[a] 对于$\frac{D_{we}\cos\alpha}{D_{pw}}$的中间值,其 f_c 值可由线性内插法求得。

7.1.2.3 串联配置

两套或多套相同的单列滚子轴承以“串联”配置,并排安装在同一轴上,作为一个整体(成对安装或成组安装)运转,该轴承组的径向基本额定动载荷等于轴承套数的 7/9 次幂乘以一套单列轴承的径向基本额定载荷。为保证轴承之间载荷均匀分布,轴承应正确制造和安装。

7.1.2.4 串联配置中可单独更换的轴承

如果由于某些技术上的原因,轴承组被视为若干套彼此可单独更换的单列轴承,则 7.1.2.3 的规定不适用。

7.2 径向当量动载荷

7.2.1 单套轴承的径向当量动载荷

$\alpha\neq0°$的向心滚子轴承在恒定的径向和轴向载荷作用下的径向当量动载荷为:

$$P_r = XF_r + YF_a \qquad (14)$$

式中 X 和 Y 值见表 8。

$\alpha=0°$的向心滚子轴承，只能承受径向载荷，其径向当量载荷为：

$$P_r = F_r \qquad (15)$$

注：$\alpha=0°$的向心滚子轴承承受轴向载荷的能力与轴承设计和制造方法关系极大。因此，$\alpha=0°$的向心滚子轴承在承受轴向载荷时，用户应向轴承制造厂咨询有关当量载荷和寿命的推荐值。

7.2.2 轴承组的径向当量动载荷

7.2.2.1 单列角接触滚子轴承“背对背”或“面对面”配置

两套相同的单列角接触滚子轴承以“背对背”或“面对面”配置，并排安装在同一轴上，作为一个整体(成对安装)运转，计算其径向当量动载荷时，根据 7.1.2.1，应按一套双列轴承来考虑，X 和 Y 值采用表 8 中双列轴承的值。

7.2.2.2 串联配置

两套或多套相同的单列角接触滚子轴承以“串联”配置，并排安装在同一轴上，作为一个整体(成对安装或成组安装)运转，计算其径向当量载荷时，采用表 8 中单列轴承的 X 和 Y 值。

表 8 向心滚子轴承的 X 和 Y 值

轴承类型	$\frac{F_a}{F_r} \leqslant e$		$\frac{F_a}{F_r} > e$		e
	X	Y	X	Y	
单列 $\alpha\neq0$	1	0	0.4	$0.4\cot\alpha$	$1.5\tan\alpha$
双列 $\alpha\neq0$	1	$0.45\cot\alpha$	0.67	$0.67\cot\alpha$	$1.5\tan\alpha$

7.3 基本额定寿命

7.3.1 寿命公式

向心滚子轴承的基本额定寿命公式为：

$$L_{10} = \left(\frac{C_r}{P_r}\right)^{10/3} \qquad (16)$$

C_r 和 P_r 的值按 7.1 和 7.2 计算。

该寿命公式也适用于 7.1.2 所述的两套或多套单列轴承组成的轴承组的寿命估算。此时，额定载荷 C_r 按整个轴承组计算，当量载荷 P_r 按作用于轴承组上的总载荷计算，所用的 X、Y 值按 7.2.2 的规定。

7.3.2 寿命公式的载荷限制条件

该寿命公式在很宽的轴承载荷范围内均能给出满意的结果。但是，载荷过大会使滚子与滚道接触的某些部分产生严重的应力集中。因此，当 $P_r>0.5C_r$ 时，用户应向轴承制造厂咨询，以确定该寿命公式的适用性。

载荷过小会造成其他失效模式发生，本标准不包括这些失效模式。

8 推力滚子轴承

8.1 轴向基本额定动载荷

8.1.1 单列轴承的轴向基本额定动载荷

如果承受同一方向载荷的全部滚子只与同一垫圈滚道区域接触，则此推力滚子轴承应按一套单列轴承来考虑。

单列、单向或双向推力滚子轴承的轴向基本额定动载荷为：

$\alpha=90°$时，

$$C_a = b_m f_c L_{we}{}^{7/9} Z^{3/4} D_{we}{}^{29/27} \quad \cdots\cdots(17)$$

$\alpha \neq 90°$时，

$$C_a = b_m f_c (L_{we} \cos\alpha)^{7/9} \tan\alpha Z^{3/4} D_{we}{}^{29/27} \quad \cdots\cdots(18)$$

式中：

Z——同一方向上承受载荷的滚子数。

如果轴承轴线的同一侧装有若干个轴线重合的滚子，则可将这些滚子视为一个滚子，其长度 L_{we}（见 3.12）等于这几个滚子长度之和。

b_m 值和 f_c 值分别见表 9 和表 10。仅对于在轴承载荷作用下接触应力沿受载最大的滚子与滚道的接触区大致均匀分布的滚子轴承，表 9 和表 10 中所列的值才是适用的最大值。

如果在载荷作用下，滚子与滚道接触的某些部分出现严重的应力集中，则应使用小于表 10 所列的 f_c 值。可以预计，这样的应力集中发生在诸如名义接触点的中心、线接触的两端、滚子未被精确引导的轴承以及滚子长度大于 2.5 倍滚子直径的轴承中。

如果推力滚子轴承的内部几何参数使滚子与滚道接触区产生较大的滑动，例如：推力圆柱滚子轴承的滚子长度与滚子组节圆直径之比较大时，也应取较小的 f_c 值。

表 9　推力滚子轴承的 b_m 值

轴承类型	b_m
推力圆柱滚子轴承和推力滚针轴承	1
推力圆锥滚子轴承	1.1
推力调心滚子轴承	1.15

8.1.2　双列或多列推力滚子轴承的轴向基本额定动载荷

承受同一方向载荷的双列或多列推力滚子轴承的轴向基本额定动载荷为：

$$C_a = (Z_1 L_{we1} + Z_2 L_{we2} + \cdots + Z_n L_{wen}) \times \left[\left(\frac{Z_1 L_{we1}}{C_{a1}}\right)^{9/2} + \left(\frac{Z_2 L_{we2}}{C_{a2}}\right)^{9/2} + \cdots + \left(\frac{Z_n L_{wen}}{C_{an}}\right)^{9/2} \right]^{-2/9} \quad \cdots\cdots(19)$$

滚子数为 Z_1、Z_2…、Z_n、长度为 L_{we1}、L_{we2}、…、L_{wen} 的各列的额定载荷 C_{a1}、C_{a2}、…、C_{an}，按 8.1.1 中相应的单列轴承的公式计算。

与同一垫圈滚道区域接触的滚子或部分滚子属于一列。

8.1.3　轴承组的轴向基本额定动载荷

8.1.3.1　串联配置

两套或多套相同的单向推力滚子轴承，以“串联”配置，并排安装在同一轴上，作为一个整体（成对安装或成组安装）运转，该轴承组的轴向基本额定动载荷等于轴承套数的 7/9 次幂乘以一套轴承的额定载荷。为保证轴承之间载荷均匀分布，轴承应正确制造和安装。

8.1.3.2　可单独更换的轴承

如果由于某些技术上的原因，轴承组被视为若干套彼此可单独更换的单向轴承，则 8.1.3.1 的规定不适用。

8.2　轴向当量动载荷

$\alpha \neq 90°$的推力滚子轴承在恒定的径向和轴向载荷作用下的轴向当量动载荷为：

$$P_a = XF_r + YF_a \quad \cdots\cdots(20)$$

式中 X 和 Y 值见表 11。

$\alpha = 90°$的推力滚子轴承，只能承受轴向载荷，此类轴承的轴向当量动载荷为：

$$P_a = F_a \quad \cdots\cdots(21)$$

8.3　基本额定寿命

8.3.1　寿命公式

推力滚子轴承的基本额定寿命公式为：

$$L_{10}=\left(\frac{C_a}{P_a}\right)^{10/3} \qquad (22)$$

C_a 和 P_a 的值按 8.1 和 8.2 计算。

该寿命公式也适用于 8.1.3 中所述的两套或多套单向推力滚子轴承组成的轴承组的寿命估算。此时，额定载荷 C_a 按整个轴承组计算，当量载荷 P_a 按作用于轴承组上的总载荷计算，所用的 X 和 Y 值按 8.2 中单向轴承的值。

表 10　推力滚子轴承 f_c 的最大值

$\frac{D_{we}}{D_{pw}}$ [a]	f_c	$\frac{D_{we}\cos\alpha}{D_{pw}}$ [a]	f_c		
	$\alpha=90°$		$\alpha=50°$ [b]	$\alpha=65°$ [c]	$\alpha=80°$ [d]
0.01	105.4	0.01	109.7	107.1	105.6
0.02	122.9	0.02	127.8	124.7	123
0.03	134.5	0.03	139.5	136.2	134.3
0.04	143.4	0.04	148.3	144.7	142.8
0.05	150.7	0.05	155.2	151.5	149.4
0.06	156.9	0.06	160.9	157	154.9
0.07	162.4	0.07	165.6	161.6	159.4
0.08	167.2	0.08	169.5	165.5	163.2
0.09	171.7	0.09	172.8	168.7	166.4
0.1	175.7	0.1	175.5	171.4	169
0.11	179.5	0.11	177.8	173.6	171.2
0.12	183	0.12	179.7	175.4	173
0.13	186.3	0.13	181.1	176.8	174.4
0.14	189.4	0.14	182.3	177.9	175.5
0.15	192.3	0.15	183.1	178.8	176.3
0.16	195.1	0.16	183.7	179.3	
0.17	197.7	0.17	184	179.6	
0.18	200.3	0.18	184.1	179.7	
0.19	202.7	0.19	184	179.6	
0.2	205	0.2	183.7	179.3	
0.21	207.2	0.21	183.2		
0.22	209.4	0.22	182.6		
0.23	211.5	0.23	181.8		
0.24	213.5	0.24	180.9		
0.25	215.4	0.25	179.8		
0.26	217.3	0.26	178.7		
0.27	219.1				
0.28	220.9				
0.29	222.7				
0.3	224.3				

a 对于$\frac{D_{we}}{D_{pw}}$或$\frac{D_{we}\cos\alpha}{D_{pw}}$的中间值，其 f_c 值可由线性内插法求得。

b 用于 $45°<\alpha<60°$。

c 用于 $60°\leqslant\alpha<75°$。

d 用于 $75°\leqslant\alpha<90°$。

8.3.2 寿命公式的载荷限制条件

该寿命公式在很宽的轴承载荷范围内均能给出满意的结果。但是，载荷过大会使滚子与滚道接触的某些部分产生严重的应力集中。因此，当 $P_a>0.5C_a$ 时，用户应向轴承制造厂咨询，以确定该寿命公式的适用性。

载荷过小会造成其他失效模式发生，本标准不包括这些失效模式。

表 11 推力滚子轴承的 *X* 和 *Y* 值

轴承类型	$\frac{F_a}{F_r}\leqslant e$		$\frac{F_a}{F_r}>e$		e
	X	Y	X	Y	
单向，$\alpha\neq 90°$	—[a]	—[a]	$\tan\alpha$	1	$1.5\tan\alpha$
双向，$\alpha\neq 90°$	$1.5\tan\alpha$	0.67	$\tan\alpha$	1	$1.5\tan\alpha$

a $\frac{F_a}{F_r}\leqslant e$ 不适用于单向轴承。

9 修正额定寿命

9.1 总则

多年来，采用基本额定寿命 L_{10} 作为轴承性能的判据，获得了令人满意的结果，该寿命是与 90% 可靠度、常用优质材料和良好加工质量以及常规运转条件相关联的寿命。

然而，对于许多应用场合，还希望计算不同水平可靠度下的寿命，和(或)更精确地计算特定润滑和污染条件下的寿命。业经证实，采用当代优质轴承钢的轴承在良好的运转条件下且在低于某一赫兹滚动体接触应力下运转，如果不超过轴承钢的疲劳极限，轴承寿命远远高于 L_{10} 寿命。反之，在不良的运转条件下，轴承寿命则远远低于 L_{10} 寿命。

本标准采用系统方法计算疲劳寿命。采用该方法，各相互关联因素的变化和相互作用对系统寿命的影响，均可通过对该滚动接触表面或表面下引起的附加应力而予以考虑。

本标准不仅引入了修正系数 a_1，还引入了基于寿命计算系统方法的寿命修正系数 a_{ISO}。这些系数用于修正额定寿命公式：

$$L_{nm}=a_1 a_{ISO} L_{10} \qquad (23)$$

可靠度范围内的可靠度寿命修正系数 a_1 见 9.2，基于系统方法的修正系数 a_{ISO} 的估算方法详见 9.3。

9.2 可靠度寿命修正系数 a_1

可靠度的定义见 3.2。修正额定寿命按公式(23)计算，可靠度寿命修正系数 a_1 的数值见表 12。

注：表 12 中，可靠度 95%～99%的 a_1 值较本标准以前版本中的相应数值略有改变。

表 12 可靠度寿命修正系数 a_1

可靠度%	L_{nm}	a_1	可靠度%	L_{nm}	a_1
90	L_{10m}	1	99.2	$L_{0.8m}$	0.22
95	L_{5m}	0.64	99.4	$L_{0.6m}$	0.19
96	L_{4m}	0.55	99.6	$L_{0.4m}$	0.16
97	L_{3m}	0.47	99.8	$L_{0.2m}$	0.12
98	L_{2m}	0.37	99.9	$L_{0.1m}$	0.093
99	L_{1m}	0.25	99.92	$L_{0.08m}$	0.087
			99.94	$L_{0.06m}$	0.080
			99.95	$L_{0.05m}$	0.077

9.3 系统方法的寿命修正系数

9.3.1 总则

如果润滑条件、清洁度和其他运转条件良好，低于一定载荷的当代高质量轴承能够达到无限长的寿命。

对于采用优质材料和良好加工质量的滚动轴承，在其接触应力约为 1 500 MPa 时达到疲劳应力极限。该应力值考虑了由于加工误差和运转条件引起的附加应力。如果加工精度和(或)材料质量降低，疲劳应力极限将会下降。

然而，在许多应用场合，接触应力大于 1 500 MPa。此外，运转条件可能会引起附加应力，从而进一步降低轴承寿命。

可将所有运转影响因素与作用应力和材料强度联系起来，如：

——压痕产生边缘应力；

——油膜厚度减小则增大滚道和滚动体接触区内的应力；

——温升则降低材料的疲劳应力极限，即强度；

——内圈配合过紧产生环向应力。

轴承寿命的不同影响因素之间是相互关联的。由于在系统方法中考虑了各相互关联因素的变化和相互作用对系统寿命的影响，因此，采用系统方法计算疲劳寿命是恰当的。为采用修正寿命系统方法进行计算，已制定了切实可行的方法来确定寿命修正系数 a_{ISO}，这些方法考虑了轴承钢的疲劳应力极限，并易于估算出润滑和污染对轴承寿命的影响，见 9.3.3。

关于轴承的工作游隙以及由于轴承偏斜造成滚道压应力分布不均匀而对轴承寿命的附加影响的理论说明，参见 ISO/TS 16281[1]。

9.3.2 疲劳载荷极限

a_{ISO}可用$\sigma_{\mathrm{u}}/\sigma$(疲劳应力极限与实际应力之比)的函数表示，它包含了所能考虑到的诸多影响因素(见图 1)。

图 1 中，对于某一给定的润滑条件，曲线还表明了使用疲劳判据时，如果实际应力 σ 降至疲劳应力极限 σ_{u}，a_{ISO}如何逐渐趋近于无限大。传统的轴承寿命计算是将正交剪切应力作为疲劳判据的(参见参考文献[3])，因此，图 1 中的曲线也是以剪切疲劳强度为基础的。

图 1 中的曲线可用下列公式表示：

$$a_{\mathrm{ISO}} = f\left(\frac{\sigma_{\mathrm{u}}}{\sigma}\right) \qquad \cdots\cdots(24)$$

滚道上决定疲劳的应力主要取决于轴承内部载荷分布和最大承载接触处次表面应力的分布。为便于实际计算，引入疲劳载荷极限 C_{u}(参见参考文献[3])。

与 GB/T 4662—2003 中的额定静载荷类似，C_{u} 定义为滚道最大承载接触处刚好达到疲劳应力极限时的载荷。于是，比值 $\sigma_{\mathrm{u}}/\sigma$ 十分接近比值 C_{u}/P，寿命修正系数 a_{ISO}则可表示为：

$$a_{\mathrm{ISO}} = f\left(\frac{C_{\mathrm{u}}}{P}\right) \qquad \cdots\cdots(25)$$

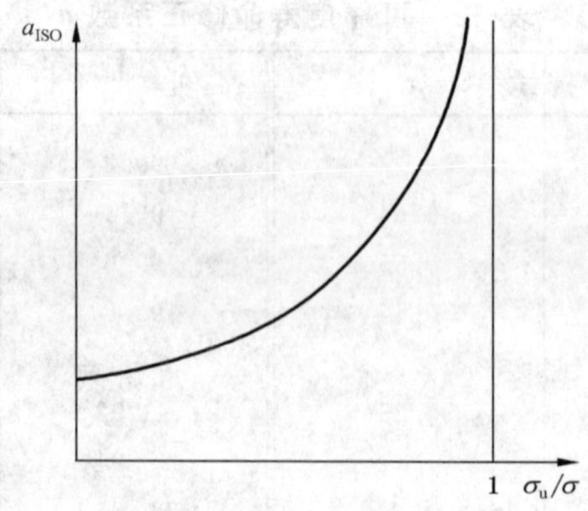

图 1 寿命修正系数 a_{ISO}

计算 C_u 时，应考虑下列影响因素：

——轴承的类型、尺寸和内部几何结构；

——滚动体和滚道的轮廓形状；

——加工质量；

——滚道材料的疲劳极限。

疲劳载荷极限 C_u 值可使用附录 B 中的公式确定。

9.3.3 估算寿命修正系数的实用方法

9.3.3.1 总则

现代技术已可以通过计算机应用理论与试验技术和实际经验的结合来确定 a_{ISO}。除了轴承类型、疲劳载荷和轴承载荷，本标准中的 a_{ISO} 还考虑了下列影响因素：

——润滑（如润滑剂类型、黏度、轴承转速、轴承尺寸、添加剂）；

——环境（如污染程度、密封）；

——污染物颗粒（如硬度、相对于轴承尺寸的颗粒尺寸、润滑方法、过滤法）；

——安装（安装中的清洁度，如仔细清洗，过滤供给油）。

轴承游隙和偏斜对轴承寿命的影响参见 ISO/TS 16281[1]。

可从下列公式中推导出轴承寿命修正系数 a_{ISO}：

$$a_{ISO} = f\left(\frac{e_C C_u}{P}, \kappa\right) \qquad \cdots\cdots(26)$$

e_C 和 κ 系数考虑了污染和润滑条件，见 9.3.3.2 和 9.3.3.3。

各轴承类型的寿命修正系数 a_{ISO} 值可从图 3～图 6 中得到。

P 为当量动载荷，由公式(3)、公式(10)、公式(11)、公式(14)、公式(15)、公式(20)和公式(21)确定。

9.3.3.2 污染系数

如果润滑剂被固体颗粒污染，当这些颗粒被滚碾时，滚道上将产生永久性压痕。在这些压痕处，局部应力升高，这将导致轴承寿命降低。这种由润滑油膜中的污染物造成的寿命降低，可通过污染系数 e_C 来予以考虑。

由润滑油膜中的固体颗粒引起的寿命降低取决于：

——颗粒的类型、尺寸、硬度和数量；

——润滑油膜厚度（黏度比 κ，见 9.3.3.3）；

——轴承尺寸。

污染系数的参考值见表 13，表 13 仅列出了润滑良好的轴承的常见的污染级别。更精确、更详细的参考值可从附录 A 中的线图或公式得到。这些数值对于不同硬度和韧性的颗粒混合物是有效的，混合物中的硬颗粒决定修正额定寿命。如果存在较大的硬颗粒，其尺寸超过了 GB/T 14039—2002[7] 清洁度级别中的规定尺寸，轴承寿命将明显低于计算额定寿命。

表 13 污染系数 e_C

污染级别	e_C	
	$D_{pw}<100$ mm	$D_{pw}\geqslant 100$ mm
极度清洁 颗粒尺寸约为润滑油膜厚度； 实验室条件	1	1
高度清洁 油经过极精细的过滤器过滤； 密封型脂润滑（终身润滑）轴承的一般情况	0.8～0.6	0.9～0.8

表 13（续）

污染级别	e_C	
	$D_{pw}<100$ mm	$D_{pw}\geqslant 100$ mm
一般清洁 油经过精细的过滤器过滤； 防尘型脂润滑（终身润滑）轴承的一般情况	0.6～0.5	0.8～0.6
轻度污染 润滑剂轻度污染	0.5～0.3	0.6～0.4
常见污染 非整体密封轴承的一般情况；一般过滤； 有磨损颗粒并从周围侵入	0.3～0.1	0.4～0.2
严重污染 轴承环境被严重污染且轴承配置密封不合适	0.1～0	0.1～0
极严重污染	0	0

本标准未考虑水或其他液体造成的污染。

严重污染（$e_C\to 0$）时，将产生磨损失效，轴承的寿命将远远低于计算的修正额定寿命。

9.3.3.3 黏度比

9.3.3.3.1 黏度比的计算

润滑剂的有效性主要取决于滚动接触表面的分离程度。若要形成充分润滑分离油膜，润滑剂在达到其工作温度时应具有一定的最小黏度。润滑剂将表面分离所需的条件可用黏度比（实际运动黏度 ν 与参考运动黏度 ν_1 之比）来表示。实际运动黏度 ν 系指润滑剂在工作温度下的运动黏度。

$$\kappa=\frac{\nu}{\nu_1} \qquad (27)$$

为在滚动接触表面之间形成充分的润滑油膜，润滑剂在工作温度下应保持一定的最小黏度。如果工作黏度 ν 增大，则轴承寿命可延长。

参考运动黏度 ν_1 可利用图 2 中的线图来估算，它取决于轴承转速和节圆直径 D_{pw}［也可采用轴承平均直径 $0.5(d+D)$］，或按公式(28)和公式(29)来计算：

$n<1\,000$ r/min 时，

$$\nu_1=45\,000\,n^{-0.83}D_{pw}^{-0.5} \qquad (28)$$

$n\geqslant 1\,000$ r/min 时，

$$\nu_1=4\,500\,n^{-0.5}D_{pw}^{-0.5} \qquad (29)$$

9.3.3.3.2 计算黏度比的限制条件

κ 的计算是以矿物油和具有良好加工质量的轴承滚道表面为基础的。

合成烃(SHC)类的合成油也可参照使用图 2 中的线图以及公式(28)和公式(29)。相对于矿物油，其较大的黏度指数（黏度随温度变化不大），可通过其较大的黏压系数来补偿。因此，虽然两种类型的油在 40℃时具有相同的黏度，但其形成大致相同油膜的工作温度却不相同。

如果需要更精确地估算 κ 值，如：尤其是对于机加工滚道表面的粗糙度、特殊的黏压系数和特殊的密度等等，可使用油膜参数 Λ。油膜参数在许多文献（如文献［4］）中都有介绍。

计算出 Λ 后，κ 值可用下列公式近似地估算：

$$\kappa\approx\Lambda^{1.3} \qquad (30)$$

9.3.3.3.3 脂润滑

图 2 中的线图以及公式(28)和公式(29)也同样适用于润滑脂的基础油黏度。采用脂润滑，由于润滑脂的析油能力较弱，接触处可能在严重贫油的状态下运转，导致润滑不良，并可能导致轴承寿命降低。

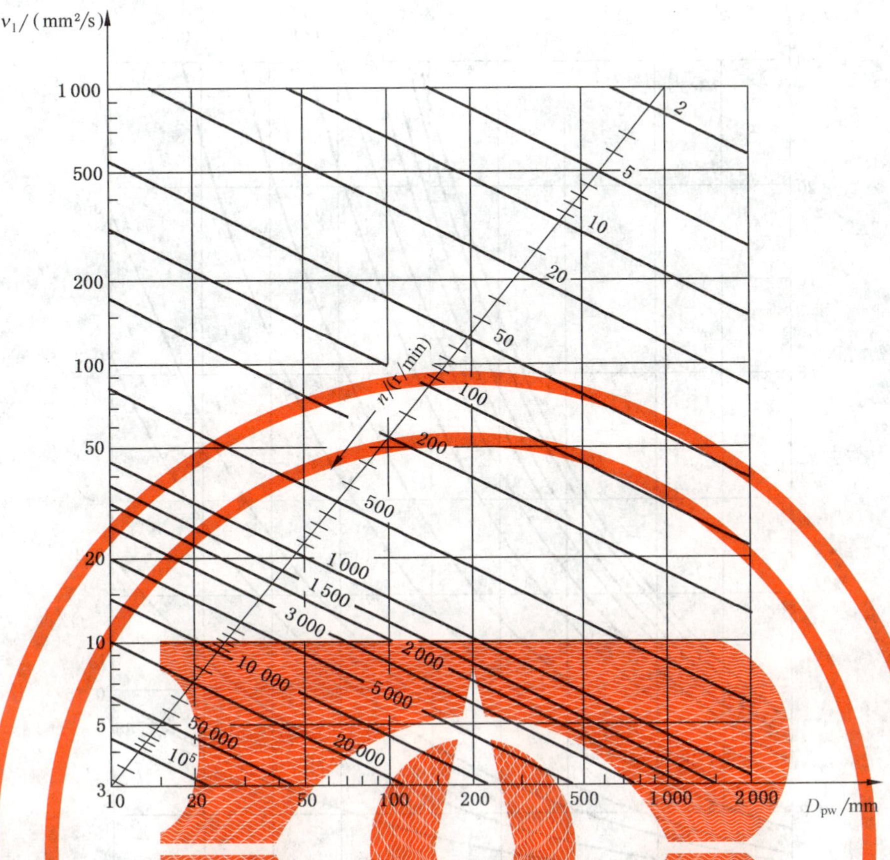

图 2 参考运动黏度 ν_1

9.3.3.3.4 极压(EP)添加剂

黏度比 $\kappa<1$、污染系数 $e_C\geqslant0.2$ 时，如果润滑剂中加入了经证实是有效的极压(EP)添加剂，则可在 e_C 和 a_{ISO} 的计算中采用 $\kappa=1$。此时，相对于按实际 κ 值计算出来的使用正常润滑剂的寿命修正系数 a_{ISO}，如果该 $a_{ISO}>3$，也应将 a_{ISO} 限制在 $a_{ISO}\leqslant3$ 的范围内。

如果使用一种有效的 EP 添加剂，能产生对接触表面有利的磨平效应，则可增大 κ 值。严重污染($e_C\leqslant0.2$)时，应根据润滑剂的实际污染程度，确认 EP 添加剂的有效性。EP 添加剂的有效性应通过实际应用或合适的轴承试验进行验证。

9.3.3.4 寿命修正系数的计算

寿命修正系数 a_{ISO} 可利用图 3～图 6 很容易地估算出来或按照公式(31)～公式(42)计算求得。如何确定线图和公式中的系数 C_u、e_C 和 κ，在 9.3.2、9.3.3.2 和 9.3.3.3 中说明。

污染系数的参考值见表 13。更精确、更详细的参考值可从附录 A 中的线图或公式得到。

根据实际情况，寿命修正系数 a_{ISO} 应限制到 $a_{ISO}\leqslant50$ 的范围内。$\frac{e_C C_u}{P}>5$ 时，该极限也适用。

$\kappa>4$ 时，按 $\kappa=4$ 计。

$\kappa<0.1$ 时，按目前的经验无法计算 a_{ISO} 系数，而且 $\kappa<0.1$ 的 a_{ISO} 值也超出了公式和线图的范围。

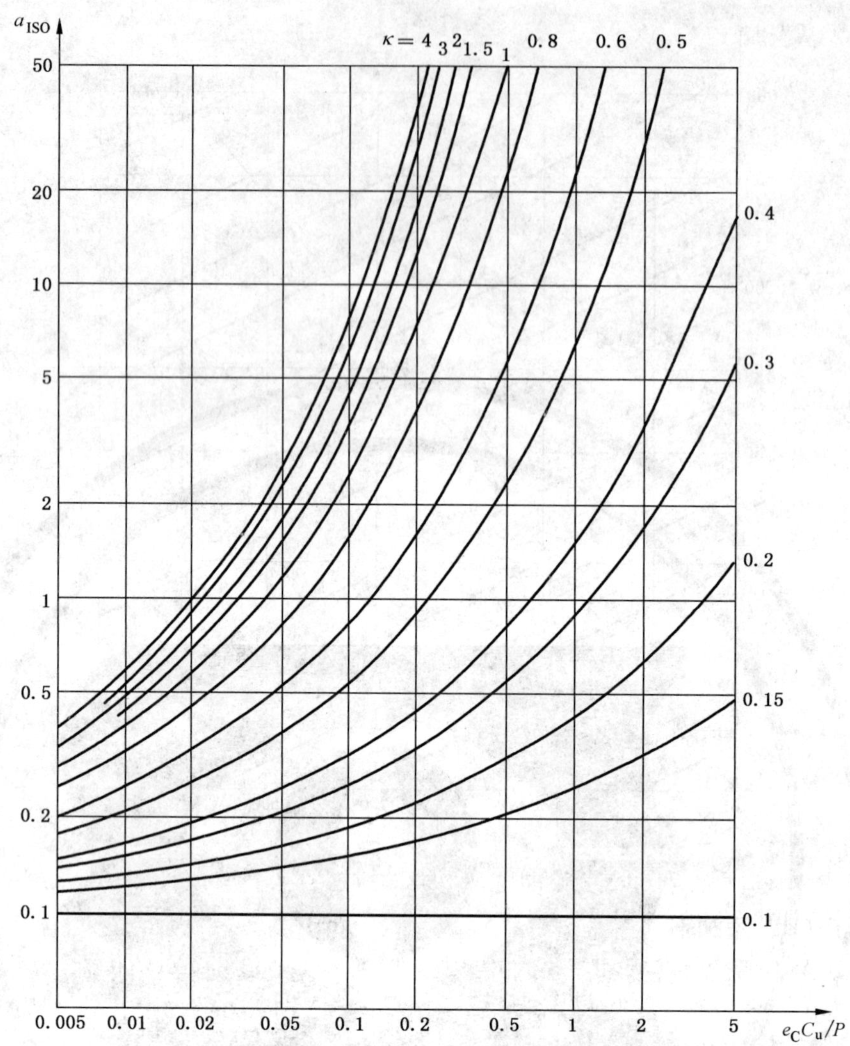

图 3 向心球轴承的寿命修正系数 a_{ISO}

图 3 中的曲线基于下列公式：

0.1≤κ<0.4 时，

$$a_{ISO}=0.1\left[1-\left(2.5671-\frac{2.2649}{\kappa^{0.054381}}\right)^{0.83}\left(\frac{e_C C_u}{P}\right)^{1/3}\right]^{-9.3} \quad (31)$$

0.4≤κ<1 时，

$$a_{ISO}=0.1\left[1-\left(2.5671-\frac{1.9987}{\kappa^{0.19087}}\right)^{0.83}\left(\frac{e_C C_u}{P}\right)^{1/3}\right]^{-9.3} \quad (32)$$

1≤κ≤4 时，

$$a_{ISO}=0.1\left[1-\left(2.5671-\frac{1.9987}{\kappa^{0.071739}}\right)^{0.83}\left(\frac{e_C C_u}{P}\right)^{1/3}\right]^{-9.3} \quad (33)$$

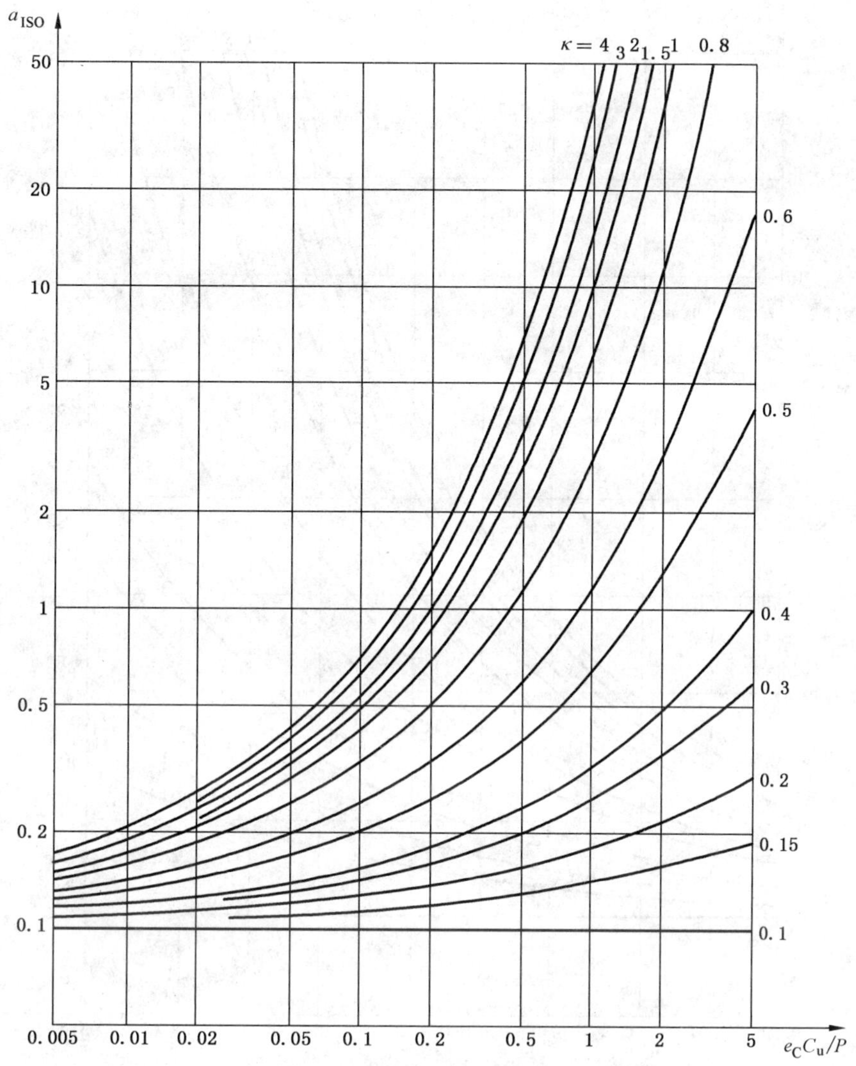

图 4　向心滚子轴承的寿命修正系数 a_{ISO}

图 4 中的曲线基于下列公式：

0.1≤κ<0.4 时，

$$a_{ISO}=0.1\left[1-\left(1.5859-\frac{1.3993}{\kappa^{0.054381}}\right)\left(\frac{e_C C_u}{P}\right)^{0.4}\right]^{-9.185} \quad \cdots\cdots(34)$$

0.4≤κ<1 时，

$$a_{ISO}=0.1\left[1-\left(1.5859-\frac{1.2348}{\kappa^{0.19087}}\right)\left(\frac{e_C C_u}{P}\right)^{0.4}\right]^{-9.185} \quad \cdots\cdots(35)$$

1≤κ≤4 时，

$$a_{ISO}=0.1\left[1-\left(1.5859-\frac{1.2348}{\kappa^{0.071739}}\right)\left(\frac{e_C C_u}{P}\right)^{0.4}\right]^{-9.185} \quad \cdots\cdots(36)$$

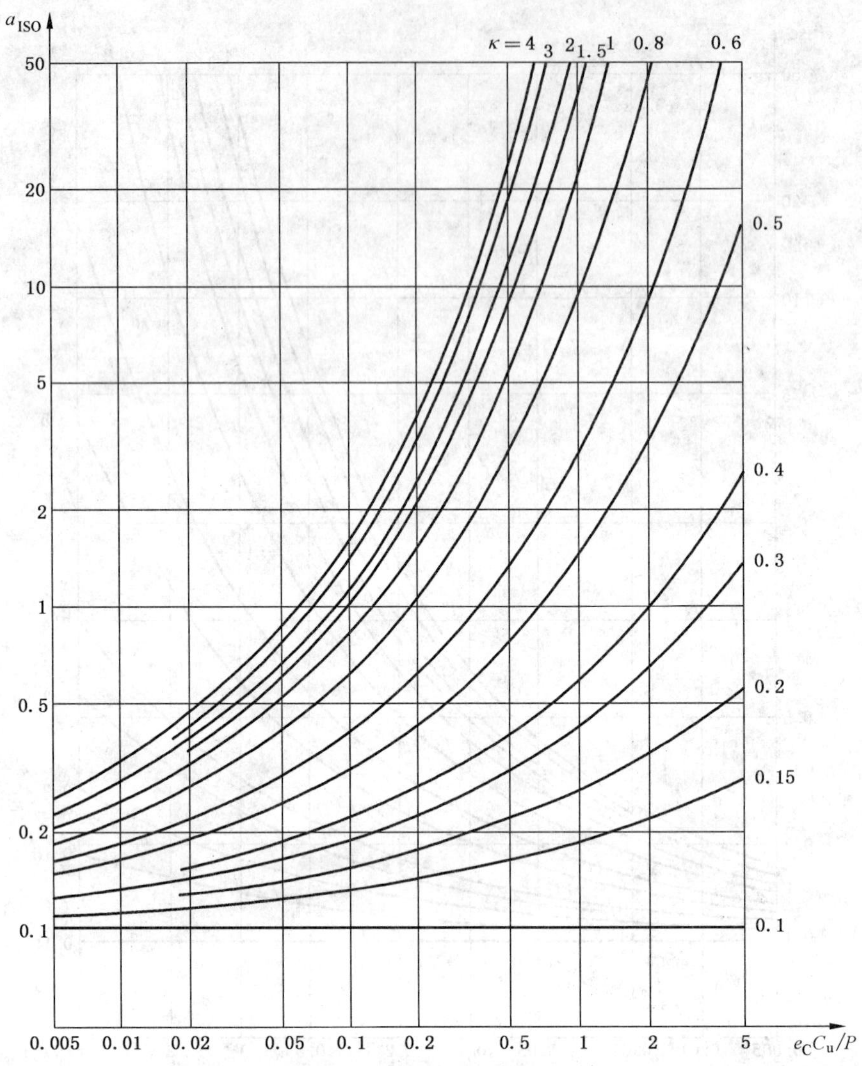

图 5 推力球轴承的寿命修正系数 a_{ISO}

图 5 中的曲线基于下列公式：

0.1≤κ<0.4 时，

$$a_{ISO}=0.1\left[1-\left(2.5671-\frac{2.2649}{\kappa^{0.054381}}\right)^{0.83}\left(\frac{e_C C_u}{3P}\right)^{1/3}\right]^{-9.3} \qquad (37)$$

0.4≤κ<1 时，

$$a_{ISO}=0.1\left[1-\left(2.5671-\frac{1.9987}{\kappa^{0.19087}}\right)^{0.83}\left(\frac{e_C C_u}{3P}\right)^{1/3}\right]^{-9.3} \qquad (38)$$

1≤κ≤4 时，

$$a_{ISO}=0.1\left[1-\left(2.5671-\frac{1.9987}{\kappa^{0.071739}}\right)^{0.83}\left(\frac{e_C C_u}{3P}\right)^{1/3}\right]^{-9.3} \qquad (39)$$

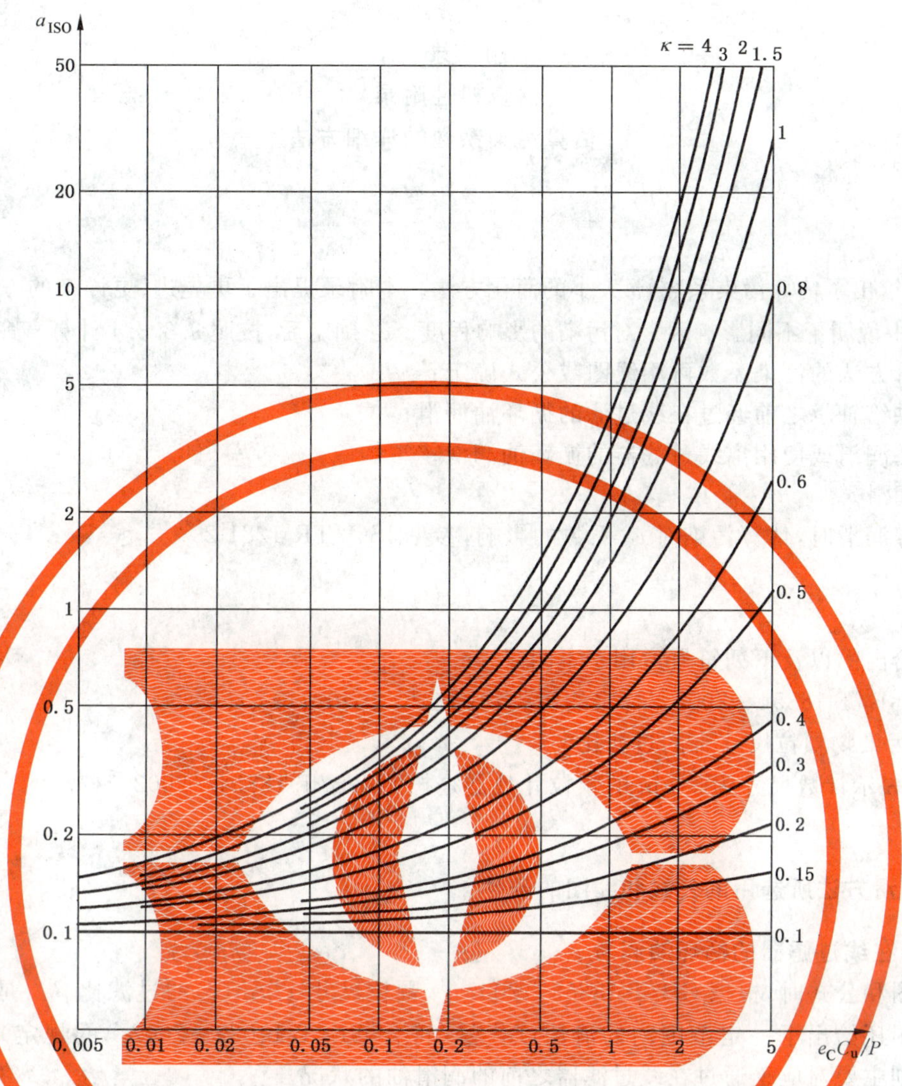

图 6　推力滚子轴承的寿命修正系数 a_{ISO}

图 6 中的曲线基于下列公式：

0.1≤κ<0.4 时，

$$a_{ISO}=0.1\left[1-\left(1.5859-\frac{1.3993}{\kappa^{0.054381}}\right)\left(\frac{e_C C_u}{2.5P}\right)^{0.4}\right]^{-9.185} \quad \cdots\cdots(40)$$

0.4≤κ<1 时，

$$a_{ISO}=0.1\left[1-\left(1.5859-\frac{1.2348}{\kappa^{0.19087}}\right)\left(\frac{e_C C_u}{2.5P}\right)^{0.4}\right]^{-9.185} \quad \cdots\cdots(41)$$

1≤κ≤4 时，

$$a_{ISO}=0.1\left[1-\left(1.5859-\frac{1.2348}{\kappa^{0.071739}}\right)\left(\frac{e_C C_u}{2.5P}\right)^{0.4}\right]^{-9.185} \quad \cdots\cdots(42)$$

附　录　A
（资料性附录）
估算污染系数的详细方法

A.1　总则

9.3.3.2 给出了估算污染系数 e_C 大小的简化方法。本附录提出了更先进、更详细的方法来计算 e_C 系数，并在线图中说明了不同影响因素对污染的影响程度。e_C 确定后，按照 9.3.3.4 计算寿命修正系数。

下列润滑方法的污染系数可用线图或公式确定：

——油供给轴承之前经过在线过滤的循环油润滑；

——油浴润滑或使用离线过滤器的循环油润滑；

——脂润滑。

采用油雾润滑时，估算污染对 e_C 系数的影响，参见 ISO/TR 1281-2[2]。

A.2　符号

第 4 章给出的以及下列符号适用于本附录。

x：按照 GB/T 18854—2002[5] 标定的污染物颗粒尺寸，μm(c)

$\beta_{x(c)}$：对污染物颗粒尺寸 x 的过滤比

代号(c)表示计数尺寸为 x μm 的颗粒计数器是按照 GB/T 18854—2002[5] 校准的自动光学单粒计数器(APC)。

A.3　不同润滑方法所选用的公式和线图的条件

A.3.1　使用在线过滤器的循环油润滑

选用线图和公式时，根据 GB/T 18853－2002[6]，颗粒尺寸 x μm(c)的过滤比 $\beta_{x(c)}$ 是最大的影响因素。这些线图还给出了一定范围内的清洁度代号(符合 GB/T 14039—2002[7] 的规定)适用的污染级别。污染级别主要对应于通过在线过滤器之前的润滑油的状况。

注：利用样品油测量润滑油清洁度的研究表明：若要准确地确定润滑油的清洁度是非常困难的。即使采取一切可能的预防措施，也很难不污染样品油，而且在计数颗粒时，还可能包含润滑油添加剂的沉淀物。因此，即使是分析非常清洁的润滑油，也极有可能由于外部污染而不能得到正确的测量结果。

润滑油经过滤器过滤了一定时间之后，使用在线过滤器的循环油的清洁度通常会有所提高。因此，一般情况下，润滑油经过在线过滤器之前的污染级别最适合代表循环油系统的实际清洁度。由于难以准确地测量润滑油的清洁度，因此，如果使用在线过滤的循环油系统，在选择适用的 e_C 线图或公式时，应将颗粒尺寸 x 的过滤比 $\beta_{x(c)}$ 作为主要影响因素。

A.3.2　油浴润滑

对于油浴和仅使用离线过滤器的循环油系统，线图和公式的选用应根据所要求的污染级别确定，污染级别用一定范围内的清洁度代号(符合 GB/T 14039—2002 的规定)表示。

A.3.3　脂润滑

对于脂润滑，各种清洁度级别推荐选用的线图和公式参见表 A.1，应根据此表选用线图和公式。

A.3.4　轴承安装和供油

为得到预期寿命，从启动开始和新油供给润滑系统之后，应使轴承在期望的工作条件下转动。

因此，安装后应对轴承周围环境进行认真清洁，尤其是当轴承必需在所期望的最洁净的环境中运转时更应如此。新油在供给润滑油系统之前进行过滤也同样重要，因此，过滤器的过滤效果至少应和润滑油系统所用的过滤器一样，但效率最好更高些。

A.4 使用在线过滤器的循环油润滑的污染系数 e_C

对于使用在线过滤器的循环油系统，在润滑油供给轴承之前，污染系数 e_C 可用图 A.1～图 A.4 中的线图或公式确定。线图或公式的选用基本上由过滤比 $\beta_{x(c)}$ 决定，而且所选 x(c)的 $\beta_{x(c)}$ 值应等于或大于每一线图中的示值。润滑油系统的清洁度也应在清洁度代号(符合 GB/T 14039—2002 的规定)所示范围内。

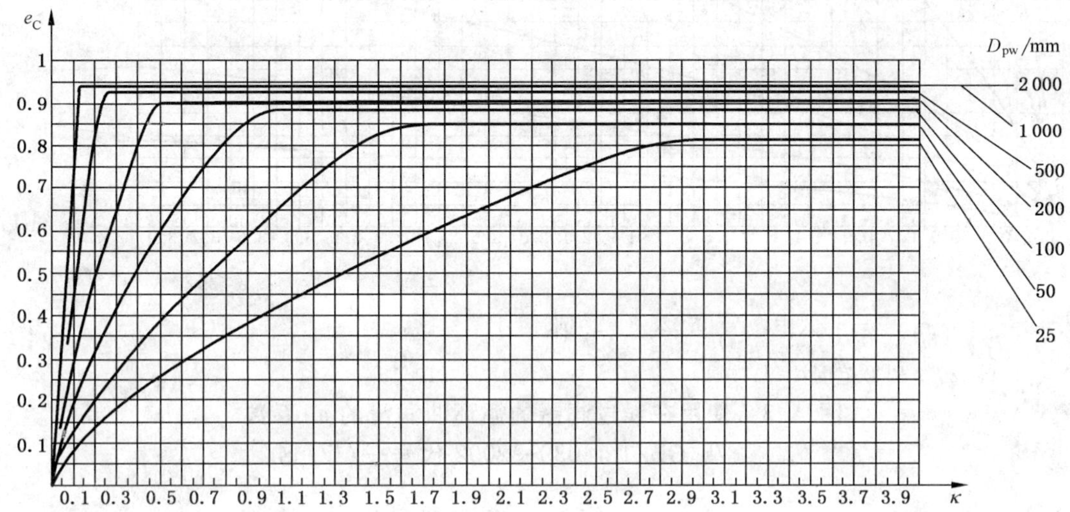

公式：$e_C = a\left(1-\frac{0.566\ 3}{D_{pw}^{1/3}}\right)$，式中，$a = 0.086\ 4\ \kappa^{0.68} D_{pw}^{0.55}$ 且 $a \leqslant 1$

GB/T 14039—2002 代号范围：—/13/10，—/12/10，—/13/11，—/14/11

图 A.1 使用在线过滤器的循环油润滑的 e_C 系数

$\beta_{6(c)}$ = 200，GB/T 14039—2002 代号—/13/10

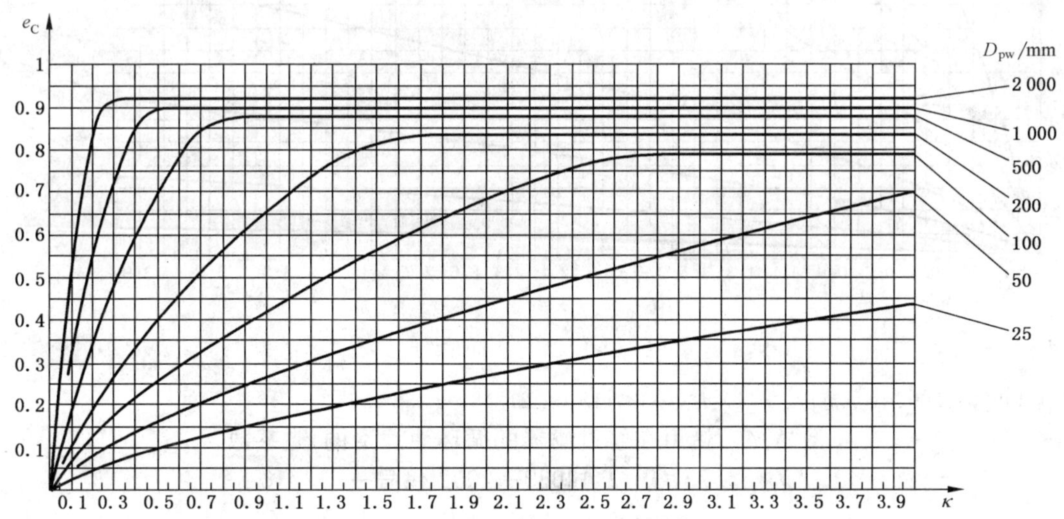

公式：$e_C = a\left(1-\frac{0.998\ 7}{D_{pw}^{1/3}}\right)$，式中，$a = 0.043\ 2\ \kappa^{0.68} D_{pw}^{0.55}$ 且 $a \leqslant 1$

GB/T 14039—2002 代号范围：—/15/12，—/16/12，—/15/13，—/16/13

图 A.2 使用在线过滤器的循环油润滑的 e_C 系数

$\beta_{12(c)}$ = 200，GB/T 14039—2002 代号—/15/12

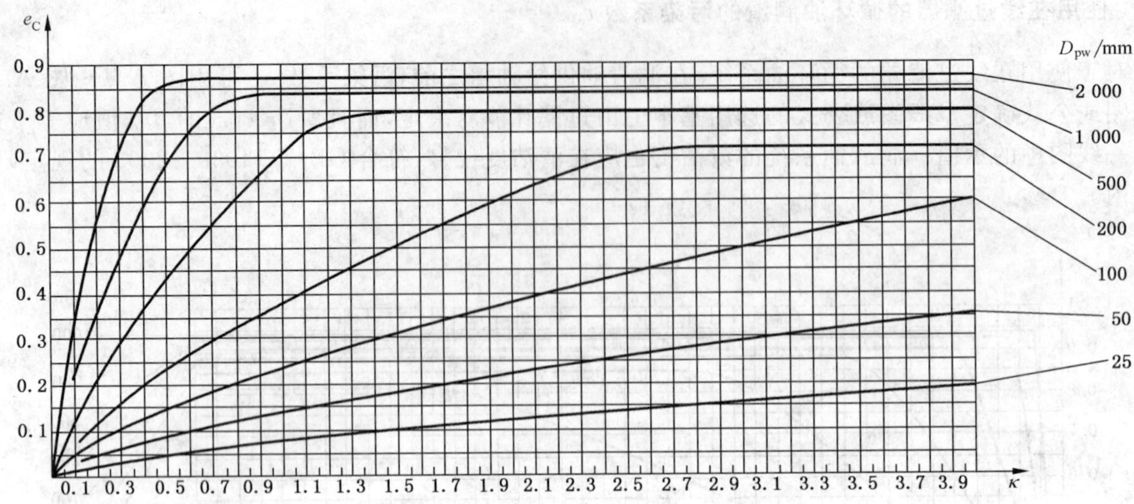

公式：$e_C = a\left(1-\frac{1.632\ 9}{D_{pw}^{1/3}}\right)$，式中，$a = 0.028\ 8\ \kappa^{0.68} D_{pw}^{0.55}$ 且 $a \leqslant 1$

GB/T 14039—2002 代号范围：—/17/14，—/18/14，—/18/15，—/19/15

图 A.3 使用在线过滤器的循环油润滑的 e_C 系数

$\beta_{25(c)} \geqslant 75$，GB/T 14039—2002 代号—/17/14

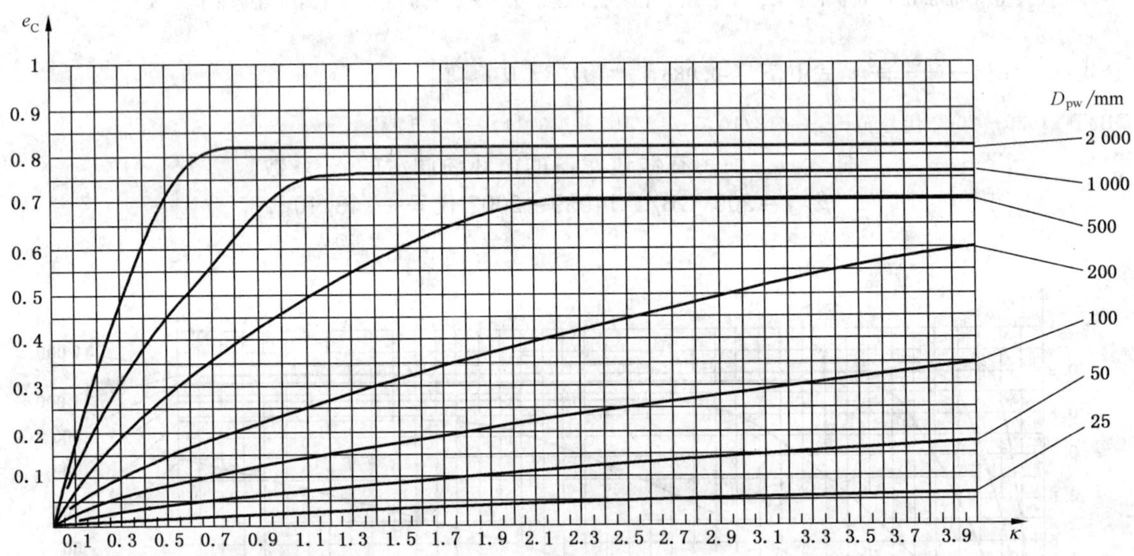

公式：$e_C = a\left(1-\frac{2.336\ 2}{D_{pw}^{1/3}}\right)$，式中，$a = 0.021\ 6\ \kappa^{0.68} D_{pw}^{0.55}$ 且 $a \leqslant 1$

GB/T 14039—2002 代号范围：—/19/16，—/20/17，—/21/18，—/22/18

图 A.4 使用在线过滤器的循环油润滑的 e_C 系数

$\beta_{40(c)} \geqslant 75$，GB/T 14039—2002 代号—/19/16

A.5 未经过滤或使用离线过滤器的油润滑的污染系数 e_C

对于未经过滤或使用离线过滤器的油润滑，污染系数 e_C 可用图 A.5～图 A.9 中的线图或公式确定。每一线图中所示的清洁度代号（符合 GB/T 14039—2002 的规定）范围用于选择适用的线图或公式。

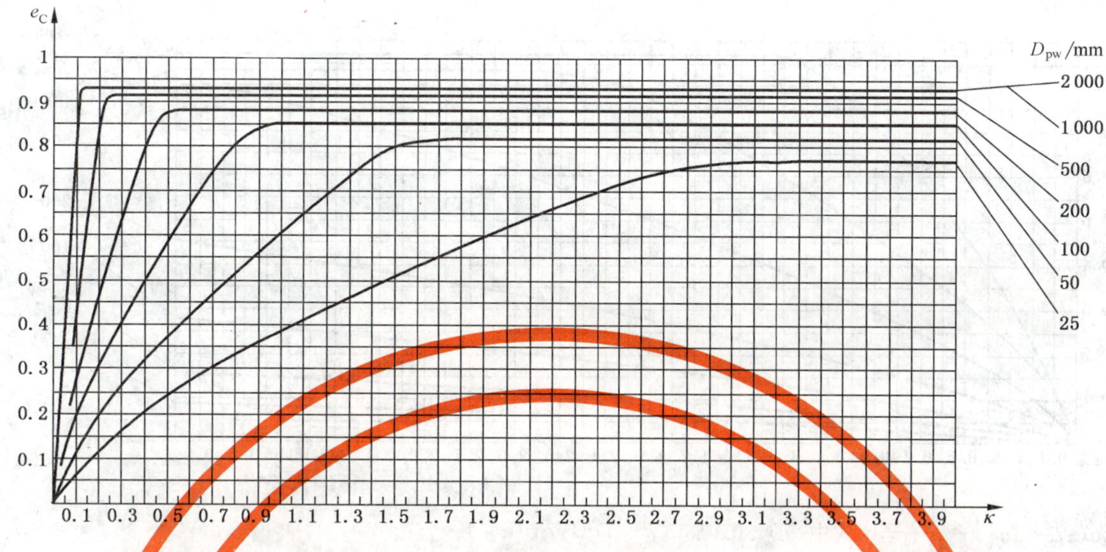

公式：$e_C = a\left(1-\frac{0.6796}{D_{pw}^{1/3}}\right)$，式中，$a = 0.0864\ \kappa^{0.68} D_{pw}^{0.55}$ 且 $a \leqslant 1$

GB/T 14039—2002 代号范围：—/13/10，—/12/10，—/11/9，—/12/9

图 A.5 未经过滤或使用离线过滤器的油润滑的 e_C 系数

GB/T 14039—2002 代号—/13/10

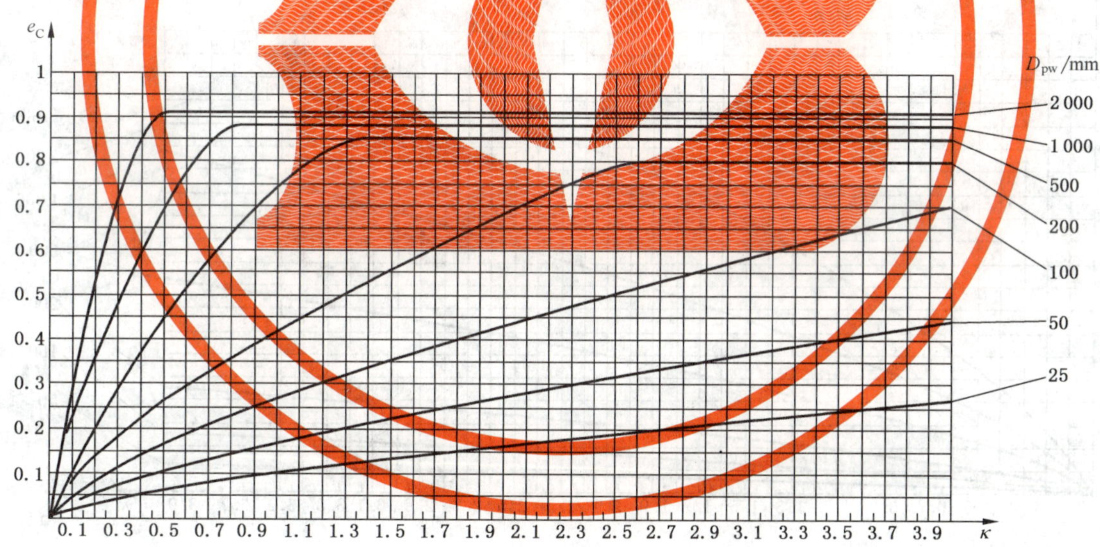

公式：$e_C = a\left(1-\frac{1.141}{D_{pw}^{1/3}}\right)$，式中，$a = 0.0288\ \kappa^{0.68} D_{pw}^{0.55}$ 且 $a \leqslant 1$

GB/T 14039—2002 代号范围：—/15/12，—/14/12，—/16/12，—/16/13

图 A.6 未经过滤或使用离线过滤器的油润滑的 e_C 系数

GB/T 14039—2002 代号—/15/12

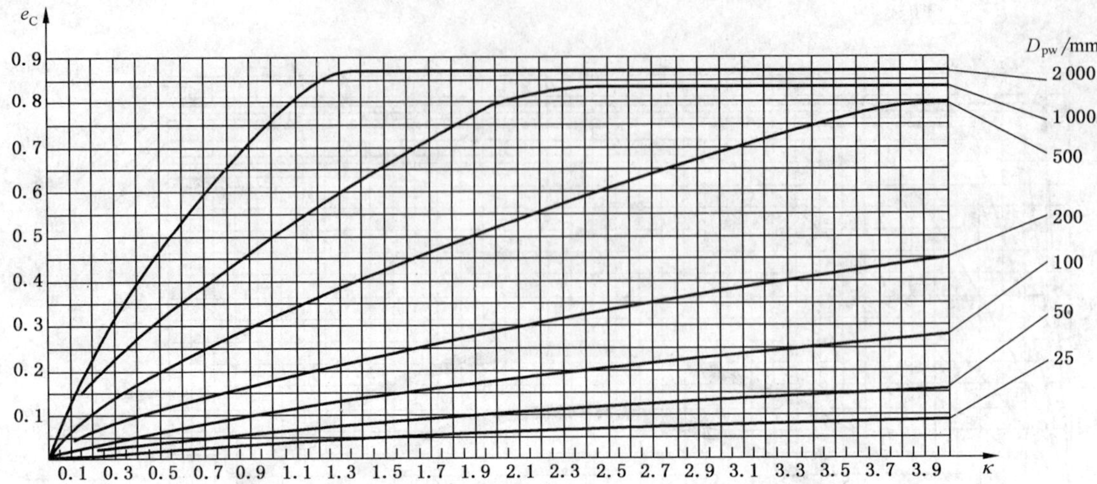

公式：$e_C = a\left(1-\frac{1.67}{D_{pw}^{1/3}}\right)$，式中，$a = 0.013\ 3\ \kappa^{0.68} D_{pw}^{0.55}$ 且 $a \leqslant 1$

GB/T 14039—2002 代号范围：—/17/14，—/18/14，—/18/15，—/19/15

图 A.7　未经过滤或使用离线过滤器的油润滑的 e_C 系数
GB/T 14039—2002 代号—/17/14

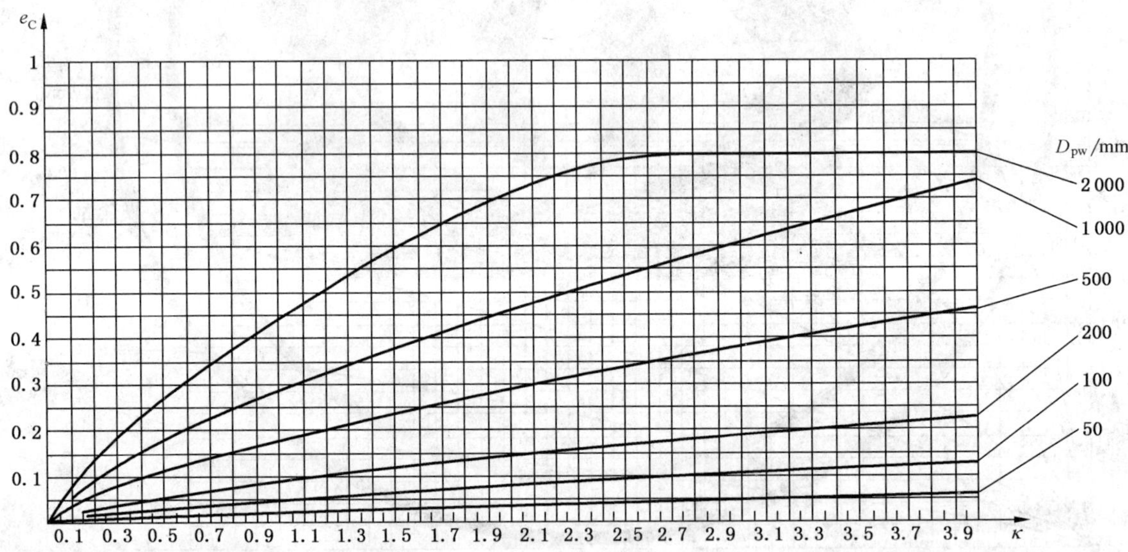

公式：$e_C = a\left(1-\frac{2.516\ 4}{D_{pw}^{1/3}}\right)$，式中，$a = 0.008\ 64\ \kappa^{0.68} D_{pw}^{0.55}$ 且 $a \leqslant 1$

GB/T 14039—2002 代号范围：—/19/16，—/18/16，—/20/17，—/21/17

图 A.8　未经过滤或使用离线过滤器的油润滑的 e_C 系数
GB/T 14039—2002 代号—/19/16

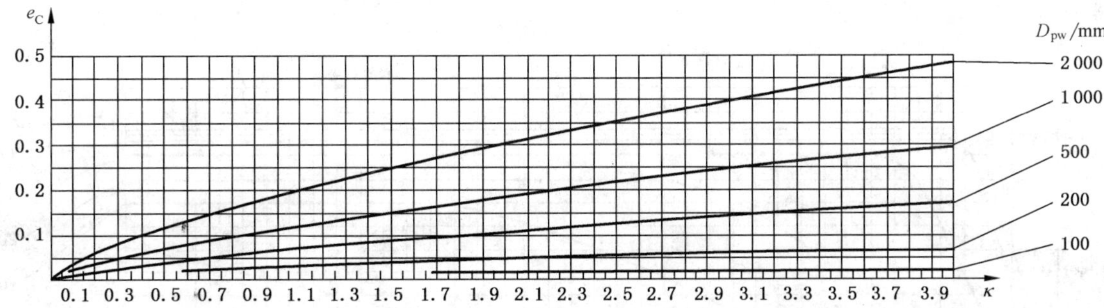

公式：$e_C = a\left(1-\frac{3.897\ 4}{D_{pw}^{1/3}}\right)$，式中，$a = 0.004\ 11\ \kappa^{0.68} D_{pw}^{0.55}$ 且 $a \leqslant 1$

GB/T 14039—2002 代号范围：—/21/18，—/21/19，—/22/19，—/23/19

图 A.9　未经过滤或使用离线过滤器的油润滑的 e_C 系数

GB/T 14039—2002 代号—/21/18

A.6　脂润滑的污染系数 e_C

对于脂润滑，污染系数 e_C 可用图 A.10～图 A.14 中的线图或公式确定。表 A.1 用于选择适用的线图或公式。根据现有的工作条件，选择表中最适用的行。

表 A.1　脂润滑选用的线图和公式

工作条件	污染级别
仔细清洗、极洁净安装；密封相对工作条件优良；连续或在很短的间隔内再加脂 脂润滑（终身润滑）密封轴承，且密封能力相对工作条件有效	高度清洁 图 A.10
清洗、洁净安装；密封相对工作条件良好；按照制造厂的规定再加脂 脂润滑（终身润滑）密封轴承，密封能力相对工作条件适当，如防尘轴承	一般清洁 图 A.11
洁净安装；密封能力相对工作条件一般；按照制造厂的规定再加脂	轻度至常见污染 图 A.12
在车间安装；安装后，轴承和应用场合未充分清洗；密封能力相对工作条件较差； 再加脂间隔长于制造厂推荐的时间	严重污染 图 A.13
在污染的环境下安装；密封不适；再加脂间隔长	极严重污染 图 A.14

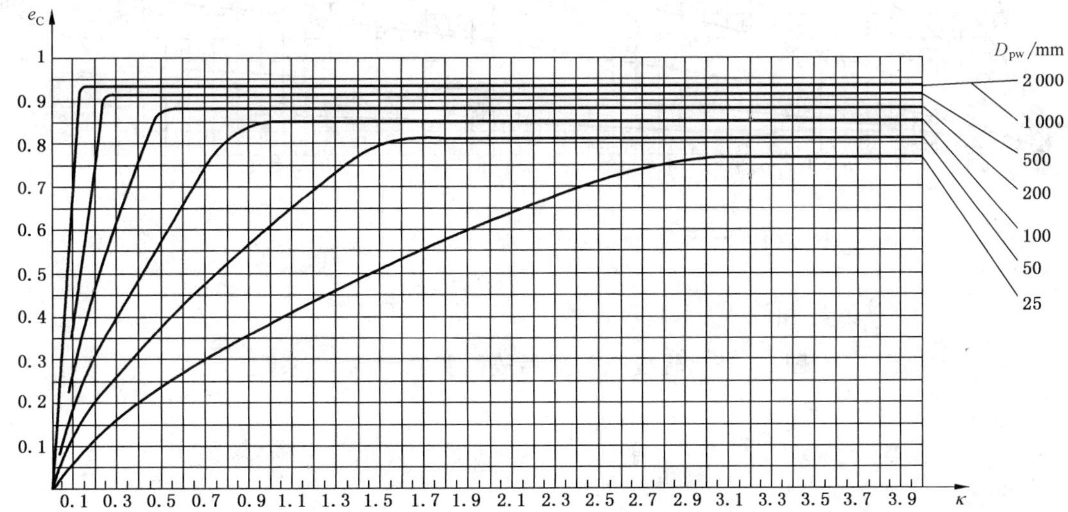

公式：$e_C = a\left(1-\frac{0.679\ 6}{D_{pw}^{1/3}}\right)$，式中，$a = 0.086\ 4\ \kappa^{0.68} D_{pw}^{0.55}$ 且 $a \leqslant 1$

图 A.10　高度清洁的脂润滑的 e_C 系数

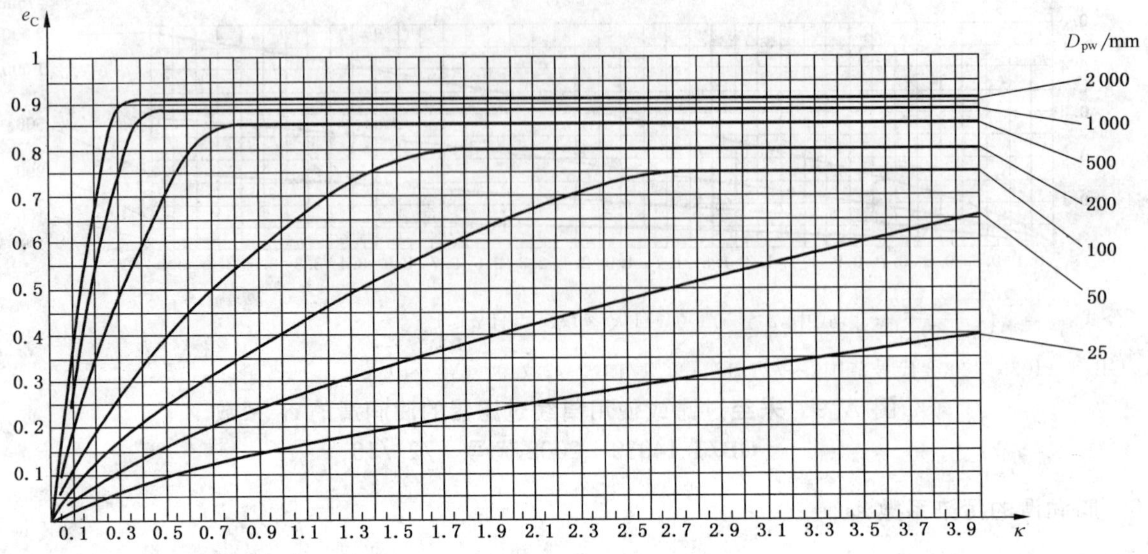

公式：$e_C = a\left(1-\frac{1.141}{D_{pw}^{1/3}}\right)$，式中，$a = 0.0432\ \kappa^{0.68} D_{pw}^{0.55}$ 且 $a \leqslant 1$

图 A.11 一般清洁的脂润滑的 e_C 系数

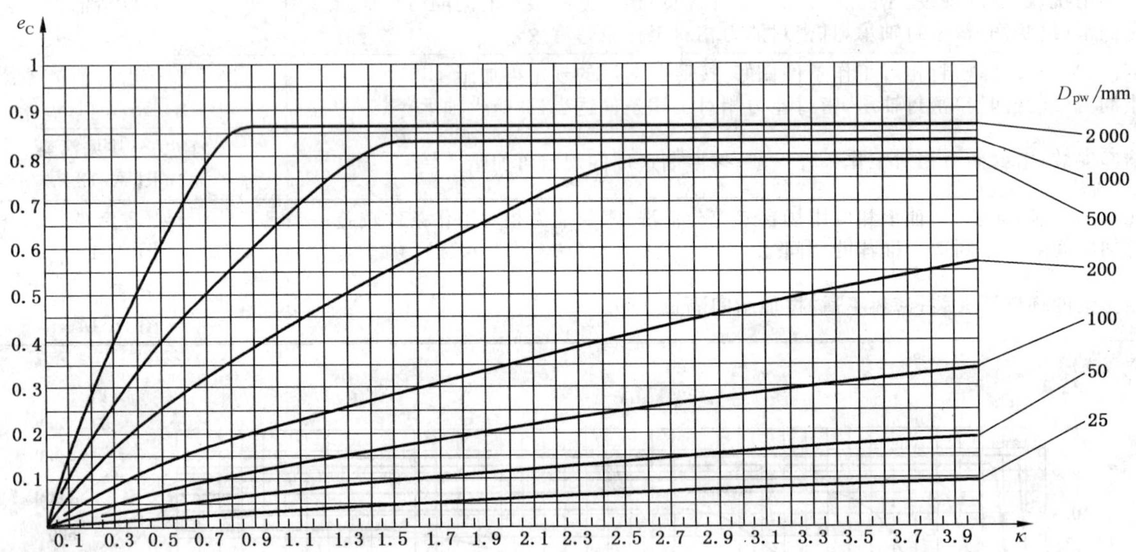

公式：$D_{pw} < 500$ mm 时，$e_C = a\left(1-\frac{1.887}{D_{pw}^{1/3}}\right)$，式中，$a = 0.0177\ \kappa^{0.68} D_{pw}^{0.55}$ 且 $a \leqslant 1$

$D_{pw} \geqslant 500$ mm 时，$e_C = a\left(1-\frac{1.677}{D_{pw}^{1/3}}\right)$，式中，$a = 0.0177\ \kappa^{0.68} D_{pw}^{0.55}$ 且 $a \leqslant 1$

图 A.12 轻度至常见污染的脂润滑的 e_C 系数

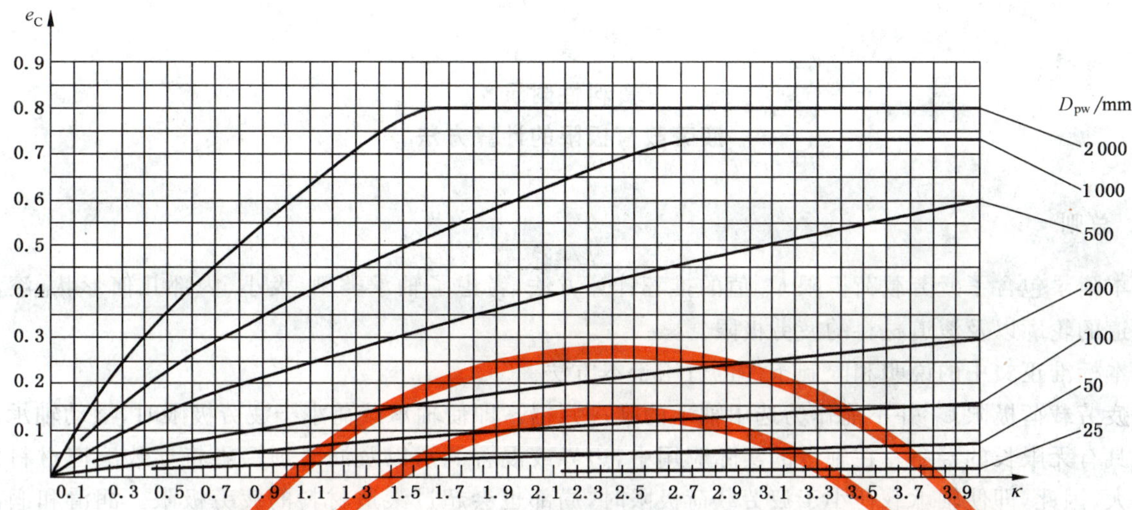

公式：$e_C = a\left(1-\frac{2.662}{D_{pw}^{1/3}}\right)$，式中，$a = 0.011\ 5\ \kappa^{0.68} D_{pw}^{0.55}$ 且 $a \leqslant 1$

图 A.13 严重污染的脂润滑的 e_C 系数

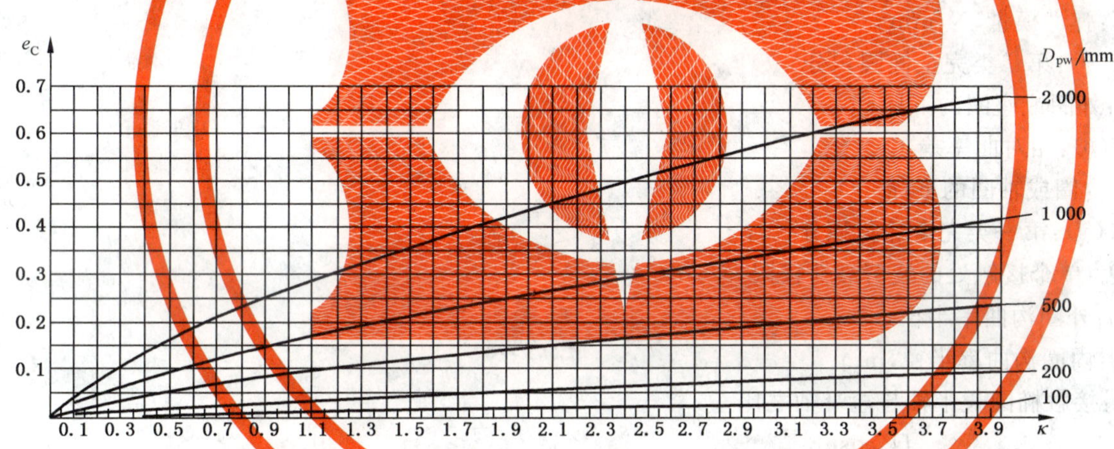

公式：$e_C = a\left(1-\frac{4.06}{D_{pw}^{1/3}}\right)$，式中，$a = 0.006\ 17\ \kappa^{0.68} D_{pw}^{0.55}$ 且 $a \leqslant 1$

图 A.14 极严重污染的脂润滑的 e_C 系数

附 录 B
（资料性附录）
疲劳载荷极限的计算方法

B.1 总则

本附录包含了疲劳载荷极限 C_u 值的推荐计算方法，考虑了轴承类型、大小、内部几何形状、滚动体和滚道的轮廓以及滚道材料的疲劳极限。

本标准正文中的说明和限制条件也适用于本方法。

疲劳载荷极限 C_u 并不能作为选用轴承的唯一判据。即使轴承载荷小于疲劳极限时，滚动轴承也不一定具有无限长的寿命。在轴承的实际应用中，边界或混合润滑以及润滑剂污染将导致滚道材料的应力增大，因此，即使轴承载荷小于疲劳载荷极限时，局部也会超过滚道材料的疲劳极限。润滑和润滑剂污染的影响在 9.3 额定寿命的计算方法和附录 A 中予以考虑。

B.2 符号

第 4 章给出的以及下列符号适用于本附录。

E：弹性模量，N/mm^2

$E(\chi)$：第二类完全椭圆积分

e：外圈或座圈的下标

$F(\rho)$：相对曲率差

i：内圈或轴圈的下标

$K(\chi)$：第一类完全椭圆积分

Q_u：单个接触处的疲劳载荷极限，N

r_e：外圈沟曲率半径，mm

r_i：内圈沟曲率半径，mm

χ：接触椭圆长半轴与短半轴之比

γ：辅助参数，$\gamma = \dfrac{D_w \cos\alpha}{D_{pw}}$

φ：滚动体的角位置，(°)

ν_E：泊松比

ρ：接触表面的曲率，mm^{-1}

$\sum\rho$：曲率和，mm^{-1}

σ_{Hu}：达到滚道材料疲劳载荷极限时的赫兹接触应力，N/mm^2

B.3 疲劳载荷极限 C_u

B.3.1 总则

寿命修正系数 a_{ISO} 可表示为比率 C_u/P（疲劳载荷极限除以当量动载荷）的函数，见 9.3.2。

计算轴承疲劳载荷极限 C_u 的一种先进方法见 B.3.2，其中滚动体和滚道间的接触应力为 1 500 MPa[4)]，该接触应力系采用常用优质材料和良好加工质量轴承的推荐值。

只需粗略估算 C_u 时，其简化方法见 B.3.3。

---

4) 1 MPa = 1 N/mm^2。

B.3.2 计算疲劳载荷极限 C_u 的先进方法

B.3.2.1 单个接触的疲劳载荷极限

B.3.2.1.1 总则

单个接触的疲劳载荷极限系滚道表面的应力刚好达到该材料的疲劳极限时的载荷。对于点接触，该载荷可解析计算；但对于修形的线接触，则需要进行更复杂的数值分析。

B.3.2.1.2 球轴承

计算疲劳载荷极限时，应使用球和滚道的实际曲率半径。

单个内圈[轴圈]滚道接触处和单个外圈[座圈]滚道接触处的疲劳载荷极限按公式(B.1)计算：

$$Q_{\mathrm{u\,i,e}}=\sigma_{\mathrm{Hu}}{}^{3}\times\frac{32\pi\chi_{\mathrm{i,e}}}{3}\left(\frac{1-\nu_{\mathrm{E}}{}^{2}}{E}\times\frac{E(\chi_{\mathrm{i,e}})}{\sum\rho_{\mathrm{i,e}}}\right)^{2} \qquad\cdots\cdots(\mathrm{B.1})$$

接触椭圆长半轴与短半轴之比可从公式(B.2)推出：

$$1-\frac{2}{\chi^{2}-1}\left(\frac{K(\chi)}{E(\chi)}-1\right)-F(\rho)=0 \qquad\cdots\cdots(\mathrm{B.2})$$

公式(B.2)中的第一类完全椭圆积分为：

$$K(\chi)=\int_{0}^{\frac{\pi}{2}}\left[1-\left(1-\frac{1}{\chi^{2}}\right)(\sin\varphi)^{2}\right]^{-\frac{1}{2}}\mathrm{d}\varphi \qquad\cdots\cdots(\mathrm{B.3})$$

第二类完全椭圆积分为：

$$E(\chi)=\int_{0}^{\frac{\pi}{2}}\left[1-\left(1-\frac{1}{\chi^{2}}\right)(\sin\varphi)^{2}\right]^{\frac{1}{2}}\mathrm{d}\varphi \qquad\cdots\cdots(\mathrm{B.4})$$

公式(B.1)中内圈[轴圈]滚道接触处的曲率和为：

$$\sum\rho_{\mathrm{i}}=\frac{2}{D_{\mathrm{w}}}\left(2+\frac{\gamma}{1-\gamma}-\frac{D_{\mathrm{w}}}{2r_{\mathrm{i}}}\right) \qquad\cdots\cdots(\mathrm{B.5})$$

外圈[座圈]滚道接触处的曲率和为：

$$\sum\rho_{\mathrm{e}}=\frac{2}{D_{\mathrm{w}}}\left(2-\frac{\gamma}{1+\gamma}-\frac{D_{\mathrm{w}}}{2r_{\mathrm{e}}}\right) \qquad\cdots\cdots(\mathrm{B.6})$$

内圈[轴圈]滚道接触处的相对曲率差为：

$$F_{\mathrm{i}}(\rho)=\frac{\dfrac{\gamma}{1-\gamma}+\dfrac{D_{\mathrm{w}}}{2r_{\mathrm{i}}}}{2+\dfrac{\gamma}{1-\gamma}-\dfrac{D_{\mathrm{w}}}{2r_{\mathrm{i}}}} \qquad\cdots\cdots(\mathrm{B.7})$$

外圈[座圈]滚道接触处的相对曲率差为：

$$F_{\mathrm{e}}(\rho)=\frac{\dfrac{-\gamma}{1+\gamma}+\dfrac{D_{\mathrm{w}}}{2r_{\mathrm{e}}}}{2-\dfrac{\gamma}{1+\gamma}-\dfrac{D_{\mathrm{w}}}{2r_{\mathrm{e}}}} \qquad\cdots\cdots(\mathrm{B.8})$$

计算内圈[轴圈]滚道最大承载接触处的疲劳载荷极限 Q_{ui} 和外圈[座圈]滚道最大承载接触处的疲劳载荷极限 Q_{ue} 时，应考虑实际的接触几何形状，即球和滚道实际的曲率半径。

计算疲劳载荷极限 C_{u} 时，使用计算值 Q_{ui} 和 Q_{ue} 两者的最小值，即

$$Q_{\mathrm{u}}=\min(Q_{\mathrm{ui}},Q_{\mathrm{ue}}) \qquad\cdots\cdots(\mathrm{B.9})$$

对于调心球轴承，外圈滚道接触处的疲劳载荷极限允许高于向心球轴承相应值的60%。与GB/T 4662—2003中的额定静载荷类似，外圈滚道接触处可承受较高的接触应力。

B.3.2.1.3 滚子轴承

计算内圈[轴圈]滚道最大承载接触处的疲劳载荷极限 Q_{ui} 和外圈[座圈]滚道最大承载接触处的疲劳载荷极限 Q_{ue} 时，应考虑实际的接触几何形状，即滚动体和滚道的轮廓和实际的曲率半径。

计算修形线接触处的接触应力,需要进行复杂的数值分析。适用的计算方法在参考文献[8]、[9]、[10]中有所描述。而对于文献[11]中的圆柱体线接触,赫兹公式则不适用。

B.3.2.2 成套轴承的疲劳载荷极限 C_u

B.3.2.2.1 总则

成套轴承的疲劳载荷极限 C_u 可通过将最大承载接触处的疲劳载荷极限的最小值 Q_u[见公式(B.9)]代入公式(B.10)～公式(B.17)来确定。

B.3.2.2.2 向心球轴承

$D_{pw} \leqslant 100$ mm 时,

$$C_u = 0.228\,8\,Z Q_u\, i \cos\alpha \qquad \text{(B.10)}$$

$D_{pw} > 100$ mm 时,

$$C_u = 0.228\,8\,Z Q_u\, i \cos\alpha \left(\frac{100}{D_{pw}}\right)^{0.5} \qquad \text{(B.11)}$$

B.3.2.2.3 推力球轴承

$D_{pw} \leqslant 100$ mm 时,

$$C_u = Z Q_u \sin\alpha \qquad \text{(B.12)}$$

$D_{pw} > 100$ mm 时,

$$C_u = Z Q_u \sin\alpha \left(\frac{100}{D_{pw}}\right)^{0.5} \qquad \text{(B.13)}$$

B.3.2.2.4 向心滚子轴承

$D_{pw} \leqslant 100$ mm 时,

$$C_u = 0.245\,3\,Z Q_u\, i \cos\alpha \qquad \text{(B.14)}$$

$D_{pw} > 100$ mm 时,

$$C_u = 0.245\,3\,Z Q_u\, i \cos\alpha \left(\frac{100}{D_{pw}}\right)^{0.3} \qquad \text{(B.15)}$$

B.3.2.2.5 推力滚子轴承

$D_{pw} \leqslant 100$ mm 时,

$$C_u = Z Q_u \sin\alpha \qquad \text{(B.16)}$$

$D_{pw} > 100$ mm 时,

$$C_u = Z Q_u \sin\alpha \left(\frac{100}{D_{pw}}\right)^{0.3} \qquad \text{(B.17)}$$

B.3.3 计算疲劳载荷极限 C_u 的简化方法

B.3.3.1 总则

简单估算球轴承和滚子轴承的疲劳载荷极限 C_u 时,可使用公式(B.18)～公式(B.21)。

注:简单估算的结果与采用 B.3.2 中给出的先进方法得出的结果可能有显著差异,应优先采用先进方法得出的结果。

B.3.3.2 球轴承

$D_{pw} \leqslant 100$ mm 的轴承,

$$C_u = \frac{C_0}{22} \qquad \text{(B.18)}$$

$D_{pw} > 100$ mm 的轴承,

$$C_u = \frac{C_0}{22}\left(\frac{100}{D_{pw}}\right)^{0.5} \qquad \text{(B.19)}$$

B.3.3.3 滚子轴承

$D_{pw} \leqslant 100$ mm 的轴承，

$$C_u = \frac{C_0}{8.2} \qquad \text{(B.20)}$$

$D_{pw} > 100$ mm 的轴承，

$$C_u = \frac{C_0}{8.2}\left(\frac{100}{D_{pw}}\right)^{0.3} \qquad \text{(B.21)}$$

注：比率 $C_0/C_u = 8.2$ 考虑了滚子轮廓的部分影响。

附　录　C
（资料性附录）
基本额定动载荷计算中的间断点

C.1　总则

根据本标准，用于计算向心和推力角接触球轴承基本额定动载荷 C_r 和 C_a 的系数略有差异，考虑轴向载荷对轴承寿命影响的方法也不相同。

因此，将一套接触角 $\alpha=45°$ 的轴承看作是向心轴承时和将其看作是推力轴承时，在寿命计算中存在一间断点。在这两种情况下，轴承均只承受相同的外部轴向载荷 F_a。

本附录解释了在计算向心和推力角接触球轴承基本额定动载荷 C_r 和 C_a 时，额定载荷系数不同的原因，并说明了重新计算这些额定载荷的方法，以便在同一条件进行准确比较。

C.2　符号

第4章给出的以及下列符号适用于本附录。

C_{aa}：推力轴承（$\alpha>45°$）的修正轴向基本额定动载荷，N

C_{ar}：向心轴承（$\alpha\leqslant45°$）的修正轴向基本额定动载荷，N

r_e：外圈沟曲率半径，mm

r_i：内圈沟曲率半径，mm

λ：接触应力系数

C.3　计算向心和推力角接触球轴承额定载荷与当量载荷的不同系数

比较向心和推力轴承的寿命时，假定这两类轴承只承受相同的外部轴向载荷 F_a。

a)　角接触推力球轴承

$$L_{10}=\left(\frac{C_a}{P_a}\right)^3=\left(\frac{C_a}{F_a}\right)^3$$

在 C_a 的计算中包括：

——球与滚道的密合度 $r_i/D_w\leqslant0.54$ 和 $r_e/D_w\leqslant0.54$；

——接触应力系数 $\lambda=0.9$；

——系数 $Y(C_a=C_r/Y)$。

其中，$Y=\dfrac{0.4\cot\alpha}{1-0.333\sin\alpha}$ …………………………（C.1）

b)　角接触向心球轴承

$$C_a=\frac{C_r}{Y}$$

$$L_{10}=\left(\frac{C_r}{P_r}\right)^3=\left(\frac{C_r}{YF_a}\right)^3=\left(\frac{C_a}{F_a}\right)^3 \qquad \text{（C.2）}$$

在 C_r 的计算中包括：

——球与滚道的密合度 $r_i/D_w\leqslant0.52$ 和 $r_e/D_w\leqslant0.53$；

——接触应力系数 $\lambda=0.95$。

如果所有球均受载，大多数的推力轴承属于这种情况，可按公式（C.1）计算系数 Y。公式（C.1）中表达式 $1-0.333\sin\alpha$ 考虑了所有球都受载时的不利影响；对于角接触推力球轴承，表4中的 f_c 值包括了这种不利影响。

向心轴承主要承受径向载荷且许多球不受载或轻微受载，因此计算表 3 中角接触向心球轴承的系数 Y 时，表达式 $1-0.333\sin\alpha$ 的不利影响降低了。

C.4 向心和推力角接触球轴承修正轴向基本额定动载荷 C_{ar} 和 C_{aa} 的比较

C.4.1 总则

对于某些应用场合，要求接触角 $\alpha\leqslant45°$ 和 $\alpha>45°$ 角接触球轴承的球和滚道具有相同的密合度，有时还需要计算并比较其实际的轴向额定载荷。

基本额定动载荷 C_r 和 C_a 可使用本标准计算或从轴承产品样本中得到。

但是，如 C.3 所述，对于向心和推力轴承，计算 C_r 和 C_a 时采用了不同的密合度、系数 λ 和系数 Y。若进行正确计算和比较，则应按相同的密合度、系数 λ 和系数 Y，重新计算 C_r 和 C_a，算出修正的轴向基本额定动载荷 C_{ar} 和 C_{aa}。

对于两种不同的密合度——向心轴承和推力轴承的密合度(其定义见 5.1 和 6.1.1)，重新计算可借助公式(C.3)、公式(C.4)、公式(C.7)和公式(C.8)来完成。

由于额定载荷的比较，主要是针对在轴向载荷占主导地位的场合中运转的轴承而言，因此，本附录只涉及轴向基本额定动载荷的比较。

假设接触角 α 与轴向载荷无关，恒定不变，则意味着接触角越小、承受载荷越大的轴承，其计算精度越低。

C.4.2 具有向心轴承密合度的角接触球轴承($r_i/D_w\leqslant0.52$ 和 $r_e/D_w\leqslant0.53$)

$$C_{ar}=2.37\tan\alpha(1-0.333\sin\alpha)C_r \qquad \text{(C.3)}$$

$$C_{aa}=1.24C_a \qquad \text{(C.4)}$$

$$L_{10}=\left(\frac{C_{ar}}{F_a}\right)^3 \qquad \text{(C.5)}$$

$$L_{10}=\left(\frac{C_{aa}}{F_a}\right)^3 \qquad \text{(C.6)}$$

C.4.3 具有推力轴承密合度的角接触球轴承($r_i/D_w\leqslant0.54$ 和 $r_e/D_w\leqslant0.54$)

$$C_{ar}=1.91\tan\alpha(1-0.333\sin\alpha)C_r \qquad \text{(C.7)}$$

$$C_{aa}=C_a \qquad \text{(C.8)}$$

C.5 示例

C.5.1 $\alpha=45°$ 的角接触球轴承

将 $\alpha=45°$ 的角接触球轴承分别看作向心轴承和推力轴承时，比较其修正轴向基本额定动载荷。假定所选轴承 $(D_w\cos\alpha)/D_{pw}=0.16$，且 $i=1$，该轴承具有向心轴承的密合度。

作为向心轴承

C_r 根据公式(1)来计算，即 $C_r=K f_c$，其中 K 是系数，它所包括的全部参数对于向心和推力轴承是相同的。根据表 2，$f_c=59.6$。

根据公式(C.3)，得出：

$$C_{ar}=2.37\times\tan45°\times(1-0.333\sin45°)\times K\times59.6=108K$$

作为推力轴承

C_a 根据公式(6)来计算，即 $C_a=K f_c\tan\alpha$。根据表 4，$f_c=85.1$。

根据公式(C.4)，得出：

$$C_{aa}=1.24\times K\times85.1\times\tan45°=106K$$

重新计算显示基本额定动载荷 $C_{ar}\approx C_{aa}$，证实不存在间断点。

C.5.2　α=40°的角接触球轴承

计算 $\alpha=40°$ 的单列角接触球轴承的修正轴向基本额定动载荷 C_{ar}，假定该轴承具有推力轴承的密合度，$D_w/D_{pw}=0.091$，球径 $D_w=7.5$ mm，球数 $Z=27$。

根据表 2，$(D_w \cos40°)/D_{pw}=0.091\times\cos40°=0.07$。此时，$f_c=51.1$。

根据公式(1)，得出：

$$C_r=1.3\,f_c(\cos\alpha)^{0.7}Z^{2/3}D_w{}^{1.8}=1.3\times51.1\times(\cos40°)^{0.7}\times27^{2/3}\times7.5^{1.8}=18\ 651$$

注：该额定载荷基于向心轴承的密合度。

根据公式(C.7)，得出：

$$C_{ar}=1.91\times\tan40°\times(1-0.333\times\sin40°)\times18\ 651=23\ 493$$

$$C_{ar}=23\ 500\ \text{N}$$

C.5.3　α=60°的角接触球轴承

计算 $\alpha=60°$ 的单列角接触球轴承的修正轴向基本额定动载荷 C_{aa}，假定该轴承具有推力轴承的密合度，$D_w/D_{pw}=0.091$，球径 $D_w=7.5$mm，球数 $Z=27$。

根据表 4，$(D_w \cos60°)/D_{pw}=0.091\times\cos60°=0.046$。此时，$f_c=61.12$。

根据公式(6)，得出：

$$C_a=1.3\,f_c(\cos\alpha)^{0.7}(\tan\alpha)Z^{2/3}D_w{}^{1.8}=1.3\times61.12\times(\cos60°)^{0.7}\times\tan60°\times27^{2/3}\times7.5^{1.8}=28\ 663$$

注：该额定载荷基于推力轴承的密合度。

根据公式(C.8)，得出：

$$C_{aa}=C_a=28\ 700\ \text{N}$$

参 考 文 献

[1] ISO/TS 16281:2008 滚动轴承 常规载荷条件下轴承修正参考额定寿命计算方法.

[2] ISO/TR 1281-2:2008 滚动轴承 对 ISO 281 的注释 第 2 部分:基于疲劳应力系统方法的修正额定寿命计算.

[3] IOANNIDES, E., BERGLING, G., GABELLI, A. *An Analytical Formulation for the Life of Rolling Bearings*, Acta Polytechnica Scandinavica, Mechanical Engineering Series No. 137, The Finnish Academy of Technology, 1999.

[4] HARRIS, T. A. *Rolling Bearing Analysis*, 4th Edition, John Wilsey & Sons Inc., 2001.

[5] GB/T 18854—2002 液压传动 液体自动颗粒计数器的校准(ISO 11171:1999, MOD).

[6] GB/T 18853—2002 液压传动过滤器 评定滤芯过滤性能的多次通过方法(ISO 16889:1999, MOD).

[7] GB/T 14039—2002 液压传动 油液 固体颗粒污染等级代号(ISO 4406:1999, MOD).

[8] REUSNER, H. *Druckflächenbelastung und Oberflächenverschiebung im Wälzkontakt von Rotationskörpern*, Diss. TH Karlsruhe, 1977.

[9] DE MUL, J. M., KALKER, J. J., FREDRIKSSON, B. *The Contact Between Arbitrarily Curved Bodies of Finite Dimensions*, Transactions of the ASME, *Journal of Tribology*, 108, Jan. 1986, pp. 140-148.

[10] HARTNETT, M. J. *A General Numerical Solution for Elastic Body Contact Problems*, ASME, *Applied Mechanics Division*, 39, 1980, pp. 51-66.

[11] HERTZ, H. *Über die Berührung fester elastischer Körper und über die Härte*, Verhandlungen des Vereins zur Beförderung des Gewerbefleißes, 1882, pp. 449-463.

ICS 17.040.30
J 42

中华人民共和国国家标准

GB/T 6467—2010
代替 GB/T 6467—2001

齿轮渐开线样板

The involute artifact of gear

2011-01-10 发布　　　　2011-10-01 实施

中华人民共和国国家质量监督检验检疫总局
中国国家标准化管理委员会　发布

前　言

本标准代替 GB/T 6467—2001《齿轮渐开线样板》。

本标准与 GB/T 6467—2001 相比较，主要变化如下：

——重新定义相关术语；

——样板等别改为级别，1 级样板齿廓形状偏差分别提高到 1.0 μm、1.4 μm、1.7 μm、2.1 μm；

——1 级样板表面粗糙度由 0.2 μm 提高到 0.1 μm；

——4.1 条增加注，允许 1 级样板齿廓面中部平行于轴线方向，存在一个小于半齿宽的凹槽或凸起，用于检测仪器的频响特性和滤波效果；

——顶尖孔表面粗糙度由 0.1 μm 降低到 0.2 μm；

——样板顶尖孔锥角技术指标改为参考要求；

——合并了原标准的第 5 章“技术要求”和第 6 章“其他要求”内容；

——原标准的第 7 章“验收原则”改为第 6 章“检验方法”。

本标准由中国机械工业联合会提出。

本标准由全国量具量仪标准化技术委员会(SAC/TC 132)归口。

本标准负责起草单位：中国计量学院。

本标准参加起草单位：中国计量科学研究院、哈尔滨量具刃具集团有限责任公司、北京中科恒业中自技术有限公司、浙江省计量科学研究院、哈尔滨精达测量仪器有限公司。

本标准主要起草人：赵军、马忠祥、刘宇、张恒、李锐、孙秀文、陈显民、陈洪安、茅振华、许照乾、魏天水。

本标准所代替标准的历次版本发布情况为：

——GB/T 6467—1986、GB/T 6467—2001。

齿轮渐开线样板

1 范围

本标准规定了齿轮渐开线样板的术语和定义、型式与基本参数、要求、检验方法、标志与包装等。

本标准适用于基圆半径 r_b 不大于 400 mm 的 1 级和 2 级齿轮渐开线样板(以下简称“样板”)。

2 规范性引用文件

下列文件中的条款通过本标准的引用而成为本标准的条款。凡是注日期的引用文件,其随后所有的修改单(不包括勘误的内容)或修订版均不适用于本标准,然而,鼓励根据本标准达成协议的各方研究是否可使用这些文件的最新版本。凡是不注日期的引用文件,其最新版本适用于本标准。

GB/T 10095.1—2008 圆柱齿轮 精度制 第 1 部分:轮齿同侧齿面偏差的定义和允许值(ISO 1328-1:1995,IDT)

GB/T 17163—2008 几何量测量器具术语 基本术语

3 术语和定义

GB/T 17163—2008、GB/T 10095.1—2008 中确立的以及下列术语和定义适用于本标准。

3.1

齿轮渐开线样板 the involute artifact of gear

校准各种渐开线测量仪器的标准计量器具,主要用于传递齿轮渐开线参数量值、修正仪器示值和确定仪器示值误差。

3.2

样板基圆与渐开线齿廓 base circle and involute profile

平面沿着一个固定的圆柱(基圆柱)作纯滚动时,该平面上一条定直线(发生线)所展成的轨迹称为圆柱的渐开线齿面。基圆柱被垂直于轴线的平面所截的圆,称为样板基圆,基圆半径以 r_b 表示;渐开线齿面被垂直于基圆柱轴线的平面所截的曲线称为渐开线齿廓(见图 1)。

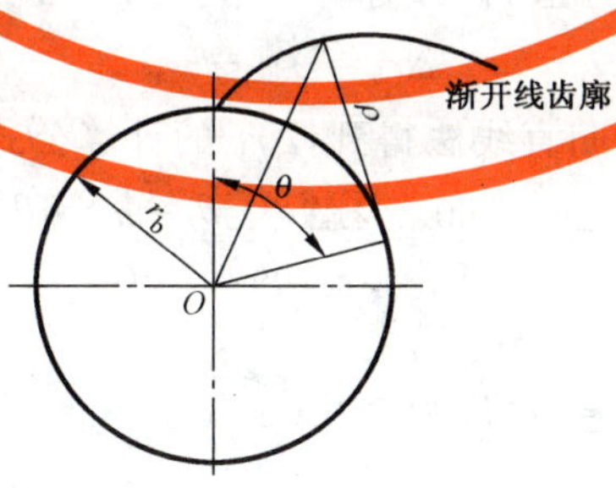

r_b——基圆半径;

θ——展开角;

ρ——展开长度。

图 1 样板基圆与渐开线齿廓

3.3

展开长度与展开角 expanded length and expanded angle

渐开线的发生线在基圆上滚过的弧长称为展开长度,以 ρ 表示;弧长所对应的圆心角称为展开角,

以 θ 表示(见图 1)。

3.4

平均齿廓迹线　mean profile

在计值范围 L_α 内，由实际齿廓迹线按“最小二乘法”确定的回归直线[图中虚线，见图 2a)]。

3.5

齿廓形状偏差　profile form deviation

在计值范围 L_α 内，包容实际齿廓迹线的，与平均齿廓迹线完全相同的两条曲线间的距离，且两条曲线与平均齿廓迹线的距离为常数，以 $f_{f\alpha}$ 表示[见图 2a)]。

3.6

齿廓倾斜偏差　profile slope deviation

在计值范围 L_α 内，两端与平均齿廓迹线相交的两条设计齿廓迹线间的距离，以 $f_{H\alpha}$ 表示[见图 2b)]。

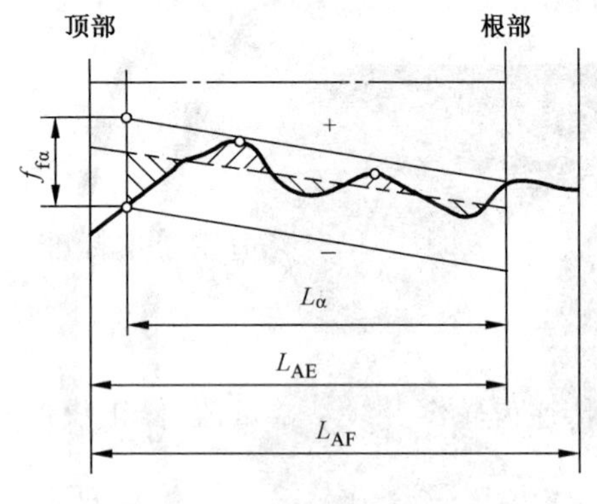

a) 齿廓形状偏差 $f_{f\alpha}$

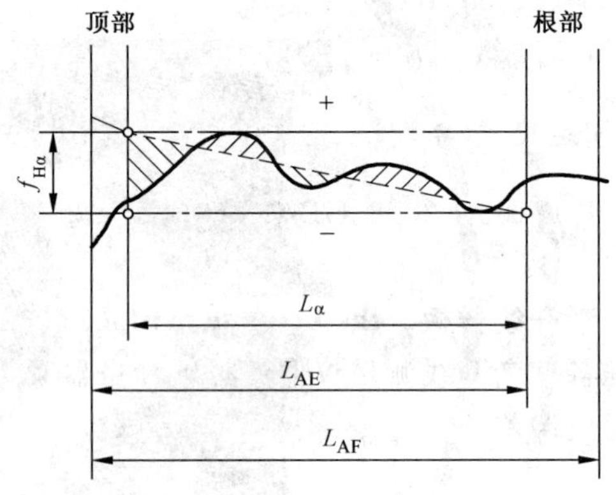

b) 齿廓倾斜偏差 $f_{H\alpha}$

图 2　齿廓偏差

3.7

基圆半径偏差　base radius deviation

样板的基圆半径实测值 r_{bs} 与设计值 r_b(或标称值)之差以 Δr_b 表示：

$$\Delta r_b = r_{bs} - r_b$$

用渐开线展成原理测量时，以回归直线法得到，Δr_b 的计算公式如下：

$$\Delta r_b = \frac{\Delta\rho}{\theta} \times \frac{180}{\pi} = \frac{\sum\Delta\rho_i \sum\theta_i - n\sum\rho_i\theta_i}{(\sum\theta_i)^2 - n\sum\theta_i{}^2} \times \frac{180}{\pi}$$

式中：

$\Delta\rho$ ——回归直线上展开长度偏差，单位为毫米(mm)；

θ ——展开角，单位为度(°)；

θ_i ——第 i 个展开角，单位为度(°)；

ρ_i ——与第 i 个展开角相应的展开长度，单位为毫米(mm)；

n ——取样点数。

用比较法测量时，Δr_b 以式(1)计算：

$$\Delta r_b = r_b \cdot \frac{f_{H\alpha}}{L_\alpha} \qquad \cdots\cdots(1)$$

式中：

r_b ——基圆半径，单位为毫米（mm）；

$f_{H\alpha}$——齿廓倾斜偏差，单位为毫米（mm）；

L_α ——齿廓计值范围，单位为毫米（mm）。

4 型式与基本参数

4.1 型式

样板的型式见图 3 所示。图示仅供图解说明，不表示详细结构。1 级样板必须对称或左右平衡，在芯轴两侧对称位置或芯轴一侧应具有两个设计尺寸相同的异侧齿廓面，并应从基圆开始给出测量齿廓。2 级样板可不对称，可具有一个或两个齿廓面，并可从大于基圆开始给出测量齿廓。

注：允许 1 级样板齿廓面中部平行于轴线方向，存在一个小于半齿宽的凹槽或凸起，用于检测仪器的频响特性和滤波效果。

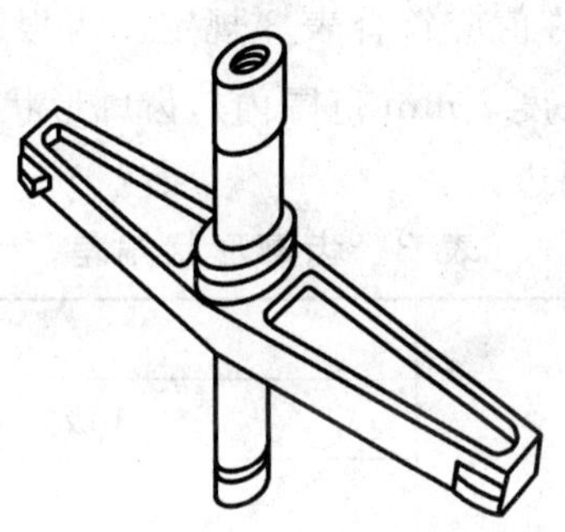

图 3 齿轮渐开线样板

4.2 基本参数

样板的基本参数见表 1。

表 1 样板基本参数[a]　　单位为毫米

基圆半径 r_b	25	50	60	100	120	150	200	250	300	400
展开角 θ/(°)	48	44	42	40	40	36	30	30	27	23
展开长度 ρ	20	38	44	70	84	94	105	130	140	160
孔径 d(IT3) 轴径 D(IT3)	28			32(40)			34(40)	45(50)		
轴长 L	270～300			270～340			300～340	300～500		
[a] 允许生产特定基本参数的样板。										

4.3 样板齿宽一般大于 6 mm。

5 技术要求

5.1 外观

样板的齿廓面和顶尖孔等工作面不应有锈蚀、划痕、碰伤等影响使用的外观缺陷，漆表面不应有脱落现象；装配式样板螺帽应紧固可靠。

5.2 材料和硬度

样板（包括芯轴）应采用性能稳定的材料制造，其工作面硬度不低于 60 HRC。样板体及芯轴在淬火处理后，均应进行冰冷处理、消除应力处理及去磁处理。

5.3 表面粗糙度

样板工作面的表面粗糙度 Ra 应符合表 2 规定。

表 2 表面粗糙度

单位为微米

工作面名称	级别	
	1 级	2 级
齿廓面	≤0.1	≤0.2
顶尖孔	≤0.2	
芯轴外圆	≤0.4	

5.4 基圆半径偏差

基圆半径偏差 Δr_b 的最大允许误差为±0.05 mm。

5.5 齿廓形状偏差

样板齿廓形状偏差 f_{fa} 的最大允许值应符合表 3 规定。齿根部、齿顶部展开长度 5 mm 范围内（当 $r_b \leqslant 60$ mm 时，齿根部、齿顶部展开长度 3 mm 范围内），齿廓形状偏差的最大允许值不应大于表 3 规定的 3 倍。距齿宽边缘各范围内允许塌边。

表 3 齿廓形状偏差

基圆半径 r_b/mm	级别	
	1 级	2 级
	μm	
$r_b \leqslant 100$	≤1.0	≤1.5
$100 < r_b \leqslant 200$	≤1.4	≤2.0
$200 < r_b \leqslant 300$	≤1.7	≤2.5
$300 < r_b \leqslant 400$	≤2.1	≤3.0

5.6 齿廓展开长度

样板齿廓展开长度 ρ 应大于表 1 所列长度。

5.7 顶尖孔

样板顶尖孔圆度、锥角及芯轴外圆相对顶尖孔的全跳动应符合表 4 规定。

表 4 顶尖孔

项目	级别	
	1 级	2 级
圆度	≤0.4 μm	≤0.8 μm
芯轴外圆相对顶尖孔全跳动	≤1.0 μm	≤2.0 μm
锥角[a]	$60^{\circ}{}_{-2'}^{\ 0}$	$60^{\circ}{}_{-3'}^{\ 0}$

[a] 参考要求。

6 检验方法

6.1 外观

目力观察。

6.2 材料和硬度

样板材料可以由生产企业提供数据。样板工作面的硬度可用硬度计测量。

6.3 表面粗糙度

样板工作面的表面粗糙度用表面粗糙度测量仪或表面粗糙度比较样块测量。

6.4 基圆半径偏差

基圆半径偏差可用直接法和微差比较法测量。然后,按照齿廓倾斜偏差小于 0.1 μm 修正,并提供基圆半径实际值。

6.5 齿廓形状偏差

按照基圆半径实际值,用直接法和微差比较法测量齿廓形状偏差。

6.6 样板顶尖孔

样板顶尖孔圆度可用圆度仪测量。

芯轴外圆相对顶尖孔全跳动可在两顶尖同轴度不大于 2 μm 的仪器上,用电感测微仪或扭簧比较仪先后在距芯轴两端各 10 mm 的位置上依次进行测量。

7 标志与包装

7.1 样板上应标有:

a) 制造厂名或商标;

b) 基圆半径实际值;

c) 齿面记号;

d) 产品序号、编号和出厂日期。

7.2 样板包装箱上应标有:

a) 制造厂名或商标;

b) 产品名称;

c) 级别;

d) 样板编号;

e) 防震、防水、防潮等标记。

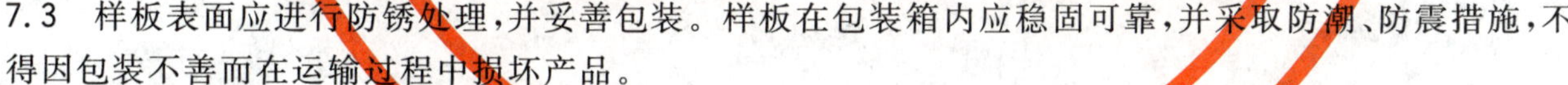

7.3 样板表面应进行防锈处理,并妥善包装。样板在包装箱内应稳固可靠,并采取防潮、防震措施,不得因包装不善而在运输过程中损坏产品。

7.4 样板经检验符合本标准要求的,应附有产品合格证。产品合格证上应标有本标准的标准号和产品序号。

7.5 样板包装箱内应附有产品合格证。

ICS 17.040.30
J 42

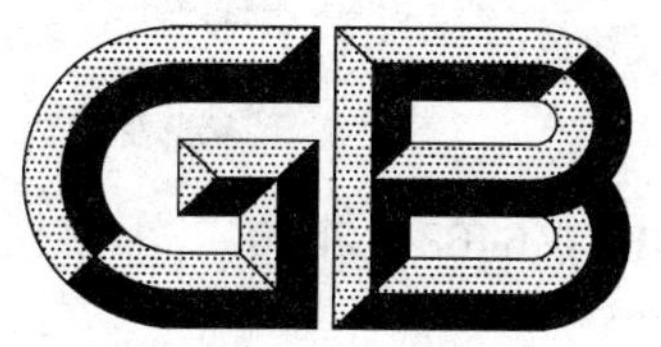

中华人民共和国国家标准

GB/T 6468—2010
代替 GB/T 6468—2001

齿轮螺旋线样板

The helix artifact of gear

2011-01-10 发布 2011-10-01 实施

中华人民共和国国家质量监督检验检疫总局
中国国家标准化管理委员会 发布

前　言

本标准代替 GB/T 6468—2001《齿轮螺旋线样板》。

本标准与 GB/T 6468—2001 相比较，主要变化如下：

——重新定义相关术语；

——1 级样板表面粗糙度由 0.2 μm 提高到 0.1 μm；

——4.1 条增加注，允许 1 级样板螺旋面中部垂直于轴线方向，存在一个小于半齿廓的凹槽或凸起，用于检测仪器的频响特性和滤波效果；

——顶尖孔表面粗糙度由 0.1 μm 降低到 0.2 μm；

——样板顶尖孔锥角技术指标改为参考要求；

——5.4 条，增加螺旋角偏差；

——6.4 条，增加螺旋角偏差检测方法；

——合并了原标准的第 5 章“技术要求”和第 6 章“其他要求”内容；

——原标准的第 7 章“验收原则”改为第 6 章“检验方法”。

本标准由中国机械工业联合会提出。

本标准由全国量具量仪标准化技术委员会(SAC/TC 132)归口。

本标准负责起草单位：中国计量学院。

本标准参加起草单位：中国计量科学研究院、哈尔滨量具刃具集团有限责任公司、北京中科恒业中自技术有限公司、浙江省计量科学研究院、哈尔滨精达测量仪器有限公司。

本标准主要起草人：孔明、程琦、董盈钧、张恒、李锐、孙秀文、陈显民、陈洪安、茅振华、许照乾、魏天水。

本标准所代替标准的历次版本发布情况为：

——GB/T 6468—1986、GB/T 6468—2001。

齿轮螺旋线样板

1 范围

本标准规定了齿轮螺旋线样板的术语和定义、型式与基本参数、要求、检验方法、标志与包装等。

本标准适用于基圆半径 r_b 不大于 200 mm、工作面为渐开螺旋面的 1 级和 2 级齿轮螺旋线样板(以下简称“样板”)。

注：非渐开螺旋面齿轮螺旋线样板可参考此标准的规定。

2 规范性引用文件

下列文件中的条款通过本标准的引用而成为本标准的条款。凡是注日期的引用文件，其随后所有的修改单(不包括勘误的内容)或修订版均不适用于本标准，然而，鼓励根据本标准达成协议的各方研究是否可使用这些文件的最新版本。凡是不注日期的引用文件，其最新版本适用于本标准。

GB/T 10095.1—2008 圆柱齿轮 精度制 第1部分：轮齿同侧齿面偏差的定义和允许值(ISO 1328-1:1995,IDT)

GB/T 17163—2008 几何量测量器具术语 基本术语

3 术语和定义

GB/T 17163—2008、GB/T 10095.1—2008 中确立的以及下列术语和定义适用于本标准。

3.1

齿轮螺旋线样板 the helix artifact of gear

校准各种螺旋线测量仪器的标准计量器具，主要用于传递齿轮螺旋线参数量值、修正仪器示值和确定仪器示值误差。

3.2

渐开螺旋面 involute helicoid

平面沿着一个固定的圆柱面(基圆柱面)作纯滚动时，此平面上的一条以恒定角度与基圆柱的轴线倾斜交错的直线在固定空间内展成的轨迹曲面(见图1)。

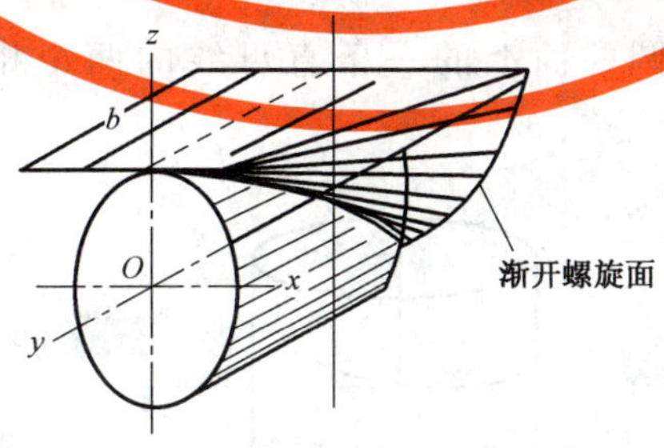

图1 渐开螺旋面

3.3

圆柱螺旋线 circular helix

动点沿圆柱面上的一条母线作等速移动，而该母线又绕圆柱面的轴线作等角速旋转运动时，动点在此圆柱面上的运动轨迹(见图 2)。

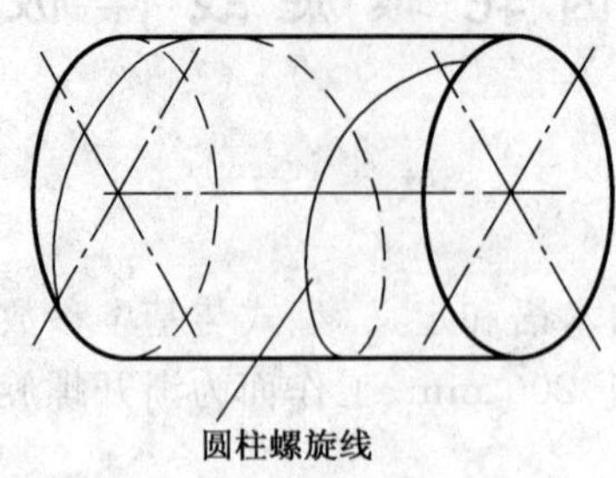

图 2　圆柱螺旋线

3.4

分度圆　reference circle

圆柱齿轮的分度圆柱面与端平面的交线称为分度圆,其半径以 r 表示。对于螺旋线样板,此圆的半径为给定值。

3.5

螺旋角　helix angle (for cylindrical gears), spiral angle (for bevel and hypoid gears)

在圆柱面上,圆柱螺旋线的切线与通过切点的圆柱面直母线之间所夹的角(规定它大于等于 0°,而小于 90°)称为螺旋角。在分度圆柱上的螺旋角称为分度圆螺旋角,以 β 表示(见图 3);在基圆柱上的螺旋角称为基圆螺旋角,以 β_b 表示。

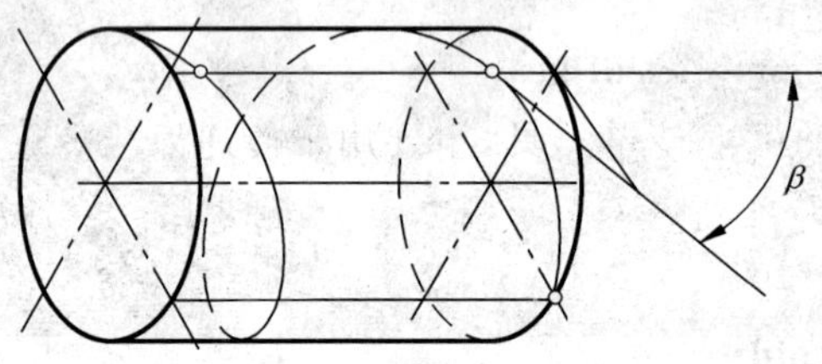

图 3　分度圆螺旋角

3.6

导程　lead

圆柱面上的一条螺旋线与该圆柱面上的一条直母线的两个相邻交点之间的距离,以 P_z 表示(见图 4)。

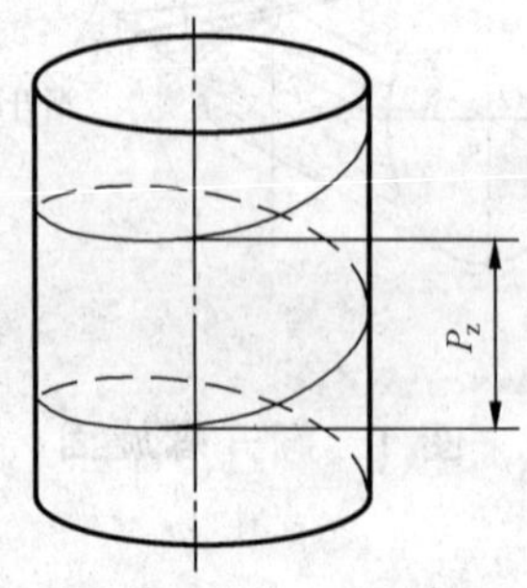

图 4　导程

3.7

平均螺旋线 mean helix

在计值范围 L_β 内，由实际螺旋线迹线按“最小二乘法”确定的回归直线[图中虚线，见图 5a)]。

3.8

螺旋线形状偏差 helix form deviation

在计值范围 L_β 内，包容实际螺旋线迹线的，与平均螺旋线迹线完全相同的两条曲线间的距离，且两条曲线与平均螺旋线迹线的距离为常数，以 $f_{f\beta}$ 表示[见图 5a)]。

3.9

螺旋线倾斜偏差 helix slope deviation

在计值范围 L_β 的两端与平均螺旋线迹线相交的设计螺旋线迹线间的距离，以 $f_{H\beta}$ 表示[见图 5b)]。

3.10

齿廓形状偏差 profile form deviation

在计值范围 L_α 内，包容实际齿廓迹线的，与平均齿廓迹线完全相同的两条曲线间的距离，且两条曲线与平均齿廓迹线的距离为常数，以 $f_{f\alpha}$ 表示[见图 5c)]。

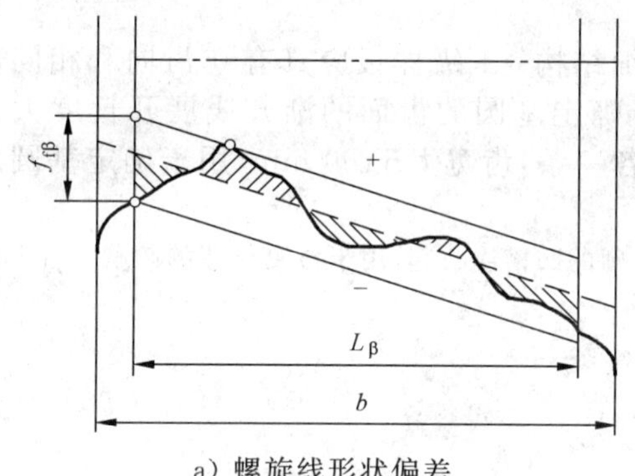

a) 螺旋线形状偏差

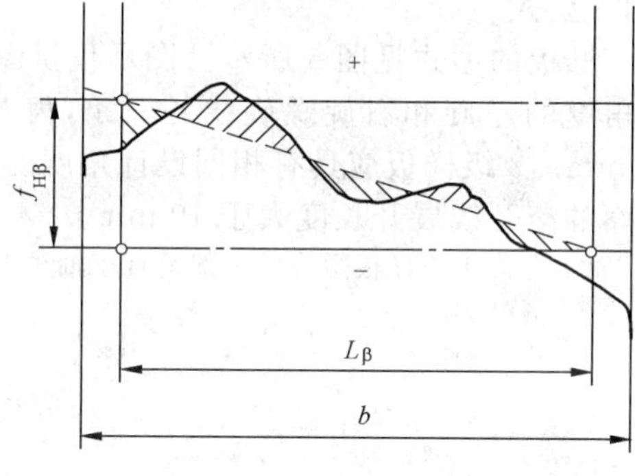

b) 螺旋线斜率偏差

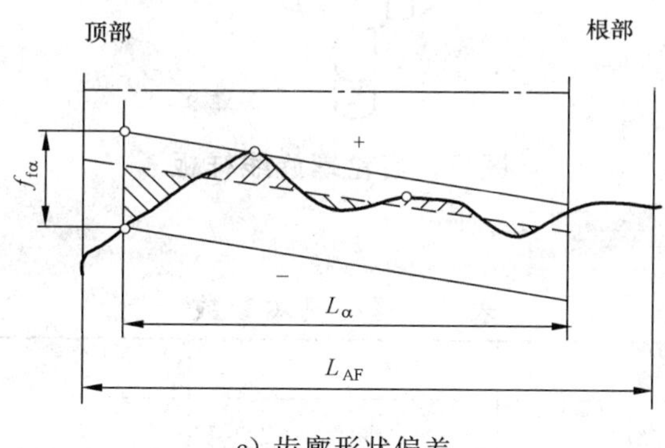

c) 齿廓形状偏差

图 5 螺旋线偏差和齿廓偏差

3.11

螺旋角偏差 helix angle deviation

在分度圆柱上测得的螺旋角实际值 β_s 与设计值 β(或标称值)之差，以 $\Delta\beta$ 表示：

$$\Delta\beta = \beta_s - \beta$$

以螺旋线展成原理测量时，用回归分析法，$\Delta\beta$ 按式(1)计算：

$$\Delta\beta = \frac{n\sum\theta_i\Delta P_i - \sum\theta_i\sum\Delta P_i}{(\sum\theta_i)^2 - n\sum\theta_i^2} \cdot \frac{\sin^2\beta}{r} \cdot \frac{180}{\pi} \quad \cdots\cdots\cdots\cdots (1)$$

式中：

θ_i——第 i 个展开角，单位为度(°)；

ΔP_i——与第 i 个展开角相应的导程角偏差，单位为毫米(mm)；

n——取样点数；

β——分圆螺旋角，单位为度(°)；

r——分圆半径，单位为毫米(mm)。

用比较法测量时，$\Delta\beta$ 以式(2)计算：

$$\Delta\beta=\frac{f_{H\beta}}{L_\beta}\cos^2\beta \qquad \cdots\cdots(2)$$

式中：

$f_{H\beta}$——螺旋线倾斜偏差，单位为毫米(mm)；

L_β——螺旋线计值范围，单位为毫米(mm)；

β——分圆螺旋角，单位为度(°)。

4 型式与基本参数

4.1 型式

样板的型式见图6所示。图示仅供图解说明，不表示详细结构。1级样板应具有0°齿向和相同设计角度的左旋和右旋螺旋线各一条，齿宽大于90 mm，用于确定基圆的齿面的渐开线展开长度大于15 mm。2级样板应具有相同设计角度的左旋和右旋螺旋线各一条，齿宽大于60 mm，用于确定基圆的齿面的渐开线展开长度大于10 mm。

注：允许1级样板螺旋面中部垂直于轴线方向，存在一个小于半齿廓的凹槽或凸起，用于检测仪器的频响特性和滤波效果。

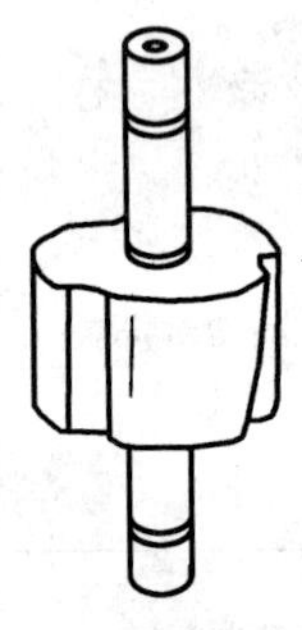

图6 齿轮螺旋线样板

4.2 基本参数

样板的基本参数见表1。

表1 样板基本参数[a]

单位为毫米

分圆螺旋角	0°	15°	30°	45°
分圆半径	24	24	—	—
	31	31	31	31
	50	50	50	50
	100	100	100	100
	200	200	200	200
齿宽	60～100	60～100	80～150	80～150
轴长	270～300	270～300	270～550	270～550

[a] 允许生产特定基本参数的样板。

5 技术要求

5.1 外观

样板的齿廓面和顶尖孔等工作面不应有锈蚀、划痕、碰伤等影响使用的外观缺陷，漆表面不应有脱落现象；装配式样板螺帽应紧固可靠。

5.2 材料和硬度

样板(包括芯轴)应采用性能稳定的材料制造，其工作面硬度不低于 60 HRC。样板体及芯轴在淬火处理后，均应进行冰冷处理、消除应力处理及去磁处理。

5.3 表面粗糙度

样板工作面的表面粗糙度 Ra 应符合表 2 规定。

表 2 表面粗糙度

单位为微米

工作面名称	级别	
	1 级	2 级
渐开螺旋面	≤0.1	≤0.2
顶尖孔	≤0.2	
芯轴外圆	≤0.4	

5.4 螺旋角偏差

螺旋角偏差 $\Delta\beta$ 的最大允许误差为±5′。

5.5 螺旋线形状偏差和齿廓形状偏差

样板渐开螺旋面的螺旋线形状偏差 $f_{f\beta}$ 和渐开线齿廓形状偏差 $f_{f\alpha}$ 的最大允许值应符合表 3 规定。距齿宽两端各 5 mm 范围内，螺旋线形状偏差的最大允许值不应大于表 4 规定的 2 倍。距齿根部展开长度 5 mm 范围内，齿廓形状偏差的最大允许值不应大于表 3 规定的 3 倍。

表 3 螺旋线形状偏差和齿廓形状偏差

基圆半径 r_b/mm	级别	
	1 级	2 级
	μm	
$r_b \leqslant 100$	≤1.2	≤1.5
$100 < r_b \leqslant 200$	≤1.5	≤2.0

5.6 顶尖孔

样板顶尖孔圆度、锥角及芯轴外圆相对顶尖孔的全跳动应符合表 4 规定。

表 4 顶尖孔

项目	级别	
	1 级	2 级
圆度	≤0.4 μm	≤0.8 μm
芯轴外圆相对顶尖孔全跳动	≤1.0 μm	≤2.0 μm
锥角[a]	$60°^{0}_{-2'}$	$60°^{0}_{-3'}$
[a] 参考要求。		

6 检验方法

6.1 外观

目力观察。

6.2 材料和硬度

样板材料可以由生产企业提供数据。样板工作面的硬度可用硬度计测量。

6.3 表面粗糙度

样板工作面的表面粗糙度用表面粗糙度测量仪或表面粗糙度比较样块测量。

6.4 螺旋角偏差

螺旋角偏差可用直接法和微差比较法测量。然后，按照螺旋线倾斜偏差小于 1 μm 修正，并提供经修正后的螺旋角实际值。

6.5 螺旋线形状偏差和齿廓形状偏差

按照螺旋角实际值，用直接法和微差比较法测量螺旋线形状偏差。按照基圆半径实际值，用直接法和微差比较法测量齿廓形状偏差。

6.6 顶尖孔

样板顶尖孔圆度可用圆度仪测量。

芯轴外圆相对顶尖孔全跳动可在两顶尖同轴度不大于 2 μm 的仪器上，用电感测微仪或扭簧式比较仪先后在距芯轴两端各 10 mm 的位置上依次进行测量。

7 标志与包装

7.1 样板上应标有：

a) 制造厂名或商标；

b) 螺旋角实际值及分度圆半径标称值；

c) 齿面记号；

d) 产品序号、编号和出厂日期。

7.2 样板包装箱上应标有：

a) 制造厂名或商标；

b) 产品名称；

c) 级别；

d) 样板编号；

e) 防震、防水、防潮等标记。

7.3 样板表面应进行防锈处理，并妥善包装。样板在包装箱内应稳固可靠，并采取防潮、防震措施，不得因包装不善而在运输过程中损坏产品。

7.4 样板经检验符合本标准要求的，应附有产品合格证。产品合格证上应标有本标准的标准号和产品序号。

7.5 样板包装箱内应附有产品合格证。

ICS 77.150.40
H 62

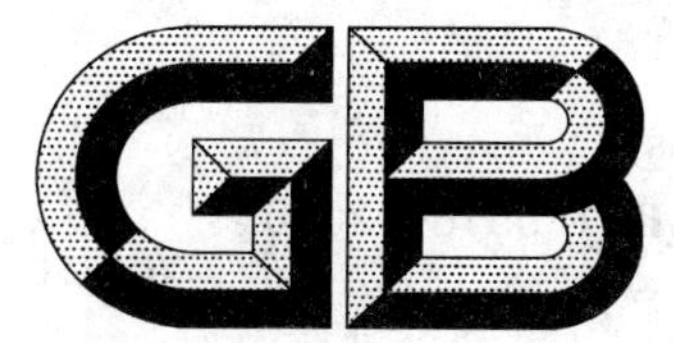

中华人民共和国国家标准

GB/T 6516—2010
代替 GB/T 6516—1997

电　解　镍

Electrolytic nickel

2011-01-10 发布　　2011-10-01 实施

中华人民共和国国家质量监督检验检疫总局
中国国家标准化管理委员会　发布

前言

本标准按照 GB/T 1.1—2009 给出的规则起草。

本标准代替 GB/T 6516—1997《电解镍》。与原标准相比，本标准主要内容变化如下：

——Ni9996、Ni9990 牌号中的 Pb 由 0.001%修订为 0.001 5%；

——对表面密集气孔及结粒区做了修订；

——增加了对检验项目和取样数量的规定。

本标准由全国有色金属标准化技术委员会(TC 243/SAC 2)归口。

本标准负责起草单位：金川集团有限公司。

本标准主要起草人：苏兰伍、曹康学、赵秀花、吕海波。

本标准所代替标准的历次版本发布情况为：

——GB/T 6516—1997；

——GB/T 6516—1986。

电　解　镍

1　范围

本标准规定了电解镍(包括电积镍)的要求、检验方法、检验规则、包装、标志、运输、贮存和质量证明书以及合同内容。

本标准适用于不锈钢、镍基合金、合金钢及电镀等用电解镍。

2　规范性引用文件

下列文件对于本文件的应用是必不可少的。凡是注日期的引用文件,仅注日期的版本适用于本文件。凡是不注日期的引用文件,其最新版本(包括所有的修改单)适用于本文件。

GB/T 8170　数值修约规则与极限数值的表示和判定

GB/T 8647(所有部分)　镍化学分析方法

GB/T 26022　精炼镍取样方法(ISO 7156:1991,MOD)

3　要求

3.1　产品分类

电解镍按化学成分分为Ni9999、Ni9996、Ni9990、Ni9950、Ni9920五个牌号。

3.2　化学成分

电解镍的化学成分应符合表1的规定。

表1　电解镍的化学成分

牌号			Ni9999	Ni9996	Ni9990	Ni9950	Ni9920
化学成分(质量分数)	(Ni+Co)/%,不小于		99.99	99.96	99.90	99.50	99.20
	Co/%,不大于		0.005	0.02	0.08	0.15	0.50
	杂质含量/%,不大于	C	0.005	0.01	0.01	0.02	0.10
		Si	0.001	0.002	0.002	—	—
		P	0.001	0.001	0.001	0.003	0.02
		S	0.001	0.001	0.001	0.003	0.02
		Fe	0.002	0.01	0.02	0.20	0.50
		Cu	0.001 5	0.01	0.02	0.04	0.15
		Zn	0.001	0.001 5	0.002	0.005	—
		As	0.000 8	0.000 8	0.001	0.002	—
		Cd	0.000 3	0.000 3	0.000 8	0.002	—
		Sn	0.000 3	0.000 3	0.000 8	0.002 5	—
		Sb	0.000 3	0.000 3	0.000 8	0.002 5	—
		Pb	0.000 3	0.001 5	0.001 5	0.002	0.005
		Bi	0.000 3	0.000 3	0.000 8	0.002 5	—
		Al	0.001	—	—	—	—
		Mn	0.001	—	—	—	—
		Mg	0.001	0.001	0.002	—	—
注:镍加钴含量由100%减去表中所列元素的含量而得。							

3.3 表面质量

3.3.1 电解镍均应洗净表面及夹层内电解液，表面洁净，无污泥油污等。

注：Ni9950、Ni9920 牌号可为不定形电解镍产品。

3.3.2 Ni9999、Ni9996、Ni9990 牌号电解镍应符合以下规定。

3.3.2.1 电解镍平均厚度不应小于 3 mm。

3.3.2.2 电解镍边缘不得有树枝状结粒及密集气孔（允许修整）。

3.3.2.3 电解镍表面不得有直径大于 3 mm 的密集气孔，直径 3 mm 密集气孔区总面积不得超过镍板单面面积的 15%。

3.3.2.4 电解镍表面高度大于 3 mm 的密集结粒区总面积不得超过镍板单面积 15%。

注：25 mm×25 mm 镍板面积上有 9 个以上气孔或结粒称为密集气孔区或密集结粒区。

3.4 其他要求

3.4.1 需方如对电解镍化学成分、物理规格有特殊要求，可由供需双方协商。

3.4.2 经供需双方协商，并在合同中注明，电解镍也可剪切成条、块供应。

4 试验方法

4.1 化学成分的分析按 GB/T 8647 规定的方法进行。

4.2 表面质量用目视检测。

5 检验规则

5.1 检查与验收

5.1.1 产品由供方质量检测部门负责对产品进行检验，保证产品符合本标准的规定，并填写质量证明书。

5.1.2 需方可对收到的产品进行检验，如检验结果与质量证明书所载内容不相符，可在自收到产品之日起 30 日之内向供方提出，由供需双方协商解决；如需仲裁，仲裁取样在需方由供需双方进行。

5.2 组批

产品应成批提交检验，每批产品应由同一循环系统、同一生产周期、同一牌号的产品组成。

5.3 检验项目及取样数量

5.3.1 化学成分逐批检验，表面质量逐块检验。

5.3.2 化学成分试验样品的取样数量按 GB/T 26022 精炼镍取样方法的规定进行。

5.4 检验结果的判定

5.4.1 对分析结果按 GB/T 8170 规定的方法进行修约后进行判定。

5.4.2 产品化学成分的分析结果与本标准或合同（或订货单）内容不符时，判该批产品不合格。

5.4.3 产品的表面质量检验结果与本标准或合同（或订货单）内容不符时，判该块产品不合格。

6 包装、标志、运输、贮存和质量证明书

6.1 包装

整块电解镍产品应包装成牢固并适合装卸重量的捆;剪切电解镍产品以铁桶或木桶包装。

6.2 标志

每件产品外包装应注明:

a) 供方名称;

b) 产品名称和牌号;

c) 产品批号;

d) 净重。

6.3 运输和贮存

运输与贮存时,不得损坏、污染产品。

6.4 质量证明书

每批产品应附有质量证明书,注明:

a) 供方名称、地址、联系电话、传真;

b) 产品名称、牌号和规格;

c) 批号;

d) 批重、件数;

e) 分析检测结果及检验部门印记;

f) 本标准号;

g) 出厂日期。

7 合同(或订货单)内容

本标准所列材料的合同(或订货单)应包括以下内容:

a) 产品名称;

b) 产品牌号;

c) 化学成分、物理规格等特殊要求;

d) 产品数量;

e) 本标准编号;

f) 其他。

ICS 75.080
E 30

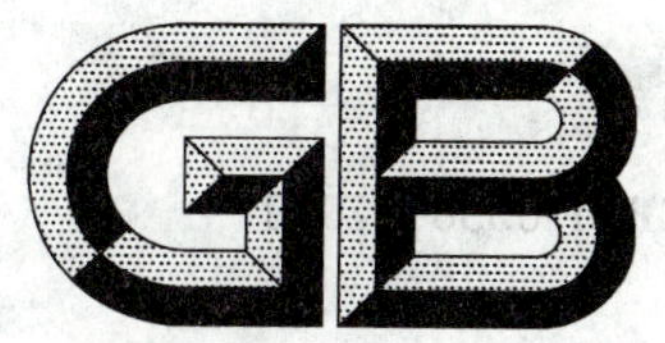

中华人民共和国国家标准

GB/T 6536—2010
代替 GB/T 6536—1997

石油产品常压蒸馏特性测定法

Standard test method for distillation of petroleum products at atmospheric pressure

2011-01-10 发布　　2011-05-01 实施

中华人民共和国国家质量监督检验检疫总局
中国国家标准化管理委员会　发布

前　言

本标准修改采用美国试验与材料协会标准 ASTM D86:2007a《石油产品常压蒸馏试验法》。

本标准根据 ASTM D86:2007a 重新起草。

为了适合我国国情,本标准在采用 ASTM D86:2007a 时进行了修改。

本标准与 ASTM D86:2007a 的主要结构差异为:引言对应 ASTM D86:2007a 中第 5 章,第 5 章～第 13 章分别对应 ASTM D86:2007a 中第 6 章～第 14 章;附录 A、附录 B 和附录 C 分别对应 ASTM D86:2007a中附录 A2、附录 A3 和附录 X4;附录 D 的内容对应 ASTM D86:2007a 中附录 A4 和附录 X2 的内容;附录 E、附录 F、附录 G 和附录 H 分别对应 ASTM D86:2007a 中附录 X3、附录 X1、附录 X5和附录 A1;增加附录 I;删除 ASTM D86:2007a 中第 14 章。

本标准与 ASTM D86:2007a 主要技术差异及其原因如下:

——本标准增加了测定 0 组天然汽油(稳定轻烃)样品的有关内容,因我国有此类产品需测定其蒸馏特性;

——将 ASTM D86:2007a 中 1.5 条安全内容作为本标准全文的警示内容,以符合我国标准编写要求;

——将 ASTM D86:2007a 中第 5 章意义和用途的内容作为本标准的引言,以符合我国标准编写要求;

——删除了 ASTM D86:2007a 中第 14 章关键词,因该内容不属于标准的内容;

——仪器中蒸馏烧瓶与接收量筒的尺寸(见 A.1 和 A.7)与 ASTM D86:2007a 相比有少量变化,未采用 ASTM D86:2007a 中 A2.1 条所规定的磨口蒸馏烧瓶及相关的图,以符合我国蒸馏烧瓶类型和尺寸使用规定;

——将 ASTM D86:2007a 中附录 A4 与附录 X2 合并,作为本标准的规范性附录 D,因二者内容相关,ASTM D86:2007a 附录 X2 的内容为其附录 A4 测定步骤的精密度计算示例。

为使用方便,本标准还作了如下编辑性修改:

——在第 1 章范围后增加注,说明本方法精密度建立所采用样品的残留物体积分数不大于 2%,以进一步明确方法所不适用测定的样品;

——删除了 ASTM D86:2007a 中 1.4 条有关单位制的说明,因本标准按照我国标准编写要求统一采用国际单位制单位。

本标准代替 GB/T 6536—1997《石油产品蒸馏测定法》,GB/T 6536—1997 为等效采用 ASTM D86:1995《石油产品蒸馏试验法》制定。

本标准与 GB/T 6536—1997 相比主要变化如下:

——标准名称由《石油产品蒸馏测定法》修改为《石油产品常压蒸馏特性测定法》;

——在第 1 章中明确规定方法不适用于含有大量残留物的样品,并加注说明,用于建立本方法精密度所采用样品的残留物体积分数均不大于 2%;

——取消了 GB/T 6536—1997 中以毫米汞柱为单位的相关内容;

——第 2 章增加了部分引用标准;

——第 3 章的内容有所增加;

——对仪器部分,明确规定蒸馏烧瓶支板(见 A.6)由陶瓷或其他耐热材料制成,不允许采用含石棉的材料,而 GB/T 6536—1997 中 A.5 允许采用石棉板作为蒸馏烧瓶支板;增加冷凝管下部结构详图(见图 A.2);5.3 温度测量装置中除玻璃水银温度计外,规定也可使用其他符合要求的温度测量系统，但仲裁试验应采用玻璃水银温度计；取消了GB/T 6536—1997中附录B，改为直接引用GB/T 514中GB-46号和GB-47号两支温度计（见5.3.1）；增加温度传感器在蒸馏烧瓶中位置的图示（见图5）；增加温度传感器的中心定位装置（见5.4），并强调说明不可使用中心钻孔的普通塞子；

——对取样、样品贮存和样品处理作了更为详细和明确的规定（见第6章），并对GB/T 6536—1997中第7章的有些条件进行了修改；

——增加了第8章校准和标准化；

——对第9章试验步骤作了更为详细的规定，对GB/T 6536－1997第9章中的部分试验条件进行了调整和修改；

——第10章计算中，增加了自动仪器如需报告规定蒸发百分数下温度读数时，数据读取的相关内容；

——第11章报告的内容相比GB/T 6536—1997第10章内容有所增加，如是否使用干燥剂等，并提供参考报告格式等；

——第12章精密度的表示均以数值或代数式表示，取消了GB/T 6536—1997中图2、图3和图4的图示内容；在2组、3组和4组自动法的精密度表（见表10）中增加了2%蒸馏点的重复性和再现性要求；

——增加电子温度测量系统与玻璃水银温度计温度滞后时间差异确定方法，作为规范性附录B；

——增加模拟玻璃水银温度计露出液柱影响的步骤，作为资料性附录C；

——增加在规定温度读数时蒸发百分数或回收百分数的测定步骤，作为规范性附录D，并对该测定的精密度计算示例进行了修改；

——增加了0组样品重复性确定的内容，作为规范性附录I；

——增加了根据观测损失和大气压确定校正损失的数据表，作为资料性附录E；

——增加了报告格式说明，作为资料性附录G；

——取消了GB/T 6536－1997中手工和自动蒸馏结果比较概述的附录E。

本标准的附录A、附录B、附录D和附录I为规范性附录，附录C、附录E、附录F、附录G和附录H为资料性附录。

本标准由全国石油产品和润滑剂标准化技术委员会（SAC/TC 280）提出。

本标准由全国石油产品和润滑剂标准化技术委员会石油燃料和润滑剂分技术委员会（SAC/TC 280/SC 1）归口。

本标准起草单位：中国石油化工股份有限公司石油化工科学研究院、中国石化销售有限公司华北研究所。

本标准主要起草人：杨婷婷、郑煜、郭涛、董芳、张凤泉。

本标准所代替标准的历次版本发布情况为：

——GB/T 6536—1986、GB/T 6536—1997。

引　言

烃类的蒸馏特性(挥发性)，尤其对燃料和溶剂而言，对其安全和使用性能有着极为重要的影响。燃料的沸程范围提供了燃料的组成、性质及在贮存和使用中使用性能的信息。挥发性是决定烃类混合物形成潜在爆炸性蒸气趋势的主要因素。

蒸馏特性对车用汽油和航空汽油极为重要，它会影响发动机的启动、升温性能及在高温和/或高海拔条件下产生气阻的趋势。在这些和其他燃料中存在的高沸点组分可显著地影响固体燃烧沉积物的生成程度。

由于挥发性可影响蒸发速率，因此在许多溶剂，尤其是涂料溶剂的应用中，它都是一个重要的因素。

蒸馏特性的限值要求通常在石油产品规格、商业合同协议及炼厂生产控制中有所规定，并也用于检验与法律、规章的相符性。

石油产品常压蒸馏特性测定法

警告:本标准无意对与其使用相关的所有安全问题都提出建议。使用者在应用本标准之前,有责任建立适当的安全和防护措施,并确定相关规章限制的适用性。

1 范围

本标准规定了使用实验室间歇蒸馏仪器定量测定常压下石油产品蒸馏特性的方法。本标准包括手动仪器和自动仪器的测定方法。

本标准适用于馏分燃料如天然汽油(稳定轻烃)、轻质和中间馏分、车用火花点燃式发动机燃料、航空汽油、喷气燃料、柴油和煤油,以及石脑油和石油溶剂油产品。本标准不适用于含有较多残留物的产品。

注:用于建立本方法精密度的样品其残留物体积分数均不大于2%。

2 规范性引用文件

下列文件中的条款通过本标准的引用而成为本标准的条款。凡是注日期的引用文件,其随后所有的修改单(不包括勘误的内容)或修订版均不适用于本标准,然而,鼓励根据本标准达成协议的各方研究是否可使用这些文件的最新版本。凡是不注日期的引用文件,其最新版本适用于本标准。

GB/T 514 石油产品试验用玻璃液体温度计技术条件

GB/T 3535 石油产品倾点测定法(GB/T 3535—2006,ISO 3016:1994,MOD)

GB/T 4756 石油液体手工取样法(GB/T 4756—1998,eqv ISO 3170:1988)

GB/T 8017 石油产品蒸气压测定法(雷德法)

JJG 50 石油产品用玻璃液体温度计检定规程

SH/T 0771 石油产品倾点测定法(自动压力脉冲法)

ASTM D2892 原油蒸馏试验法(15 理论塔板法)

3 术语和定义

下列术语和定义适用于本标准。

3.1

装样体积 charge volume

在规定的温度下装入蒸馏烧瓶中的试样体积,此体积为100 mL。

3.2

分解 decomposition

烃分子经热分解或裂解生成比原分子具有更低沸点的较小分子的现象。

注:热分解特性表现为在蒸馏烧瓶中出现烟雾,且温度计读数不稳定,即使在调节加热后,温度计读数通常仍会下降。

3.3

分解点 decomposition point

与蒸馏烧瓶中液体出现热分解初始迹象相对应的校正温度计读数。

注:在本方法试验条件下测定的试样分解点不一定与其他应用条件下试样的分解温度相当。

3.4

干点　dry point

最后一滴液体(不包括在蒸馏烧瓶壁或温度测量装置上的任何液滴或液膜)从蒸馏烧瓶中的最低点蒸发瞬时所观察到的校正温度计读数。

注：在使用中一般采用终馏点，而不用干点。对于一些有特殊用途的石脑油，如油漆工业用石脑油，可以报告干点。当某些样品的终馏点测定精密度不是总能达到所规定的要求时，也可以用干点代替终馏点。

3.5

动态滞留量　dynamic holdup

在蒸馏过程中出现在蒸馏烧瓶的瓶颈、支管和冷凝管中的物料。

3.6

露出液柱影响　emergent stem effect

将全浸玻璃水银温度计在局浸条件下使用时产生的温度计读数偏差。

注：在局浸条件下，部分水银柱即水银柱露出部分处于比其浸没部分低的温度，从而导致水银柱收缩，造成温度计读数偏低。

3.7

终馏点　final boiling point

FBP

终点　end point

EP

试验中得到的最高校正温度计读数。

注：终馏点或终点通常在蒸馏烧瓶底部的全部液体蒸发之后出现，常被称为最高温度。

3.8

轻组分损失　front end loss

指试样从接收量筒转移到蒸馏烧瓶的挥发损失、蒸馏过程中试样的蒸发损失和蒸馏结束时蒸馏烧瓶中未冷凝的试样蒸气损失。

3.9

初馏点　initial boiling point

IBP

从冷凝管的末端滴下第一滴冷凝液瞬时所观察到的校正温度计读数。

3.10

蒸发百分数　percent evaporated

回收百分数与损失百分数之和。

3.11

损失百分数　percent loss

观测损失　observed loss

100%减去总回收百分数。

3.11.1

校正损失　corrected loss

经大气压修正后的损失百分数。

3.12

回收百分数　percent recovered

在观察温度计读数的同时，在接收量筒内观测得到的冷凝物体积，以装样体积分数表示。

3.13

最大回收百分数　percent recovery

按9.18所述得到的最大回收百分数。

3.13.1

校正回收百分数　corrected percent recovery

用式(4)对观测损失与校正损失之间的差异进行校正后的最大回收百分数。

3.13.2

总回收百分数　percent total recovery

按照10.1得到的最大回收百分数与蒸馏烧瓶中残留百分数之和。

3.14

残留百分数　percent residue

按照9.19所测定的蒸馏烧瓶中残留物体积，以装样体积分数表示。

3.15

变化率　rate of change

斜率　slope

如12.2所述，每蒸发百分数或每回收百分数所对应的温度变化。

3.16

温度滞后　temperature lag

由温度测量装置测得温度读数与真实温度出现之间的时间偏差。

3.17

温度测量装置　temperature measurement device

5.3.1中所规定的温度计或5.3.2中所规定的温度传感器。

3.18

温度读数　temperature reading

由温度测量装置或系统得到的并与3.19所述温度计读数相当的温度。

3.18.1

校正温度读数　corrected temperature reading

3.18所述的温度读数经大气压修正后的温度。

3.19

温度计读数　thermometer reading

温度计结果　thermometer result

在本方法试验条件下，用规定温度计测得的在蒸馏烧瓶支管下方颈部的饱和蒸气温度。

3.19.1

校正温度计读数　corrected thermometer reading

3.19所述的温度计读数经大气压修正后的温度。

4　方法概要

根据试样的组成、蒸气压、预期初馏点和预期终馏点等性质，将试样归类为所规定五个组别中的一组。将100 mL试样在其相应组别所规定的条件下，在环境大气压和设计约为一个理论分馏塔板的情况下，用实验室间歇蒸馏仪器进行蒸馏。根据对试验结果的要求，系统地观测并记录温度读数和冷凝物体积、蒸馏残留物和损失体积，观测的温度读数需进行大气压修正，试验结果以蒸发百分数或回收百分数对相应的温度作表或作图表示。

5　仪器

5.1　仪器的基本元件

5.1.1　蒸馏仪器的基本元件是蒸馏烧瓶、冷凝器和相连的冷凝浴、用于蒸馏烧瓶的金属防护罩或围屏、加热器、蒸馏烧瓶支架和支板、温度测量装置和收集馏出物的接收量筒。

5.1.2 手动蒸馏仪器见图1和图2所示。

5.1.3 自动蒸馏仪器除5.1.1所述的基本元件外，还装备有一个测量并自动记录温度及接收量筒中相应回收体积的系统。

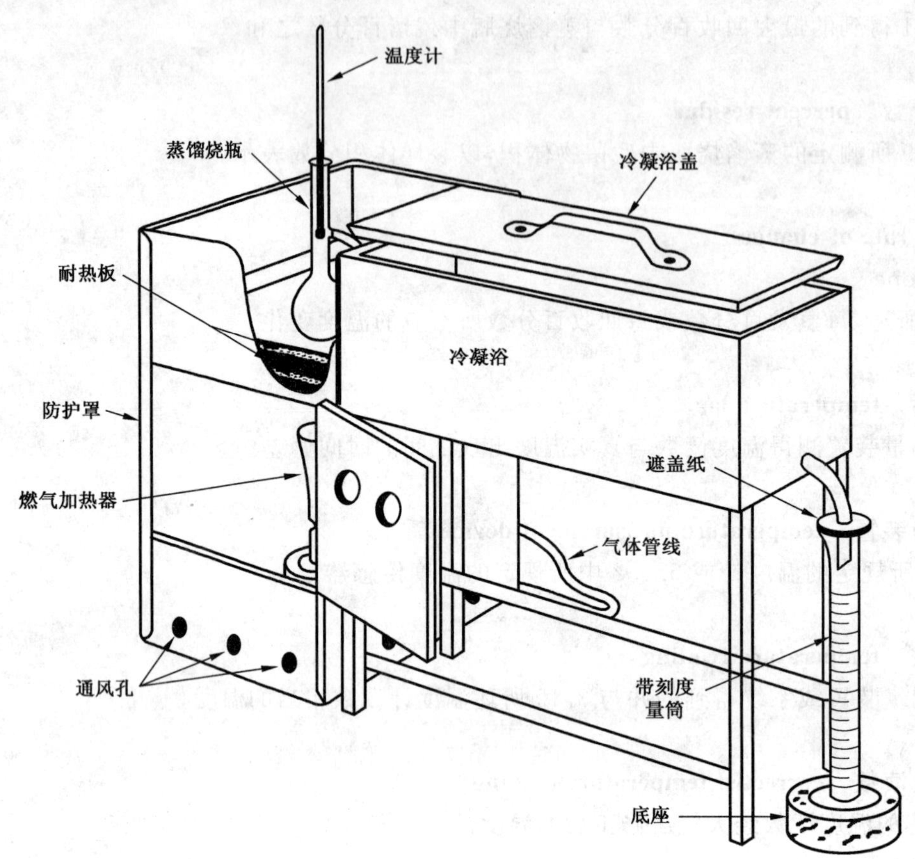

图1 燃气加热型蒸馏仪器装置图

单位为毫米

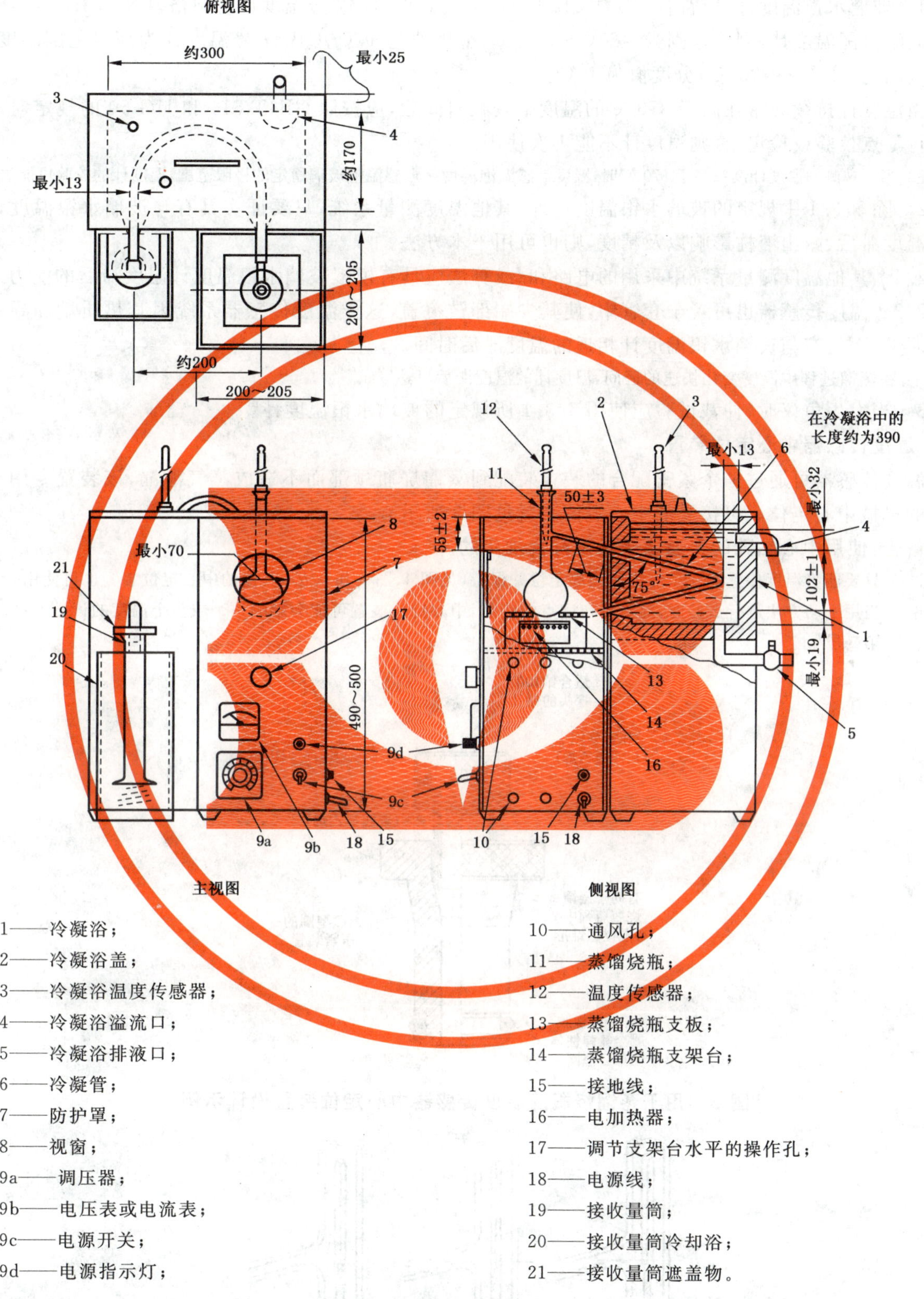

1——冷凝浴；
2——冷凝浴盖；
3——冷凝浴温度传感器；
4——冷凝浴溢流口；
5——冷凝浴排液口；
6——冷凝管；
7——防护罩；
8——视窗；
9a——调压器；
9b——电压表或电流表；
9c——电源开关；
9d——电源指示灯；
10——通风孔；
11——蒸馏烧瓶；
12——温度传感器；
13——蒸馏烧瓶支板；
14——蒸馏烧瓶支架台；
15——接地线；
16——电加热器；
17——调节支架台水平的操作孔；
18——电源线；
19——接收量筒；
20——接收量筒冷却浴；
21——接收量筒遮盖物。

图2　电加热型蒸馏仪器装置图

5.2　仪器详述

仪器的具体规定详见附录A。

5.3 温度测量装置

5.3.1 玻璃水银温度计:应符合GB/T 514中GB-46号和GB-47号温度计的规格要求。GB-46号温度计为低温范围温度计,测温范围为-2 ℃~300 ℃,分度值为1 ℃;GB-47号温度计为高温范围温度计,测温范围为-2 ℃~400 ℃,分度值为1 ℃。

当温度计持续暴露在高于370 ℃的温度下较长时间后,应按照GB/T 514和JJG 50的规定对温度计进行零点校验或检定,否则温度计不能再次使用。

注:当所观测的温度计读数高于370 ℃时,温度计感温泡温度接近感温泡玻璃稳定的极限范围,温度计的校验可能失效。

5.3.2 除5.3.1中规定的玻璃水银温度计外,其他温度测量系统,只要证实具有与玻璃水银温度计相同的温度滞后、露出液柱影响以及精度,则也可用于本方法。

5.3.2.1 其他温度测量系统中采用的电路和/或算法应具有模拟玻璃水银温度计温度滞后的能力。

5.3.2.2 温度传感器也可置于套管中,使其尖端部被覆盖,这样温度传感器系统因其热质量和导热性经过调整,而具有与玻璃水银温度计相近的温度滞后时间。

注:在蒸馏过程中温度变化快速的区间,温度计的温度滞后可达3 s。

5.3.3 当发生争议时,仲裁试验应使用5.3.1所规定的玻璃水银温度计。

5.4 温度传感器中心定位装置

温度传感器可通过一个紧密配合的装置装配到蒸馏烧瓶颈部而不造成蒸气泄漏,该装置专用于传感器的机械中心定位。可接受的中心定位装置见图3所示。

警告:使用中心钻孔的普通塞子是不符合规定的。

注1:只要能将温度传感器在蒸馏烧瓶颈部定位并保持(见图4、图5和9.5),其他的中心定位装置也可使用。

注2:当用手动方法进行试验时,对于低初馏点的产品,中心定位装置可能会影响一个或多个温度的读数,见9.14.4第二段。

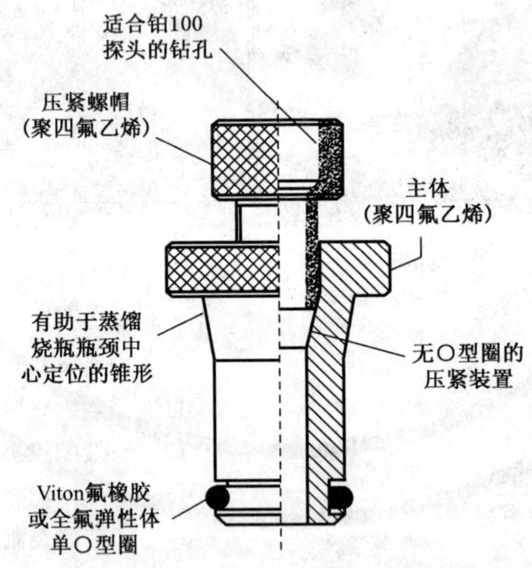

图3 用于蒸馏烧瓶的温度传感器中心定位装置设计示例

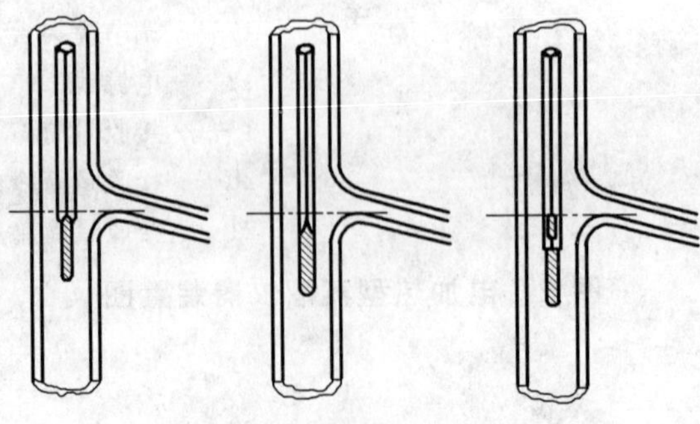

图4 温度计在蒸馏烧瓶中的位置

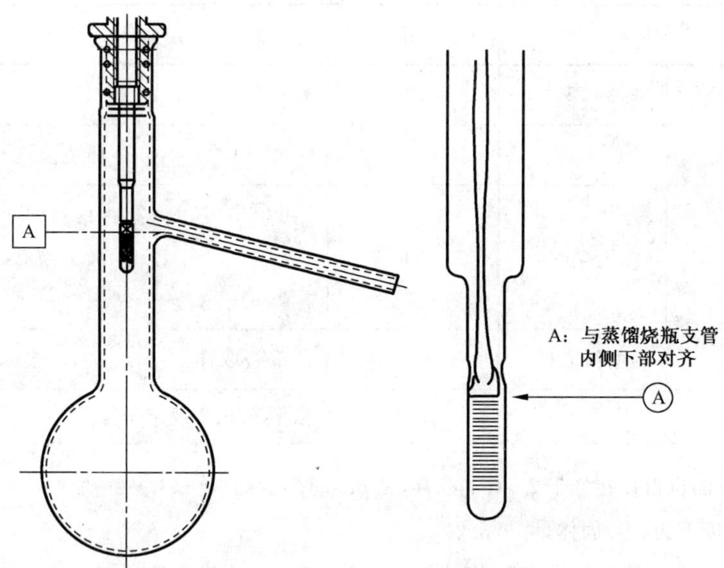

图 5 自动仪器中铂-100 温度探头相对蒸馏烧瓶支管的放置位置示意图

5.5 安全装置

自动仪器建议配有自动关闭电源、且在万一着火时能向蒸馏烧瓶放置室内喷洒惰性气体或蒸气的装置。

注：有些火灾原因是由于蒸馏烧瓶破裂、电路短路或试样从蒸馏烧瓶口溢出和洒出所造成的。

5.6 气压计

能够测量与仪器所在实验室具有相同海拔的当地观测点大气压的气压测量装置，测量精度为 0.1 kPa或更高。

警告：不能采用普通的无液气压计的气压读数，例如用于气象站或机场的气压计，由于其读数是经预校正到海平面高度的。

6 取样、样品贮存和样品处理

6.1 确定样品组别

被测样品所属组别的特性见表 1。当试验步骤与组别相关时，将予以说明。

表 1 组别特性

样品特性	0 组	1 组	2 组	3 组	4 组
馏分类型	天然汽油				
蒸气压(37.8 ℃)/kPa (试验方法 GB/T 8017)		≥65.5	<65.5	<65.5	<65.5
蒸馏特性，初馏点/℃				≤100	>100
终馏点/℃		≤250	≤250	>250	>250

6.2 取样

6.2.1 取样应根据 GB/T 4756 的要求进行，详见表 2。

表2 取样、样品贮存和样品处理

项 目	0组	1组	2组	3组	4组
样品瓶温度/℃	<5	<10			
样品贮存温度/℃	<5	<10[a]	<10	环境温度或	环境温度
分析前样品处理后温度/℃	<5	<10	<10	环境温度或高于倾点9 ℃～21 ℃[b]	环境温度或高于倾点9 ℃～21 ℃[b]
取样时含水	重新取样	重新取样	重新取样	按6.5.3规定干燥	
重新取样后仍含水[c]	依照6.5.2规定干燥				

[a] 在特定情况下，样品也可以在低于20 ℃下贮存，见6.3.3。

[b] 如样品在环境温度下为(半)固体，见9.3.2。

[c] 如已知样品含水，可省略重新取样步骤，直接按6.5.2和6.5.3干燥样品。

6.2.1.1 0组：将样品瓶的温度调整至5 ℃以下，最好将经冷却的液体样品装入样品瓶中，并弃去初始样品。如果不可能实现，例如所采取的样品处于环境温度，则将所采取的样品置于预先冷却至低于5 ℃的样品瓶中，并以搅动最小的方式进行取样。立即用密合的塞子封好样品瓶，并将其置于冰浴或冰箱中。

6.2.1.2 1组：按照6.2.1.1所述，在10 ℃以下采取样品，如果不可能实现，例如所采取的样品处于环境温度，则将所采取的样品置于预先冷却至低于10 ℃的样品瓶中，并以搅动最小的方式进行取样。立即用密合的塞子封好样品瓶。

警告：不要完全充满并紧密封合冷的样品瓶，因受热后有可能会造成样品瓶破裂。

6.2.1.3 2组、3组和4组：在环境温度下采取样品，取样后立即用密合的塞子封好样品瓶。

6.2.1.4 如果实验室收到的样品是其他人采取的，不知其取样过程是否符合6.2的规定，可假设样品的取样符合要求。

6.3 样品贮存

6.3.1 如果取样后不立即开始试验，样品应按6.3.2、6.3.3、6.3.4和表2的规定进行贮存。所有样品在贮存时应避开阳光直射及热源。

6.3.2 0组：样品应贮存在低于5 ℃的冰箱中。

6.3.3 1组和2组：样品应在低于10 ℃的温度下贮存。

注：如果在低于10 ℃温度下贮存样品的条件不具备或不充分，只要操作人员能确保样品容器紧密封合且无泄漏，则样品也可在低于20 ℃的温度条件下贮存。

6.3.4 3组和4组：样品可在环境温度或低于环境温度的条件下贮存。

6.4 分析前的样品处理

6.4.1 在打开样品瓶之前，样品应经处理调整至表2所规定的温度。

6.4.1.1 0组：在打开样品瓶之前，样品应调整至低于5 ℃。

6.4.1.2 1组和2组：在打开样品瓶之前，样品应调整至低于10 ℃。

6.4.1.3 3组和4组：如果在环境温度下样品不呈液态，在分析之前应将其加热至高于其倾点(按GB/T 3535或SH/T 0771测定)9 ℃～21 ℃。如果试样在贮存过程中有部分或完全固化，在打开样品瓶之前，在样品熔化后应将其剧烈摇动使其均匀。

6.4.1.4 如果样品在环境温度下不呈液态，则表3中所规定的蒸馏烧瓶和样品的温度范围不适用。

表 3 仪器准备

项 目	0 组	1 组	2 组	3 组	4 组
蒸馏烧瓶/mL	100	125	125	125	125
蒸馏用温度计编号	GB-46	GB-46	GB-46	GB-46	GB-47
蒸馏用温度计范围	低	低	低	低	高
蒸馏烧瓶支板孔径/mm	A 32	B 38	B 38	C 50	C 50
试验开始时温度					
蒸馏烧瓶/℃	0～5	13～18	13～18	13～18	不高于环境温度
蒸馏烧瓶支板和防护罩	不高于 环境温度	不高于 环境温度	不高于 环境温度	不高于 环境温度	—
接收量筒和 100 mL 试样的温度/℃	0～5	13～18	13～18	13～18[a]	13～环境温度[a]

[a] 见 9.3.2 中的特殊情况。

6.5 含水样品

6.5.1 如果待测样品含有可见的水，则不适于测定。如果样品含水，应另取一份无悬浮水的样品。

6.5.2 0 组、1 组和 2 组：如果不能得到无悬浮水的样品，可按如下所述除去样品中的悬浮水：将样品保持在 0 ℃～10 ℃之间，每 100 mL 样品中加入约 10 g 的无水硫酸钠，振荡混合物约 2 min，然后将混合物静置约 15 min。当样品中无可见悬浮水时，用倾析法倒出样品，将其保持在 1 ℃～10 ℃之间待分析之用。在结果报告中应注明试样曾用干燥剂干燥过。

注：对 1 组和 2 组浑浊样品中的悬浮水采用加入无水硫酸钠，然后用倾析法将液体样品与干燥剂分离的方法，除去悬浮水，此脱水步骤对试验结果不会造成显著的影响。

6.5.3 3 组和 4 组：如果没有不含水的样品，可将含悬浮水的样品与无水硫酸钠或其他合适的干燥剂一起振荡，用倾析法将样品从干燥剂中分离出来，以除去悬浮的水。在结果报告中应注明试样曾用干燥剂干燥过。

7 仪器准备

7.1 参考表 3 准备仪器，对应指定的组别选择合适的蒸馏烧瓶、温度测量装置和蒸馏烧瓶支板。将接收量筒、蒸馏烧瓶和冷凝浴(见第 9 章试验条件)调节到规定温度。

7.2 采取任何必要的措施，使冷凝浴和接收量筒的温度保持在规定的温度下。接收量筒应浸没在一个冷却浴中，并使浸入液面至少达到量筒的 100 mL 刻线，也可将整个接收量筒用空气循环室包围起来。

7.2.1 0 组、1 组、2 组和 3 组：用作低温浴的合适介质包括，但不限于：碎冰和水、冷冻的盐水、冷冻的乙二醇等。

7.2.2 4 组：用于环境温度或高于环境温度的浴的合适介质包括，但不限于：冷水、热水或加热的乙二醇等。

7.3 用缠在细绳或铁丝上的无绒软布将冷凝管内的残留液体除去。

8 校准和标准化

8.1 温度测量系统

使用所规定的玻璃水银温度计以外的温度测量系统时，其温度滞后、露出液柱影响和精度应与规定的玻璃水银温度计相同。应在不超过 6 个月的时间间隔对这些温度测量系统的校准予以验证，并且在系统进行更换或修理后也需校验。

8.1.1 使用标准精密电阻对电路和/或算法的精度和校准进行验证。当进行验证时,不可采用算法对温度滞后和露出液柱的影响进行修正(见仪器说明书)。

8.1.2 对温度测量装置的校验可按本方法1组的要求对甲苯进行蒸馏,并与表4中规定的50%回收温度相比较。

表4 校验液真实沸点和用本方法测得50%回收体积时的最低沸点和最高沸点[a]

<table>
<tr><th colspan="2" rowspan="3">项 目</th><th colspan="2">手 动 法</th><th colspan="2">自 动 法</th></tr>
<tr><th colspan="2">用本方法测得50%回收体积时</th><th colspan="2">用本方法测得50%回收体积时</th></tr>
<tr><th>最低沸点/℃</th><th>最高沸点/℃</th><th>最低沸点/℃</th><th>最高沸点/℃</th></tr>
<tr><td rowspan="2">甲苯</td><td>真实沸点/℃</td><td colspan="4">1组、2组和3组</td></tr>
<tr><td>110.6</td><td>105.9</td><td>111.8</td><td>108.5</td><td>109.7</td></tr>
<tr><td rowspan="2">十六烷</td><td>真实沸点/℃</td><td colspan="4">4组</td></tr>
<tr><td>287.0</td><td>272.2</td><td>283.1</td><td>277.0</td><td>280.0</td></tr>
<tr><td colspan="6">a 本表所列用手动法和自动法得到的温度值,在99%样本范围和95%公差区间内,其公差约为3σ。</td></tr>
</table>

8.1.2.1 如果在所使用的相关仪器中测定的温度读数未达到表4规定的值(见8.1.2.2注和表4),则认为此温度测量装置不合格,不能用于本方法。

注:采用甲苯作校验液,它对电子温度测量系统模拟玻璃液体温度计温度滞后的程度无法给出任何信息。

8.1.2.2 应使用分析纯的甲苯和十六烷作为校验液。但只要可确保不会降低本方法的测定精度,也可使用其他级别的试剂。

注:使用局浸温度计测量时,甲苯在101.3 kPa时的参考沸点为110.6 ℃,十六烷在101.3 kPa时的参考沸点为287.0 ℃。由于本方法使用的温度计是在全浸条件下校正的,一般来说测定结果会偏低,并受温度计类型和测量状况的影响,不同支的温度计的测定结果也会不同。

8.1.3 测定温度滞后的步骤详见附录B。

8.1.4 估计露出液柱影响的步骤参见附录C。

8.1.5 采用十六烷对温度测量系统的高温校准进行验证。在50%回收体积时,温度测量系统应显示与表4中4组的蒸馏条件和相关仪器所对应温度相当的温度结果。

注:由于十六烷的熔点高,采用4组的校验蒸馏过程需在冷凝温度大于20 ℃的条件下进行。

8.2 自动方法

8.2.1 液位跟踪器:自动蒸馏测定仪中的液位跟踪器或记录装置对5 mL和100 mL之间各体积应有0.1 mL或更好的分辨率,最大误差为0.3 mL。应根据仪器说明书,在不超过3个月的时间间隔对仪器的校准进行验证,并在系统经过更换和修理后也需进行校验。

注:典型的校验步骤应包括当接收量筒中分别有5 mL和100 mL样品时输出值的校验。

8.2.2 大气压:自动仪器测量的大气压读数应用5.6规定的气压计进行校验,校验周期不应超过6个月,在系统经过更换或修理之后也需进行校验。

9 试验步骤

9.1 记录环境大气压。

9.2 0组、1组和2组:将低温范围温度计,用密合软木塞或硅酮橡胶塞或由其他相当的聚合材料制成的塞子,紧紧地装配在样品容器的颈部,并使样品的温度达到表3规定的温度。

9.3 0组、1组、2组、3组和4组:按表3的规定检查样品温度,精确量取试样至接收量筒的100 mL刻线处，然后将试样尽可能全部转移至蒸馏烧瓶中，注意不能有液体流到蒸馏烧瓶支管中。

注：使试样温度与接收量筒周围冷却浴的温度差尽可能小是很重要的，5 ℃温差就会造成 0.7 mL 体积的差异。

9.3.1 3 组和 4 组：在环境温度下如果样品不是液态，在分析之前应将样品加热至高于其倾点（按 GB/T 3535或 SH/T 0771 测定）9 ℃～21 ℃之间。在待测阶段如果样品部分或全部呈固态，应在样品熔化之后剧烈振荡，以确保样品均匀。

9.3.2 如果 3 组和 4 组样品在环境温度下不是液态，则不用参考表 3 中规定的接收量筒和试样的温度范围。在分析前，将接收量筒加热到与样品温度基本相同。将加热的样品精确地倒至接收量筒 100 mL 刻线处，然后将接收量筒中的试样尽可能全部转移至蒸馏烧瓶中，确保没有试样流入蒸馏烧瓶支管。

注：转移中任何物质的挥发都会引起损失。在接收量筒中的任何残留物质都会影响初馏点时观测到的回收体积。

9.4 如果试样预期会出现不规则沸腾（突沸），可向试样中加入少量沸石。在任何蒸馏过程中均可加入少量沸石。

9.5 通过 5.4 规定的紧密配合装置将温度传感器定位于蒸馏烧瓶颈部的中心位置。如果使用温度计，用硅酮橡胶塞或由其他相当的聚合材料制成的塞子，使温度计感温泡位于瓶颈的中心，温度计毛细管的底端应与蒸馏烧瓶支管内壁底部的最高点齐平（见图 4）。如果使用热电偶或电阻温度计，应根据仪器说明书进行装配（见图 5）。

注：如果在与中心定位装置相配合的表面使用了真空脂，其用量应尽可能少。

9.6 用密合的软木塞、硅酮橡胶塞或由其他相当的聚合材料制成的塞子，将蒸馏烧瓶支管紧紧地与冷凝管相连。调节蒸馏烧瓶使其处于直立的位置，并使蒸馏烧瓶支管伸到冷凝管内 25 mm～50 mm。升高并调节蒸馏烧瓶支板使其紧紧地接触蒸馏烧瓶的底部。

9.7 将先前量取过试样、未经干燥的接收量筒放入冷凝管末端下方已控温的冷却浴中。冷凝管的末端应位于接收量筒的中心，且伸入量筒中至少 25 mm，但不能低于量筒的 100 mL 刻线。

9.8 初馏点测定

9.8.1 手动法：用一张吸水纸或类似的材料盖住接收量筒，以减少蒸馏中的蒸发损失，用于覆盖的纸或材料应裁为紧贴冷凝管以便将量筒盖严。如果使用接收导流器，使导流器的尖端恰好接触接收量筒内壁；如果未使用接收导流器，应使冷凝管滴液尖端不接触接收量筒内壁。开始蒸馏，注明蒸馏开始时间。观察并记录初馏点，精确至 0.5 ℃。如果未使用接收导流器，当观测到初馏点后，应立即移动接收量筒以使冷凝管滴液尖端接触到量筒内壁。

9.8.2 自动法：采用仪器制造商提供的装置以减少蒸馏过程中的蒸发损失。使接收导流器的尖端恰好接触接收量筒内壁，开始加热蒸馏烧瓶和试样。注明蒸馏开始时间。记录初馏点，精确至 0.1 ℃。

9.9 调整加热，使从开始加热到初馏点的时间间隔符合表 5 的规定。

表 5 试验条件

项 目	0 组	1 组	2 组	3 组	4 组
冷凝浴温度[a]/℃	0～1	0～1	0～5	0～5	0～60
接收量筒周围冷却浴温度/℃	0～4	13～18	13～18	13～18	装样温度±3
从开始加热到初馏点的时间/min	2～5	5～10	5～10	5～10	5～15
从初馏点到 5%回收体积的时间/s 10%回收体积的时间/min	 — 3～4	 60～100 —	 60～100 —	 — —	 — —
从 5% 回收体积到蒸馏烧瓶中 5 mL残留物的均匀平均冷凝速率/(mL/min)	—	4～5	4～5	4～5	4～5

表 5（续）

项　目	0组	1组	2组	3组	4组
从 10%回收体积到蒸馏烧瓶中 5 mL残留物的均匀平均冷凝速率/(mL/min)	4～5	—	—	—	—
从蒸馏烧瓶中 5 mL 残留物到终馏点的时间/min	≤5	≤5	≤5	≤5	≤5

[a] 合适的冷凝浴温度取决于试样蒸馏馏分及其蜡含量，通常情况下只采用一个冷凝温度。冷凝器中蜡的形成缘于 1)馏出物液滴中出现的蜡颗粒；2)蒸馏损失比按照试样初馏点所预估的高；3)不稳定的回收速率；4)用无绒的布擦除残留液体时出现蜡颗粒(见 7.3)。应使用能得到满意操作的最低温度。通常 0 ℃～4 ℃的浴温范围适用于煤油和轻质中间馏分燃料；在某些情况下，中间馏分燃料、重馏分油和类似的馏分可能要保持冷凝浴温度在 38 ℃～60 ℃的范围。

9.10　调整加热，使从初馏点到 5%或 10%回收体积的时间间隔符合表 5 的规定。

9.11　继续调整加热，使从 5%或 10%回收体积到蒸馏烧瓶中残留 5 mL 液体时的均匀平均冷凝速率为 4 mL/min～5 mL/min。

警告：由于蒸馏烧瓶的结构和试验条件，若温度传感器周围的蒸气和液体未达到热力学平衡，蒸馏速率会影响测量的蒸气温度。因此，在整个试验过程中应尽可能保持蒸馏速率均匀。

注：当测定汽油试样时，当蒸气温度达到 160 ℃时，有时会发现冷凝物突然形成不可溶的液体相，并且在温度测量装置上和蒸馏烧瓶的颈部堆积(起泡)。这种现象会伴随蒸气温度的快速下降(大约 3 ℃)和回收速率下降的现象出现。这种现象可能是由于试样中有痕量水所致，一般会持续约 10 s～30 s，之后温度再次回升且冷凝物再次开始平稳地流动。这点通常俗称为“暂停点”。

9.12　若蒸馏过程未能符合 9.9、9.10 和 9.11 的规定，应重新进行蒸馏。

9.13　如果观察到如 3.3 所述的分解点，应停止加热，并按照 9.17 步骤进行。

9.14　在初馏点和终馏点之间，观察并记录计算和报告出规格所要求的，或事先确定的试验结果所需的数据。这些观察到的数据可包括在规定的回收百分数时的温度读数和/或在规定温度读数时的回收百分数。

9.14.1　手动法：记录接收量筒的体积读数，精确至 0.5 mL；记录温度读数，精确至 0.5 ℃。

9.14.2　自动法：记录接收量筒的体积读数，精确至 0.1 mL；记录温度读数，精确至 0.1 ℃。

9.14.3　0 组：如果未指明有特殊的数据要求，记录初馏点、终馏点和从 10%～90%回收体积之间每 10%回收体积倍数时的温度读数。

9.14.4　1 组、2 组、3 组和 4 组：如果未指明有特殊的数据要求，记录初馏点、终馏点和/或干点，在 5%、15%、85%和 95%回收体积时的温度读数，以及 10%～90%回收体积之间每 10%回收体积倍数时的温度读数。

4 组：当用高温范围温度计测量喷气燃料或类似产品时，有关的温度计读数可能会被中心定位装置所遮挡。如果需要这些数据，应按 3 组的规定另做一个蒸馏试验。这样可以用低温范围温度计上的读数代替所遮挡的高温范围温度计上的读数予以报告，但需在试验报告中注明。如果按协议，被遮挡的温度计读数可以放弃，在试验报告中也应注明。

9.14.5　如果试样的蒸馏曲线在规定报告的蒸发体积或回收体积区域出现一个快速变化的斜率，若需报告规定蒸发体积或回收体积时相应的温度读数，记录每 1%回收体积的温度读数。如果对 9.14.3 或 9.14.4 中规定的数据点用式(1)计算的特定区域斜率变化 C 大于 0.6，则认为此斜率变化迅速：

$$C=(C_2-C_1)/(V_2-V_1)-(C_3-C_2)/(V_3-V_2) \quad \cdots\cdots(1)$$

式中：

C_1——测定点前一个体积分数所对应的温度读数，单位为摄氏度(℃)；

C_2——测定点体积分数所对应的温度读数，单位为摄氏度(℃)；

C_3——测定点后一个体积分数所对应的温度读数，单位为摄氏度(℃)；

V_1——测定点前一个体积分数，%；

V_2——测定点体积分数，%；

V_3——测定点后一个体积分数，%。

9.15 当蒸馏烧瓶中残留液体约为 5 mL 时，最后一次调整加热，使蒸馏烧瓶中 5 mL 残留液体蒸馏到终馏点的时间符合表 5 规定的范围。如果未满足此条件，需对最后加热调整进行适当修改，并重新试验。

注：由于蒸馏烧瓶中剩余 5 mL 沸腾液体的时间难以确定，可用观察接收量筒内回收液体的数量来确定。这点的动态滞留量约为 1.5 mL。如果没有轻组分损失，蒸馏烧瓶中 5 mL 的液体残留量可认为对应于接收量筒内 93.5 mL的量。这个量需根据轻组分损失估计值进行修正。

如果实际的轻组分损失与估计值相差大于 2 mL，应重新进行试验。

9.16 根据需要观察并记录终馏点和/或干点，并停止加热。

9.17 加热停止后，使馏出液完全滴入接收量筒内。

9.17.1 手动法：当冷凝管中连续有液滴滴入接收量筒时，每隔 2 min 观察并记录冷凝液体积，精确至 0.5 mL，直至两次连续观察的体积相同。准确测量接收量筒内液体的体积，记录并精确至 0.5 mL。

9.17.2 自动法：仪器将连续监测回收体积，直至在 2 min 之内回收体积的变化小于 0.1 mL，准确记录接收量筒内液体的体积，并精确至 0.1 mL。

9.18 记录接收量筒内液体体积相应的回收百分数。如果由于出现分解点蒸馏提前终止，那么从 100%中减去回收百分数，报告此差值作为残留百分数和损失百分数之和，并省略 9.19 步骤。

9.19 待蒸馏烧瓶冷却之后，且未观察到再有蒸气出现时，从冷凝管上拆下蒸馏烧瓶，将其内容物(沸石除外)倒入一个 5 mL 带刻度量筒中，将蒸馏烧瓶倒悬在量筒之上，让蒸馏烧瓶内液体滴下，直至观察到量筒内的液体体积无明显增加，测量带刻度量筒中液体的体积，精确至 0.1 mL，记作残留百分数。

9.19.1 如果 5 mL 带刻度量筒在 1 mL 以下无刻度，而液体体积不到 1 mL，则先向量筒中加入 1 mL 较重的油，以便较好地测量回收液体的体积。

如果得到的残留物比预期的多，且蒸馏不是在终馏点之前被人为终止的，检查蒸馏过程中加热是否足够，且试验过程中各条件是否满足表 5 的规定，如果没有，应重做试验。

注 1：用本方法测定汽油、煤油和柴油馏分所得蒸馏残留物体积分数的典型值分别是 0.9%～1.2%、0.9%～1.3% 和 1.0%～1.4%。

注 2：本方法不适用于分析含有较多残留物的馏分燃料(见第 1 章)。

9.19.2 0 组：将 5 mL 带刻度量筒冷却至低于 5 ℃，记录带刻度量筒内液体的体积，精确至 0.1 mL，作为残留百分数。

9.19.3 1 组、2 组、3 组和 4 组：记录 5 mL 带刻度量筒内液体的体积，精确至 0.1 mL，作为残留百分数。

9.20 如果需测定规定校正温度读数时的蒸发百分数或回收百分数，则按附录 D 中的规定修改试验步骤。

9.21 检查冷凝管和蒸馏烧瓶支管中的蜡状或固体沉积物，如果有沉积物，按表 5 中的脚注调整后重新试验。

10 计算

10.1 总回收百分数为最大回收百分数(见 9.18)和残留百分数(见 9.19)之和。用 100%减去总回收百分数得到损失百分数。

10.2 不用对大气压作弯月面凹降修正，不用调校大气压至海平面读数。

注：从气压计得到的读数不用修正到标准温度和标准重力下。即使不做这些修正，在地球上两个不同地点的实验室，对同一样品所得的校正温度读数，通常在 100 ℃时相差小于 0.1 ℃。早期几乎所得的所有数据都是在未作标准温度和标准重力修正的大气压下报告的。

10.3 将温度读数修正到 101.3 kPa 标准大气压，每个温度读数的修正值可按式(2)中给出的悉尼扬(Sydney Young)公式得到，或可使用表 6 进行修正：

$$C_c = 0.000\,9(101.3 - P_k)(273 + t_c) \quad \cdots\cdots(2)$$

式中：

C_c——待加(代数和)到观测温度读数上的修正值，单位为摄氏度(℃)；

P_k——在试验当时和当地的大气压，单位为千帕(kPa)；

t_c——观测温度读数，单位为摄氏度(℃)。

将所得修正值对观测温度读数进行修正，并根据所使用的仪器，将结果修约至 0.5 ℃或 0.1 ℃，后续的计算和报告都应使用经过大气压修正的校正温度读数。

注：当产品的定义、规格或当事方协议中明确规定不需要进行大气压修正或修正值是基于其他基础气压时，温度读数不必修正到 101.3 kPa。

表 6 近似的温度读数修正值

温度范围/℃	每 1.3 kPa 压差的修正值[a]/℃
10～30	0.35
>30～50	0.38
>50～70	0.40
>70～90	0.42
>90～110	0.45
>110～130	0.47
>130～150	0.50
>150～170	0.52
>170～190	0.54
>190～210	0.57
>210～230	0.59
>230～250	0.62
>250～270	0.64
>270～290	0.66
>290～310	0.69
>310～330	0.71
>330～350	0.74
>350～370	0.76
>370～390	0.78
>390～410	0.81

[a] 大气压低于 101.3 kPa 时应加上修正值，大气压高于 101.3 kPa 时应减去修正值。

10.4 当温度读数修正到 101.3 kPa 时，将实际损失百分数也修正到 101.3 kPa。校正损失 L_c 用式(3)计算，或可从附录 E 的表 E.1 中读出：

$$L_c = 0.5 + (L - 0.5)/[1 + (101.3 - P_k)/8.0] \quad \cdots\cdots(3)$$

式中：

L_c——校正损失，%；

L——观测损失，%；

P_k——在试验当时和当地的大气压，单位为千帕(kPa)。

用式(4)计算相应的校正回收百分数：

$$R_c = R_{max} + (L - L_c) \tag{4}$$

式中：

R_c——校正回收百分数，%；

R_{max}——最大回收百分数，%；

L——观测损失，%；

L_c——校正损失，%。

10.5 要得到在规定温度读数时对应的蒸发百分数，将损失百分数加到规定温度时得到的每个观测回收百分数上，并报告这些结果作为相应的蒸发百分数，见式(5)：

$$P_e = P_r + L \tag{5}$$

式中：

P_e——蒸发百分数，%；

P_r——回收百分数，%；

L——观测损失，%。

10.6 要得到在规定蒸发百分数时对应的温度读数，如果在规定的蒸发百分数时，没有在0.1%体积内记录的温度数据，可采用下面两个步骤中的任一步骤，并在结果报告中注明是使用了计算法还是图解法。

10.6.1 计算法：先从每个规定的蒸发百分数之中减去观测损失，以得到相应的回收百分数，再用式(6)计算所需的温度读数：

$$T = T_L + (T_H - T_L)(R - R_L)/(R_H - R_L) \tag{6}$$

式中：

T——在规定蒸发百分数时的温度读数，单位为摄氏度(℃)；

T_L——在R_L时记录的温度计读数，单位为摄氏度(℃)；

T_H——在R_H时记录的温度计读数，单位为摄氏度(℃)；

R——与规定蒸发百分数相应的回收百分数，%；

R_H——邻近并高于R的回收百分数，%；

R_L——邻近并低于R的回收百分数，%。

由计算法得到的数值受蒸馏曲线的非线性程度影响，在试验任何阶段连续的数据点之间的间隔不能大于9.14规定的数据间隔。在任何情况下都不要做外推计算。

注：计算法的示例参见附录F。

10.6.2 图解法：使用有均匀细刻线的图纸，将每个经大气压修正(如需要，见10.3)的温度读数，对其相应的回收百分数作图。在0%回收百分数处绘出初馏点。连接各点绘制一条平滑曲线。对每个规定蒸发百分数减去损失百分数得到其相应的回收百分数，从绘制的曲线中得到此回收百分数所对应的温度读数。用图解法内插得到的数据受人为绘制曲线的精确度影响。

10.6.3 对于大部分的自动仪器，温度-体积数据以0.1%体积或更小的间隔采集并储存在存储器中。要报告在规定蒸发百分数时的温度读数，不需使用10.6.1和10.6.2的步骤，从数据库中直接得到与规定蒸发百分数最接近且相差在0.1%体积之内的相应温度。

11 报告

11.1 报告以下内容(报告示例参见附录G)。

11.2 大气压,精确至 0.1 kPa。

11.3 以百分数形式报告所有体积读数。

11.3.1 手动法:精确至 0.5。

11.3.2 自动法:精确至 0.1。

11.4 报告所有温度读数。

11.4.1 手动法:精确至 0.5 ℃。

11.4.2 自动法:精确至 0.1 ℃。

11.4.3 温度读数经大气压修正后,下述数据报告前不需作进一步的计算:初馏点、干点、终馏点、分解点和所有回收百分数相对应的温度读数。

11.4.4 报告中应指明温度读数是否经过大气压修正。

11.5 在温度读数未被修正到 101.3 kPa 时,根据 9.19 和 10.1 分别报告残留百分数和损失百分数。

11.6 计算蒸发百分数时不要采用校正损失。

11.7 当测定试样为汽油或 0 组或 1 组的其他产品,或者试样蒸馏测定的损失百分数大于 2.0%时,建议报告温度读数和蒸发百分数之间的关系。对其他情况,可报告温度读数与蒸发百分数或回收百分数的关系。每份报告应明确指出所采用的对应关系。

手动法:如果结果是以蒸发百分数对温度读数给出的,报告是采用了计算法还是图解法(见 10.6)。

11.8 报告是否使用了 6.5.2 和 6.5.3 中所述的干燥剂。

11.9 附录 F 中表 F.1 为报告数据示例。表中给出了回收百分数所对应的温度读数及校正温度读数的数据,还给出了损失百分数、校正损失及蒸发百分数所对应的校正温度读数的数据。

12 精密度和偏差

12.1 精密度

本标准的精密度是在 26 个实验室对 14 个汽油样品、在 4 个实验室对 8 个煤油样品采用手动法、在 3 个实验室对 6 个煤油样品采用自动法、在 5 个实验室对 10 个柴油样品分别采用手动法和自动法进行实验室统计试验得到的结果所确定的。附录 H 中表 H.1 给出了不同组产品、不同蒸馏方法精密度所处章条及所使用的表的信息。

12.2 温度变化率或斜率

12.2.1 确定一个结果的精密度,通常需确定此点的温度变化率或变化斜率。这个以 S_c 表示的变量等于每回收百分数或每蒸发百分数的温度变化。

12.2.2 对 1 组的手动法和所有组的自动法,初馏点和终馏点的精密度不需要计算温度变化率。

12.2.3 除 12.2.2 和 12.2.4 规定之外,蒸馏过程中任意点的斜率均可用式(7)计算,所使用的数据见表 7。

$$S_c = (T_u - T_L)/(V_u - V_L) \quad \cdots\cdots(7)$$

式中:

S_c——斜率,℃/%;

T_u——较高的温度,单位为摄氏度(℃);

T_L——较低的温度,单位为摄氏度(℃);

V_u——T_u 相应的回收百分数或蒸发百分数,%;

V_L——T_L 相应的回收百分数或蒸发百分数,%。

V_{EP}——终馏点相应的回收百分数或蒸发百分数(见表 7),%。

表 7　确定 S_c 斜率的数据点

%

斜率点[a]	IBP	5	10	20	30	40	50	60	70	80	90	95	EP
T_L 数据点[b]	0	0	0	10	20	30	40	50	60	70	80	90	95
T_U 数据点[c]	5	10	20	30	40	50	60	70	80	90	90	95	V_{EP}
V_U-V_L	5	10	20	20	20	20	20	20	20	20	10	5	$V_{EP}-95$

[a] 在规定回收百分数或蒸发百分数的所求斜率点。

[b] 在相应回收百分数或蒸发百分数所对应的较低温度点。

[c] 在相应回收百分数或蒸发百分数所对应的较高温度点。

12.2.4　如果终馏点出现在95%回收或蒸发百分数之前，终馏点的斜率用式(8)进行计算：

$$S_c=(T_{EP}-T_{HR})/(V_{EP}-V_{HR}) \quad \cdots\cdots(8)$$

式中：

T_{EP}或T_{HR}——下标规定回收百分数的温度，单位为摄氏度(℃)；

V_{EP}或V_{HR}——下标规定的回收百分数，%；

EP——终馏点；

HR——在终馏点之前的最高读数，80%或90%。

12.2.5　对于10%～85%回收百分数之间未列于表7中的数据点，用式(9)计算温度变化率：

$$S_c=0.05(T_{(V+10)}-T_{(V-10)}) \quad \cdots\cdots(9)$$

12.2.6　对1组样品，其精密度数据是基于蒸发百分数数据计算的斜率得到的。

12.2.7　对2组、3组和4组样品，精密度数据(见表9、表10)是基于回收百分数数据计算的斜率得到的。

12.2.8　当结果以回收百分数报告时，计算精密度所用的斜率由回收百分数确定。当结果以蒸发百分数报告时，精密度计算所用斜率由蒸发百分数确定。

12.3　手动法

12.3.1　重复性(95%置信水平)

12.3.1.1　0组：终馏点重复测定的两个结果之差不应超过3.5℃。对每个规定体积分数所对应温度读数重复测定的两个结果之差，不应超过在规定体积分数处相应2 mL馏出液变化所对应的温度变化值。附录I给出了此温度变化值的计算示例。

12.3.1.2　1组：由同一实验室的同一操作者，使用同一仪器，对相同试样所得的连续试验结果之差不应超过表8中规定的值。

12.3.1.3　2组、3组和4组：由同一实验室的同一操作者，使用同一仪器，对相同试样所得的连续试验结果之差不应超过表9中规定的值。

12.3.2　再现性(95%置信水平)

12.3.2.1　0组：再现性未确定。

12.3.2.2　1组：由不同实验室的不同操作者，使用不同仪器，对相同试样所得的两个单一和独立的试验结果之差，不应超过表8中规定的值。

表 8　1组的重复性和再现性

体积分数/%	手动法重复性 r^a/℃	手动法再现性 R^a/℃	自动法重复性 r^a/℃	自动法再现性 R^a/℃
初馏点	3.3	5.6	3.9	7.2
5	$1.9+0.86S_c$	$3.1+1.74S_c$	$2.1+0.67S_c$	$4.4+2.0S_c$
10	$1.2+0.86S_c$	$2.0+1.74S_c$	$1.7+0.67S_c$	$3.3+2.0S_c$

表 8（续）

体积分数/%	手动法重复性 r^a/℃	手动法再现性 R^a/℃	自动法重复性 r^a/℃	自动法再现性 R^a/℃
20	$1.2+0.86S_c$	$2.0+1.74S_c$	$1.1+0.67S_c$	$3.3+2.0S_c$
30～70	$1.2+0.86S_c$	$2.0+1.74S_c$	$1.1+0.67S_c$	$2.6+2.0S_c$
80	$1.2+0.86S_c$	$2.0+1.74S_c$	$1.1+0.67S_c$	$1.7+2.0S_c$
90	$1.2+0.86S_c$	$0.8+1.74S_c$	$1.1+0.67S_c$	$0.7+2.0S_c$
95	$1.2+0.86S_c$	$1.1+1.74S_c$	$2.5+0.67S_c$	$2.6+2.0S_c$
终馏点	3.9	7.2	4.4	8.9
[a] S_c 为依据 12.2 计算得到的斜率。				

12.3.2.3　2 组、3 组和 4 组：由不同实验室的不同操作者，使用不同仪器，对相同试样所得的两个单一和独立的试验结果之差，不应超过表 9 中规定的值。

表 9　2 组、3 组和 4 组重复性和再现性（手动法）

体积分数/%	重复性 r^a/℃	再现性 R^a/℃
初馏点	$1.0+0.35S_c$	$2.8+0.93S_c$
5～95	$1.0+0.41S_c$	$1.8+1.33S_c$
终馏点	$0.7+0.36S_c$	$3.1+0.42S_c$
温度读数相应的体积分数	$0.7+0.92/S_c$	$1.5+1.78/S_c$
[a] S_c 为依据 12.2 计算得到的斜率。		

12.4　自动法

12.4.1　重复性（95%置信水平）

12.4.1.1　0 组：终馏点重复测定的两个结果之差不应超过 3.5 ℃。对每个规定体积分数所对应温度读数重复测定的两个结果之差，不应超过在规定体积分数处相应 2 mL 馏出液变化所对应的温度变化值。附录 I 给出了此温度变化值的计算示例。

12.4.1.2　1 组：由同一实验室的同一操作者，使用同一仪器，对相同试样所得的连续试验结果之差，不应超过表 8 中规定的值。

12.4.1.3　2 组、3 组和 4 组：由同一实验室的同一操作者，使用同一仪器，对相同试样所得的连续试验结果之差不应超过表 10 中规定的值。

表 10　2 组、3 组和 4 组重复性和再现性（自动法）

体积分数/%	重复性 r^a/℃	再现性 R^a/℃
初馏点	3.5	8.5
2	3.5	$2.6+1.92S_c$
5	$1.1+1.08S_c$	$2.0+2.53S_c$
10	$1.2+1.42S_c$	$3.0+2.64S_c$
20～70	$1.2+1.42S_c$	$2.9+3.97S_c$
80	$1.2+1.42S_c$	$3.0+2.64S_c$
90～95	$1.1+1.08S_c$	$2.0+2.53S_c$
终馏点	3.5	10.5
[a] S_c 为依据 12.2 计算得到的斜率。		

12.4.2 **再现性(95%置信水平)**

12.4.2.1 0组:再现性未确定。

12.4.2.2 1组:由不同实验室的不同操作者,使用不同仪器,对相同试样所得的两个单一和独立试验结果之差,不应超过表8中规定的值。

12.4.2.3 2组、3组和4组:由不同实验室的不同操作者,使用不同仪器,对相同试样所得的两个单一和独立试验结果之差,不应超过表10中规定的值。

12.5 偏差

12.5.1 绝对偏差:由于使用全浸式玻璃液体温度计或模拟此玻璃液体温度计的温度传感系统,本方法所得到的蒸馏温度比真实温度稍低一点。偏差的大小取决于被测产品类型和所使用的温度计。

12.5.2 与其他方法的相对偏差:本方法测得的蒸馏特性的经验结果与用ASTM D2892所得实沸点蒸馏曲线结果之间存在偏差。此偏差的大小及其与精密度的关系尚未作过精确的研究。

12.5.3 手动法与自动法的相对偏差:根据采用手动仪器和自动仪器进行试验的实验室间的研究证明,没有统计数据结果可以说明手动法与自动法的测定结果之间存在偏差。

附　录　A
（规范性附录）
仪器的详述

A.1　蒸馏烧瓶

由耐热玻璃制，尺寸和公差见图 A.1。

单位为毫米

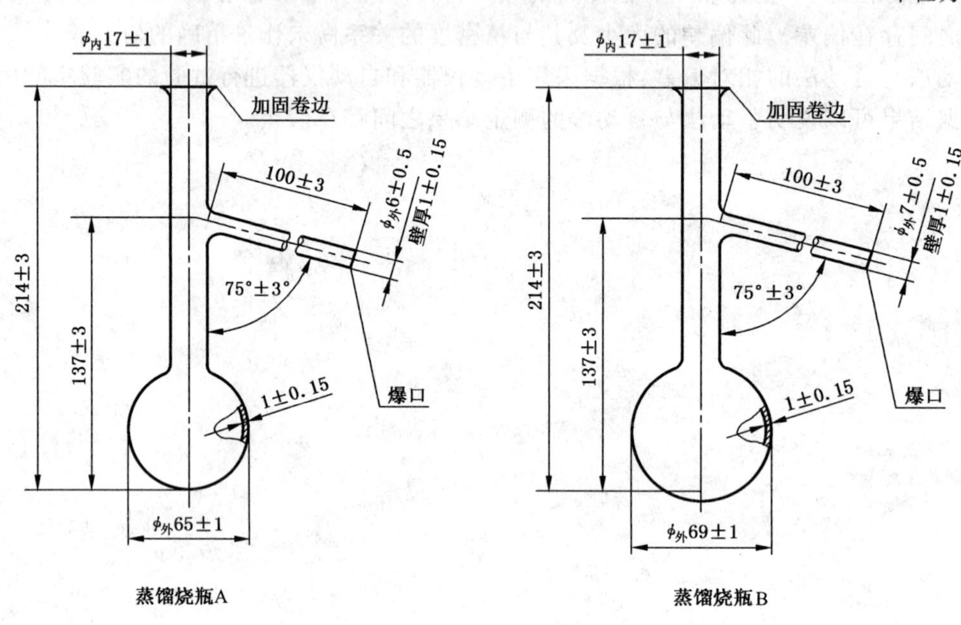

图 A.1　蒸馏烧瓶 A(100 mL)、蒸馏烧瓶 B(125 mL)

注：对于要求测定干点的试验，最好选用瓶底和瓶壁厚度一致、经专门挑选的蒸馏烧瓶。

A.2　冷凝器和冷凝浴

A.2.1　典型的冷凝器和冷凝浴见图 1 和图 2 所示。

A.2.2　冷凝器由无缝防腐的金属管制成，长 560 mm±5 mm，外径 14 mm，壁厚 0.8mm～0.9 mm。

注：黄铜和不锈钢是作为冷凝管的合适材料。

A.2.3　冷凝器应置于能使冷凝管有 393 mm±3 mm 的长度部分与冷却介质相接触的位置。冷凝管露在冷凝浴外的部分，上端长为 50 mm±3 mm，下端长为 114 mm±3 mm。露出的上端管冷凝管设计成与垂直方向呈 75°±3°角，在冷凝浴内的冷凝管可以是直管，也可以是弯曲成任何平滑曲线的曲管。冷凝曲管相对于水平面的平均梯度为 15°±1°，任意 10 cm 长度段的梯度均不能超出 15°±3°的范围。露出的冷凝管下端应设计成向下弯曲，其长为 76 mm，且末端应切成锐角。为使馏出物沿接收量筒壁流下，可采用液滴导流器接在冷凝管出口，或也可使冷凝管下端稍微向后弯曲，以确保其在低于接收量筒顶部 25 mm～32 mm 处与量筒壁相接触。图 A.2 为合适的冷凝管下端结构示意图。

单位为毫米

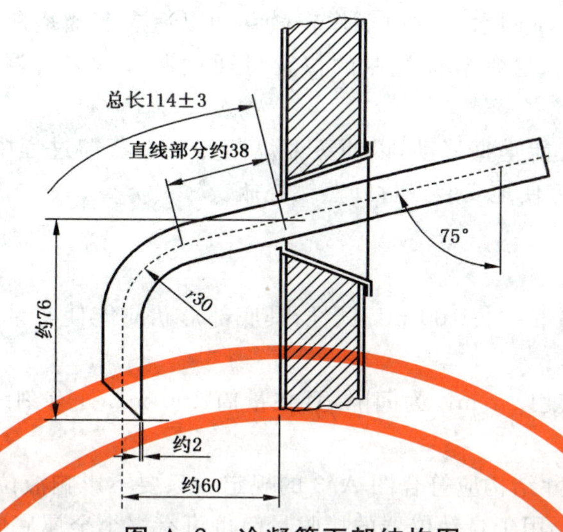

图 A.2 冷凝管下部结构图

A.2.4 冷凝浴的体积和构造依所用的冷却介质而定，浴的冷却能力应足以在冷却过程中维持所规定的温度，从而使冷凝器发挥最佳作用。一个冷凝浴可用于多个冷凝管。

A.3 蒸馏烧瓶使用的金属防护罩或围屏(只用于手动仪器)

A.3.1 用于燃气加热器的防护罩(见图1)：此罩是为给操作人员提供保护用，但在操作过程中需能使操作人员方便地接近加热器和蒸馏烧瓶。通常罩的高为480 mm，长为280 mm，宽为200 mm，由厚度为0.8 mm的金属片制成。此罩至少应开一个窗口，以便在蒸馏末期观察干点。

A.3.2 用于电加热器的防护罩(见图2)：通常罩的高为440 mm，长为200 mm，宽为200 mm，由厚度为0.8 mm的金属片制成，并且在前部开一个窗口。此罩至少应有一个窗口，以便在蒸馏末期观察干点。

A.4 加热器

A.4.1 燃气加热器(见图1)：能够在规定时间内使试样从低温升温至出现第一滴冷凝液，并在规定速率下完成整个蒸馏过程。应配有灵敏的手动控制阀和燃气压力调节器，以便对加热进行更好的控制。

A.4.2 电加热器(见图2)：热阻滞低。

注：能在0 W～1 000 W内调节的电加热器是适合的。

A.5 蒸馏烧瓶支架

A.5.1 第一种类型：第一种类型的蒸馏烧瓶支架用于燃气加热器(见图1)。这种支架可为实验室常用的环形支架，直径为100 mm或更大，支撑在罩内部的托架上，或为在罩外可调节的平台。在环形支架或平台上安装一个由陶瓷或其他耐热材料制成的硬板，板厚3 mm～6 mm，中心开一个76 mm～100 mm直径的孔，其外边缘尺寸稍小于罩的内边缘。

A.5.2 第二种类型：第二种类型的蒸馏烧瓶支架用于电加热器(见图2)。该装置包括一套安放电加热器的可调节系统，在电加热器上方配有放置蒸馏烧瓶支板的装备。整个装置可从罩外进行调节。

A.6 蒸馏烧瓶支板

A.6.1 蒸馏烧瓶支板由3 mm～6 mm厚的陶瓷或其他耐热材料制成。蒸馏烧瓶支板根据中心开孔尺寸的大小分为A、B、C三类，各类尺寸详见表3。蒸馏烧瓶支板的尺寸应足以保证加热蒸馏烧瓶的热量仅来自其中心开孔，而使蒸馏烧瓶其他部位的受热量减至最小。

警告:含石棉的材料不能用于制作蒸馏烧瓶支板。

A.6.2 蒸馏烧瓶支板应能在不同水平方向上作轻微移动以适应蒸馏烧瓶的位置,使蒸馏烧瓶只能通过支板的开孔进行直接加热。通常蒸馏烧瓶的位置可通过调节插入冷凝器的蒸馏烧瓶支管长度来调整。

A.6.3 蒸馏烧瓶支架装置应能垂直移动,以便蒸馏烧瓶支板在蒸馏过程中能直接接触到蒸馏烧瓶的底部。向下移动此装置可以方便地安装或拆卸蒸馏烧瓶。

A.7 接收量筒

A.7.1 接收量筒应能够测量和收集 100 mL 试样,其底部形状应能使空量筒放置在与水平面成 13°角的台面上时不倾覆。

A.7.1.1 手动法:量筒的刻度以 1 mL 为间隔,且在量筒 100 mL 处有刻线。接收量筒的详细结构和公差见图 A.3。

A.7.1.2 自动法:量筒的尺寸结构应符合图 A.3 的规定。只要不影响液位跟踪器的操作,允许在量筒低于 100 mL 的体积处刻线。用于自动仪器的接收量筒也可有一个金属底座。

单位为毫米

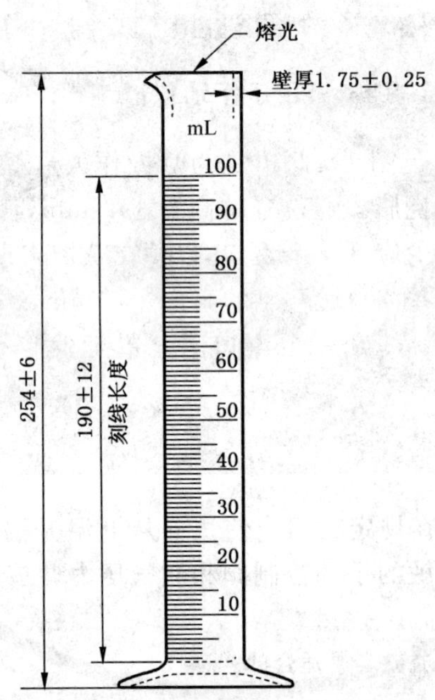

注:容量 100 mL,分度值为 1 mL;容量公差为±1.0 mL。

图 A.3 100 mL 带刻度接收量筒

A.7.2 如果需要,在蒸馏过程中,接收量筒可浸入冷却浴的冷却介质中,浸没深度高于量筒 100 mL 刻线,冷却浴为透明玻璃或透明塑料制的高型烧杯;或者将接收量筒放置于恒温浴空气循环室中。

A.8 残留物量筒

5 mL 带刻度量筒,分度值为 0.1 mL,刻线从 0.1 mL 开始。量筒顶口可卷边。

附 录 B
（规范性附录）
电子温度测量系统与玻璃水银温度计温度滞后时间差异的确定

B.1 概述

电子温度测量装置的响应时间本身比玻璃水银温度计的响应时间更迅速。普通用途的温度测量装置由传感器、外罩和/或电子系统及相关软件组成，其设计模拟了玻璃水银温度计的温度滞后。

B.2 测定方法和样品

B.2.1 为确定这种温度测量装置与玻璃水银温度计的滞后时间差异，对诸如汽油、煤油、喷气燃料或轻柴油的样品，按照本试验方法的规定步骤，使用电子温度测量系统进行分析。在大多数情况下，采用自动仪器的标准蒸馏步骤进行测定。

B.2.2 不要使用单一的纯化合物、馏分范围非常窄的产品或由少于六种化合物组成的合成油进行此试验。

B.2.3 用实验室典型的代表性样品进行试验可得到最好的结果，或使用5％～95％馏程范围至少为100 ℃的全馏程混合物样品进行试验。

B.3 滞后时间差异确定

B.3.1 根据样品的馏程范围，相应选择低温范围或高温范围玻璃水银温度计代替电子温度测量装置。

B.3.2 用玻璃水银温度计重复蒸馏试验，按9.14规定手工记录不同回收百分数下相应的温度。

B.3.3 计算本试验在所观测斜率变化下($\Delta T/\Delta V$)不同温度读数的重复性。

B.3.4 比较使用这两种温度测量装置得到的试验数据，任意点的数据差异应等于或小于该点的重复性。如果此差异大于重复性，应更换电子温度测量装置和/或调整其电子部件。

附 录 C
(资料性附录)
模拟玻璃水银温度计露出液柱影响的步骤

C.1 概述

C.1.1 当使用无露出液柱误差的电子温度传感器或其他温度传感器时,这类传感器或相关的数据系统的输出值应能模拟玻璃水银温度计的测量值。根据自动仪器制造商提供的信息,C.2 中所示的公式正在使用。

C.1.2 C.2.1 中所示公式的应用具有局限性,仅用于提供信息。除了露出液柱的校正之外,电子传感器和相关的数据系统还应模拟玻璃水银温度计温度响应时间的滞后。

C.2 露出液柱校正

C.2.1 在需要使用低温范围玻璃水银温度计(GB-46 号)的情况下,在低于 20 ℃时,不需进行露出液柱校正;高于 20 ℃时,采用式(C.1)计算校正温度:

$$T_{elr}=T_t-0.000\,162\times(T_t-20\ ℃)^2 \qquad \cdots\cdots(C.1)$$

式中:

T_{elr}——低温范围玻璃水银温度计模拟温度,单位为摄氏度(℃);

T_t——温度传感器的实测温度,单位为摄氏度(℃)。

C.2.2 在需要使用高温范围玻璃水银温度计(GB-47 号)的情况下,在低于 35℃时,不需进行露出液柱校正;高于 35℃时,采用式(C.2)计算校正温度:

$$T_{ehr}=T_t-0.000\,131\times(T_t-35\ ℃)^2 \qquad \cdots\cdots(C.2)$$

式中:

T_{ehr}——高温范围玻璃水银温度计模拟温度,单位为摄氏度(℃);

T_t——温度传感器的实测温度,单位为摄氏度(℃)。

附　录　D
（规范性附录）
在规定温度读数时的蒸发百分数或回收百分数测定步骤及精密度计算示例

D.1　概述

许多规格对油品在规定温度读数时的特定蒸发百分数或回收百分数，规定其最大值、最小值或范围。这些数值通常表示为“E×××”或“R×××”，其中“×××”是指规定温度。

D.2　大气压修正

确定大气压，并用10.3中式(2)“t_c=×××℃”计算规定温度读数的修正值：

——手动法：确定修正值，精确至0.5 ℃；

——自动法：确定修正值，精确至0.1 ℃。

D.3　经大气压修正后的预期温度读数

确定经大气压修正之后可得到“×××℃”的预期温度读数。如果大气压高于101.3 kPa，在所需修正的温度上加上修正值的绝对值得到预期值；如果大气压低于101.3 kPa，在所需修正的温度上减去修正值的绝对值得到预期值。

D.4　蒸馏

依D.5和D.6所述，按照第9章的规定进行蒸馏。

D.5　手动法测定步骤

D.5.1　在D.3确定的所需预期温度读数约±10 ℃的范围内，以1%体积的间隔记录温度-体积读数。

D.5.2　如果蒸馏的目的仅是为了确定“E×××”或“R×××”，则在所需温度范围之外再收集至少2 mL馏出物后停止蒸馏。否则应按第9章的规定继续蒸馏，并按10.1的规定测定损失百分数。

D.5.2.1　如果蒸馏的目的是为确定“E×××”，且在所需温度范围之外又收集到2 mL馏出物后蒸馏终止，待馏出物完全滴落到接收量筒中。使蒸馏烧瓶中的内容物冷却至约低于40 ℃后，将该内容物倒入接收量筒中。记录接收量筒中试样的体积，精确至0.5 mL，直至在2 min内两次连续观测值一致。

D.5.2.2　将D.5.2.1所得接收量筒中的试样体积作为总回收百分数，用100%减去总回收百分数得到试样的损失百分数。

D.6　自动法测定步骤

D.6.1　在D.3确定的所需预期温度读数约±10 ℃的范围内，以0.1%体积或更小的间隔记录温度-体积数据。

D.6.2　按照第9章的规定，继续蒸馏试验，且依据10.1的规定测定损失百分数。

D.7　计算

D.7.1　手动法：如果未得到由D.3计算的准确温度时的回收百分数读数，可用相邻两个读数通过内差方法来确定所需温度的回收百分数。10.6.1所述的线性计算法或10.6.2所述的图解法都可使用。该回收百分数等于“R×××”。

D.7.2　自动法：报告相应于最接近预期温度读数的观测体积，精确至0.1%体积。此值即为回收百分数“R×××”。

D.7.3 手动和自动方法：根据D.7.1或D.7.2及10.5中式(5)所述，将回收百分数“R×××”加上损失百分数，便可确定“E×××”。

根据11.6规定，计算蒸发百分数时不要使用校正损失。

D.8 精密度确定

D.8.1 尚未直接在实验室间进行统计试验确定在规定温度时的蒸发或回收百分数的测定精密度。在规定温度时的蒸发或回收百分数的测定精密度相当于该点温度测量的精密度除以温度对蒸发或回收百分数的变化率。斜率值高则估测的精密度会较差。

D.8.2 按照12.2规定，用式(7)和包括所需温度在内的温度值，计算温度读数变化率或斜率 S_c。

D.8.3 用斜率 S_c 以及表8、表9或表10中的数据，计算温度测定的重复性 r 或再现性 R。

D.8.4 用式(D.1)和式(D.2)确定在规定温度时的蒸发或回收百分数测定的重复性和再现性：

$$r_{(V\%)}=r/S_c \qquad \text{(D.1)}$$

$$R_{(V\%)}=R/S_c \qquad \text{(D.2)}$$

式中：

$r_{(V\%)}$——在规定温度时的蒸发或回收百分数测定重复性，%；

$R_{(V\%)}$——在规定温度时的蒸发或回收百分数测定再现性，%；

r——在观测蒸发或回收百分数时所对应的温度测定的重复性，单位为摄氏度(℃)；

R——在观测蒸发或回收百分数时所对应的温度测定的再现性，单位为摄氏度(℃)；

S_c——在规定温度时的每蒸发或回收百分数的温度变化率，℃/%。

D.9 精密度计算示例

D.9.1 表D.1给出了使用自动仪器测定1组样品得到的蒸馏数据。

表D.1 自动法测定1组样品的蒸馏特性数据

回收体积/mL	温度/℃	93.3℃时的回收体积/mL
		18.0
10	84	
20	94	
30	103	
40	112	
蒸发体积/mL	温度/℃	93.3℃时的蒸发体积/mL
		18.4
10	83	
20	94	
30	103	
40	111	

D.9.2 用自动法测定1组样品，在93.3℃测定得到的蒸发百分数的再现性确定如下：

D.9.2.1 首先根据式(D.3)确定在期望温度时的斜率：

$$S_c(℃/\%)=0.1\times(T_{20}-T_{10})$$

$$=0.1\times(94-83)=1.1 \qquad \text{(D.3)}$$

D.9.2.2 用表8按式(D.4)确定 R 值，即观测蒸发百分数时所对应温度测定的再现性，此时观测蒸发百分数是18.4%：

$$R(℃) = 3.3 + 2.0S_c$$
$$= 3.3 + 2.0 \times 1.1 = 5.5 \qquad \text{(D.4)}$$

D.9.2.3 从计算的 R 值，根据 D.8.4 的规定按式(D.5)确定在 93.3 ℃时蒸发百分数测定的再现性 $R_{(V\%)}$：

$$R_{(V\%)}(\%) = R/S_c$$
$$= 5.5/1.1 = 5.0 \qquad \text{(D.5)}$$

附　录　E
（资料性附录）
根据观测损失和大气压确定校正损失数据表

可用表 E.1 中所列的数据根据观测损失和大气压确定校正损失。

表 E.1 根据观测损失和大气压确定校正损失

	大气压/kPa																							
从	76.1	80.9	84.5	87.3	89.6	91.5	93.1	94.1	95.5	96.4	97.2	97.9	98.4	98.9	99.5	100.0	100.4	100.8	101.2	101.5	102.0	102.4	102.8	103.2
到	80.8	84.4	87.2	89.5	91.4	93.0	94.0	95.4	96.3	97.1	97.8	98.3	98.8	99.4	99.9	100.3	100.7	101.1	101.4	101.9	102.3	102.7	103.1	103.5
观测损失/%	校正损失/%																							
整数位																								
0	0.37	0.35	0.33	0.31	0.29	0.27	0.25	0.23	0.20	0.18	0.16	0.14	0.13	0.11	0.09	0.06	0.04	0.02	−0.00	−0.02	−0.06	−0.09	−0.13	−0.17
1	0.63	0.65	0.67	0.69	0.71	0.73	0.75	0.78	0.80	0.82	0.84	0.86	0.87	0.89	0.92	0.94	0.96	0.98	1.00	1.03	1.06	1.09	1.13	1.17
2	0.89	0.95	1.01	1.08	1.14	1.20	1.26	1.33	1.40	1.46	1.52	1.57	1.62	1.68	1.75	1.81	1.87	1.94	2.00	2.08	2.17	2.27	2.38	2.51
3	1.15	1.25	1.36	1.46	1.57	1.67	1.77	1.88	1.99	2.09	2.19	2.28	2.37	2.47	2.58	2.69	2.79	2.90	3.00	3.13	3.29	3.45	3.63	3.84
4	1.41	1.56	1.70	1.84	1.99	2.14	2.28	2.43	2.59	2.73	2.87	3.00	3.12	3.26	3.41	3.56	3.70	3.85	4.00	4.18	4.40	4.63	4.89	5.18
5	1.68	1.86	2.04	2.23	2.42	2.61	2.79	2.98	3.19	3.37	3.55	3.71	3.87	4.05	4.25	4.44	4.62	4.81	5.00	5.23	5.51	5.81	6.14	6.52
6	1.94	2.16	2.39	2.61	2.84	3.08	3.30	3.53	3.78	4.01	4.23	4.42	4.62	4.84	5.08	5.31	5.53	5.77	6.00	6.28	6.63	6.99	7.40	7.86
7	2.20	2.46	2.73	3.00	3.27	3.55	3.80	4.08	4.38	4.65	4.90	5.14	5.37	5.63	5.91	6.18	6.44	6.73	7.00	7.33	7.74	8.17	8.65	9.20
8	2.46	2.76	3.07	3.38	3.70	4.02	4.31	4.63	4.98	5.28	5.58	5.85	6.12	6.41	6.74	7.06	7.36	7.69	8.00	8.38	8.86	9.35	9.90	10.53
9	2.72	3.07	3.41	3.76	4.12	4.49	4.82	5.18	5.57	5.92	6.26	6.56	6.87	7.20	7.57	7.93	8.27	8.65	9.00	9.43	9.97	10.53	11.16	11.87
10	2.98	3.37	3.76	4.15	4.55	4.96	5.33	5.73	6.17	6.56	6.94	7.28	7.62	7.99	8.41	8.81	9.19	9.60	10.00	10.48	11.08	11.71	12.41	13.21
11	3.24	3.67	4.10	4.53	4.97	5.43	5.84	6.28	6.77	7.20	7.61	7.99	8.37	8.78	9.24	9.68	10.10	10.56	11.00	11.53	12.20	12.89	13.67	14.55
12	3.50	3.97	4.44	4.92	5.40	5.90	6.35	6.83	7.36	7.84	8.29	8.71	9.12	9.57	10.07	10.56	11.02	11.52	12.00	12.59	13.31	14.07	14.92	15.89
13	3.76	4.27	4.78	5.30	5.83	6.36	6.86	7.39	7.96	8.47	8.97	9.42	9.86	10.36	10.90	11.43	11.93	12.48	13.00	13.64	14.43	15.25	16.17	17.22
14	4.03	4.58	5.13	5.69	6.25	6.83	7.36	7.94	8.56	9.11	9.64	10.13	10.61	11.15	11.74	12.31	12.85	13.44	14.00	14.69	15.54	16.43	17.43	18.56
15	4.29	4.88	5.47	6.07	6.68	7.30	7.87	8.49	9.15	9.75	10.32	10.85	11.36	11.93	12.57	13.18	13.76	14.40	15.00	15.74	16.66	17.61	18.68	19.90

表 E.1（续）

	大气压/kPa																							
从	76.1	80.9	84.5	87.3	89.6	91.5	93.1	94.1	95.5	96.4	97.2	97.9	98.4	98.9	99.5	100.0	100.4	100.8	101.2	101.5	102.0	102.4	102.8	103.2
到	80.8	84.4	87.2	89.5	91.4	93.0	94.0	95.4	96.3	97.1	97.8	98.3	98.8	99.4	99.9	100.3	100.7	101.1	101.4	101.9	102.3	102.7	103.1	103.5
观测损失/%	校正损失/%																							
整数位																								
16	4.55	5.18	5.81	6.45	7.10	7.77	8.38	9.04	9.75	10.39	11.00	11.56	12.11	12.72	13.40	14.06	14.68	15.36	16.00	16.79	17.77	18.79	19.94	21.24
17	4.81	5.48	6.16	6.84	7.53	8.24	8.89	9.59	10.35	11.03	11.68	12.27	12.86	13.51	14.23	14.93	15.59	16.31	17.00	17.84	18.88	19.97	21.19	22.58
18	5.07	5.78	6.50	7.22	7.96	8.71	9.40	10.14	10.94	11.66	12.35	12.99	13.61	14.30	15.07	15.80	16.50	17.27	18.00	18.89	20.00	21.15	22.44	23.91
19	5.33	6.08	6.84	7.61	8.38	9.18	9.91	10.69	11.54	12.30	13.03	13.70	14.36	15.09	15.90	16.68	17.42	18.23	19.00	19.94	21.11	22.33	23.70	25.25
20	5.59	6.39	7.18	7.99	8.81	9.65	10.41	11.24	12.14	12.94	13.71	14.41	15.11	15.88	16.73	17.55	18.33	19.19	20.00	20.99	22.23	23.51	24.95	26.59
小数位																								
0.0	0.00	0.00	0.00	0.00	0.00	0.00	0.00	0.00	0.00	0.00	0.00	0.00	0.00	0.00	0.00	0.00	0.00	0.00	0.00	0.00	0.00	0.00	0.00	0.00
0.1	0.03	0.03	0.03	0.04	0.04	0.05	0.05	0.06	0.06	0.06	0.07	0.07	0.07	0.08	0.08	0.09	0.09	0.10	0.10	0.11	0.11	0.12	0.13	0.13
0.2	0.05	0.06	0.07	0.08	0.09	0.09	0.10	0.11	0.12	0.13	0.14	0.14	0.15	0.16	0.17	0.17	0.18	0.19	0.20	0.21	0.22	0.24	0.25	0.27
0.3	0.08	0.09	0.10	0.12	0.13	0.14	0.15	0.17	0.18	0.19	0.20	0.21	0.22	0.24	0.25	0.26	0.27	0.29	0.30	0.32	0.33	0.35	0.38	0.40
0.4	0.10	0.12	0.14	0.15	0.17	0.19	0.20	0.22	0.24	0.26	0.27	0.29	0.30	0.32	0.33	0.35	0.37	0.38	0.40	0.42	0.45	0.47	0.50	0.54
0.5	0.13	0.15	0.17	0.19	0.21	0.23	0.25	0.28	0.30	0.32	0.34	0.36	0.37	0.39	0.42	0.44	0.46	0.48	0.50	0.53	0.56	0.59	0.63	0.67
0.6	0.16	0.18	0.21	0.23	0.26	0.28	0.31	0.33	0.36	0.38	0.41	0.43	0.45	0.47	0.50	0.52	0.55	0.58	0.60	0.63	0.67	0.71	0.75	0.80
0.7	0.18	0.21	0.24	0.27	0.30	0.33	0.36	0.39	0.42	0.45	0.47	0.50	0.52	0.55	0.58	0.61	0.64	0.67	0.70	0.74	0.78	0.83	0.88	0.94
0.8	0.21	0.24	0.27	0.31	0.34	0.38	0.41	0.44	0.48	0.51	0.54	0.57	0.60	0.63	0.67	0.70	0.73	0.77	0.80	0.84	0.89	0.94	1.00	1.07
0.9	0.24	0.27	0.31	0.35	0.38	0.42	0.46	0.50	0.54	0.57	0.61	0.64	0.67	0.71	0.75	0.79	0.82	0.86	0.90	0.95	1.00	1.06	1.13	1.20

附 录 F
（资料性附录）
报告数据的计算示例

F.1 数据和计算示例

F.1.1 用于下述计算示例的蒸馏数据列于表 F.1 中。

表 F.1 报告数据示例

样品编号：
分析日期：
仪器型号：
备 注：自动法

大气压：98.6 kPa
试验者：

回收百分数/%	大气压		计算法/图解法	
	观测值 98.6 kPa	修正后 101.3 kPa		
	温度读数/℃	校正温度读数/℃	蒸发百分数/%	校正温度读数/℃
初馏点	25.5	26.2	5	26.7
5	33.0	33.7	10	34.1
10	39.5	40.3	15	40.7
15	46.0	46.8	20	47.3
20	54.5	55.3	30	65.7
30	74.0	74.8	40	84.9
40	93.0	93.9	50	101.9
50	108.0	108.9	60	116.9
60	123.0	124.0	70	134.1
70	142.0	143.0	80	156.0
80	166.5	167.6	85	168.4
85	180.5	181.6	90	182.8
90	200.4	201.6	95	202.4
终馏点	215.0	216.2		
最大回收百分数/% 残留百分数/% 损失百分数/%	94.2 1.1 4.7	95.3 1.1 3.6		

F.1.2 用式(F.1)将温度读数修正到 101.3 kPa 标准大气压(见 10.3)：

$$修正值(℃)=0.000\,9(101.3-98.6)(273+t_c) \quad\cdots\cdots(F.1)$$

F.1.3 用式(F.2)将损失百分数修正到 101.3 kPa 标准大气压(见 10.4)，计算数据见表 F.1。

$$校正损失(\%)=0.5+(4.7-0.5)/\{1+(101.3-98.6)/8.0\}=3.6 \quad\cdots\cdots(F.2)$$

F.1.4 用式(F.3)将最大回收百分数修正到 101.3 kPa 标准大气压[见 10.4 中式(4)]：

$$校正回收百分数(\%)=94.2+(4.7-3.6)=95.3 \quad \cdots\cdots(F.3)$$

F.2 在规定蒸发百分数时的温度读数计算

F.2.1 在10%蒸发百分数(观测损失4.7%,即5.3%回收百分数)(见10.6.1)时的校正温度读数按式(F.4)计算：

$$T_{10E}(℃)=33.7+[(40.3-33.7)(5.3-5)/(10-5)]=34.1 \quad \cdots\cdots(F.4)$$

F.2.2 在50%蒸发百分数(45.3%回收百分数)(见10.6.1)时的校正温度读数按式(F.5)计算：

$$T_{50E}(℃)=93.9+[(108.9-93.9)(45.3-40)/(50-40)]=101.9 \quad \cdots\cdots(F.5)$$

F.2.3 在90%蒸发百分数(85.3%回收百分数)(见10.6.1)时的校正温度读数按式(F.6)计算：

$$T_{90E}(℃)=181.6+[(201.6-181.6)(85.3-85)/(90-85)]=182.8 \quad \cdots\cdots(F.6)$$

F.2.4 未修正到101.3 kPa标准大气压的90%蒸发百分数(85.3%回收百分数)(见10.6.1)时的温度读数按式(F.7)计算：

$$T_{90E}(℃)=180.5+[(200.4-180.5)(85.3-85)/(90-85)]=181.7 \quad \cdots\cdots(F.7)$$

附 录 G
（资料性附录）
报告格式说明

报告格式说明见图G.1和图G.2。

"回收百分数"报告表　　　　实验室：

日期：	
时间：	
试验者：	

环境温度/℃	
大气压/kPa	
冷凝浴温度/℃	
接收量筒周围冷却浴温度/℃	

回收百分数/%		校正温度读数/℃	时间或速率
	IBP		
	5		
	10		
	15		
	20		
	25		
	30		
	35		
	40		
	45		
	50		
	55		
	60		
	65		
	70		
	75		
	80		
	85		
	90		
5 mL残留			
	95		
	FBP		

回收百分数			
残留百分数			
总回收百分数			
损失百分数		校正损失	
校正回收百分数		校正总回收百分数	

注：

说明：
- 试验开始时的环境温度
- 试验开始时的环境大气压
- 在蒸馏过程中的任意点，在温度观测同时，在接收量筒中观测到的冷凝物体积，用试样装样体积分数表示
- 修正到101.3 kPa标准大气压的温度测量装置的读数
- 1组、2组和3组：5 min～10 min，4组：5 min～15 min
- 1组和2组：60 s～100 s
- 从5%回收体积到蒸馏烧瓶中5 mL残留物的均匀平均冷凝速率为4 mL/min～5 mL/min
- 蒸馏烧瓶中达到5 mL残留物时，在接收量筒中观测到的冷凝物体积
- 到达终馏点时接收量筒中观测到的冷凝物体积
- 最大回收百分数
- 用试样装样体积分数表示的蒸馏烧瓶中残留物的体积
- 最大回收百分数和蒸馏烧瓶中的残留百分数之和
- 从蒸馏烧瓶中5 mL残留物到终馏点的时间≤5 min
- 100%减总回收百分数
- 经大气压修正的最大回收百分数
- 经大气压修正的损失百分数
- 经大气压修正的最大回收百分数与残留百分数之和

图G.1　回收百分数报告表

"蒸发百分数"报告表　　　　实验室：

日期：	
时间：	
试验者：	

环境温度/℃	
大气压/kPa	
冷凝浴温度/℃	
接收量筒周围冷却浴温度/℃	

回收百分数/%		校正温度读数/℃	时间或速率	蒸发百分数/%	规定蒸发百分数下的温度读数/℃
	IBP			IBP	
	5			5	
	10			10	
	15			15	
	20			20	
	25			25	
	30			30	
	35			35	
	40			40	
	45			45	
	50			50	
	55			55	
	60			60	
	65			65	
	70			70	
	75			75	
	80			80	
	85			85	
	90			90	
5 mL残留					
	95			95	
	FBP			FBP	

回收百分数			
残留百分数			
总回收百分数			
损失百分数		校正后损失	
校正回收百分数		校正总回收百分数	

注：

说明框：

- 试验开始时的环境温度
- 试验开始时的环境大气压
- 在蒸馏过程中的任意点，在温度观测同时，在接收量筒中观测到的冷凝物体积，用试样装样体积分数表示
- 修正到101.3 kPa标准大气压的温度测量装置的读数
- 回收百分数与损失百分数的和
- 用计算法或图示法得到的，温度测量装置在规定蒸发百分数条件下测定的温度
- 0组：2 min～5 min
1组、2组和3组：5 min～10 min
4组：5 min～15 min
- 1组和2组：60 s～100 s
- 0组：从初馏点到10%回收体积的时间为3 min～4 min
0组、1组、2组、3组和4组：从5%或10%回收体积到蒸馏烧瓶中5 mL残留物的均匀平均冷凝速率为4 mL/min～5 mL/min
- 蒸馏烧瓶中达到5 mL残留物时，在接收量筒中观测到的冷凝物体积
- 到达终馏点时，接收量筒中观测到的冷凝物体积
- 最大回收百分数
- 用试样装样体积分数表示的蒸馏烧瓶中残留物的体积
- 最大回收百分数和蒸馏烧瓶中的残留百分数之和
- 从蒸馏烧瓶中5 mL残留物到终馏点的时间≤5 min
- 100%减总回收百分数
- 经大气压修正的最大回收百分数
- 经大气压修正的损失百分数
- 经大气压修正的最大回收百分数和残留百分数之和

图 G.2　蒸发百分数报告表

附 录 H
（资料性附录）
重复性和再现性确定的指示信息

表 H.1 提供了本标准中确定重复性和再现性所使用的表和相关章条的信息。

表 H.1 重复性和再现性确定的指示信息

组 别	方 法	所应用的表或章条	
		重复性	再现性
0 组	手动法	12.3.1.1	12.3.2.1
	自动法	12.4.1.1	12.4.2.1
1 组	手动法	表 8	表 8
	自动法	表 8	表 8
2 组、3 组和 4 组	手动法	表 9	表 9
	自动法	表 10	表 10

附 录 I
（规范性附录）
0组样品的重复性确定

I.1 重复性要求

对每个规定体积分数所对应温度读数重复测定所得的两个结果之差，不应超过在规定体积分数处相应 2 mL 馏出液变化所对应的温度变化值。

I.2 重复性确定

I.2.1 在 V 体积时，对于第一次测定，在 V 体积之前或之后 2 mL 体积处所测定的两个温度读数与 V 体积处温度读数之差 d，可按式(I.1)或式(I.2)确定：

$$d_1 = | T_{1(V-2)} - T_{1(V)} | \quad \cdots\cdots (I.1)$$

$$d_2 = | T_{1(V+2)} - T_{1(V)} | \quad \cdots\cdots (I.2)$$

I.2.2 对于第二次测定，相应两个温度读数之差 d，可按式(I.3)或式(I.4)确定：

$$d_3 = | T_{2(V-2)} - T_{2(V)} | \quad \cdots\cdots (I.3)$$

$$d_4 = | T_{2(V+2)} - T_{2(V)} | \quad \cdots\cdots (I.4)$$

式中：

$T_{X(V)}$——第 X 次测定所得 V 体积所对应的温度读数，单位为摄氏度(℃)；

$T_{X(V-2)}$——第 X 次测定所得 V 体积之前 2 mL 即($V-2$)体积所对应的温度读数，单位为摄氏度(℃)；

$T_{X(V+2)}$——第 X 次测定所得 V 体积之后 2 mL 即($V+2$)体积所对应的温度读数，单位为摄氏度(℃)。

I.2.3 可按式(I.5)确定这四个 d 值中的最小值：

$$d_{min} = d_1、d_2、d_3 \text{ 和 } d_4 \text{ 中的最小值} \quad \cdots\cdots (I.5)$$

I.2.4 对 V 体积分数所对应温度读数重复测定所得的两个结果，如果符合式(I.6)要求，则认为满足重复性规定：

$$| T_{1(V)} - T_{2(V)} | \leqslant d_{min} \quad \cdots\cdots (I.6)$$

ICS 75.100
E 34

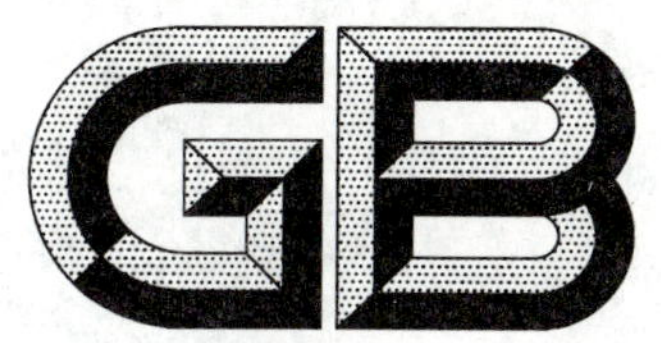

中华人民共和国国家标准

GB/T 6538—2010
代替 GB/T 6538—2000

发动机油表观黏度的测定 冷启动模拟机法

Determination of apparent viscosity of engine oils using the cold-cranking simulator

2010-09-02 发布 2010-12-01 实施

中华人民共和国国家质量监督检验检疫总局
中国国家标准化管理委员会 发布

前　言

本标准修改采用美国试验与材料协会标准 ASTM D5293:2004《使用冷启动模拟机测定发动机油－5 ℃～－35 ℃表观黏度的标准方法》。

本标准根据 ASTM D5293:2004 重新起草。

为了适合我国国情,本标准在采用 ASTM D5293:2004 时进行了修改。本标准与 ASTM D5293:2004 的主要差异如下:

——本标准将名称修改为《发动机油表观黏度的测定　冷启动模拟机法》;

——本标准在规范性引用文件中引用了我国相应的国家标准;

——本标准增加了可用无水乙醇作为冷却剂的相关内容;

——本标准未采用 ASTM D5293:2004 第 6 章中图 1、图 2 和图 3;

——本标准将有关自动仪器和全自动仪器的相关内容进行合并描述;

——本标准将 ASTM D5293:2004 中第 5 章"意义和用途"的内容移至"引言"中;章条编号作相应改动。

本标准代替 GB/T 6538—2000《发动机油表观黏度测定法(冷启动模拟机法)》。

本标准与 GB/T 6538—2000 相比主要变化如下:

——本标准的名称修改为《发动机油表观黏度的测定　冷启动模拟机法》;

——本标准扩大了测量范围;

——本标准的校准油数量由 10 个扩充到 13 个;

——本标准补充了手动仪器的操作注意事项;

——本标准删除了使用水银作为导热介质的内容;

——本标准增加了电子制冷仪作为冷却系统,并补充电子制冷系统自身冷却系统的水温控制点;

——本标准修改并增加了自动仪器的测定精密度;

——本标准增加了参考文献。

本标准的附录 A 为规范性附录。

本标准由全国石油产品和润滑剂标准化技术委员会提出。

本标准由全国石油产品和润滑剂标准化技术委员会石油燃料和润滑剂分技术委员会归口。

本标准起草单位:中国石油化工股份有限公司润滑油分公司。

本标准主要起草人:郑光、周波、王宏伟。

本标准所代替标准的历次版本发布情况为:

——GB/T 6538—1986;GB/T 6538—2000。

引　言

汽车发动机油的CCS表观黏度与低温下发动机的启动性有关。CCS表观黏度不适合于预测发动机油泵和润滑油分配系统中润滑油的低温流动性。发动机启动性的数据是通过美国协调研究委员会(CRC)L-49使用一系列参考油试验测得的，该参考油在－17.8 ℃下的黏度介于600 mPa·s～8 400 mPa·s之间，在－28.9 ℃时的黏度在2 000 mPa·s和20 000 mPa·s之间。这种发动机启动性试验结果与CCS表观黏度之间更为详细的关系在1967T版的ASTM D2602试验方法的附录X1和附录X2及CRC 409报告中可以见到。因为CRC L-49试验远不如CCS程序精确和标准，所以CCS表观黏度无需精确地预测一个样品在指定的发动机中的启动性能。然而，CCS表观黏度与平均的L-49发动机启动性试验结果基本吻合。

CCS表观黏度与发动机启动性之间的关系是通过在－1 ℃～－40 ℃温度下对17个商品油的研究得出的（这些油的SAE黏度等级分别为5 W，10 W，15 W和20 W）。研究中同时评价了合成型与矿物型的润滑油产品。参见ASTM STP 621。

轻负荷发动机低温启动性和用CCS测量得到的表观黏度之间的相关性研究是通过在－5 ℃～－40 ℃温度下用10台20世纪90年代生产的发动机对6个商品油的试验得出的。（这些油的SAE黏度等级分别为0 W，5 W，10 W，15 W，20 W和25 W）。

发动机油表观黏度的测定
冷启动模拟机法

1 范围

1.1 本标准规定了发动机油表观黏度的实验室测定方法。

1.2 本标准适用于在－5 ℃～－35 ℃范围内，剪切应力约为 50 000 Pa～100 000 Pa，剪切速率为 $10^5\ s^{-1}$～$10^4\ s^{-1}$，黏度在 500 mPa·s～25 000 mPa·s 的发动机油。仪器的测定范围取决于仪器的型号和所安装的软件版本。本标准提供了用冷启动模拟机(CCS)测定发动机油表观黏度的手动和自动两种步骤。

1.3 附录 A 是用于测定高黏弹性样品的专用步骤。

1.4 本标准采用[SI]国际单位制单位。

1.5 本标准涉及某些有危险的材料、操作和设备，但并未对与此有关的所有安全问题都提出建议。因此，用户在使用本标准之前有必要建立适当的安全和防护措施，并确定相关规章限制的适用性。

2 规范性引用文件

下列文件中的条款通过本标准的引用而成为本标准的条款。凡是注日期的引用文件，其随后所有的修改单(不包括勘误的内容)或修订版均不适用于本标准，然而，鼓励根据本标准达成协议的各方研究是否可使用这些文件的最新版本。凡是不注日期的引用文件，其最新版本适用于本标准。

GB/T 4756 石油液体手工取样法(GB/T 4756—1998，eqv ISO 3710:1988)

3 术语和定义

下列术语和定义适用于本标准。

3.1

牛顿油 Newtonian oil

牛顿液 Newtonian fluid

在任何剪切速率下其黏度均为一恒定值的油或液体。

3.2

非牛顿油 non-Newtonian oil

非牛顿液 non-Newtonian fluid

黏度值随剪切应力或剪切速率的变化而改变的油或液体。

3.3

黏度 viscosity

在一定的应力下液体流动的内部阻力，可用式(1)表示为：

$$\eta=\tau/\gamma \qquad (1)$$

式中：

η——黏度；

τ——单位面积上的应力；

γ——剪切速率。

注：有时称其为动力黏度系数。该系数用来衡量液体流动阻力的大小。在国际单位制中黏度的单位是帕斯卡·秒(Pa·s)；在实际中，更方便通用的是毫帕斯卡·秒(mPa·s)，1 毫帕斯卡·秒(mPa·s)＝1 厘泊(cP)。

3.4

表观黏度 apparent viscosity

应用本标准方法测定得到的黏度。

注：由于许多发动机油在低温条件下是非牛顿液，其表观黏度会随剪切速率而变化。

3.5

校准油 calibration oils

具有已知黏度和黏温性的油品，用于确定黏度与CCS转子速度之间的校正关系。

3.6

试验油 test oil

使用本方法测定其表观黏度的油品。

3.7

黏弹性油 viscoelastic oil

在转子运转期间，会沿转子轴向上爬的非牛顿油或非牛顿液。

4 方法概要

用直流电机驱动一个与定子紧密配合的转子，在转子和定子的空隙间充满样品，通过调节流过定子的冷却剂的流量来维持试验温度，并在靠近定子内壁处测定这一温度。校正直流电机的转速使之作为黏度的函数。由校正的结果和直流电机的转速来确定样品的黏度。

5 仪器

5.1 本方法采用两类仪器：手动CCS(见5.2)和自动CCS(见5.3)。

5.2 手动CCS：包括一个驱动定子中转子的直流电动马达；一个转子转速探测器或测定转子速度的转速计；一个直流安培计和微电流调节旋钮；一个可将温度控制在设定温度上下0.05 ℃范围内的定子温度控制系统和一个与温度控制系统配合使用的冷却剂循环器。

5.3 自动CCS：包括5.2中描述的CCS，以及计算机，计算机接口和自动进样系统。在自动CCS中因为采用了新样品冲洗黏度池的方法来顶替原有样品，故未采用手动CCS用溶剂清洗样品池时用于加热的热乙醇(或甲醇)循环器。

注：在一些CCS仪器中，采用固态电子温控制冷系统。

5.4 校正过的热电偶：置于定子内表面的附近，用于测量试验温度。

5.5 制冷系统：为冷却剂提供冷量，使其温度低于试验温度至少10 ℃。最好使用机械制冷，但干冰制冷系统也可以取得满意的效果。CCS与制冷机之间的连接管要尽可能的短且要有隔热措施。

注：也可采用热电制冷取代机械制冷。

温度探头与定子上的热电偶插孔之间要传热良好；定期清洗热电偶插孔并更换一小滴高含银的导热介质。调节冷却剂的温度使黏度池的温度至少低于试验温度10 ℃。

注：若使用装有热电冷却系统的仪器制冷，循环系统(冷却器)中使用的水或其他合适的液体的冷却温度应当设定到5 ℃左右，以保持试样的试验温度不变。

在使用干冰制冷系统时，应先在黏度池中放一个低黏度的样品并启动CCS马达，调节安装在冷却剂循环系统上的阀门，来确保使用干冰系统的最适宜的温度控制。

5.6 冷却剂：无水乙醇(或无水甲醇)如果由于在高湿度条件下使用而使无水乙醇(或无水甲醇)吸水，就要用新的无水乙醇(或无水甲醇)来替换，以确保温度控制的可靠，尤其是用干冰冷却时。

5.7 可选用的冷却剂循环器：使用该配件(仅对手动CCS而言)给定子提供热的乙醇(或甲醇)有利于试样的替换和溶剂的挥发。

6 试剂与材料

6.1 丙酮:分析纯。

警告:丙酮为易燃试剂,使用中应注意安全。

6.2 无水乙醇:分析纯。用作冷却剂。

警告:乙醇为易燃试剂,其蒸气有害,使用中应注意安全和防护。

6.3 无水甲醇:分析纯。用作冷却剂。

警告:甲醇为易燃试剂,使用中应注意安全和防护。

6.4 石油醚:分析纯,60 ℃~90 ℃。

警告:石油醚为易燃试剂,使用中应注意安全。

6.5 校准油:具有已知黏度和黏温性能的低浊点牛顿油。在规定温度下的近似的黏度值列于表1中,准确黏度值见具体校准油。

表1 校准油

校准油	近似[a]的黏度/(mPa·s)						
	−5 ℃	−10 ℃	−15 ℃	−20 ℃	−25 ℃	−30 ℃	−35 ℃
CL-10							1 700
CL-12					800	1 600	3 200
CL-14					1 600	3 250[b]	7 000[c]
CL-16					2 500	5 500	11 000
CL-19				1 800	3 500[b]	7 400[c]	17 000
CL-22			1 300	2 500	5 100	11 000	
CL-25			1 800	3 500[b]	7 400[c]	17 200	
CL-28		1 200	2 500	5 000	9 300		
CL-32		1 800	3 500[b]	7 300[c]	15 900		
CL-38		2 900	5 800[c]	13 000			
CL-48	2 300	4 500[b]	9 500	21 000			
CL-60	3 700	7 400[c]	15 600				
CL-74	6 000[b]	12 000					

a 具体精确数值从校准油供应商处得到。

b 用于CCS-2B或CCS-4/5仪器及3.X或5.X版本的软件进行校正的校准油。

c 用于CCS-4/5仪器及4.X或6.X版本的软件进行校正的校准油。

7 安全注意事项

7.1 在无水乙醇(或无水甲醇)、丙酮和石油醚的使用中应注意防范毒性和可燃性。

7.2 如果无水乙醇(或无水甲醇)从仪器中泄漏出来,在继续试验前应对泄漏进行修理。

8 取样

按照GB/T 4756方法进行取样,以获得有代表性的无悬浮固体物质和水的样品。当容器中的样品温度低于室内的露点温度时,应在打开容器前将样品加热到室温。如果样品中有悬浮的固体物质则应使用过滤器或离心机以除去大于5 μm的固体颗粒。不可振动样品,否则会导致空气的进入,产生错误的黏度结果。

9 校正

9.1 手动CCS的校正

9.1.1 在启用新仪器或更换黏度池部件及驱动部件(马达、皮带、转速计等)时,均要求测定马达的电流。最初,要每个月重复检查马达的电流(在9.1.2中具体讲述),直到马达电流的改变量在连续的几个月里小于0.020 A,此后的每三个月检查一次。

9.1.2 测定驱动电流:将转速计的插头接在与之相吻合的"CAL"(校正)插口上,并按照第10章中所讲述的那样在−20 ℃的温度下运行3 500 mPa·s的黏度标准样。当驱动马达转动时,通过调节电流微调旋钮,在速度表上获得0.240±0.010的读数。后续任何温度下的所有的校正和试验都要保持这一电流常数。当为了保持0.240±0.010的读数而必须改变电流值时,仪器要按照9.1.3中描述的那样重新校正。

9.1.3 校正步骤:在每个温度下按第11章的内容使用表1规定的校准油进行校正。

当被测液体的黏度范围很窄时,最少可以使用三个包括被测样品黏度范围的校准油。

9.1.4 校正曲线的准备:在双对数坐标纸或专用的线性图形纸上绘制转速读数与校准油黏度对应关系的光滑曲线。尽可能使已建立的各点达到最佳的拟合。绘制得不好的曲线将会导致大量的错误产生。图1为一条典型的曲线。也可使用9.1.4.1中的方程作为绘图法的一个替代方法。

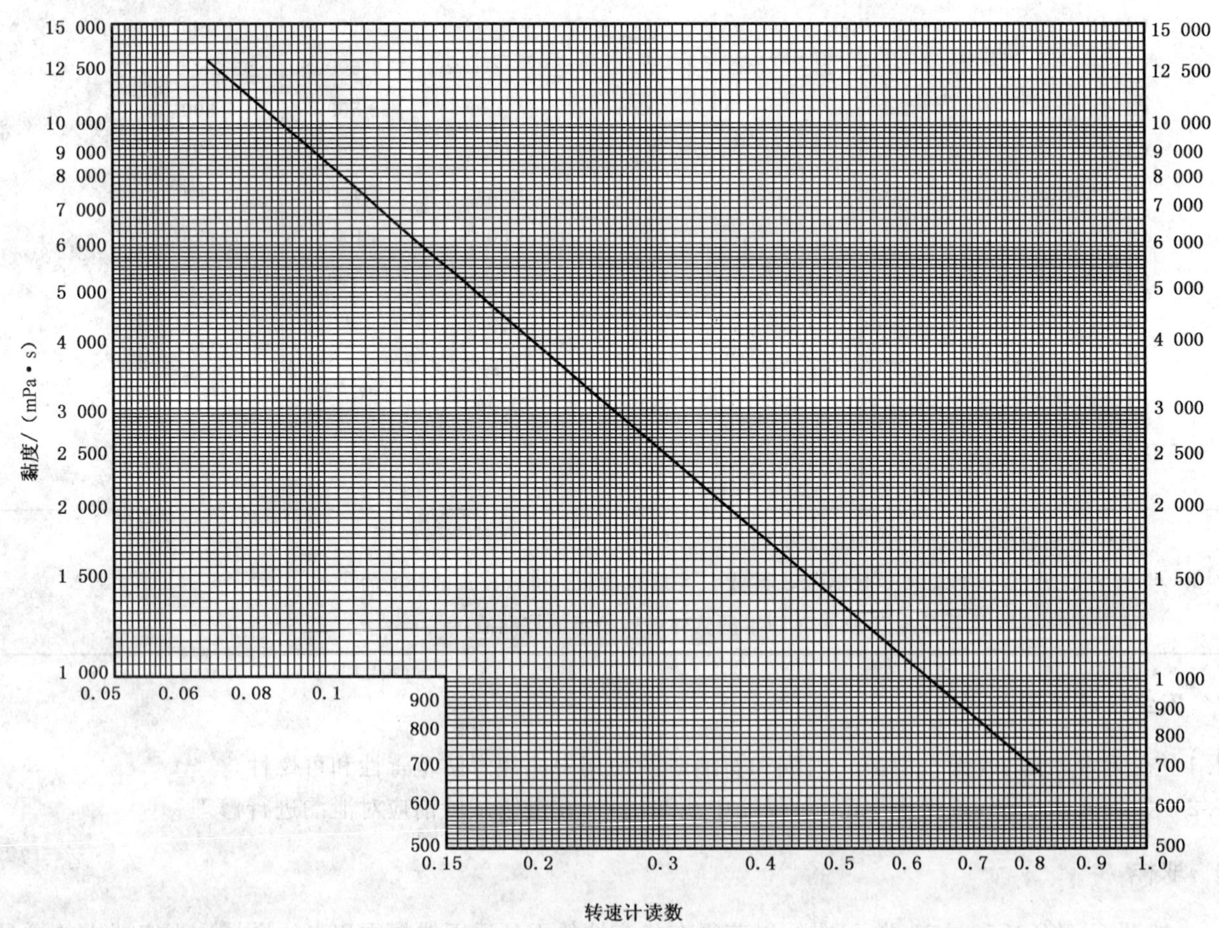

图1 典型的校正曲线

9.1.4.1 作为替代方法的方程计算表达式:在有限的黏度范围之内的校正数据能够很好地遵从式(2)。

$$\eta = b_0/N + b_1 + b_2 N \quad \cdots\cdots(2)$$

式中：

η——黏度；

b_0,b_1,b_2——用不少于3个校准油测定的常数；

N——观察到的转速计读数。

9.1.4.2 当有三组以上的数据可供使用时，将这些数据代回到式(3)的方程计算常数值 b_0，b_1 和 b_2 的值：

$$\eta N = b_0 + b_1 N + b_2 N^2 \qquad (3)$$

9.1.5 当用一个校准油检查时，如果与由校正曲线计算的数值相差超出±5%，要重新检查温度探头的校正并重新运行校准油。

注：在每个温度下都应有独立的曲线和方程，然而，如果在两个或多个温度下校正的数据适合于一条曲线或方程而没有偏差，该曲线或方程就可用于这些温度。

9.2 自动CCS的校正

9.2.1 在启用新仪器或更换黏度池部件及驱动部件(马达、皮带等)时，均要求测定驱动电流。最初，要每个月重复检查马达的电流(在9.2.2中具体讲述)，直到马达电流的改变量在连续的几个月里小于0.020 A，此后的每三个月检查一次。

9.2.2 马达电流的测定：在－20 ℃条件下按照11章中的步骤运行在－20 ℃时黏度为3 500 mPa·s的校准油。当打开驱动马达时，用电流调节器将转子的转速调节到0.240±0.005的速度读数(在计算机显示器上以“Speed”显示出来)。后续任何温度下的所有的校正和试验都要保持这一电流常数。当使用3 500 mPa·s的黏度校准油在－20 ℃条件下为了保持0.240±0.005的读数而必须改变电流值时，仪器要按照9.2.3中的规定重新校正。

9.2.3 校正步骤：按照第11章的步骤，在每个温度下，使用表1中相应温度下的校准油进行校正。

通常当测定样品的黏度值集中于很窄的黏度范围时，可以最少使用四个包括被测样品黏度范围的校准油。

9.2.4 校正方程：按照9.1.4.1中的规定，计算机程序将每个校准温度下黏度范围内至少四组以上的数据(黏度和速度)进行回归。

9.2.5 当运行校准油进行检查时，如果与储存的校正方程计算的数值相差大于±5%，要重新检查温度探头的校正或重新运行校准油。

10 手动CCS试验步骤

注意：冷却池在整个仪器运行期间应充分搅拌，否则会导致冷却池内部存在较大的温差。这些温差会影响试样的温度，降低黏度测量的精确度。

10.1 建立校正曲线或方程(见第9章)，在进行一系列的测定之前，应使用少量校准油对仪器进行全面的检查，并对每个需要的温度进行校准。当运行作为校正检查(见表1的脚注b)的样品时的驱动电流与在9.1.2中确定的电流之差大于0.005 A时，需对原先按9.1.2步骤测定的电流值进行重新的设定；在运行15 s之后观察并校对电流值。当测定的黏度校准油数值与标称值之差大于±5%时，需重新运行一次以确认观察的正确性。确认后，按9.1.3步骤重新校正。

注：建议每隔6个月使用参考盲样对仪器性能进行全面的检查。

10.2 用一只滴管将试样注入注油管。一定要确保试样充满转子和定子的间隙并将转子以上部分完全充满。用手转动转子确保试样流过时完全浸过了转子和定子的表面。将注样管完全注满，并在管子的一头插上橡胶塞。对于黏弹性的样品来说，当马达启动时(参见10.2.2)，为了阻止试样将橡胶塞从管子中挤出而使黏度池剪切区的试样排空，必须压紧此橡胶塞。附录A为高黏弹性样品提供的专用步骤。

注：有些样品在室温条件下有足够大的黏度，以致于无法流入转子与定子之间的环形面。可以将那些在室温条件

下运动黏度超过 100 mm^2/s 的样品加热后(不要超过 50 ℃)再注入到黏度池中。

10.2.1 打开温度和冷却剂流动控制开关,将定子冷却。确保最佳的温度控制。见 5.5。记录冷却剂流出的时间(使用秒表或其他以秒为单位的计时器)。控制在 30 s～60 s 内达到－20 ℃的试验温度,－30 ℃的试验温度应在 60 s～90 s 内达到。如果没有达到这些要求,应更换无水乙醇(或无水甲醇)(见 5.6)或调节无水乙醇(或无水甲醇)的冷却温度。温度指示仪表及冷却剂循环控制系统的零位温度指示表明达到试验温度。调节用于温度指示的仪表的设置钮,使仪表的读数略在零点的左边一点,这样,当在试验温度下启动马达时,无需做太多的调节。

10.2.1.1 如果达到控制温度的时间过慢,满足不了如上的要求,要更换冷却无水乙醇(或无水甲醇)(见 5.6)或降低冷却无水乙醇(或无水甲醇)的温度(见 5.5)。

10.2.1.2 如果达到控制温度的时间快于上面所要求的时间,应升高冷却无水乙醇(或无水甲醇)的温度以获得更满意的控温效果。

10.2.2 在冷却剂流出 180 s±3 s 后启动马达。

10.2.3 将转速计插头接在标有"CAL"字样的接口上,在马达打开后立即记录转速计的读数。如果转速计的读数升高然后又很快降低到比最高读数小至少 5%的位置,说明在剪切区域可能有残存的溶剂。在温度控制不好(温度计显示表明)时也会发生数字转速计非正常的变化或模拟仪表表针的偏移。最通常的情况是热电偶与定子上的测温孔之间的接触不好。此时应终止运行,抽去试样并按 10.3 的步骤清洗,用新试样按 10.2 的步骤重新运行。

10.2.4 在马达启动后 60 s±5 s 记录转速,在没有使用数字仪表的情况下,模拟仪表的读数估计至最小分度的十分之一。关闭马达和冷却剂控制开关。

10.3 按如下步骤清洗 CCS:

a) 清洗时开启热乙醇(或甲醇)循环器加热定子(35 ℃～45 ℃),保持热乙醇(或甲醇)的流动直到 b)完成;

b) 先用石油醚然后用丙酮清洗转子/定子块(溶剂易燃应小心使用),用真空泵干燥黏度测定池。在干燥的最后阶段,用手转动转子几圈以确保转子和定子之间的间隙是清洁干燥的;

c) 也可按 10.2 中的描述,使用 30 mL 以上的下个样品冲洗黏度池中原有的样品并将其充满,作为 a)和 b)用溶剂清洗的一个替代方法。

10.4 为了防止仪器因偶然开启而造成的损坏,完成全部的试验之后在仪器中保留最后的试样。该试样也可以作为在仪器停用一段时间后的第一个运行的试样。这样可使仪器中电子元件和马达达到预热。在没做新的试样之前,不记录此试样的转速计数据。

11 自动 CCS 试验步骤

11.1 按 9.2 的步骤建立校正方程。

11.2 将试样注满 60 mL 的玻璃瓶,并在计算机上标示出对应的试样编号。

11.2.1 建议在仪器正式工作前,使用校准试样或二级标准油做检查之用。

11.2.2 当测定的校准试样或二级标准油结果超出预期值的±5%时,此结果应值得怀疑。

11.3 计算机程序运行后,新的试样将自动冲洗掉黏度池中原有的试样而不使用溶剂。温度和 CCS 马达的运行将由计算机来控制。转子速度的测定和样品黏度的计算可从计算机屏幕上看到。

无需对黏度池进行加热和溶剂清洗即可进行下一试样的操作。

12 报告

12.1 手动 CCS 报告

从 9.1.4 的曲线或 9.1.4.1 的式(2)中以毫帕斯卡·秒(mPa·s)为单位计算样品的表观黏度,精确到 10 mPa·s,并记录温度。

12.2 自动 CCS 报告

在计算机显示器上直接读出经程序计算的黏度和温度，精确到 10 mPa·s。

13 精密度和偏差

按下述规定判断试验结果的可靠性(95%置信水平)。

13.1 精密度(手动)：

该试验方法的精密度是通过多个不同实验室采用 CCS-2B 仪器的统计结果测定的。使用样品的温度范围为－5 ℃～－30 ℃，黏度范围为 1 560 mPa·s～10 200 mPa·s。

13.1.1 重复性(r)

在同一实验室由同一操作者使用相同仪器，对同一样品连续测得的两个结果之差不应超过平均值的 5.4%。

13.1.2 再现性(R)

在不同的实验室由不同操作者使用不同仪器，对同一样品所测得的两个单一、独立的结果之差不应超过平均值的 8.9%。

13.2 精密度(自动)：

该试验方法的精密度是通过多个不同实验室的统计结果测定的。参与的实验室有 9 家，使用了 10 个发动机油的样品，使用的是装有版本为 4.X 或更高版本软件的 CCS-4/5(自动)分析仪器，所使用的样品的温度范围为－10 ℃～－35 ℃，黏度范围为 2 800 mPa·s～18 000 mPa·s。

13.2.1 重复性(r)

在同一实验室由同一操作者使用相同仪器，对同一样品连续测得的两个结果之差不应超过平均值的 2.6%。

13.2.2 再现性(R)

在不同的实验室由不同操作者使用不同仪器，对同一样品所测得的两个单一、独立的结果之差不应超过平均值的 7.3%。

13.3 偏差

由于低温下发动机油表观黏度仅由此方法定义，故此方法测定发动机油低温表观黏度的步骤没有偏差。

14 关键词

表观黏度；冷启动；启动；发动机油；石油和石油产品；黏度。

附 录 A
（规范性附录）
使用手动 CCS 测定高黏弹性样品的专用步骤

A.1 在低温条件下 CCS 上的样品能表现出不同的特性，进而要求在试验步骤上作相应的变化。在转子启动后，一些高黏弹性的样品会沿着转子轴的方向盘旋。如果样品从剪切区中爬升，转子的速度则会明显地增加。通常使用在注样管（见 10.2）上加橡胶塞的方法就能保证第 10 章中试验步骤顺利进行；然而，具有很高黏弹性的样品一定要使用专用的试验步骤。A.2～A.7 的试验步骤既可以用于黏弹性样品也可以用于非黏弹性样品。在很短的时间里 A.5 比 10.2 的操作步骤要繁琐。由于校正曲线会有轻微的差别，故必须以相同的步骤运行校准油。

A.2 用一只滴管向注样管加入试样，使其充满转子和定子的间隙，让液面漫过转子约 1 mm。当试样从转子的两边溢出时，用手转动转子以确保试样完全浸透了转子和定子的表面。

A.3 将温度和冷却剂控制开关打开，将定子冷却，控制试验温度在 30 s～60 s 达到 −20 ℃；60 s～90 s 达到 −30 ℃。确认好选择的试验温度，开动 CCS 马达运行一个低黏度的样品来设定冷却剂循环器的温度设定值；提供给黏度池的冷却剂的温度应低于试验温度约 10 ℃。温度探头与定子上的测温孔之间必须有良好的传热性。测温孔必须定期清理（见 5.5）。

A.4 将调零旋钮设在略低于试验温度的位置，这样当转子在试验温度下启动时不必过多的调节温度。

A.5 当试验温度到达时，启动计时器（以温度指示仪表和冷却剂循环器的动作为根据），在计时器启动 10 s±2 s 以后，直接向黏度池中加入补充样，以使黏度池完全充满。

A.6 在计时器启动后的 30 s±2 s 开启马达。

A.7 从马达启动后的 10 s±2 s 记录转速计的读数，准确到 0.001 个单位。关闭马达和冷却剂循环控制开关。

A.8 按 10.3 的步骤清洗 CCS。

A.9 测定高黏弹性发动机油表观黏度的精密度没有确定，预计比 13.1 和 13.2 中所确定的要低。

参 考 文 献

［1］ CRC Report No. 409 “Evaluation of Laboratory Viscometers for predicting cranking characteristics of engine oils at −0 ℉ and −20 ℉”, April 1968.

［2］ ASTM D2602 Test method for apparent viscosity of engine oils at low temperature using the Cold-Cranking Simulator.

［3］ ASTM STP 621 Stewart, R. M., “Engine pumpability and crankability tests on commercial ‘W’ grade engine oils compared to bench test results”.

ICS 13.030.01
Z 70

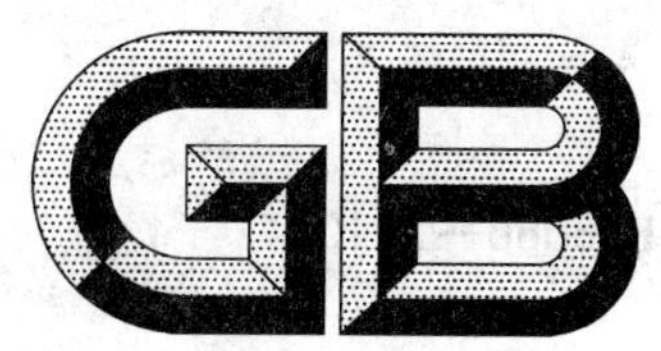

中华人民共和国国家标准

GB 6566—2010
代替 GB 6566—2001

建筑材料放射性核素限量

Limits of radionuclides in building materials

2010-09-02 发布　　2011-07-01 实施

中华人民共和国国家质量监督检验检疫总局
中国国家标准化管理委员会　发布

前　言

本标准中第3章为强制性条款，其余为推荐性条款。

本标准代替GB 6566—2001《建筑材料放射性核素限量》。

本标准与GB 6566—2001相比，主要变化如下：

——将标准适用范围进行了修改；

——删除了原标准中的“检验规则”部分；

——测量不确定度采用《国际计量学基本和通用术语词汇表》中术语定义；

——将原标准中取样量每份不少于3 kg改为每份不少于2 kg；

——仪器中增加了对天平的规定，样品称量精确至0.1 g；

——结果计算保留一位小数；

——按照新的标准编写要求对部分章节进行了调整。

本标准由中国建筑材料联合会提出。

本标准由中国建筑材料联合会归口。

本标准负责起草单位：中国建筑材料科学研究总院、中国疾病预防控制中心辐射防护与核安全医学所、中国建筑材料工业地质勘查中心、中国地质大学（北京）、中国建筑材料检验认证中心。

本标准参加起草单位：国家建筑材料工业放射性及有害物质监督检验测试中心、湖北方圆环保科技有限公司、中核（北京）核仪器厂。

本标准主要起草人：马振珠、韩颖、王南萍、徐翠华、王玉和、李增宽、张永贵。

本标准所代替标准的历次版本发布情况为：

——GB 6566—1986、GB 6566—2000、GB 6566—2001；

——GB 6763—1986、GB 6763—2000。

建筑材料放射性核素限量

1 范围

本标准规定了建筑材料放射性核素限量和天然放射性核素镭-226、钍-232、钾-40放射性比活度的试验方法。

本标准适用于对放射性核素限量有要求的无机非金属类建筑材料。

2 术语和定义

下列术语和定义适用于本标准。

2.1

建筑主体材料 main materials for building

用于建造建筑物主体工程所使用的建筑材料。

2.2

装饰装修材料 decorative materials

用于建筑物室内、外饰面用的建筑材料。

2.3

建筑物 building

供人类进行生产、工作、生活或其他活动的房屋或室内空间场所。根据建筑物用途不同，本标准将建筑物分为民用建筑与工业建筑两类。

2.3.1

民用建筑 civil building

供人类居住、工作、学习、娱乐及购物等建筑物。本标准将民用建筑分为Ⅰ类民用建筑[1]和Ⅱ类民用建筑[2]。

2.3.2

工业建筑 industrial building

供人类进行生产活动的建筑物。如生产车间、包装车间、维修车间和仓库等。

2.4

内照射指数 internal exposure index

建筑材料中天然放射性核素镭-226的放射性比活度与本标准中规定的限量值之比值。

2.5

外照射指数 external exposure index

建筑材料中天然放射性核素镭-226、钍-232和钾-40的放射性比活度分别与其各单独存在时本标准规定的限量值之比值的和。

2.6

放射性比活度 specific activity

物质中的某种核素放射性活度与该物质的质量之比值。

$$表达式:C=\frac{A}{m}$$

---

1) Ⅰ类民用建筑包括如住宅、老年公寓、托儿所、医院和学校、办公楼、宾馆等。

2) Ⅱ类民用建筑包括：如商场、文化娱乐场所、书店、图书馆、展览馆、体育馆和公共交通等候室、餐厅、理发店等。

式中：

C——放射性比活度，单位为贝克每千克（$Bq \cdot kg^{-1}$）；

A——核素放射性活度，单位为贝克（Bq）；

m——物质的质量，单位为千克（kg）。

2.7

测量不确定度　uncertainty of measurement

表征合理地赋予测量之值的分散性，与测量结果相联系的参数。

2.8

空心率　hole rate

空心建材制品的空心体积与整个空心建材制品体积之比的百分率。

3　要求

3.1　建筑主体材料

建筑主体材料中天然放射性核素镭-226、钍-232、钾-40的放射性比活度应同时满足 $I_{Ra} \leqslant 1.0$ 和 $I_r \leqslant 1.0$。

对空心率大于25%的建筑主体材料，其天然放射性核素镭-226、钍-232、钾-40的放射性比活度应同时满足 $I_{Ra} \leqslant 1.0$ 和 $I_r \leqslant 1.3$。

3.2　装饰装修材料

本标准根据装饰装修材料放射性水平大小划分为以下三类：

3.2.1　A类装饰装修材料

装饰装修材料中天然放射性核素镭-226、钍-232、钾-40的放射性比活度同时满足 $I_{Ra} \leqslant 1.0$ 和 $I_r \leqslant 1.3$ 要求的为A类装饰装修材料。A类装饰装修材料产销与使用范围不受限制。

3.2.2　B类装饰装修材料

不满足A类装饰装修材料要求但同时满足 $I_{Ra} \leqslant 1.3$ 和 $I_r \leqslant 1.9$ 要求的为B类装饰装修材料。B类装饰装修材料不可用于Ⅰ类民用建筑的内饰面，但可用于Ⅱ类民用建筑物、工业建筑内饰面及其他一切建筑的外饰面。

3.2.3　C类装饰装修材料

不满足A、B类装修材料要求但满足 $I_r \leqslant 2.8$ 要求的为C类装饰装修材料。C类装饰装修材料只可用于建筑物的外饰面及室外其他用途。

4　试验方法

4.1　仪器

4.1.1　低本底多道γ能谱仪。

4.1.2　天平（感量0.1 g）。

4.2　取样与制样

4.2.1　取样

随机抽取样品两份，每份不少于2 kg。一份封存，另一份作为检验样品。

4.2.2　制样

将检验样品破碎，磨细至粒径不大于0.16 mm。将其放入与标准样品几何形态一致的样品盒中，称重（精确至0.1 g）、密封、待测。

4.3　测量

当检验样品中天然放射性衰变链基本达到平衡后，在与标准样品测量条件相同情况下，采用低本底多道γ能谱仪对其进行镭-226、钍-232、钾-40比活度测量。

4.4 计算

4.4.1 内照射指数

内照射指数，按照式(1)进行计算：

$$I_{Ra}=\frac{C_{Ra}}{200} \quad \cdots\cdots(1)$$

式中：

I_{Ra}——内照射指数；

C_{Ra}——建筑材料中天然放射性核素镭-226的放射性比活度，单位为贝克每千克($Bq \cdot kg^{-1}$)；

200——仅考虑内照射情况下，本标准规定的建筑材料中放射性核素镭-226的放射性比活度限量，单位为贝克每千克($Bq \cdot kg^{-1}$)。

4.4.2 外照射指数

外照射指数按照式(2)计算：

$$I_{r}=\frac{C_{Ra}}{370}+\frac{C_{Th}}{260}+\frac{C_{K}}{4\ 200} \quad \cdots\cdots(2)$$

式中：

I_r——外照射指数；

C_{Ra}、C_{Th}、C_K——分别为建筑材料中天然放射性核素镭-226、钍-232、钾-40的放射性比活度，单位为贝克每千克($Bq \cdot kg^{-1}$)；

370、260、4 200——分别为仅考虑外照射情况下，本标准规定的建筑材料中天然放射性核素镭-226、钍-232、钾-40在其各自单独存在时本标准规定的限量，单位为贝克每千克($Bq \cdot kg^{-1}$)。

4.5 测量不确定度

当样品中镭-226、钍-232、钾-40放射性比活度之和大于37 $Bq \cdot kg^{-1}$时，本标准规定的试验方法要求测量不确定度(扩展因子$k=1$)不大于20%。

4.6 计算结果数字修约后保留一位小数。

5 其他

5.1 材料生产企业按照本标准第3章要求，在其产品包装或说明书中注明其放射性水平类别。

5.2 在天然放射性本底较高地区，单纯利用当地原材料生产的建筑材料产品时，只要其放射性比活度不大于当地地表土壤中相应天然放射性核素平均本底水平的，可限在本地区使用。

ICS 17.220.20
N 20

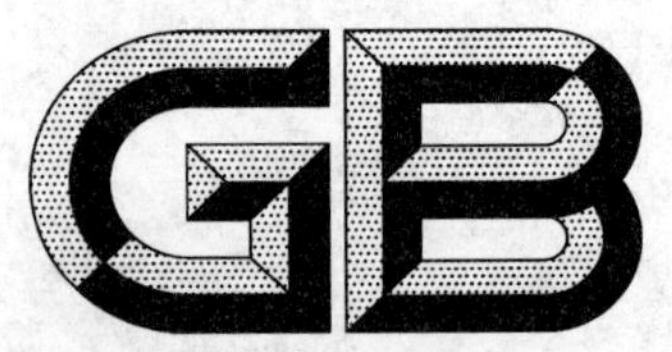

中华人民共和国国家标准

GB/T 6592—2010/IEC 60359:2001
代替 GB/T 6592—1996

电工和电子测量设备性能表示

Electrical and electronic measurement equipment—Expression of performance

(IEC 60359:2001,IDT)

2010-12-01 发布　　2011-05-01 实施

中华人民共和国国家质量监督检验检疫总局
中国国家标准化管理委员会　发布

前言

本标准按照 GB/T 1.1—2009 给出的规则起草。

本标准等同采用 IEC 60359:2001《电工和电子测量设备性能表示》。

本标准代替 GB/T 6592—1996《电工和电子测量设备性能表示》。

本标准与 GB/T 6592—1996 的主要差异如下：

——规范性引用文件方面，只引用了国际电工词汇新版本 IEC 60050-300:2001 和 ISO/IEC GUIDE EXPRES:1995《测量不确定度表示指南》；

——术语方面，删除了与本标准无关的真值、约定真值、固有误差、工作误差、误差极限等术语，增加了被测量、(测量)不确定度、校准、校准图、校准曲线、溯源性、计量特性、不确定度的极限、(仪表的)基本不确定度、仪表的工作不确定度等术语；

——在仪表性能表示上根据"测量不确定度表示指南"(GUM)采用不确定度适应需求；

——使用配合国际电工词汇(IEV)新版本的专有名词；

——在叙述不确定度的极限方面提供更宽而且更正确选择。

本标准由中国机械工业联合会提出。

本标准由全国电工仪器仪表标准化技术委员会(SAC/TC 104)归口。

本标准起草单位：哈尔滨电工仪表研究所、上海计量测试技术研究院、上海英孚特电子技术有限公司。

本标准主要起草人：来磊、薛德晋、王慧武、潘洋、石雷兵。

本标准所代替的历次版本发布情况：

——GB/T 6592—1996。

引　言

跨组织的“测量不确定度表示指南”(GUM)的颁布使得 CIPM[1] 的推荐标准 CI-1981 的建议更加具体，用真值和误差的术语表示测量的精确度和准确度的传统方法显然正在被以不确定度术语表示的方法所取代。真值概念的固有缺陷(由此而产生的误差)无疑使得现行的测量领域越来越依赖于不确定度的概念，尽管有关测量仪表性能标准的主要内容仍然是用传统的术语来描述。计量学的最通常的习惯与标准词汇间差距的扩大促使标准化组织协同其技术委员会对这些出版物进行修订。

这份新版国际标准 IEC 60359 是为了与 GUM 相统一而制定的。在其正式批准的过程中，适逢新版国际电工词汇(IEV)有关测量的章节出版，借此机会本标准和 IEV 中所使用的术语保持一致。

一个仪表的主要性能特性是那些使用该仪表所获得的结果的不确定度。GUM 提供了一种通用术语和一个计算框架用于合成不同来源的不确定度，其本质上是评估作为其他测量量函数的一个量的测量不确定度，而不涉及评估仪表不确定度，亦即用仪表进行各单次直接测量结果的不确定度。GUM 将其作为 B 类不确定度分量处理，从仪表制造商或校准者提供的信息得到，用给定包含因子的扩展不确定度表示。因此，目前本标准在表示和评估仪表不确定度时采用的形式与 GUM 的表达相一致。这说明在描述仪表性能要求时用不确定度极限的术语代替误差极限，也意味着要仔细区分仪表指示值和归因于描述被测量的值的集合。

为此，本标准系统地采用了校准图概念(与 IEV 相一致)。这在描述基本不确定度、改变量与工作不确定度间的相互关系时也是十分有帮助的。顺便提一下，这种区别对于新的测量系统是本质性的，新的测量系统是基于带有内部软件的或使用多于一个输入(多传感器系统)的微处理器的测量系统。概括地说来，这个系统需要不依赖有约束性前提的仪表硬件来处理问题。它们在规定性能特性时也允许有更宽的选择范围。

当然，计量学的术语和概念从历史悠久的传统过渡到现代，很多人将需要一些心理调整，而这种调整是完全必要的，因为从指针-标度盘仪表时代到现代仪表的应用已经跨出了巨大的几步。现行的技术规范中的绝大部分都是用“误差极限”这个术语来写的，有关影响量的建议修正值是否已经包括在内，经常是含混不清的。然而，将现行技规范术转化成符合本标准的术语并不困难，只要消除这种含糊不清，很容易地使老规范和本标准一致，就是将“误差极限”用第 5 章阐述的“仪表不确定度极限”来代替，用本标准的第 5 章提供评估这些极限的方法方面的有关上下文的指示(如果有的话)能满意地调整到本标准给出的定义。

1)　国际计量委员会。

电工和电子测量设备性能表示

1 范围

本标准规定了下列主要涉及工业应用的电工和电子仪表的性能规范：

——测量电参量的指示和记录仪表；

——提供电量的实物量具；

——提供电输出信号的测量链所有环节的非电量电测仪表。

本标准适用于通常在工业应用中稳态条件下(见3.1.15)使用仪表的性能规范。

本标准是基于在GUM中详述的测量不确定度的表示和评估方法，并且引用了GUM用于确定赋值区间来表示不确定度的统计方法(包括在溯源链中不可忽略的不确定度的来源)。

本标准不涉及超出仪表或(测量设备)量程的不确定度的传播，尽管已考虑到超出部分的性能可能通过符合性测试。

本标准目的旨在提供一种方法，以保证标准的规定和确定本标准范围内设备不确定度的一致性。对适用于本标准的特定型式设备所有其他的必要规定由相应的IEC产品标准来规范。

例如：计量特性和测量范围的选择，影响量和规定工作范围的确定由IEC产品标准来规范。

2 规范性引用文件

下列文件对于本文件的应用是必不可少的。凡是注日期的引用文件，仅注日期的版本适用于本文件。凡是不注日期的引用文件，其最新版本(包括所有的修改单)适用于本文件。

IEC 60050-300:2001(所有部分)　国际电工词汇　电工和电子测量方法和测量设备(International electrotechnical vocabulary(IEV)—Electrical and electronic measurements and measuring instruments (all parts))

ISO/IEC GUIDE EXPRES:1995　测量不确定度表示指南(Guide to the expression of uncertainty in measurement)

3 术语和定义

IEC 60050-300:2001界定的以及下列术语和定义适用于本文件。

3.1 基本术语和定义

3.1.1

被测量　measurand

作为测量对象的量，在测量活动过程中由测量系统在假定状态下估计得到。

注1：被测量的值如果不受测量仪表的影响可被称作被测量的未受扰动值。

注2：未受扰动值及与其相关联的不确定度只能通过测量系统和测量与仪表计量特性相互作用的模型来计算，可称为仪表的负载。

3.1.2

测量(结果) (result of a)measurement

赋予单个被测量的值的集合,包括值、对应的不确定度和测量的单位。[IEV 311-01-01,修订版]

注1:区间的中间值被称为被测量(见3.1.3)的值,而其半宽度被称为不确定度(见3.1.4)。[IEV,修订版]

注2:测量结果与仪表的指示值(见3.1.5)和校准得到的修正值有关。[IEV,修订版]

注3:只要与同一个被测量的所有其他测量结果相一致,区间就可以表示被测量。[IEV,修订版]

注4:区间的宽度以及由此而得到的不确定度,以规定的置信水平给出(见3.1.4,注1)。[IEV 修订版]

3.1.3

(测量)值 (measure-)value

指定代表被测量的集合中的中间元素。

注:测量值并不比集合中的其他任何元素更能代表被测量,它被选出仅是为了便于以 $V \pm U$ 的格式表示集合,此处 V 是集合的中间元素,U 是集合的半宽,而非它的极限值。限定词"测量"用来避免与读数值或校准示值发生混淆。

3.1.4

(测量)不确定度 uncertainty(of measurement)

表征合理地赋予被测量之值的分散性,与测量结果相联系的参数。[IEV 311-01-02 VIM3.9]

注1:此参数可以是标准差(或其给定倍数),或是注明置信水平的区间半宽。[IEV,VIM]

注2:测量不确定度一般由多个分量组成。其中一些分量可用一个系列的测量结果的统计分布估计,并用实验标准差表征;另一些分量则可用基于经验或其他信息的假定概率分布估计,也可用标准差表征。[IEV,VIM]

注3:测量结果应理解为被测量之值的最佳估计,全部不确定度分量,包括那些由系统效应引起的,如与修正值和参考标准有关的分量,都对测量结果的分散性有贡献。[IEV,VIM]

注4:本定义及注1和注2来自于GUM条款B.2.18。本标准选择此条款是为了按CUM中的程序用包含因子为2的区间半宽度表示不确定度。这也符合目前许多国家的标准实验室采用的做法。包含因子为2的正态分布相应于95%的置信水平。其他统计分布则有必要建立包含因子和置信水平之间的对应关系。由于这类分布的信息不一定能得到,更可取的方法是给出包含因子。GUM的定义认为区间能够合理地用于描述被测量,因为在最通常的情况下它能以足够高的置信水平确保以相同测量方法测量同一个被测量所得结果的一致性。

注5:根据国际计量委员会CIPM(International Committee for Weights and Measures)文件INC-1和GUM,由统计方法评定得到的不确定度分量称为A类分量,通过其他方法评定得到的不确定度分量称为B类分量。

3.1.5

指示值或读数值 indication or reading-value

仪表的输出信号。[IEV 311-01-07,修订版]

注1:校准示值能够通过校准曲线从指示值中推导得到。[IEV]

注2:对于实物量具,指示值是其名义值或标称值。[IEV]

注3:指示值依赖于仪表的输出形式:

对于模拟输出,它是带有适当显示单位的数字;

对于数字输出,它显示的是数字化的数字;

对于编码输出,它是编码的识别。

注4:对于模拟输出,指的是通过观察者读出(如在仪表标尺上的指针),输出单位是刻度数的单位;对于模拟输出由另一个仪表读出(如校准过的变送器),输出单位是支持输出信号的量的测量单位。

3.1.6

校准 calibration

在规定的条件下,建立指示值与参考标准的测量结果之间关系的一组操作。[IEV 311-01-09]

注1:原则上,指示值和测量结果之间的关系能用一个校准图来表示。

注2:校准应在定义明确的仪表工作条件下实施。如果仪表在超出用于校准的条件下工作,代表其结果的校准图是无效的。[IEV]

注3:常见的,特别当仪表的计量特性根据以往的经验已经充分了解的情况下,为了便于预先确定一个简化的校准

图，只进行一次校准验证(见 3.2.12)以检查仪表的响应是否在其极限内。简化的校准图比由仪表完全校准定义的图要宽，所得的测量结果的不确定度也大。

3.1.7

校准图　calibration diagram

由指示轴和测量结果轴定义的坐标平面的一部分，它表示仪表对被测量不同值的响应。[IEV 311-01-10]

3.1.8

校准曲线　calibration curve

给出指示值和被测量值之间关系的曲线。[IEV 311-01-11]

注1：校准曲线将校准图平行于测量结果轴部分的宽度一分为二，连接各点形成的曲线表示被测量的值。(见 6.1 和图 1)

注2：当校准曲线是一条通过原点的直线时，此直线的斜率，即仪表常数。[IEV]

3.1.9

校准示值　indicated value

根据校准曲线由测量仪表提供的值。[IEV 311-01-08]

注：当仪表在校准图有效的所有工作条件下进行直接测量时，校准示值就是被测量的测量值(见 3.2.7)。

3.1.10

(测量)一致性　(measurement) compatibility

同一被测量的所有测量结果都符合的特性，表现为它们的区间适当重叠的特点。[IEV 311-01-14]

注1：根据统计学推论，表示同一个被测量的任何测量结果和所有其他测量结果只能在某个置信水平下保持一致性。这个置信水平应指明，至少应按照惯例或给出置信因子。

注2：用不同的测量仪表和测量方法所得到的测量结果的一致性是通过将这些仪表溯源(见 3.1.16)到同一个基准(见 3.2.6)来保证的(无疑也是由正确的校准方法和操作步骤来保证的)。

注3：当两个测量结果不一致时，可用独立的方法确定是否其中一个测量结果或者两个结果都是错误的(可能是因为不确定度太小)，或是被测量不同的缘故。

注4：不确定度越大，测量结果就能在更宽的范围内保持一致性。因为不同被测量之间区别较小，允许用更简单的模型对其进行分类。不确定度越小，要保证测量结果的一致性就需要更为详细的测量系统模型。

3.1.11

被测量的基本不确定度　intrinsic uncertainty of the measurand

描述一个测得量所能赋予的最小不确定度。

注1：由于任何一个给定量是在一个给定的认知水平上被定义或被识别的，所以无法用越来越小的不确定度测得一个量。如果试图以小于其自身的基本不确定度去测量一个给定的量，则需在更高的认知水平上重新定义这个量，而这实际上是在测量另一个量。见 GUM D.1.1。

注2：以被测量的基本不确定度实现的测量结果可以被称为上述量的最佳测量。

3.1.12

仪表的(绝对)不确定度　(absolute) instrumental uncertainty

可忽略基本不确定度的一个被测量的直接测量结果的不确定度。

注1：除非另外特别说明，仪表的不确定度以包含因子 2 的区间来代表。

注2：当对基本不确定度远小于仪表不确定度的被测量进行单次读数的直接测量时，根据定义，测量的不确定度就是仪表不确定度。此外，在评定测量不确定度时，仪表不确定度作为 B 类分量处理。评定以与几个涉及直接测量结果相联系的模型为基础。

注3：根据定义，仪表的不确定度自动地包含了读数值量化的影响(在模拟输出中，是最小可能评估的分度区间，在数字输出中，是最后稳定的单位数字)。

注4：对于实物量具，仪表的不确定度是为保证它的各次测量结果的一致性，由实物量具复现的与被测量的量值相关联的不确定度。

注5：在可能和方便的情况下，该不确定度可以用相对形式(见3.3.3)或引用形式(见3.3.4)表示。相对不确定度是绝对不确定度 U 和测量值 V 之比，而引用不确定度是绝对不确定度 U 对约定选择值 V_f 之比 U/V_f。

3.1.13

约定值　conventional value

用于校准操作的标准器的测量值，其不确定度对于被校仪表的不确定度来说可以忽略。

注：为了适应本标准，此定义改编自"(量的)约定真值"这个定义，即：赋予一个特定量的值，有时通过约定，是一个具有和规定目的相适应的不确定度的值。[IEV 311-01-06，VIM 1.20]

3.1.14

影响量　influence quantity

不是测量的对象，但是其变化影响指示值和测量的结果之间的关系。[IEV 311-06-01]

注1：影响量可能源自于测量系统、测量设备或者环境。

注2：由于校准图依赖于影响量，为了给测量结果赋值，有必要了解在规定范围内是否有相关的影响量存在。

注3：当其测量结果满足关系：$C' \leqslant V-U < V+U \leqslant C''$ 时，影响量可以认为存在于从 C' 到 C'' 的范围内。

3.1.15

稳态条件　steady-state conditions

测量装置的工作条件，在这种条件下被测量随时间的变化是装置的输入和输出信号的关系，当被测量是常数时得到的关系没有显著改变。

3.1.16

溯源性　traceability

通过一条具有规定不确定度的不间断的比较链，使测量结果或测量标准的值能够与规定的参考标准，通常是与国家测量标准或国际测量标准联系起来的特性。[IEV 311-01-15，VIM 6.10]

注1：此概念常用形容词"可溯源的"来表述。

注2：这条不间断的比较链称为溯源链。

注3：可溯源性意味着计量架构是由基本不确定度逐级递增的不同等级的标准(仪表和实物量具)组成。从基准到校准装置的比较链在每一环节都增加了新的不确定度。

注4：应指定可溯源性保证在给定的不确定度范围内。

3.2　装置和操作的术语和定义

3.2.1

(测量)仪表　(measuring)instrument

单独地或连同辅助设备一起用以进行测量的器具。[IEV 311-03-01，VIM 4.1]

注：术语"(测量)仪表"包括指示仪表和实物量具。

3.2.2

指示(测量)仪表　indicating(measuring)instrument

显示示值的测量仪表。

注1：显示可以是模拟的(连续的或不连续的)，数字的或代码的。[IEV]

注2：多个量值可以同时显示。[IEV]

注3：显示式测量仪表也可提供记录。[IEV]

注4：显示可能包括由观察者不能直接读取，但是能够被适当的装置解读的信号。[IEV]

注5：指示仪表可以由一系列传感器及其处理装置附件组成，也可以由单个传感器构成。

注6：指示仪表、测量系统和环境之间的相互作用在仪表的初级(被称为传感器)中产生一个信号。此信号在仪表内部被转换成承载被测量信息的输出信号。测量仪表提供的指示值以一个恰当的形式显示输出信号。

注7：如果能得到一组测量仪表最后一个单元的输出信号与被测量之间关系的单一校准图，这组测量仪表可看作是单台指示仪表。在这种情况下，影响量应对整个测量链来定义。

3.2.3

实物量具　material measure

使用时以固定形态复现或提供给定量的一个或多个已知值的器具。

注1：给定量亦称为供给量。[IEV]

注2：定义也适用于信号发生器、标准电压或标准电流发生器装置。通常此类装置被称为供给仪表。

注3：供给量的值和不确定度的识别是由带有测量单位或代码项的数字给出的，称为实物量具的名义值或标称值。

3.2.4

电测量仪表　electrical measuring instrument

使用电或电子的方法测量电或非电量的测量仪表。[IEV 311-03-04]

3.2.5

传感器　transducer

对输入信号进行处理后转换成输出信号的技术装置。

注：所有指示仪表都含有传感器，并且它们可以由单个传感器组成。当信号由一个传感器链进行处理时，每个传感器的输入信号和输出信号不一定直接和单一可取的。

3.2.6

基准　primary standard

具有最高的计量学特性，其值不必参考相同量的其他标准，被指定的或普遍承认的测量标准。[IEV 311-04-02，VIM 6.4]

注1：基准的概念等效地适用于基本量和导出量。[IEV]

注2：除了用于和复制标准器或参考标准器比较以外，基准从不用于直接测量。[IEV]

3.2.7

直接测量(法)　direct (method of) measurement

不需要根据被测量和实际测量的其他量之间函数关系进行辅助计算，直接获得被测量之值的方法。[IEV 311-02-01]

注1：即使测量仪表的刻度值通过表格或图与相应的被测量的值一一对应时，也认为被测量的值是直接得到的。[IEV]

注2：为了修正测量结果，即使有必要进行补充测量以确定影响量时，仍认为是直接测量法。[IEV]

注3：仪表计量特性的定义是在直接测量条件下使用的。

3.2.8

间接测量(法)　indirect (method of) measurament

根据已知关系，通过对被测量有函数关系的其他量的直接测量以得到被测量量值的测量方法。[IEV 311-02-02]

注1：为了实施间接测量需要能够提供被测量和通过直接测量得到的参数之间完全明确关系的模型。

注2：由于量值和不确定度均需计算，因此需要由GUM提供的公认的不确定度传播规则。

3.2.9

重复观察的测量(方法)　(method of) measurement by repeated observations

在名义上的同等条件下，通过对多次反复观测所得数据分布的统计分析，从而得到测量结果的测量方法。

注1：当仪表不确定度太小而不能确保测量结果的一致性时，应该用统计分析的方法解决。这可能发生在两种相去甚殊的环境中：

a) 被测量是一个服从固有统计波动的量(如核衰变测量)。在这种情况下，被测量是测量状态的统计分布，由它的统计参数来描述(均值和标准偏差)。统计分析是在测量结果的总体上进行的，每个测量结果都有其各自的量值和不确定度，因为每次观测都正确描述了被测量值的一种特殊状态。这种情形可认为是间接测量的一种特例。

b) 当信号传输过程中的噪声对读数值的影响超过校准工作条件规定时，其对不确定度的贡献与仪表不确定度相比甚至更大(如仪表在现场使用)。在这种情况下,统计分析是在读数值的总体上进行,目的是将被测量的信噪分离。这种情形可认为是在额定范围以外的一组工作条件下对仪表进行的一种新的校准。

注 2:不能假定由重复的观测获得的不确定度比校准赋予仪表的不确定度或仪表的准确度等级更小。如果重复测量结果在仪表不确定度范围内确实保持一致,对于测量不确定度来说,其后任意一次测量均是有效的,多次观测结果并不比单次观测带来更多有用信息。另一方面,如果测量结果在仪表不确定度范围内不一致,为了确保一致,正如文中所定义的那样,最终的测量结果应该以更大的不确定度表示。

注 3:对于有不可忽略的滞后现象的仪表来说,重复观察的简单统计分析会让人产生误解。对于此类仪表,适当的测量方法应该在其特定标准中详细说明。

3.2.10

(仪表的)基本不确定度　intrinsic (instrumental) uncertainty

使用在参考条件下的测量仪表的不确定度。[IEV 311-03-09]

3.2.11

仪表的工作不确定度　operating instrumental uncertainty

在额定工作条件下的仪表的不确定度。

注:仪表的工作不确定度,与基本小确定度类似,不是由仪表的使用者评估的,而是由制造商说明的,或由校准得到的。该说明可由仪表的基本不确定度和一个或多个影响量值之间的代数关系来表达。但是,此关系仅表示一组不同工作条件下的仪表的工作不确定度的简便方法,而不是一个用于评价仪表内部不确定度传播的函数关系。

3.2.12

(校准的)验证　verification (of calibration)

用来检查在规定条件下,指示值和给定的一组已知被测量之间的关系是否在预定的校准图限值内的一系列操作。[IEV 311-01-13]

注 1:用于验证的已知被测量的不确定度通常相对于校准图中赋予仪表的不确定度是可以忽略的。

注 2:实物量具的校准验证在于确定供给量的测量结果与校准图给出的区间是否一致。

3.2.13

(测量仪表的)调整　adjustment (of a measuring instrument)

对测量仪表进行的一组操作,使其提供与给定的被测量的值相应的指示值。[IEV 311-03-16]

注:被测量为零时使得测量仪表的指示也为零的一组操作称为调零。[IEV]

3.2.14

(测量仪表的)用户调整　user adjustment (of a measuring instrument)

制造商规定由使用者自行支配所作的调整。[IEV 311-03-17,VIM 4.31]

3.2.15

(校准验证的)偏差　deviation (for the verification of calibration)

同等工作条件下,实施校准验证的仪表的指示值和参考仪表的指示值的差。[IEV 311-01-20]

注 1:指示值可以通过同时测量或替代测量法进行比较。原则上应该是在相同条件下对同一个被测量进行比较,但这是不可能的,因为被测量永远不会严格相同。只有具有计量专长的操作者才能保证两台仪表测量条件的差异对于比较目的来说,是可以忽略的。

注 2:如果有一台仪表是实物量具,其标称值作为测量值。

注 3:该术语只用于校准验证操作,根据定义,参考仪表的不确定度可忽略。

3.3　表示方法的术语和定义

3.3.1

计量特性　metrological characteristics

涉及测量仪表读数和与其相互影响的量值之间关系的数据。

3.3.2

范围　range

上下限之间的量值区间。

注1：术语“范围”一般与修饰语一起使用。可以是性能特性、影响量等修饰语。

注2：当范围的上下限其中之一为零或无穷大时，另一个有界极限称为阈值。

注3：不确定度与范围的极限或阈值无关，因为它们并非测量结果本身，而是关于满足测量结果条件的预先说明。如果测量结果能落在额定范围内，可理解为表示测量结果的整个区间 $V \pm U$ 都应落在范围的极限内或测量结果大于阈值，除非相关标准或明确协议另有规定。

注4：范围可以由其上下限来表示，或通过规定中值和半宽来表示。

3.3.3

表示的相对形式　relative form of expression

计量特性或其他数据与规定量的测量值之比来表示的形式。

注1：仅当规定量允许有比值关系，并且其值不为零时，才有可能以相对形式表示。

注2：将不确定度和不确定度极限的绝对值除以被测量的值，即为各自的相对表示形式，影响量范围的相对表示形式由范围的一半除以定义域的中值来表示。

3.3.4

表示的引用形式　fiducial form of expression

计量特性或其他数据与规定量的约定选择值之比来表示的形式。

注1：仅当规定量允许有比值关系时，才有可能以引用形式表示。

注2：用于定义引用误差的参考值称为引用值。

3.3.5

(由影响量引起的)改变量　variation (due to an influence quantity)

当一个影响量假定在两个不同值之间连续变化时，由指示仪器对同一个被测量所测示值的差值，或是实物量具的示值的差值。[IEV 311-07-03]

注1：对改变量进行评估时，与影响量的不同测量值有关的不确定度应不大于此影响量参考范围的宽度。其他性能特性和其他影响量应保持在参考条件规定的范围内。

注2：当改变量比仪表的基本不确定度大时，则是一个重要的参数。

3.3.6

不确定度的极限　limit of uncertainty

工作在规定条件下的设备的仪表不确定度的极限值。

注1：不确定度的极限可由仪表的制造商给出，即在规定条件下仪表的不确定度应不超出此极限值，或者由标准定义，在规定条件下，一个给定准确度等级的仪表的不确定度应不超出此极限。

注2：不确定度的极限可表示为绝对形式、相对形式或引用形式。

3.3.7

准确度等级　accuracy class

符合与不确定度有关的一组规范的所有测量仪表的分类。[IEV 311-06-09]

注1：无论准确度等级规定其他计量特性，它总是规定一个不确定度的极限(对一个给定的影响量范围)。

注2：对于不同的额定工作条件，一台仪表可以被赋予不同的准确度等级。

注3：除非另有规定，由不确定度的极限规定的准确度等级表示的是包含因子为2的一个区间。

3.3.8

额定值　rated value

制造商为设备或仪表的某个规定工作条件而指定的量值。

注：赋予不确定度 U 的额定值 V 实际上是一个 $V \pm U$ 的范围，并应按此来理解(见3.3.2，注4)。

3.3.9

(规定的)测量范围　(specified) measuring range

由被测量或者供给量的两个值定义的范围,测量仪表的不确定度限值应规定在此范围内。

注1:一个仪表可以有几个测量范围。

注2:规定测量范围的上下限有时分别称为最高能力和最低能力。

3.3.10

参考条件　reference conditions

影响量的规定值和/或规定值的范围的适当集合,在此条件下规定测量仪表的最小允许不确定度。[IEV 311-06-02,修订版]

注:作为参考条件规定的范围,称之为参考范围,它们不能宽于,并且通常是窄于作为额定工作条件规定的范围。

3.3.11

参考值　reference value

参考条件集合中的一个规定值。[IEV 311-07-01,修订版]

3.3.12

参考范围　reference range

参考值的规定范围。[IEV 311-07-02,修订版]

3.3.13

额定工作条件　rated operating conditions

在测量期间为使校准图有效而应满足的一组条件。

注:除了包括影响量的规定测量范围和额定工作范围外,额定工作条件还可以包括不能表示成量的范围的其他性能特性和其他指示值。

3.3.14

(对于影响量的)标称使用范围或额定工作范围　nominal range of use or rated operating range (for influence quantities)

不会引起改变量超出规定极限的影响量取值的规定范围。[IEV 311-07-05]

注:每一个影响量的额定工作范围是额定工作条件的一部分。

3.3.15

极限条件　limiting condition

工作中的仪表能够经受而不损坏,其后仍可在额定工作条件下工作,其计量特性不降低的极端条件。

3.3.16

工作极限值　limiting values for operation

仪表工作期间影响量的极限值,仪表不会发生损坏,其后仍可在参考条件下工作,无任何计量性能的改变。[IEV 311-07-06]

注:极限值可能依赖于他们应用的持续时间。[IEV]

3.3.17

贮存和运输条件　storage and transport conditions

非工作状态下的测量仪表能经受而不损坏的极端条件,其后仍可在额定工作条件下工作,仪表计量特性不降低。

3.3.18

贮存极限值　limiting values for storage

仪表贮存期间影响量的极限值,仪表不会发生损坏,其后仍可在参考条件下工作,无任何计量性能

的改变。[IEV 311-07-07]

注：极限值可能依赖于它们应用的持续时间。[IEV]

3.3.19

运输极限值　limiting values for transport

仪表运输期间影响量的极限值，仪表不会发生损坏，其后仍可在参考条件下工作，无任何计量性能的改变。[IEV 311-07-08]

注：极限值可能依赖于它们应用的持续时间。[IEV]

4　值和范围的规定

4.1　制造商应给出所有其认为适用于特定设备的，考虑作为计量特性的所有量的额定值和规定范围。对额定值和范围的说明应有恰当的不确定度描述。

4.2　制造商对其所考虑的每一个影响量都应给出参考范围和(或)额定工作范围。额定工作范围应包括整个参考范围。

4.3　制造商应对每个规定的影响量规定极限条件、贮存和运输条件。如果未规定范围，则认为额定工作条件即为极限条件，并且包括贮存和运输条件。

4.4　不确定度应表示成包含因子为2的区间半宽。(见3.1.4，注1和注4)

5　对IEC设备标准的要求

5.1　本标准适用范围内的各种设备的IEC标准应遵守本规定的准则，特别是以下两条款。

5.2　IEC产品标准应给出详细的规定，包括相关计量特性、影响量以及用于确定不确定度的极限的信息类型，还应包括极限条件和贮存、运输条件。

5.3　IEC产品标准不应与本标准中的任何要求相抵触。

6　不确定度极限的规定

6.1　所有关于仪表不确定度的信息，亦即通过已校准仪表的直接测量得到的不确定度，在概念上是由校准图来传递的(见3.1.7)，校准图是通过代表指示值的 R 轴(输出单位)和代表仪表对不同量值的被测量响应的 M 轴(测量单位)定义的坐标平面部分(见图1)。校准图不需要仅以图形表示，在大多数情况下，表格或代数关系式更方便，但是通过图形的形式提供综合观察，更适合于一般的讨论。

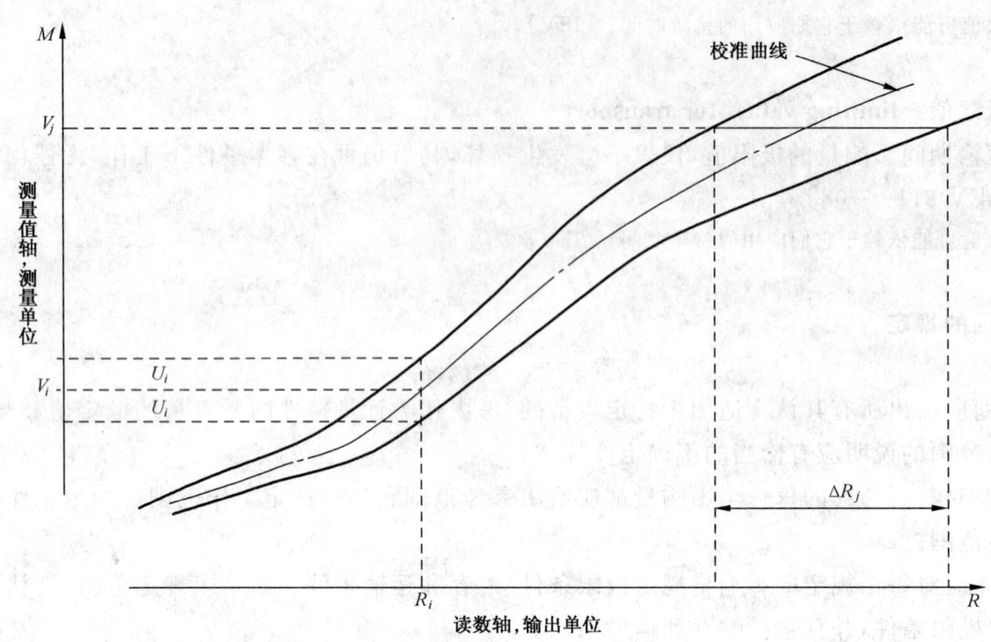

M——测量值轴，测量单位；

R——指示值所在轴，输出单位；

V_j——已知被测量 j 的值；

ΔR_j——已知被测量 j 的指示范围；

R_i——未知被测量 i 的指示值；

V_i——赋予未知被测量 i 测量值；

U_i——未知被测量 i 的不确定度。

图 1　校准图

原则上，通过确定线段 ΔR_j 来构建校准图，ΔR_j 表示在测量其值为 V_j 的被测量过程中，以一个给定的置信水平期望获得的读数值的范围。读数值是在规定工作条件下的全部范围内实施的测量中获得的。已知被测量的测量值 V_j 的不确定度远低于仪表的不确定度，即它们的值可以作为“约定(真)值”(见 3.1.13)来使用。在校准图上，读数值 R_i 是在某个特定测量中获得的读数值，过 R_i 平行于 M 轴截取线段 $(V \pm U)_i$ 即可获得测量结果，此测量结果仅与测量同一个被测量获得的所有其他测量结果相一致。此处的一致性是以相关系数 $r=-1$ 来评估的，因为根据定义，一致性极限处的测量是在对工作条件产生综合影响的相反极端处实施的。

校准曲线(见 3.1.8)为校准图上平行于 M 轴截取的线段的中点连线，所截线段长度的一半即为仪表的绝对不确定度(见图 1)。用于定义校准曲线的测量轴上的线段即为测量范围(见 3.3.9)。

绝大多数设计用于现场使用的仪表通过选择合适的输出单位，使代表指示值的输出显示数字和代表的测量值相一致，校准曲线成为一条单位斜率的直线。为了便于使用，直接以测量单位指示刻度(见图 2)。这种形式上的简化并没有改变指示(读数值)和用于表示测量结果的测量值之间概念上的差别，校准图仍用于确定不确定度。

对于仅有一个标称值或标称值为离散点集合的实物量具，校准图简化成平行于 M 轴的一条线段或线段的离散集合。

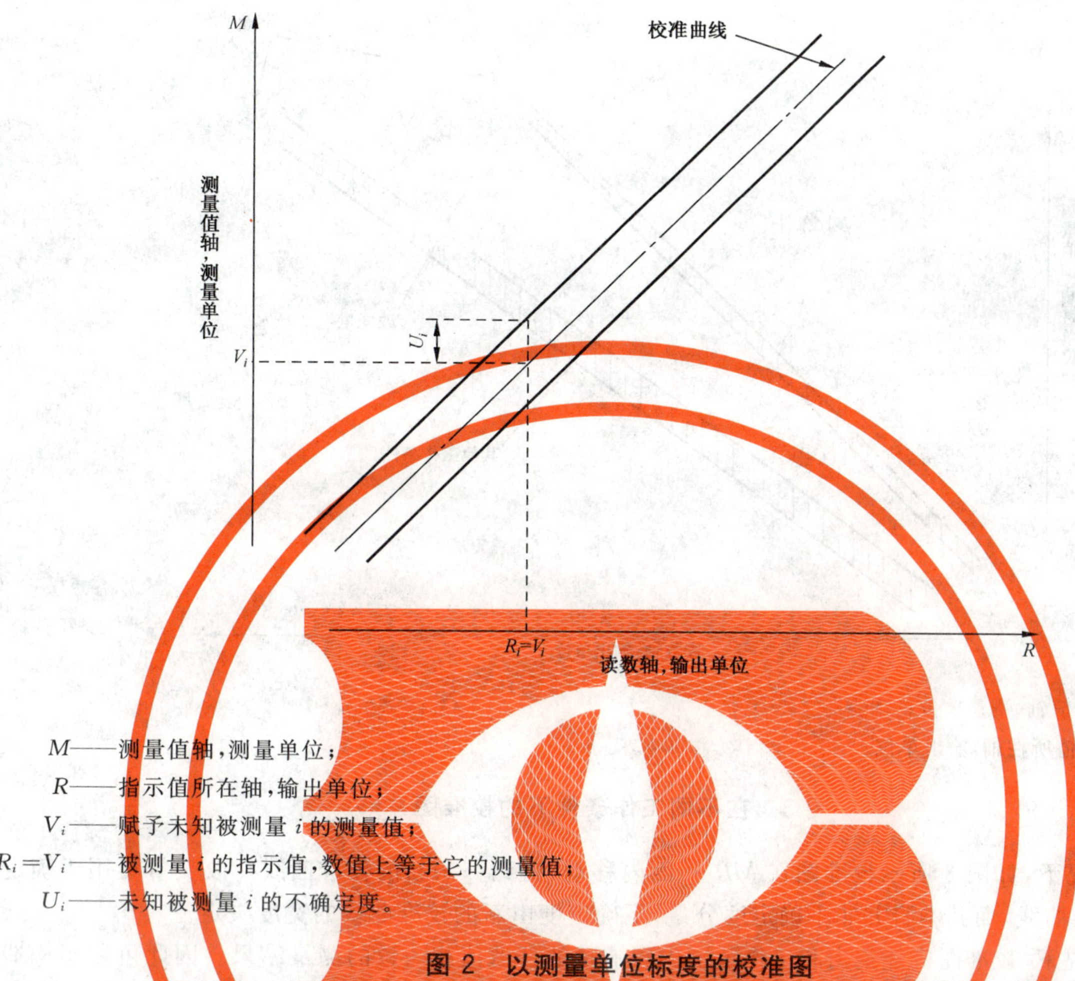

M——测量值轴，测量单位；

R——指示值所在轴，输出单位；

V_i——赋予未知被测量 i 的测量值；

$R_i=V_i$——被测量 i 的指示值，数值上等于它的测量值；

U_i——未知被测量 i 的不确定度。

图 2　以测量单位标度的校准图

6.2　原则上，不确定度极限的规定存在于预先指定的校准图中，此校准图是测量仪表在校准验证中期望符合的。实际上，这并不是对某次特定测量结果的不确定度评估，甚至也不是对某台特殊仪表的仪表不确定度评估，而是对仪表不确定度所设的一个极限。问题在于定义一个通用校准图，其宽度足以包括满足要求的仪表的实际校准图，根据此极限所得到的不确定度不会比实际(但却未知)的不确定度更大。

代数式给出在规定测量范围内的测量值与校准曲线和不确定度之间的函数关系。应明确规定校准图有效的工作条件。

对所有设备给出参考条件下的基本校准图，用它来确定仪表的基本不确定度。问题在于如何在其他工作条件和/或更宽的工作条件下评定仪表的不确定度。

在与参考条件不同的工作条件下，校准图可能会改变宽度和(或)在 MR 平面内移动(见图 3)。当一个影响量的值超出参考范围时，影响量引起的改变量(见 3.3.5)体现了校准曲线的移动但却未反应新的校准图的宽度，而校准图的宽度在任何情况下都取决于此影响量在其额定值附近的工作范围。

当某一个影响量超出参考范围的工作条件时，可从两方面进行规定：

a)　给定影响量的额定值或一组额定值，定义其范围大致与参考范围等宽，使用者有望在给定的不确定度范围内了解影响量的值。

b)　给定影响量的额定工作范围，包括参考范围。使用者不关心影响量的值，只需知道它位于此范围内。

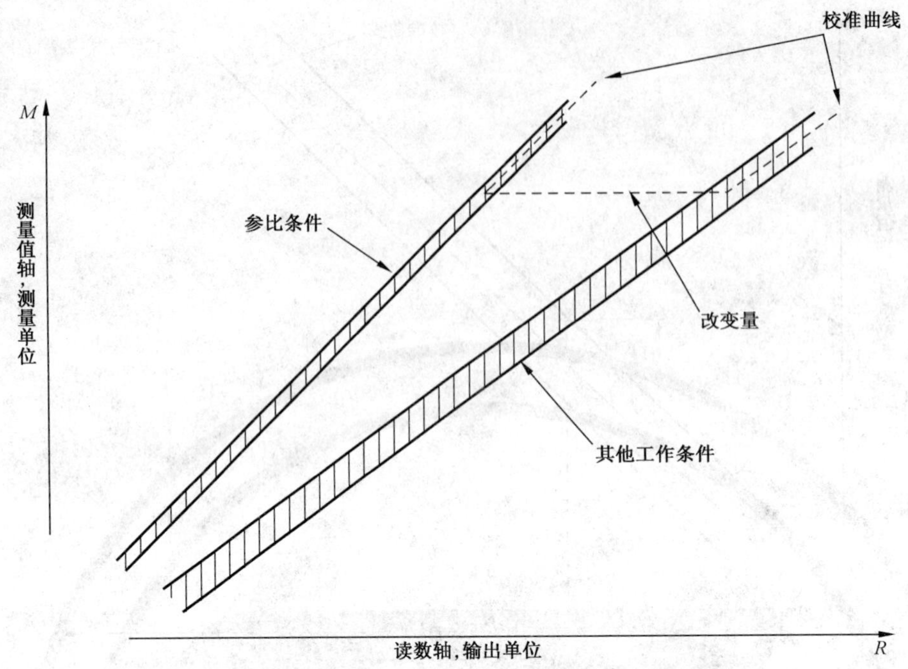

M——测量值轴，测量单位；

R——指示值所在轴，输出单位。

图 3　在不同工作条件下的校准图

在 a)情况下，如图 3 所示校准图在 MR 平面内移动，得到一条新的校准曲线。改变量可用于确定这条新的校准曲线，而其本身并非不确定度分量，不确定度由新的校准曲线的宽度决定。

在 b)情况下，校准图应能给出和工作范围内影响量的任意值相一致的测量结果。因此可用于构造对应于所有规定工作范围内影响量额定值的校准图包络线。其边界由对应于具有更大改变量的两个极限工作条件下的校准图的外部边界确定(见图 4)。作为平行于 R 轴的校准图宽度的主要部分，改变量成为确定不确定度的一个因素。除非极限工作条件导致的校准图和参考条件下的校准图对称，否则在工作条件下的校准曲线将与参考条件下有所不同。

当工作条件允许两个或更多影响量的值同时超出参考范围时，情况会变得更加复杂。因为原则上几个影响量的效应无法预期遵守简单的加法规则或统计上的合成。根据实验或经验，找出由影响量的额定值叠加所引起的在任一方向上产生所有最大改变量，并采用如图 4 所示的两种极限工作条件，以确定或验证对额定工作条件下有效的校准图边界。

6.3　如果一份与设备有关的 IEC 产品标准是按照“最大误差极限”来制定，则依据本标准应对任意给定工作条件集合规定不确定度极限。规范应以不确定度这个术语来起草，对“最大误差”的定义方式给予应有的关注，该不确定度可由上述产品标准所设的误差极限为基础构造的校准图推导得出。

注：在实践中，对于以测量单位标识刻度的仪表，由于校准图通常是具有平行线或缓慢发散边界线的窄带且不确定度很少能定义为优于 5%。因此，最大误差极限和不确定度极限用同一个数字来表示。(满足处于相同的统计环境)。

6.4　对于所有其他设备，对不确定度极限的规定可给出一个或多个在以下子条款中叙述的各自的信息形式。

以下条款在允许工作条件下的不同规定与提供一个可信赖的校准所需的不同信息量之间提供了一种选择。

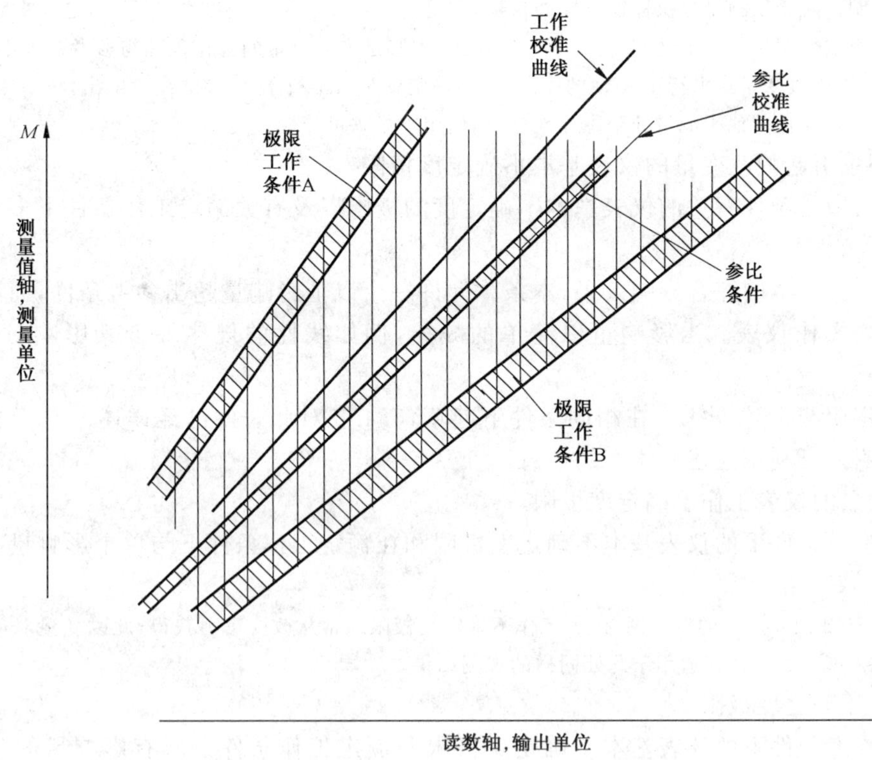

M——测量值轴，测量单位；

R——指示值所在轴，输出单位。

图 4　扩展工作条件的校准图

6.4.1　仪表基本不确定度的极限

本条款规定仅与参考条件有关的仪表基本不确定度的极限。

校准图仅用于参考条件下。

本条款要求最小校准工作量，但对工作条件下的限值要求却最高，因为仪表是假定在最窄的参考范围内工作。因此对不确定度限值的要求很少限于此条款，尽管它可能用于仅作为校准目的的实验室仪器。

6.4.2　仪表基本不确定度极限及其单个影响量引起的改变量

本条款规定参考条件下的仪表基本不确定度的极限以及单一影响量在额定工作条件下的改变量。

本条款允许一个影响量超出参考范围，而所有其他工作条件均保持在参考范围内使用仪表。

原则上，对于在工作范围内变化的影响量的任意值，规范应允许按图 3 的方式构建校准图。决定改变量的影响量值，应与其参考值具有相同的允差。如果影响量变化引起的测量不确定度比仪表基本不确定度大，则应标明超出范围。偏移后的校准图被赋予更宽的不确定度，其中包括用于规定变化量本身的不确定度，同时也考虑了在测量符合要求的影响量时使用者期望服从的允差。

使用者可以用两种不同的方式利用本规定提到的信息。

a)　如果使用者知道其工作时影响量的值在规定允差内，就可以用改变量来修正读数值，并以与基本不确定度极限相等的不确定度来计算测量结果，或者用更大的不确定度来计算当影响量的值发生变化时的测量结果。

b)　如果使用者不知道其操作时影响量值的大小，仅知道此值落在给定范围内，那么可以利用此范围上下限的改变量来构建如图 4 所示的校准图，并计算测量结果。

注 1：在 b)情况下，改变量用于定义下述 6.4.4 所述及的仪表工作不确定度限值，影响量的工作范围根据使用者的数据来定制。对于以测量单位标识刻度的仪器,即具有如图 2 所示的校准图,其不确定度将是基本不确定度与对应于极端变化量的范围之和,但计算时需注意,尤其是当影响量的工作范围与参考范围不对称时,还需参照校准图,因为改变量是平行于 R 轴的线段,而不确定度是由平行于 M 轴的线段给出。

注 2:若一个影响量相比其他影响量处于主导地位时,使用本条款可能较方便。

6.4.3 多个影响量引起的改变量的仪表基本不确定度极限

本条款规定与参考条件有关的仪表基本不确定度的极限以及有关额定工作条件下多个影响量的改变量。

如果知道不同影响量的综合影响效果,本条款允许一个以上影响量超出参考条件,而其他工作条件保持在参考条件内操作仪表。当影响量以简单的规律,例如线性的规律综合其影响时,可以使用本条款。

本条款的规定应与上述 6.4.2 在相同条件下起草,6.4.2 对此条件已经详述。对于多变量的合成方式也应明确说明。可利用上述 6.4.2 的信息。

6.4.4 单一影响量的仪表工作不确定度极限

本条款规定参考条件下的仪表基本不确定度极限和在额定工作条件下与单个影响量有关的仪表工作不确定度极限。

注:通过构建一个如图 4 所示的校准图,仪表工作不确定度极限通常从改变量中获得,此改变量对应于额定工作范围的上下界。6.4.2 的注释适用于此处同样的观测结果。

6.4.5 仪表工作不确定度极限

本条款规定参考条件下的仪表基本不确定度极限和额定工作条件下所有影响量的工作不确定度极限。

本条款允许最宽的工作条件,却要求最多的校准工作量,因为原则上对于工作范围内的多个影响量值的任意组合,均应检查校准图的有效性。

然而在实践中,实际的校准工作量可能要少得多。因为根据经验积累,制造商可以对测量仪表的性能以及对多个影响量引起的改变量进行判断,以确定影响量的何种组合才是最差组合。即何种组合会导致读数值偏离参考条件下的读数值最远。如果这样的预判是可知的,校准验证仅需在参考集合附近的两组定义明确的条件下进行(若两组对称,则仅需一组)。

注 1:如果已知多个影响量效应的组合规律,则仪表不确定度可从对应于多个影响量额定工作范围的上下限变化量的组合中获得。实践中,确定可能产生更大总体变化量的组合要比确定在所有工作条件下的有效变化量的组合规律更容易。

注 2:当给定仪表工作不确定度极限时,使用者并不太关心仪表基本不确定度极限,除非仪表计划在现场和实验室都用,但此情况并不多见。因此,如果忽略对仪表的基本不确定度的要求,校准工作也会相应减少。

注 3:若方便,可以对不同的工作范围集合规定同一仪表工作不确定度极限。例如:可以规定一个给定的极限对于温度范围(T'_a 至 T''_a)和压力范围(P'_a 至 P''_a)有效,或是对于温度范围(T'_b 至 T''_b)和压力范围(P'_b 至 P''_b)有效。其中(T'_b 至 T''_b)小于(T'_a 至 T''_a),(P'_b 至 P''_b)大于(P'_a 至 P''_a)。

6.5 额定工作条件下的多个规定集合可以声明多个仪表不确定度极限。

6.6 不确定度极限可用绝对、相对或引用三种术语来表述。某些情况下不确定度极限还可以表示成绝对项与相对项的和或绝对项与引用项的和。涉及引用项时应明确规定引用值。当规定一个以上不确定度极限时,每个极限都应使用同一引用值。

6.7 对于仪表的使用者来说,仪表不确定度属于外部引入的不确定度,由制造商或仪表的校准者提供,作为 B 类不确定度分量。对不确定度极限的说明应附有与确定此极限的方法有关的所有信息,目的是让使用者在评估其测量不确定度时可以最大限度地利用此类信息。如果不确定度极限是通过验证与预定的校准图的符合性来确定,这种情况很常见,在将仪表不确定度与其他分量合成时,除了将其假定为矩形分布,使用者无其他更合适的选择。若不确定度极限是利用统计概率进行评估的,此情况仅可能出现在评估仪表基本不确定度或有单个变化量时,使用者可根据统计分布的合适信息,更好地评估其测量不确定度。

7 影响量的规定

在评估和表示测量仪表性能时，对影响量的规定是一个关键因素。

7.1 对一台仪表的性能要求越高，影响量和其他工作条件的确定就越关键。另一方面，对工作条件的要求越详细越严格，仪表的使用范围就越窄。仪表的准确度等级与其可使用组别之间呈现负相关。测量仪表的发展，不仅提高了在严格控制工作条件下的实验室用仪表的准确度，还扩展了在苛刻和恶劣工作条件下进行测量的可能性，以及改进用于更宽的使用组别。

7.2 对测量仪表性能的规定应列出所有相关影响量及其允许范围。属于环境、测量系统或测量设备的任何影响量，只要其在规定范围内的改变对指示值与测量值(见 3.1.14)之间的关系有着不可忽略的影响，那么这个影响量就是相关的影响量。即使声明某个特定的影响量不是相关影响量，按照约定也隐含了此影响量的规定范围。例如，对于一台给定仪表，其影响量列表未出现大气压力这一项，并不意味着仪表本身可以在真空罐中操作，仪表示在常规的大气压力变化范围内不会产生显著的影响。这意味着对哪些值的范围可以认为是“常规”的，有个一致性的认同。对潜在影响量的常规范围，使用组别分类是一种有效的方法，这样可避免影响量的规范列表的冗长、不一致以及重复。

下列准则给出了影响量及其范围的规定。

7.2.1 测量仪表性能的表示应包括对仪表允许的使用组别，或者包括对可能与测量有关的任何量的允许范围的完整列表的声明。

7.2.2 如果具体标准没有提供使用组别，应根据其额定使用范围和极限使用范围，参考以下使用组别加以规定。

Ⅰ组 使用在室内和实验室、工厂内能够小心使用仪表的条件下。

Ⅱ组 使用在对极端环境有防护的环境下，以及使用仪表的条件介于Ⅰ组和Ⅲ组之间的。

Ⅲ组 户外使用，以及可能在遭受恶劣操作的场所下使用。

7.2.3 在规定参考条件时，温度、湿度以及空气压力的参考范围参照 IEC 60851-5 为好。

7.2.4 如果在额定工作范围极限处由潜在影响量引起的改变量小于基本不确定度的 10%，或者小于读数值量化所引入的不确定度分量(见 3.1.12 注 3)，则认为潜在影响量的效应可忽略。否则，应将此视为影响量，并应按 6.4 中详述的方法之一规定其影响。

7.3 基于以下两个方面，应将时间视为影响量：

a) 某一性能特性的漂移。具体标准应详述引起漂移的方式。

b) 校准图的使用年限。最近一次的校准验证后校准图的预期有效期，以及此有效期和仪表本身的使用期限的关系。这是一个争议颇多的问题，目前尚无标准化的答复。性能特性定义的措辞意味着一旦确定特性后其有效期将是不确定的时间段，尽管没有人会期望仪表性能永久有效。

7.4 现代仪表发展趋势，正朝着能够测量各种影响量的多传感器设备和能够修正其影响的嵌入式微处理器软件的方向发展。此类仪表处理影响量的方式很大程度依赖于软件是如何处理的。对于软件的编程者来说，与超出参考范围的影响量的值相联系的改变量应在校准程序中确定，并且将此变化量作为参数引入，从而将信号解析成最终显示的指示值(见 6.4.2)。而对于使用者却正相反，同样的量甚至不再被视为影响量，因为仪表自动检查是否符合允许范围，并自动修正改变量的影响。它们不再影响测量值与指示值之间的关系，因为指示值在额定不确定度范围内进行了调整。问题均在于确定校准验证是否包含软件操作。如果允许用户调整软件那么必须对影响量的效应充分理解。

8 符合性试验的一般规则

符合性试验在于确认与已知被测量相对应的指示值是否保持在校准图规定的范围内，从而证明校准示值符合规定的不确定度极限。

本标准所涉及的要求适用于型式试验(对一种型式的仪表的一个或几个样品进行试验)和例行试验(对每个样品进行试验)。

应使用 IEC 具体标准的相关测试方法。

仅对规定极限值的仪表进行试验。未给出限定值的仪表仅作为一般信息，而不能作为符合性试验的对象。

如果规定了极限，符合性试验应在标准规定的条件下实施。这类标准是针对几类仪表而出版的相关标准。

当进行校准验证时，工作条件应保持在校准图定义的范围内。校准验证应在被测量已知，且与校准图赋予仪表的不确定度相比，其不确定度可忽略的条件下实施。如果此条件无法满足，并且相关的具体标准也没有另外说明，则受校仪表给出的测量结果，以适当的相关系数与被测量的值和不确定度保持一致时，校准验证可认为是有效的。如果校准验证产生相反的结果，仪表校准需重新进行。

值得指出的是，仪表调整无法替代校准或校准验证。当然，任何调整后都应进行校准验证，除非是在校准图有效的工作条件下，根据详细说明的程序所进行的例行调整。

用于仪表调整的被测量的不确定度应已知，其与仪表不确定度相比可忽略。

附 录 A
（资料性附录）
从“误差”到“不确定度”的概念和术语的发展

在评估测量结果时，从“误差”概念到“不确定度”概念的发展表明了基本计量术语的某些再调整。为了避免人们仍旧习惯于传统方法而产生误解，这是值得讨论的。这次调整是由于依据“真值”和“误差”所定义的传统方法的不完善，而且，随着牢固建立于仪器内部信号的自动解析基础上的现代化仪表的发展，这种不完善变得越来越突出。

在传统方法中被测量假定由真值来表示，真值是一个带有测量单位的实数，但测量仪表无法输出真值，只能给出一个不同于真值的值，这个值包括了由“随机”分量和“系统”分量组成的附加“误差”。然而，真值是永远不能得到的。因此，“误差”也就无法确定，最大可能做的是为其估算一个极限，即“最大误差”，假定实际误差位于最大误差之中。然后，为测量值估计一个区间，期望“真”值落在此区间内。实际上，无法通过参考未知的“真值”来估计此区间，而是通过考察“落在误差之中”（意味着“最大误差”）测量结果的一致性进行估计。此外，由于对“精度”和“准确度”作了明确区分，各自表示具有获得小的随机误差和系统误差的能力，因此没有术语描述一台仪表或测量结果的整体性能。工作测量领域逐渐开始引入“不确定度”的术语，用此术语说明一组值的代表性宽度，能确保测量结果的一致性。

国际计量委员会 CIPM（International Committee for Weights and Measures）1980 年建议通过将不确定度分量进行分类，可通过增加测量次数以减小不确定度的为 A 类，不能减小的为 B 类。这样就克服了“随机”误差和“系统”误差之间的传统区别，避免了求和定理无法适用的尴尬。接着 GUM（Guide to the Expression of Uncertainty in Measurement）与之配套，分析了如何合成多个分量，并且给出一个在上下文中不涉及评论真值概念的不确定度的定义。

根据不确定度定义（见 3.1.4）要求重新调整有关仪表校准的几个术语，因为表征合理地赋予被测量之值的分散性这个定义使得传统的定义被作废，传统定义将一个测量结果作为单个的值，并且将校准视为对指示值的附加修正。

首先，表示被测量的“测量结果”的定义，应与赋予被测量的值的整体分散性的概念一致。因此，定义 3.1.2 提到的一组值的集合，被视为一个区间，由中间元素和半宽来恰当表示，称为“值”和“不确定度”。集合大小由不确定度决定，所选择的中间元素是为了便于表示集合，并不代表比其他元素能更好地代表被测量，代表被测量的是整个集合。不确定度是测量结果的固定组成部分，没有测量结果可以表示成不带不确定度（可根据前后关系按惯例给出）的形式。然而，在传统的方法中，误差是对指定值有效性的经验判断。例如，流过给定电阻的电流以 149 mA±1 mA 的形式给出，被测量由从 148 mA 到 150 mA 的整个集合表示，毫安是测量单位，149 mA 作为集合的中间元素表示测量值，1 mA 是集合的半宽，即测量不确定度。

由于被测量是由所有值的集合来描述的，从仪表的指示值过渡到此描述就不能将其视为指示值自身的“误差修正”。此外，现代测量仪表更多依赖于仪表内部信号的精密解析，测量仪表作为自动控制和调节链环节的一部分甚至不再给出刻度上的可读指示值。适用于所有仪器且能避免误解的术语，应能清楚地区分描述仪表输出的指示值（见 3.1.5）和用来描述被测量的包含不确定度（见 3.1.2）的最终测量结果。该指示值通过仪表的校准而得到测量结果（见 3.1.6 和 6.1）。

校准得到的信息是由校准图（见 3.1.7 和 6.1）中由读数值和测量值组成的坐标平面里的窄带综合表示。需要此窄带是因为必须知道与任何指示值相对应的测量值和不确定度，这不是一个简单的“修正”读数值的问题。窄带是由其中线，即校准曲线，及其半宽，即不确定度表示。

例：

a） 具有 100 个标尺分度的安培表的指示值：80 个分度。该仪表的校准图表明，在额定工作条件下(见 3.3.13),根据此读数可以将(直接)测量结果赋值为:8.0 A±0.1 A。为方便使用者,此信息可以由安培表的标尺分度(1 A 10 个分格)以及一个标明不确定度为满量程值的 1%(包括读数的不确定度)的准确度等级指标所提供。然而,这样的刻度标识,仅是校准曲线的一种简捷方法,并不意味该仪表输出一个被最终误差修正的以安培为单位的测量值。

b) 压电传感器的指示值:50 mV。传感器的校准图表明,在额定工作条件下,根据此值可以将力的(直接)测量结果赋值为:210 kN±4 kN。此信息可根据指示值和与不确定度范围有关的测量值之间的对应关系所建立的表格形式提供。

c) 过热报警装置的指示值;"on"(即灯亮)。装置的校准图表明,在额定工作条件下,当灯亮时,温度高于 90 ℃±5 ℃。此信息可由装置的说明书提供。注意此类测量的被测量并非温度本身,而是两种高于(on)和低于(off)阈值的区分,不确定度的区间适用于此阐值。

校准曲线绘制了仪表指示和被测量的"校准示值"(见 3.1.9)之间的关系,在正确完成直接测量的情况下,校准示值就是测量值,或是间接测量中(包括由重复观察的测量,见 3.2.9)用于计算测量结果的一个元素。在任何情况下,计算过程也需要由校准图确定的与指示值相关联的不确定度。

传统方法用"标定"或"测量"等术语解决问题,其含义是仪表刻度标识处的定位操作(见 VIM4.29)。而目前则归于"校准"定义下,"校准"这个术语指的是建立仪表测量值与标准的(约定真)值之间关系的一组操作(见 VIM6.11)。以被测量的测量单位(或其倍数)标定是理所当然的。此术语对于机械驱动指针穿过铜刻标尺的经典仪器来说非常自然,但不适合于更精密的仪器,这时就要采用一个适用于所有情况下的更为通用的术语。

一个有效测量结果的不确定度,应确保与测量同一个被测量的其他有效测量结果相一致。一致性通过代表测量结果的数集的重合性来判断(见 3.1.10)。一致性的判断标准是通过使用 GUM 标准中的不确定度合成方法,以确定两个测量结果之差的不确定度。在此术语中,由数值区间表示的两个测量结果,若满足 $|V_1-V_2|\leqslant U_{12}=\sqrt{(U_1^2+U_2^2-2rU_1U_2)}$,则可认为两者相一致。此处,$U_{12}$ 是两个测量结果之差的不确定度,r 是两个测量结果的相关系数。若两个测量结果完全不相关,则 $r=0$。此时,一致性要求两个区间应部分重合。若两者完全正相关,那么 $r=+1$,$U_{12}=U_1-U_2$。此时,一致性要求完全重合。若两个测量结果以相关系数 $r=-1$ 负相关,那么 $U_{12}=U_1+U_2$,一致性允许两区间重合部分可以被减少到一个共同的元素。对测量结果一致性的评估与判断多个测量结果的相关性密切相连,这并不容易。需要关注测量数据的统计详细细节。本标准认为,在工作条件的联合效应的相反极端处实施的测量结果以 $r=-1$ 负相关(见 6.1)。

例:

以下电容器电容量的测量结果彼此相一致:

a) 322.5±0.2 pF,b)322.6±0.2 pF,c)322.58±0.02 pF,d)323.0±0.5 pF。另一个不相关的测量结果 e)322.52±0.02 pF 和 c)是不一致的,但仍然和其他测量结果相关。如果测量结果是正确的,这意味着电容量在测量结果 c)和 e)之间发生了变化,变化与测量不确定度为 0.02 pF 有关,而对于不确定度超过 0.2 pF 的测量结果,可以认为电容量保持不变。

概念中显而易见不确定度是任何测量结果的固有部分,即如果不给出测量不确定度,测量值没有任何意义,工作条件应该用范围来规定,而不是单个的值。例如,不能说仪表应工作在 25 ℃,而应该说"温度"影响量的参考范围是 24 ℃到 26 ℃(或者 25 ℃±1 ℃)。这意味着温度 T 应满足关系 24 ℃$\leqslant T-U<T+U\leqslant$26 ℃。显然温度必须在不确定度 $U\ll$1 ℃的条件下测量,否则条件仅能偶尔满足。

在概念和术语从"误差"到"不确定度"发展的同时,有关电工测量仪表的标准也在范围上经历了发展。最初出版的电工测量指示仪表标准中,逐渐形成了"基本误差"和改变量的概念。随后,出版了电子测量仪表标准。问题主要来自处理改变量,因为,一方面仪表性能不能局限于"基本(最大)误差"所定义的参考条件,另一方面无法设计结合多个改变量的经济的标准(也是因为术语和概念上的模糊不清,造成无法清楚地说明它们是否被视为"系统误差"的组成部分,或是作为计算"最大工作误差"的计算设备)。由于电工和电子测量仪表的区别开始减小,IEC 60359(1987)[2] 为两类仪器提供了一个标准,并试图克服因将改变量视为等概率分布的,独立不相关的误差源而带来的困难。但此方法允许用简单数学程序计算“最大误差”,这完全缺乏物理基础。因为,绝大多数影响量确实既非不相关也非等概率分布。此外,问题仍然在于提出了“误差”这个术语。现在论及电工和电子测量仪表的界限已完全过时了,不确定度的概念已经普及,现在正是解决通用和最新的术语问题的时候。

附　录　B
（资料性附录）
性能规定的步骤

本附录论述仪表的性能表示，仪表性能的方法和程序不在本附录的范围内。它们通常属于有关特定类型设备的IEC产品标准的范围，现在应根据GUM的原则重新起草。为了执行GUM中有关确定仪表不确定度的规定，一份通用标准对于统一是非常有用的。

以方框图的形式（图B.1）在资料性层面阐述解决表示本附录的性能术语。

首先，第一步规定所要被测的量和测量范围（见3.3.9）。然后，可以是对输出形式的规定，即指示值的测量单位。（见3.1.5，3.2.2）

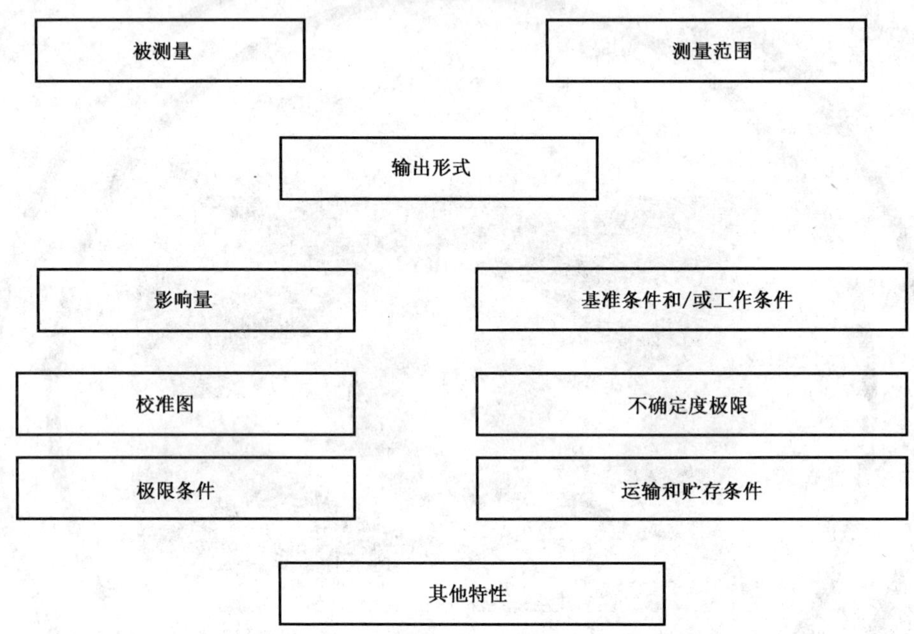

图B.1　性能规定的步骤

如果输出形式是在任意的标尺上的显示，或者是由另外仪表读出的信号，那么其规范不要求做校准工作，校准图在校准后产生（见图1）。当输出用于其他仪表或一个外部显示，对输出形式的规定应包括对读数器耦合性能的规定。

另一方面，如果选择将输出直接以被测量的测量单位进行标定（见图2），原则上这样的标定操作是预先假定的一次校准。如果在仪表校准之前基于对类似仪表先前的经验进行标定操作，这时有两种选择：

a)　以最终结果进行的标定，这意味着校准曲线已经被预先确定为单位斜率的一条直线（见图2），在校准中，仅需确定在预定的校准曲线两边的校准图的宽度，即不确定度；

b)　标定被认为只是描述读数值的一种方式，在校准中将提供一个被校准曲线平分的全面的校准图，校准曲线建立了任意读数值与带不确定度的测量值之间的关系。

若忘记选项b)的问题只是对输出进行标定，可能会造成误解，校准将不提供对测量结果的“修正”，而是测量结果本身（值和不确定度）。

随着指针刻度盘仪表的逐渐淘汰，这样的标定操作（传统上称为“测量”或“定标”）曾经受到基本原理的影响，理论上它受到时代的局限，它也是各理论难点的根源，标定意味着按上述选项a)操作，但使用仪表寿命的事实却要求按选项 b)操作,而不承认标定过程本身。仪表并未按其期望的方式进行,“误差”被视为由于仪表的“不完善”所导致的,“校准”建议对测量结果加上“修正值”以补偿所谓的“系统误差”。现代数字输出仪表,其操作只是设置模—数转换器及其与读出显示的耦合参数。此设定可能,而且确实越来越频繁地涉及软件。严格地说,这是一个关于调整的问题,即相应于给定的被测量的值提供给定的指示值(见 3.2.13),应小心以免将调整与校准混淆。所谓的自校准仪表只不过常常是将输出重新调整,从而符合预设的校准曲线。如果确定校准图的宽度在测量过程中不发生改变,这是非常有用的,否则就是误导。

其后是对相关影响量及其范围(以及相关条件)的规定。关于如何规定此处应选择:

a) 仅参考条件;

b) 参考条件和额定工作条件;

c) 仅额定工作条件。

选项取决于仪表的使用场合,不确定度水平以及所分配的校准工作量(见 6.4 和 7.1)。如果选择 b),应决定是以基本不确定度极限和改变量(见 6.4.2 和 6.4.3),还是以基本不确定度极限和工作不确定度极限(见 6.4.4 和 6.4.5)来表示测量结果。当规定了工作不确定度极限而不是仅改变量时,校准工作量(直接或依据以往经验推断)会更多,因为必须表达多个改变量是如何互相合成的,以及不确定度关于参考条件如何变化。

规定不确定度极限后,还应规定限定条件(见 3.3.15 和 3.3.16)以及贮存和运输条件(见 3.3.17~3.3.19)。

进一步可能做的是规定性能特性,这从校准图中是无法推导出的(本标准也未提及),例如分辨率或瞬态操作下的响应特性。

参 考 文 献

[1] IEC 60051(所有部分) 直接作用模拟指示电测量仪表及其附件

[2] IEC 60068(所有部分) 环境试验

[3] IEC 60529:1989 外壳防护等级(IP 代码)

[4] IEC 60654(所有部分) 工业过程测量和控制设备 工作条件

[5] IEC 60721-3-0:1984 环境条件分级 第3部分:环境参数组及其严酷度的分级 导言

[6] IEC 60851-5 绕组线 试验方法 第5部分:电气性能

[7] CIPM 推荐标准 INC-1(1980)

[8] CIPM 推荐标准 1(CI-1981)

[9] CIPM 推荐标准 1(CI-1986)

[10] ISO/IEC-VOC-MET:1993,计量学基本和通用国际词汇

[11] UNI 4546:1984,测量和测量结果 基本术语和定义

ICS 73.060.10
D 31

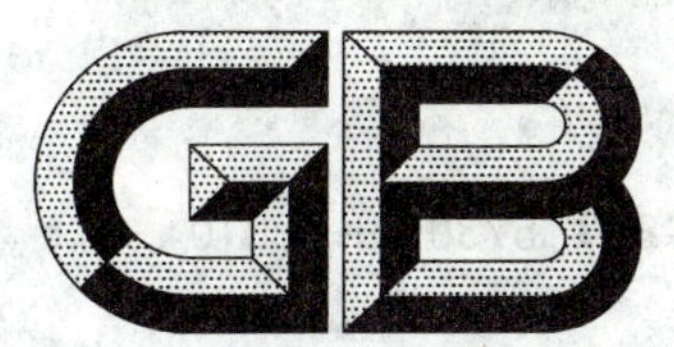

中华人民共和国国家标准

GB/T 6730.69—2010

铁矿石　氟和氯含量的测定 离子色谱法

Iron ores—Determination of fluoride and chloride content—Ion chromatography

2011-01-10 发布　　2011-10-01 实施

中华人民共和国国家质量监督检验检疫总局
中国国家标准化管理委员会　发布

前言

GB/T 6730 的本部分的附录 A 为规范性附录、附录 B 和附录 C 为资料性附录。

本部分由中国钢铁工业协会提出。

本部分由全国铁矿石与直接还原铁标准化技术委员会归口。

本部分起草单位：湖北出入境检验检疫局、北京矿冶研究总院、南通出入境检验检疫局。

本部分主要起草人：崔海容、于力、张春亚、侯晋、凌琳、简艳、郭坚、凌约涛、叶诚、陈曹祺、杨顺风。

铁矿石　氟和氯含量的测定
离子色谱法

警告：使用本部分的人员应有正规实验室工作的实践经验。本部分并未指出所有可能的安全问题。使用者有责任采取适当的安全和健康措施，并保证符合国家有关法规规定的条件。

1　范围

GB/T 6730 的本部分规定了铁矿石中氟和氯含量的离子色谱测定方法。

本部分适用于天然铁矿石、铁精矿、球团矿和烧结矿中氟和氯含量的测定。测定范围(质量分数)：氟为 0.005%～4.00%，氯为 0.005%～0.5%。

注：本部分中测定的氯是指酸浸出氯。

2　规范性引用文件

下列文件对于本文件的应用是必不可少的。凡是注日期的引用文件，仅注日期的版本适用于本文件。凡是不注日期的引用文件，其最新版本(包括所有的修改单)适用于本文件。

GB/T 6379.2　测定方法与结果的准确度(正确度与精密度)　第 2 部分：确定标准测量方法重复性与再现性的基本方法

GB/T 6682　分析实验室用水规格和试验方法

GB/T 6730.1　铁矿石化学分析方法　分析用预干燥试样的制备

GB/T 10322.1　铁矿石　取样和制样方法

GB/T 12806　实验室玻璃仪器　单刻线的容量瓶

GB/T 12808　实验室玻璃仪器　单刻线吸量管

3　原理

试样经硫酸分解，其中的氟、氯随水蒸汽逸出与样品分离，经吸收液吸收，用离子色谱法测定。以保留时间定性，以标准曲线法进行定量。

4　试剂和材料

除另有规定外，所用试剂均为分析纯，实验用水符合 GB/T 6682 规定的二级水，电阻率为 18.2 MΩ·cm。

4.1　氟化钠，基准物质。

4.2　氯化钠，基准物质。

4.3　氢氧化钠，优级纯。

4.4　硫酸，ρ1.84 g/mL。

4.5　硫酸溶液，量取 200 mL 硫酸(4.4)缓慢倒入 100 mL 水中，混匀。

4.6　氢氧化钠溶液，c(NaOH)＝0.2 mol/L。称取 8.0 g 氢氧化钠(4.3)溶于 1 000 mL 水中。

4.7 氢氧化钠溶液，$c(NaOH)=0.02\ mol/L$。称取0.8 g氢氧化钠(4.3)溶于1 000 mL水中。也可使用自动淋洗液发生器OH^-型制备。

4.8 氟标准储备溶液，1.00 mg/mL。称取2.211 0 g在105 ℃～110 ℃干燥2 h的氟化钠(4.1)，以水溶解，移入1 000 mL的容量瓶中，用水稀释至刻度，摇匀。转入干燥的塑料瓶中储存。每1 mL溶液含有1.00 mg的氟。

4.9 氯标准储备溶液，1.00 mg/mL。称取1.648 5 g预先于500 ℃～600 ℃下灼烧至恒量的氯化钠(4.2)，以水溶解，移入1 000 mL的容量瓶中，用水稀释至刻度，摇匀。每1 mL溶液含有1.00 mg的氯。

4.10 氟和氯混合标准溶液，准确移取氟标准储备溶液和氯标准储备溶液各5.00 mL于50 mL容量瓶中，用水稀释至刻度，摇匀。此溶液为每毫升含氟和氯各100.0 μg的标准溶液，保存于塑料瓶中。

5 仪器和设备

5.1 离子色谱仪：配电导检测器。

5.2 水蒸汽蒸馏装置(见附录A)。

5.3 尼龙滤膜：0.22 μm。

5.4 注射器：2.5 mL。

所有玻璃器皿使用前均需依次用2 mol/L氢氧化钠溶液和水分别浸泡4 h，然后用水冲洗3次～5次，晾干备用。

所需单刻线的容量瓶和单刻线移液管应符合GB/T 12806和GB/T 12808的规定。

6 取样与试样制备

6.1 实验室样品

按照GB/T 10322.1进行取制样，试样应全部通过0.100 mm筛孔。如试样中化合水或易氧化物含量高时，其粒度应小于0.160 mm。

6.2 预干燥试样的制备

按照GB/T 6730.1制取预干燥试样。充分混匀实验室样品，采用份样缩分法取样，在105 ℃±2 ℃下干燥试样。

7 分析步骤

7.1 试料

称取0.50 g预干燥试样(6.2)，精确至0.000 1 g。

7.2 测定次数

对同一预干燥试样，至少独立测定两次，取其平均值。

7.3 空白试验及验证试验

随同试料做空白试验。

随同每一批试料，在相同条件下分析同类型标准样品做验证试验，标准样品的预干燥按6.2规定进行。

7.4 色谱分析条件

参考色谱条件见附录B。

7.5 测定

取适量水于水蒸汽蒸馏装置(5.2)中的蒸馏瓶中,加热使水沸腾,备用。

移取10 mL氢氧化钠溶液(4.6)于100 mL接收瓶中作为接收液,备用。

将试料(7.1)置于三口圆底烧瓶中,加入60 mL硫酸溶液(4.5),用水洗净瓶口,并放入数粒玻璃珠,连接蒸馏装置进行蒸馏。加热使三口圆底烧瓶中溶液温度迅速上升至160 ℃~180 ℃。调节水蒸汽流量及加热功率,将温度控制在160 ℃~180 ℃,当蒸馏液至70 mL左右时,取下接收瓶,将溶液转移至100 mL容量瓶中,用水稀释至刻度,摇匀后,过0.22 μm滤膜,备用。整个蒸馏过程约15 min~20 min。

用2.5 mL注射器吸取上述溶液,在相同工作条件下,依次注入离子色谱仪中,记录色谱图。根据氟和氯保留时间定性,测量试液的峰面积值。试液中氟和氯的响应值应在标准线性范围之内,若浓度过高,应适当稀释。

7.6 标准工作曲线的绘制

分别准确移取0.00 mL、0.25 mL、0.50 mL、1.00 mL、2.00 mL、10.00 mL氟和氯混合标准溶液(4.10),置于一组100 mL容量瓶中,用水稀释至刻度,混匀。用2.5 mL注射器从低到高浓度依次进样,得到上述各浓度的色谱图。以氟和氯的浓度(μg/mL)为横坐标,峰面积为纵坐标,绘制标准工作曲线。典型离子色谱图参见附录C。

8 结果计算

8.1 试样中氟和氯含量的计算

按式(1)计算试样中氟和氯的质量分数(%):

$$w_X = \frac{(\rho - \rho_0) \cdot V \cdot f \times 10^{-6}}{m_0} \times 100 \qquad (1)$$

式中:

w_X——试样中氟或氯的质量分数;

ρ——试液中的氟或氯浓度,单位为微克每毫升(μg/mL);

ρ_0——空白溶液中氟或氯的浓度,单位为微克每毫升(μg/mL);

V——试液体积,单位为毫升(mL);

f——试液稀释倍数;

m_0——试样的质量,单位为克(g)。

分析结果应表示至三位小数。若氟或氯的含量小于0.1%时,表示至四位小数。

8.2 重复性与再现性

表1和表2的数值是按照GB/T 6379.2统计确定的。

在重复性条件下获得的两个独立测试结果的测定值,在以下给出的平均值范围内,这两个测试结果的绝对差值不超过重复性限(r),超过重复性限(r)的情况不超过5%。重复性限(r)按表1采用线性内插法获得。

表 1 重复性限

w_F/%	0.005 8	0.012 4	0.104	1.005	1.999	2.982	3.959
重复性限 r/%	0.001 8	0.002 1	0.010	0.089	0.148	0.212	0.319
w_{Cl}/%	0.006 2	0.006 9	0.026 1	0.036 0	0.047 4	0.126	0.497
重复性限 r/%	0.001 9	0.001 9	0.002 8	0.003 5	0.004 4	0.010	0.031

在再现性条件下获得的两次独立测试结果的测定值，在以下给出的平均值范围内，这两个测试结果的绝对值不超过再现性限(R)，超过再现性限(R)的情况不超过5%，再现性限(R)按表2数据采用线形内插法获得。

表 2 再现性限

w_F/%	0.005 8	0.012 4	0.104	1.005	1.999	2.982	3.959
再现性限 R/%	0.002 6	0.003 6	0.014	0.098	0.181	0.278	0.359
w_{Cl}/%	0.006 2	0.006 9	0.026 1	0.036 0	0.047 4	0.126	0.497
再现性限 R/%	0.002 7	0.002 7	0.005 0	0.006 7	0.007 5	0.017	0.050

9 试验报告

试验报告应包括下列信息：

a) 测试实验室名称和地址；

b) 试验报告发布日期；

c) 本部分的编号；

d) 试样本身必要的详细说明；

e) 分析结果；

f) 分析结果对应的编号；

g) 测定过程中存在的任何异常特性和在本部分中没有规定的可能对试样或标准样品的分析结果产生影响的任何操作。

附　录　A
（规范性附录）
水蒸汽蒸馏装置

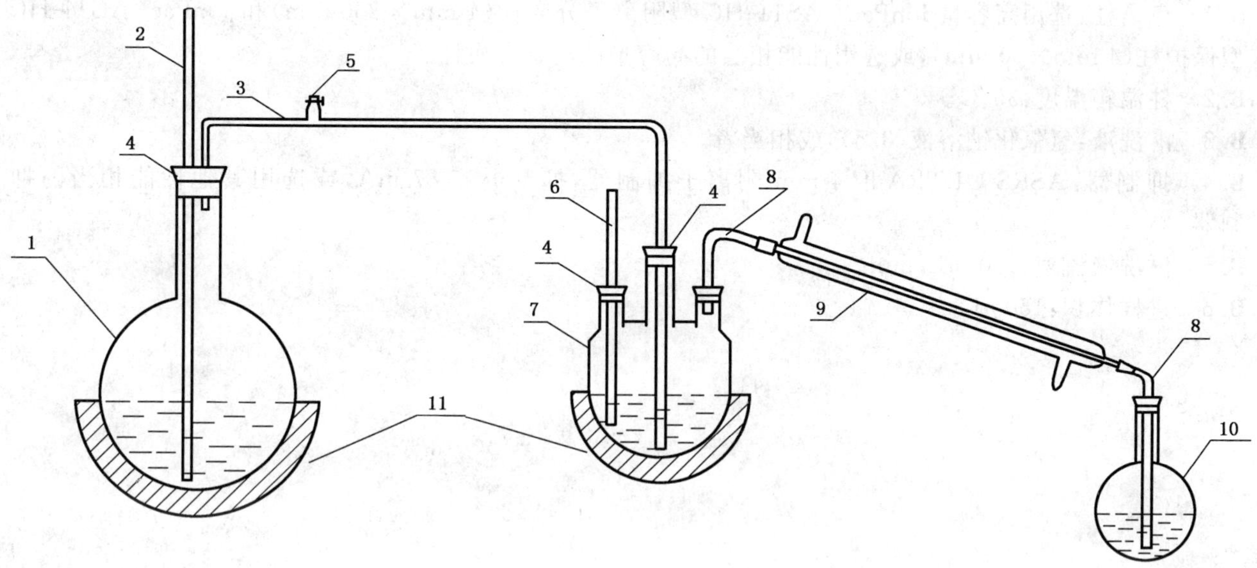

1——蒸馏瓶(500 mL);

2——安全管;

3——玻璃管;

4——橡皮塞;

5——止水夹;

6——温度计(300 ℃);

7——三口圆底烧瓶(250 mL);

8——玻璃弯接管;

9——冷凝管;

10——100 mL 接收瓶;

11——加热装置。

图 A.1　水蒸汽蒸馏装置图

附　录　B
（资料性附录）
参考色谱条件

B.1　色谱柱：选用高容量 IonPac® AS11-HC 型阴离子分离柱（4 mm×250 mm）和 IonPac® AG11-HC 型保护柱（4 mm×50 mm），或选用性能相当的高容量阴离子交换柱。

B.2　柱温箱温度：35 ℃。

B.3　淋洗液：氢氧化钠溶液（3.5），或相当者。

B.4　抑制器：ASRS-ULTRA Ⅱ 4 mm 阴离子抑制器，抑制电流 87 mA，或选用其他性能相当的抑制器。

B.5　淋洗液流速：1.0 mL/min。

B.6　进样体积：150 μL。

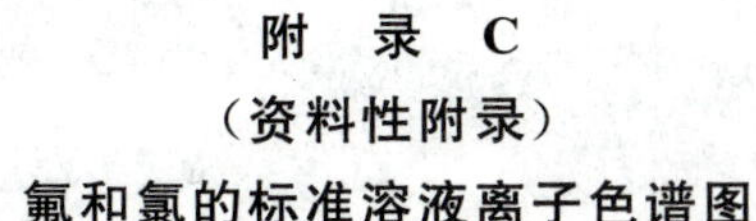

附 录 C
（资料性附录）
氟和氯的标准溶液离子色谱图

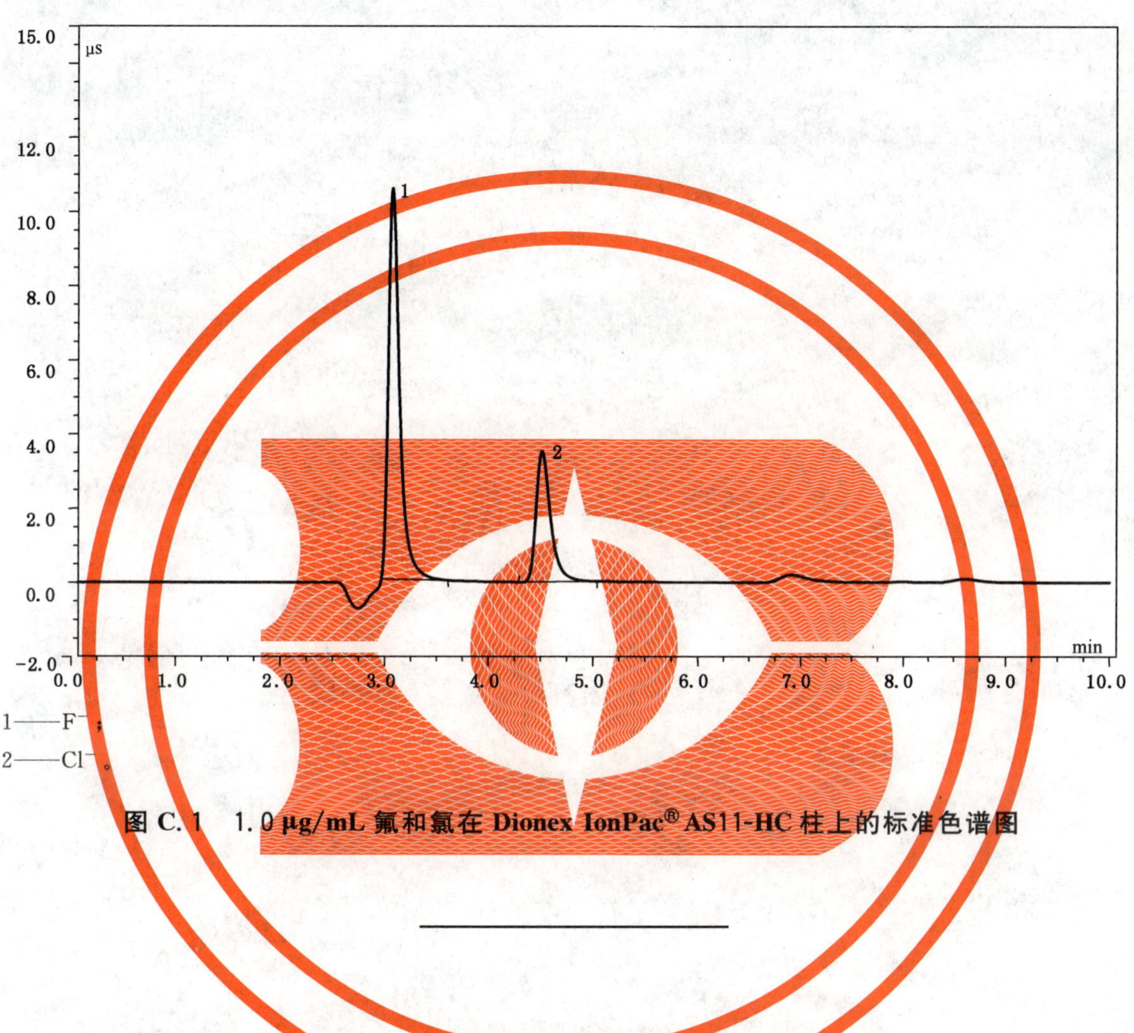

1——F^-；

2——Cl^-。

图 C.1 1.0 μg/mL 氟和氯在 Dionex IonPac® AS11-HC 柱上的标准色谱图

ICS 27.020
J 96

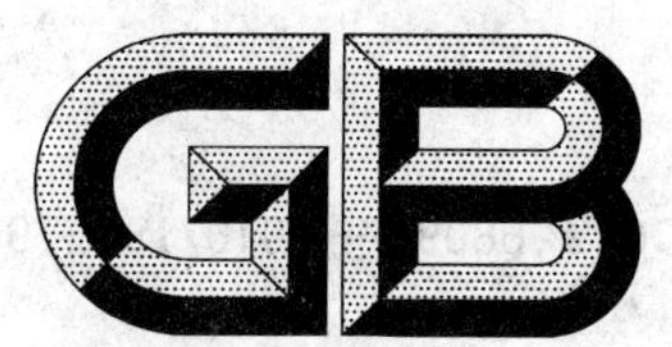

中华人民共和国国家标准

GB/T 6809.5—2010/ISO 7967-5:2003
代替 GB/T 6809.5—1999

往复式内燃机 零部件和系统术语 第5部分:冷却系统

Reciprocating internal combustion engines—Vocabulary of components and systems—Part 5:Cooling systems

(ISO 7967-5:2003,IDT)

2010-11-10 发布　　　　2011-03-01 实施

中华人民共和国国家质量监督检验检疫总局
中国国家标准化管理委员会　发布

前　言

GB/T 6809《往复式内燃机　零部件和系统术语》分为9个部分：

——第1部分：固定件及外部罩盖；

——第2部分：气门、凸轮轴传动和驱动机构；

——第3部分：主要运动件；

——第4部分：增压及进排气管系统；

——第5部分：冷却系统；

——第6部分：润滑系统；

——第7部分：调节系统；

——第8部分：起动系统；

——第9部分：监控系统。

本部分是GB/T 6809的第5部分。

本部分等同采用ISO 7967-5:2003《往复式内燃机　零部件和系统术语　第5部分：冷却系统》(英文版)。

本部分等同翻译ISO 7967-5:2003。

为便于使用，本部分作了如下编辑性修改：

——"本国际标准"一词改为"本部分"；

——删除了国际标准前言。

——增加了表编号"表1"、"表2"和正文中的"见表1"、"见表2"字样。

——增加了中文索引和英文索引。

本部分是对GB/T 6809.5—1999《往复式内燃机　零部件和系统术语　第5部分：冷却系统》的修订。与GB/T 6809.5—1999相比，主要变化如下：

——取消了规范性引用文件；

——修改了冷却系统分类；

——在原有液体冷却和空气冷却的基础上，补充了机油冷却的名词术语。

本部分由中国机械工业联合会提出。

本部分由全国内燃机标准化技术委员会(SAC/TC 177)归口。

本部分起草单位：上海内燃机研究所、雪龙集团有限公司。

本部分主要起草人：谢亚平、计维斌、贺群艳、陈云清、宋国婵、瞿俊鸣。

本部分所代替标准的历次版本发布情况为：

——GB/T 6809.5—1999。

往复式内燃机　零部件和系统术语
第5部分:冷却系统

1　范围

GB/T 6809 制定了往复式内燃机零部件和系统词汇,GB/T 6809 的本部分规定了冷却系统及其零部件的相关术语。

2　术语和定义

术语和定义以表格形式列在第4章和第5章中,必要处则给出典型冷却系统或零部件形状的示意图。为帮助识别,在某些示意图中,还对个别零部件进行了展示。

3　冷却系统分类

各种冷却系统的关系图见图1。

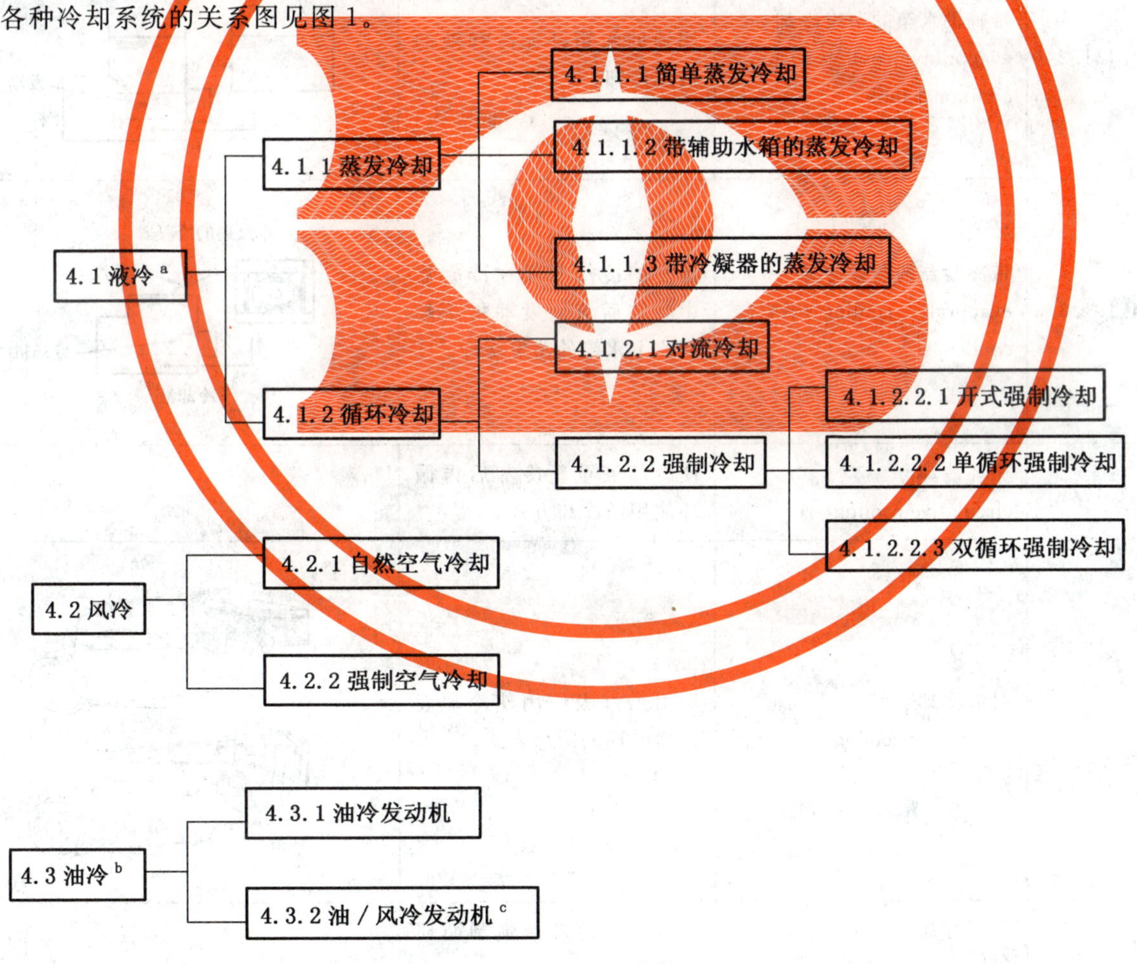

[a] 当冷却介质主要为水时,也可用术语"水冷"。

[b] 当冷却介质主要为油时,也可用术语"油冷"。

[c] 当冷却介质为油和空气时,用术语"油/风冷"。

图1　冷却系统类型

4 冷却系统(见表1)

表1

序号	术 语	定 义	图 例
4.1	液冷 liquid cooling	以冷却液作为冷却介质的一种冷却系统。	
4.1.1	蒸发冷却 evaporative cooling	通过冷却液的蒸发,使发动机散热的一种液冷系统。	
4.1.1.1	简单蒸发冷却 single evaporative cooling	通过重复加注来补偿冷却液蒸发损失的蒸发冷却。	冷却液 发动机
4.1.1.2	带辅助水箱的蒸发冷却 evaporative cooling with additional tank	用辅助水箱补充冷却液的蒸发冷却。	辅助水箱 发动机
4.1.1.3	带冷凝器的蒸发冷却 evaporative cooling with condenser	蒸发的冷却介质在冷凝器中凝结后流回发动机冷却回路上水箱的蒸发冷却。	带风扇的冷凝器 蒸汽 发动机 冷却液
4.1.2	循环冷却 circulative cooling	使冷却液重新冷却后再循环使用的冷却方式。	
4.1.2.1	对流冷却 convective cooling	利用热虹吸作用使冷却液自然循环的冷却方式。	
4.1.2.2	强制冷却 force-feed cooling	用水泵使冷却液强制循环的冷却方式。	
4.1.2.2.1	开式强制冷却 force-feed cooling in an open circuit	冷却液不进行再循环的强制冷却方式。	

表 1（续）

序号	术 语	定 义	图 例
4.1.2.2.2	单循环强制冷却 force-feed cooling in a single-circuit system	冷却液在冷却水箱、冷却塔、盘管式冷却器、散热器等中进行冷却的强制冷却方式。	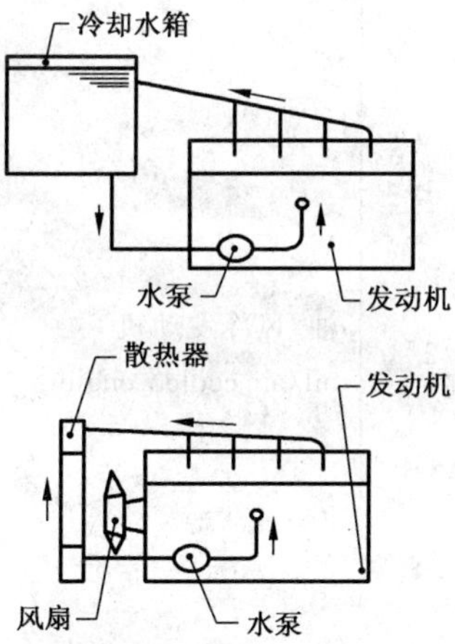 冷却水箱 水泵 发动机 散热器 发动机 风扇 水泵
4.1.2.2.3	双循环强制冷却 force-feed cooling in a dual-circuit system	利用副回路(外循环)中的冷却液在热交换器中对发动机的冷却液进行再冷却的强制冷却方式。	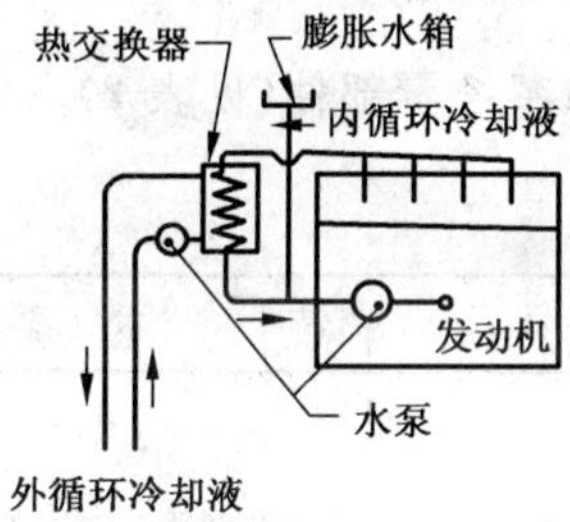 热交换器 膨胀水箱 内循环冷却液 发动机 水泵 外循环冷却液
4.2	风冷 air cooling	以空气作为冷却介质的一种冷却系统。	
4.2.1	自然空气冷却 natural air cooling	利用空气自然循环的冷却方式。	
4.2.2	强制空气冷却 forced air cooling	利用风扇使空气强制循环的冷却方式。	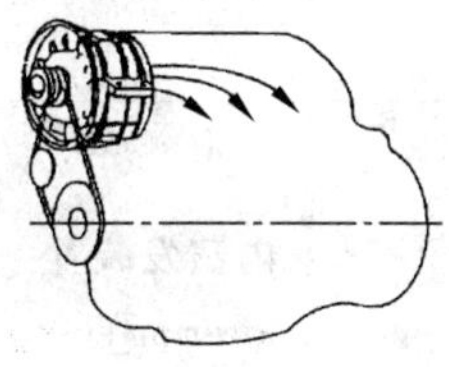
4.3	油冷 oil cooling	以油作为冷却介质的一种冷却系统。	
4.3.1	油冷发动机 oil cooled engine	用发动机润滑油代替水基冷却剂作为冷却介质的发动机。	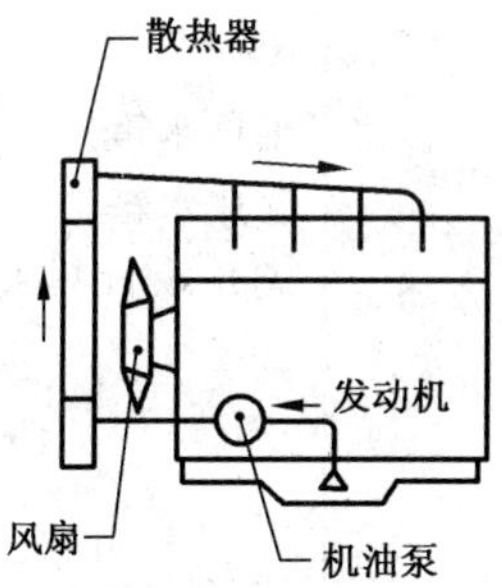 散热器 发动机 风扇 机油泵

表 1（续）

序号	术　语	定　义	图　例
4.3.2	油/风冷发动机 oil/air cooled engine	发动机： a)　用空气冷却气缸盖，而用发动机润滑油冷却气缸套和消除发动机的摩擦热；或 b)　用空气冷却气缸套，而用发动机润滑油冷却气缸盖和消除发动机的摩擦热。 发动机润滑油则用发动机的机油冷却器进行散热。	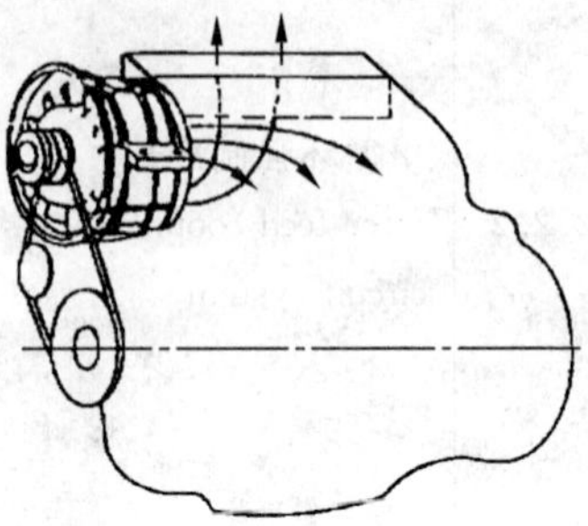

5　冷却系统零部件（见表 2）

表 2

序号	术　语	定　义	图　例
5.1	冷却水箱 coolant tank	储存发动机冷却液的水箱。	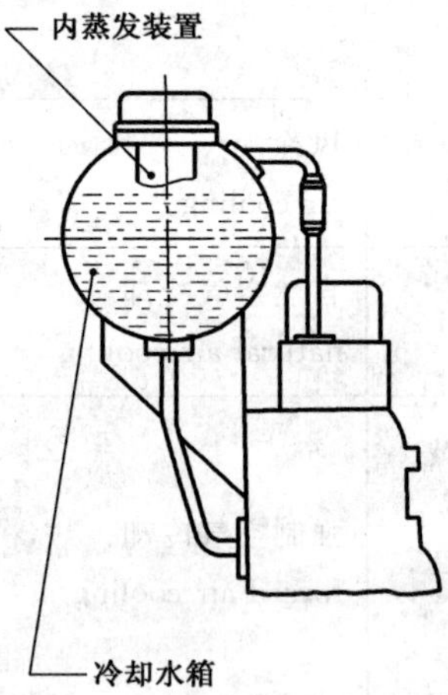 内蒸发装置 冷却水箱
5.1.1	上水箱 header tank	储有一定量的冷却液，位于热交换器上部，有时与其连在一起的水箱。	
5.2	内蒸发装置 interior evaporation unit	防止冷却液蒸发损失的一种装置。	
5.3	辅助水箱 膨胀水箱 additional tank; expantion tank	冷却液回路中的膨胀水箱。	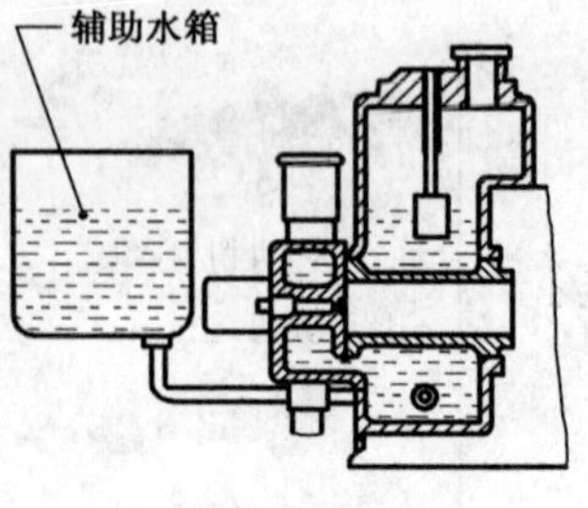 辅助水箱

表 2（续）

序号	术　语	定　义	图　例
5.4	散热器 radiator	冷却液与冷却空气的热交换器。	
5.5	液-液式热交换器 liquid-to-liquid heat exchanger	主循环（内循环）与副循环（外循环）冷却液的热交换器。	
5.5.1	龙骨冷却器 keel cooler	一种安装在船上的液-液式热交换器。它既可以是固定在船体内表面的板式冷却水箱，也可以是装在龙骨外侧的管式装置。	
5.6	机油冷却器 oil cooler	一种用于润滑油的热交换器。	
5.6.1	液冷式机油冷却器 oil cooler，liquid-cooled	一种将润滑油的热量传给冷却液的冷却器。	
5.6.2	风冷式机油冷却器 oil cooler，air-cooled	一种将润滑油的热量传给冷却空气的冷却器。	
5.7	增压空气冷却器（中冷器） charge air cooler（inter-cooler）	一种用于冷却增压器后增压空气的热交换器。	

表 2（续）

序号	术语	定义	图例
5.7.1	空-液式增压空气冷却器 air-to-liquid charge air cooler	一种使用冷却液的增压空气冷却器。	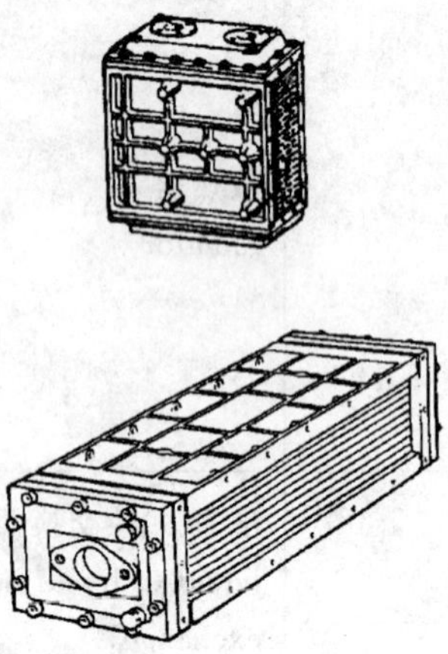
5.7.2	空-空式增压空气冷却器 air-to-air charge air cooler	一种用大气作为冷却剂的增压空气冷却器。	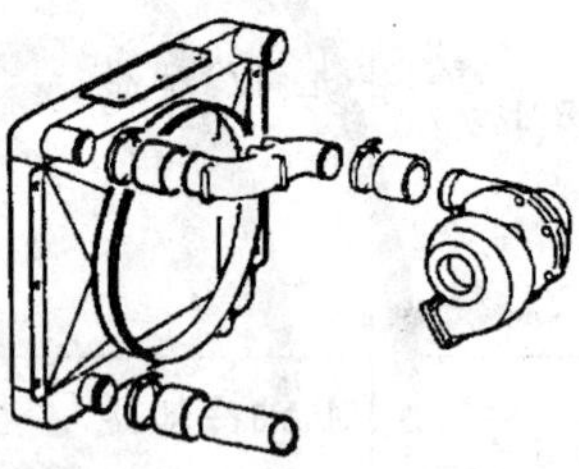
5.8	风扇罩 fan cowl	散热器与风扇间的冷却空气导流管道。	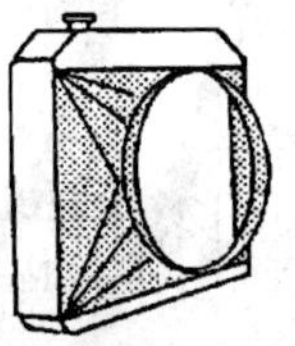
5.9	风扇 fan	用于产生强制气流进行空气冷却的部件。	
5.10	冷却水泵 liquid coolant pump	使冷却液在强制循环冷却系统中进行循环的泵。	
5.11	节温器/温控器 thermostat	一种根据温度来控制冷却液流量的部件，可允许部分冷却液旁通冷却器。	
5.12	冷却风道 cooling air duct	一种用以将冷却气流输送至发动机待冷却零件处或将冷却气流由发动机待冷却零件处输回的气道。	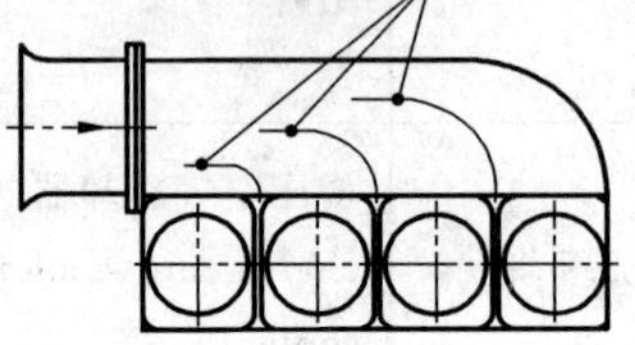 导流板

表 2（续）

序号	术 语	定 义	图 例
5.13	散热片 筋 cooling fins;ribs	发动机零部件上用以增加热交换的延伸表面。	
5.14	压力盖 pressure cap	一种允许冷却系统自行稳压使其不致超过最大压力和防止冷却时形成真空的装置。	

中 文 索 引

英 文 索 引

A

C

E

F

H

I

K

L

N

O

P

R

S

T

ICS 27.020
J 91

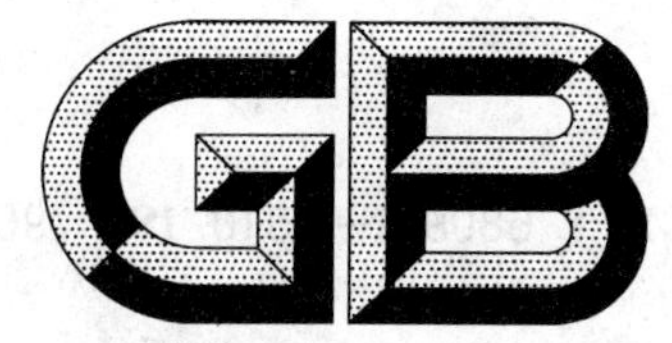

中华人民共和国国家标准

GB/T 6809.8—2010/ISO 7967-8:2005
代替 GB/T 6809.8—2000

往复式内燃机　零部件和系统术语
第8部分:起动系统

**Reciprocating internal combustion engines—
Vocabulary of components and systems—
Part 8:Starting systems**

(ISO 7967-8:2005,IDT)

2010-11-10 发布　　2011-03-01 实施

中华人民共和国国家质量监督检验检疫总局
中国国家标准化管理委员会　发布

前　言

GB/T 6809《往复式内燃机　零部件和系统术语》分为9个部分:

——第1部分:固定件及外部罩盖;

——第2部分:气门、凸轮轴传动和驱动机构;

——第3部分:主要运动件;

——第4部分:增压及进排气管系统;

——第5部分:冷却系统;

——第6部分:润滑系统;

——第7部分:调节系统;

——第8部分:起动系统;

——第9部分:监控系统。

本部分是GB/T 6809的第8部分。

本部分等同采用ISO 7967-8:2005《往复式内燃机　零部件和系统术语　第8部分:起动系统》(英文版)。

本部分等同翻译ISO 7967-8:2005。

为便于使用,本部分作了如下编辑性修改:

——"本国际标准"一词改为"本部分";

——删除了国际标准前言和引言;

——对ISO 7967-8:2005中引用的ISO 2710:2000,用已被采用为我国的标准代替。

本部分是对GB/T 6809.8—2000《往复式内燃机　零部件和系统术语　第8部分:起动系统》的修订。与GB/T 6809.8—2000相比,主要变化如下:

——修改了各种起动系统的相互关系图;

——补充了起动系统的名词术语。

本部分由中国机械工业联合会提出。

本部分由全国内燃机标准化技术委员会(SAC/TC 177)归口。

本部分起草单位:上海内燃机研究所。

本部分主要起草人:谢亚平、计维斌、宋国婵、瞿俊鸣。

本部分所代替标准的历次版本发布情况为:

——GB/T 6809.8—2000。

往复式内燃机　零部件和系统术语
第8部分:起动系统

1　范围

GB/T 6809的本部分规定了往复式内燃机起动系统的相关术语。

图1给出了各种起动系统的关系图。

而GB/T 1883则给出了往复式内燃机的分类,并规定了往复式内燃机的基本术语和特征。

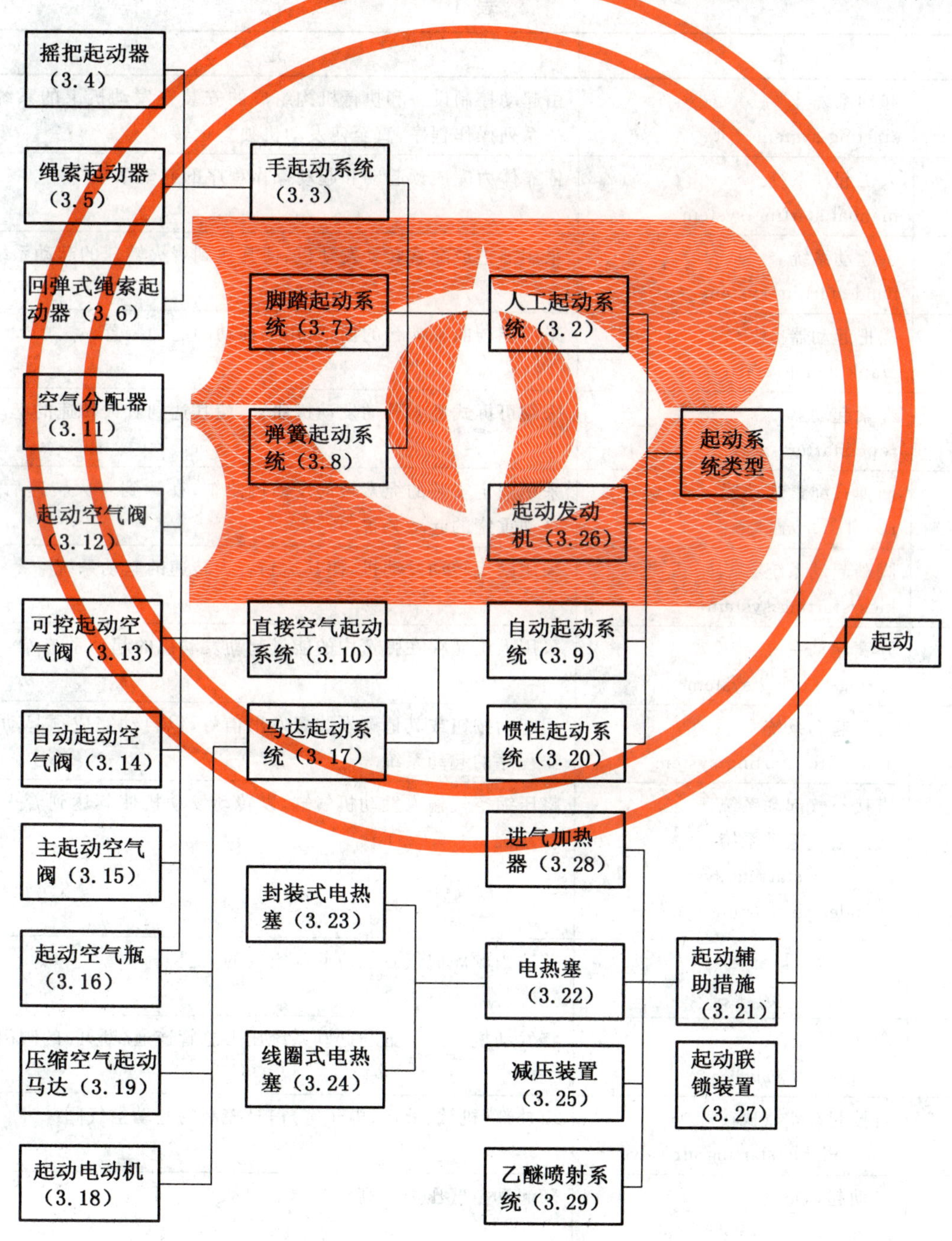

图1　各种起动系统关系图

2 规范性引用文件

下列文件中的条款通过GB/T 6809的本部分的引用而成为本部分的条款。凡是注日期的引用文件,其随后所有的修改单(不包括勘误的内容)或修订版均不适用于本部分,然而,鼓励根据本部分达成协议的各方研究是否可使用这些文件的最新版本。凡是不注日期的引用文件,其最新版本适用于本部分。

GB/T 1883(所有部分) 往复式内燃机 词汇(GB/T 1883—2005,ISO 2710:2000,IDT)

3 术语和定义

下列术语和定义适用于本标准。

表 1

序号	术 语	定 义
3.1	起动系统 starting system	由起动控制设备和执行机构组成的安装在发动机上的系统,以提供一系列操作程序,直至使发动机独立运转
3.2	人工起动系统 manual starting system	依靠体力完成预起动和起动操作程序的起动系统
3.3	手起动系统 hand starting system	采用摇把或绳索转动发动机,使其达到着火转速的起动系统
3.4	摇把起动器 crank handle starter	采用能与曲轴啮合的摇把,用手摇动的起动装置
3.5	绳索起动器 rope starter	采用可拆式绳索转动发动机曲轴,使其达到着火转速的起动装置
3.6	回弹式绳索起动器 recoil starter	采用固定安装的绳索转动发动机曲轴,在达到着火转速后又使绳索自动重绕的起动装置
3.7	脚踏起动系统 kick starting system	采用踏板转动发动机,使其达到着火转速的起动系统
3.8	弹簧起动系统 spring starting system	采用人工储存在弹簧中的能量起动发动机的起动系统
3.9	自动起动系统 automatic starting system	用起动按钮或其他触发装置发出信号,以自动完成预起动和起动操作程序的起动系统
3.10	直接空气起动系统 气缸空气起动系统 direct air starting system cylinder air starting system	将压缩空气输入发动机气缸,以转动发动机使其达到着火转速的起动系统
3.11	空气分配器 air distributor	按适当顺序向气缸供应起动空气的装置
3.12	起动空气阀 starting air valve	将发动机任意一缸与起动系统压力总管连通(断开)的阀门
3.13	可控起动空气阀 controllable starting air valve	由外部(机械、液压、电子等)信号控制的起动空气阀
3.14	自动起动空气阀 automatic starting air valve	随起动空气压力升高而开启的起动空气阀

表 1（续）

序号	术　语	定　义
3.15	主起动空气阀 main starting air valve	将压缩空气源与发动机起动系统连通(断开)的可控阀门
3.16	起动空气瓶 starting air reservoir	为空气起动系统储存压缩空气高压容器
3.17	马达起动系统 motor starting system	采用起动发动机或马达(电动、气动、液压等)起动发动机的系统
3.18	起动电动机 electric starter motor	使用电能(电动机)转动发动机，使其达到着火转速的装置
3.19	压缩空气起动马达 compressed-air starter motor	使用压缩空气转动发动机，使其达到着火转速的装置
3.20	惯性起动系统 inertia starting system	使用独立于发动机的旋转质量，如飞轮，作为惯性能源的起动系统
3.21	起动辅助措施 starting aid	使发动机容易起动的方法(如预热、喷液或喷气、阻风、卸压等)
3.22	电热塞/预热塞 glow plug	装在燃烧室内、帮助燃料着火的电加热塞子
3.23	封装式电热塞 sheath type glow plug	将电热丝放置在耐热管中作为热体的电热塞
3.24	线圈式电热塞 coil type glow plug	将螺旋状电热丝作为热体放置在空气中的电热塞
3.25	减压装置 decompression device	用于降低发动机气缸中的压缩压力，并减小作用于起动系统上负载的装置
3.26	起动发动机 starting engine	可与主发动机联结以转动主发动机，使其达到起动转速的辅助发动机
3.27	起动联锁装置 starting interlock	用以在特殊环境下防止发动机起动的装置
3.28	进气加热器 intake air heater	安装在进气系统内用于加热燃烧用空气、以帮助起动的加热器(例如利用电加热或燃用燃油)。 注：发动机一旦起动成功就可关闭进气加热器
3.29	乙醚喷射系统 ether injection system	将雾化乙醚喷入进气中的装置

中 文 索 引

英 文 索 引

R

S

ICS 77.150.10
H 61

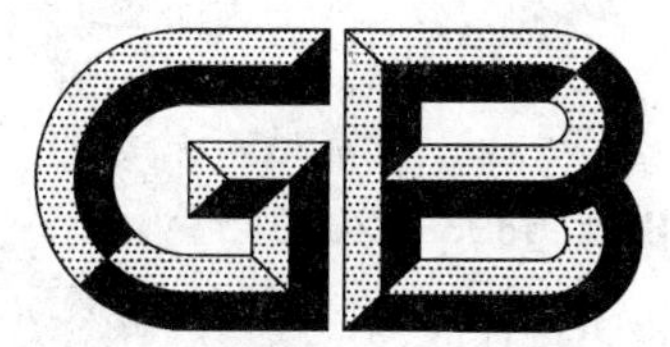

中华人民共和国国家标准

GB/T 6893—2010
代替 GB/T 6893—2000

铝及铝合金拉(轧)制无缝管

Aluminium and aluminium alloys cold drawn (rolled) seamless tubes

2011-01-14 发布　　　　2011-11-01 实施

中华人民共和国国家质量监督检验检疫总局
中国国家标准化管理委员会　发布

前　言

本标准代替 GB/T 6893—2000《铝及铝合金拉(轧)制无缝管》。

本标准与 GB/T 6893—2000 相比,主要变化如下:

——增加了 2A11-T4、3A21-H18、3A21-H24、5754-0、7A04-0、7020-T6 等牌号和状态。

——对管材的力学性能指标进行了修改或补充。

——增加了管材涡流探伤的要求。

本标准使用重新起草法参考 ASTM B210M-05《铝及铝合金拉制无缝管》编制,与 ASTM B210M-05 的一致性程度为非等效。

本标准由中国有色金属工业协会提出。

本标准由全国有色金属标准化技术委员会(SAC/TC 243)归口。

本标准主要起草单位:东北轻合金有限责任公司。

本标准参加起草单位:中国铝业西北铝加工分公司、西南铝业(集团)有限责任公司、广东凤铝铝业有限公司、山东南山铝业股份有限公司、福建省南平铝业有限公司。

本标准主要起草人:刘科研、王国军、秦丽艳、司彦平、杨承梅、陈慧、孙迪、宋微。

本标准所代替标准的历史版本发布情况为:

——GB/T 6893—1986;

——GB/T 6893—2000。

铝及铝合金拉(轧)制无缝管

1 范围

本标准规定了一般工业用的铝及铝合金拉(轧)制无缝管(以下简称管材)的要求、试验方法、检验规则和标志、包装、运输、贮存及质量证明书与合同(或订货单)内容。

本标准适用于外径不大于120.00 mm的管材。

2 规范性引用文件

下列文件对于本文件的应用是必不可少的。凡是注日期的引用文件,仅注日期的版本适用于本文件。凡是不注日期的引用文件,其最新版本(包括所有的修改单)适用于本文件。

GB/T 228 金属材料 室温拉伸试验方法

GB/T 3190 变形铝及铝合金化学成分

GB/T 3199 铝及铝合金加工产品包装、标志、运输、贮存

GB/T 3246.1 变形铝及铝合金制品显微组织检验方法

GB/T 4436 铝及铝合金管材外形尺寸及允许偏差

GB/T 5126 铝及铝合金冷拉薄壁管材涡流探伤方法

GB/T 7999 铝及铝合金光电直读发射光谱分析方法

GB/T 16865 变形铝、镁及其合金加工制品拉伸试验用试样

GB/T 17432 变形铝及铝合金化学成分分析取样方法

GB/T 20975(所有部分) 铝及铝合金化学分析方法

3 要求

3.1 产品分类

3.1.1 牌号、状态

牌号及状态应符合表1的规定。需方需要其他牌号或状态时,由供需双方协商决定,并在合同(或订货单)中注明。

表1

牌号	状态
1035、1050、1050A、1060、1070、1070A、1100、1200、8A06	O、H14
2017、2024、2A11、2A12	O、T4
2A14	T4
3003	O、H14

表 1（续）

牌　　　　号	状　　态
3A21	O、H14、H18、H24
5052、5A02	O、H14
5A03	O、H34
5A05、5056、5083	O、H32
5A06、5754	O
6061、6A02	O、T4、T6
6063	O、T6
7A04	O
7020	T6

3.1.2 标记示例

管材的标记按产品名称、牌号、状态、规格和标准编号的顺序表示。标记示例如下：

示例 1：3003 牌号、O 状态、外径为 10.00 mm、壁厚为 2.00 mm、长度为 1 500 mm 的定尺圆形管材标记为：

管 3003-O ϕ10×2.0×1500　GB/T 6893—2010

示例 2：2024 牌号、T4 状态、边长为 45.00 mm、宽度为 45.00 mm、壁厚为 3.00 mm、长度为不定尺的矩形管材标记为：

矩形管 2024-T4 45×45×3.0　GB/T 6893—2010

3.2 化学成分

管材的化学成分应符合 GB/T 3190 的规定。

3.3 尺寸偏差

管材的尺寸偏差应符合 GB/T 4436 中普通级的规定，要求高精级时，应在合同(或订货单)中注明。

3.4 力学性能

管材的抗拉强度、断后伸长率应符合表 2 的规定。5A03、5A05、5A06 管材的规定非比例延伸强度参见表 2，其他管材的规定非比例延伸强度应符合表 2 的规定。

表 2

<table>
<tr><th rowspan="5">牌号</th><th rowspan="5">状态</th><th rowspan="5" colspan="2">壁厚
mm</th><th colspan="5">室温纵向拉伸力学性能</th></tr>
<tr><th rowspan="3">抗拉强度
R_m/(N/mm²)</th><th rowspan="3">规定非比例
伸长应力
$R_{P0.2}$/(N/mm²)</th><th colspan="3">断后伸长率/%</th></tr>
<tr><th>全截面试样</th><th colspan="2">其他试样</th></tr>
<tr><th>$A_{50\ mm}$</th><th>$A_{50\ mm}$</th><th>A^a</th></tr>
<tr><th colspan="5">不小于</th></tr>
<tr><td rowspan="2">1035
1050A
1050</td><td>O</td><td colspan="2">所有</td><td>60～95</td><td>—</td><td>—</td><td>22</td><td>25</td></tr>
<tr><td>H14</td><td colspan="2">所有</td><td>100～135</td><td>70</td><td>—</td><td>5</td><td>6</td></tr>
<tr><td rowspan="2">1060
1070A
1070</td><td>O</td><td colspan="2">所有</td><td>60～95</td><td>—</td><td colspan="3">—</td></tr>
<tr><td>H14</td><td colspan="2">所有</td><td>85</td><td>70</td><td colspan="3">—</td></tr>
<tr><td rowspan="2">1100
1200</td><td>O</td><td colspan="2">所有</td><td>70～105</td><td>—</td><td>—</td><td>16</td><td>20</td></tr>
<tr><td>H14</td><td colspan="2">所有</td><td>110～145</td><td>80</td><td>—</td><td>4</td><td>5</td></tr>
<tr><td rowspan="7">2A11</td><td>O</td><td colspan="2">所有</td><td>≤245</td><td>—</td><td colspan="3">10</td></tr>
<tr><td rowspan="6">T4</td><td rowspan="3">外径
≤22</td><td>≤1.5</td><td rowspan="3">375</td><td rowspan="3">195</td><td colspan="3">13</td></tr>
<tr><td>>1.5～2.0</td><td colspan="3">14</td></tr>
<tr><td>>2.0～5.0</td><td colspan="3">—</td></tr>
<tr><td rowspan="2">外径
>22～50</td><td>≤1.5</td><td rowspan="2">390</td><td rowspan="2">225</td><td colspan="3">12</td></tr>
<tr><td>>1.5～5.0</td><td colspan="3">13</td></tr>
<tr><td>>50</td><td>所有</td><td>390</td><td>225</td><td colspan="3">11</td></tr>
<tr><td rowspan="2">2017</td><td>O</td><td colspan="2">所有</td><td>≤245</td><td>≤125</td><td>17</td><td>16</td><td>16</td></tr>
<tr><td>T4</td><td colspan="2">所有</td><td>375</td><td>215</td><td>13</td><td>12</td><td>12</td></tr>
<tr><td rowspan="5">2A12</td><td>O</td><td colspan="2">所有</td><td>≤245</td><td>—</td><td colspan="3">10</td></tr>
<tr><td rowspan="4">T4</td><td rowspan="2">外径
≤22</td><td>≤2.0</td><td rowspan="2">410</td><td rowspan="2">225</td><td colspan="3">13</td></tr>
<tr><td>>2.0～5.0</td><td colspan="3">—</td></tr>
<tr><td>外径
>22～50</td><td>所有</td><td>420</td><td>275</td><td colspan="3">12</td></tr>
<tr><td>>50</td><td>所有</td><td>420</td><td>275</td><td colspan="3">10</td></tr>
<tr><td rowspan="3">2A14</td><td rowspan="3">T4</td><td rowspan="2">外径
≤22</td><td>1.0～2.0</td><td>360</td><td>205</td><td colspan="3">10</td></tr>
<tr><td>>2.0～5.0</td><td>360</td><td>205</td><td colspan="3">—</td></tr>
<tr><td>外径
>22</td><td>所有</td><td>360</td><td>205</td><td colspan="3">10</td></tr>
<tr><td rowspan="3">2024</td><td>O</td><td colspan="2">所有</td><td>≤240</td><td>≤140</td><td>—</td><td>10</td><td>12</td></tr>
<tr><td rowspan="2">T4</td><td colspan="2">0.63～1.2</td><td>440</td><td>290</td><td>12</td><td>10</td><td>—</td></tr>
<tr><td colspan="2">>1.2～5.0</td><td>440</td><td>290</td><td>14</td><td>10</td><td>—</td></tr>
</table>

表 2（续）

牌号	状态	壁厚 mm	室温纵向拉伸力学性能				
			抗拉强度 R_m/(N/mm²)	规定非比例 伸长应力 $R_{P0.2}$/(N/mm²)	断后伸长率/%		
					全截面试样	其他试样	
					$A_{50\ mm}$	$A_{50\ mm}$	A[a]
			不小于				
3003	O	所有	95～130	35	—	20	25
	H14	所有	130～165	110	—	4	6
3A21	O	所有	≤135	—	—		
	H14	所有	135	—	—		
	H18	外径<60，壁厚0.5～5.0	185	—	—		
		外径≥60，壁厚2.0～5.0	175	—	—		
	H24	外径<60，壁厚0.5～5.0	145	—	8		
		外径≥60，壁厚2.0～5.0	135	—	8		
5A02	O	所有	≤225	—	—		
	H14	外径≤55，壁厚≤2.5	225	—	—		
		其他所有	195	—	—		
5A03	O	所有	175	80	15		
	H34	所有	215	125	8		
5A05	O	所有	215	90	15		
	H32	所有	245	145	8		
5A06	O	所有	315	145	15		
5052	O	所有	170～230	65	—	17	20
	H14	所有	230～270	180	—	4	5
5056	O	所有	≤315	100	16		
	H32	所有	305	—	—		
5083	O	所有	270～350	110	—	14	16
	H32	所有	280	200	—	4	6
5754	O	所有	180～250	80	—	14	16
6A02	O	所有	≤155	—	14		
	T4	所有	205	—	14		
	T6	所有	305	—	8		
6061	O	所有	≤150	≤110	—	14	16
	T4	所有	205	110	—	14	16
	T6	所有	290	240	—	8	10

表 2（续）

牌号	状态	壁厚 mm	室温纵向拉伸力学性能				
			抗拉强度 R_m/(N/mm²)	规定非比例伸长应力 $R_{P0.2}$/(N/mm²)	断后伸长率/%		
					全截面试样	其他试样	
					$A_{50\ mm}$	$A_{50\ mm}$	A[a]
			不小于				
6063	O	所有	≤130	—	—	15	20
	T6	所有	220	190	—	8	10
7A04	O	所有	≤265	—		8	
7020	T6	所有	350	280	—	8	10
8A06	O	所有	≤120	—		20	
	H14	所有	100	—		5	

[a] A 表示原始标距(L_0)为 $5.65\sqrt{S_0}$ 的断后伸长率。

3.5 显微组织

管材的显微组织不允许有过烧。

3.6 涡流探伤

外径不大于 22.00 mm、壁厚不大于 1.50 mm 的管材需要进行涡流探伤时，可由供需双方商定探伤检验级别，并在合同(或订货单)中注明。

3.7 外观质量

3.7.1 管材为冷加工表面。管材内、外表面应光滑、清洁。不允许有气泡、起皮、裂纹、内表面波浪、腐蚀斑点等缺陷。

3.7.2 管材表面允许有局部的擦伤、划伤、磕碰伤等，其深度不得超过壁厚允许负偏差值，并不应使管材的壁厚偏差超出允许范围。

3.7.3 管材表面允许有因热处理产生的水痕、允许有不影响壁厚的纵向皱纹、矫直痕、咬痕等。

3.7.4 5A05、5A06 合金管材允许有深度不大于 0.15 mm 的拉道。

4 试验方法

4.1 化学成分

管材的化学成分采用 GB/T 7999 或 GB/T 20975 进行分析，仲裁分析按 GB/T 20975 的规定执行。

4.2 尺寸偏差

管材的壁厚应用精度不低于 0.01 mm 的量具测量，外径用精度不低于 0.02 mm 的量具测量。

4.3 力学性能

管材的室温拉伸试验按 GB/T 228 的规定执行。

4.4 显微组织

管材的显微组织检验按 GB/T 3246.1 的规定执行。

4.5 涡流探伤

管材的涡流探伤按 GB/T 5126 的规定执行。

4.6 外观质量

管材的外观质量以目视检查，当缺陷深度不能确定时，可以采用打磨法测量。对于内径在 12.00 mm～50.00 mm 的管材，可以用内窥镜检查内表面。

5 检验规则

5.1 检查和验收

5.1.1 管材应由供方技术监督部门进行检验，保证管材质量符合本标准及合同(或订货单)的规定，并填写质量证明书。

5.1.2 需方应对收到的管材按本标准的规定进行检验，检验结果与本标准及合同(或订货单)的规定不符时，应以书面形式向供方提出，由供需双方协商解决。属于表面质量及尺寸偏差的异议，应在收到管材之日起一个月内提出；属于其他性能的异议，应在收到管材之日起三个月内提出。如需仲裁，供需双方应在需方共同进行仲裁取样。

5.2 组批

管材应成批提交验收，每批应由同一牌号、状态和规格组成，批重不限。

5.3 计重

管材应检斤计重。

5.4 检验项目

每批管材出厂前应进行化学成分、尺寸偏差、力学性能、外观质量的检验。淬火管材应进行显微组织检验。合同(或订货单)中注明涡流探伤检验的管材应进行涡流探伤检验。

5.5 取样

检测项目的取样应符合表 3 的规定。

表 3

检验项目	取样规定	要求的章节号	试验方法的章节号
化学成分	按 GB/T 17432 的规定进行	3.2	4.1
尺寸偏差	逐根检验	3.3	4.2
力学性能[a]	每批(或热处理炉)取 2 根，每根取 1 个试样。试样应符合 GB/T 16865 规定	3.4	4.3
显微组织[a]	淬火管材每批(或热处理炉)取 2 根，每根取 1 个试样	3.5	4.4

表 3（续）

检验项目	取 样 规 定	要求的章节号	试验方法的章节号
涡流探伤	逐根检验	3.6	4.5
外观质量	逐根检验	3.7	4.6
[a] 生产厂可按热处理炉次取样，仲裁时按批取样。			

5.6 检验结果的判定

5.6.1 化学成分不合格时，能区分熔次的判该熔次不合格，其他熔次依次检验，合格者交货。不能区分熔次的判该批管材不合格。

5.6.2 尺寸偏差或外观质量不合格时，判该根管材不合格。

5.6.3 室温纵向拉伸力学性能不合格时，从该批（炉）中（含原检验不合格者）另取双倍数量的试样进行重复试验，重复试验合格时判该批（炉）管材合格。若重复试验结果仍有不合格者，判该批（炉）管材不合格。但允许供方逐根检验，或进行重新热处理后再重新检验一次，合格者交货。

5.6.4 显微组织不合格时，能区分热处理炉次的判该炉次不合格，其他炉次依次检验，合格者交货。不能区分炉次的判该批管材不合格。

5.6.5 涡流探伤不合格时，判该根管材不合格。

6 标志、包装、运输、贮存及质量证明书

6.1 标志

6.1.1 管材的包装箱标志应符合 GB/T 3199 的规定。

6.1.2 外径大于 30.00 mm 的管材端头应打印如下标记：

a) 供方技术监督部门检印；

b) 批号；

c) 牌号及状态。

6.1.3 外径不大于 30.00 mm 的管材，每捆管材上应拴有上述标记的金属牌。

6.2 包装、运输和贮存

管材不涂油装箱，需要涂油时应在合同（或订货单）中注明；外径不大于 30.00 mm 的管材应打捆缠纸包装，捆直径不大于 150 mm。其他包装、运输和贮存要求应符合 GB/T 3199 的规定。

6.3 质量证明书

每批管材应附有产品质量证明书，其上注明：

a) 供方名称；

b) 批号；

c) 牌号；

d) 状态；

e) 规格；

f) 力学性能；

g) 净重及箱数；

h） 各项分析项目的检验结果（合同或订货单要求时）；

i） 技术监督部门印记；

j） 本标准编号；

k） 包装日期。

7 合同（或订货单）内容

订购本标准所列产品的合同（或订货单）内应包括下列内容：

a） 产品名称；

b） 牌号；

c） 状态；

d） 规格；

e） 净重；

f） 本标准要求的“应在合同或订货单中注明”的事项；

g） 本标准编号；

h） 包装；

i） 增加本标准以外内容时的协商结果。

ICS 45.020
S 61

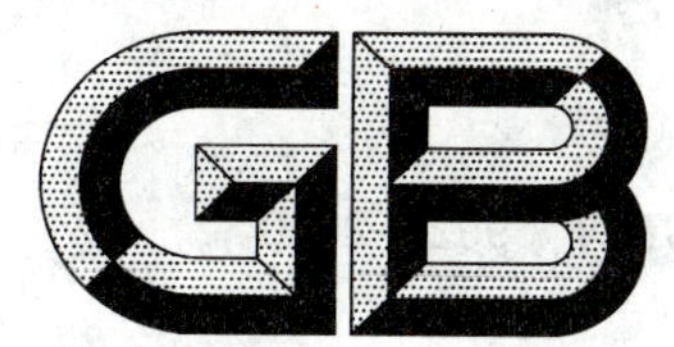

中华人民共和国国家标准

GB/T 6902—2010
代替 GB/T 6902—2001

铁路信号继电器试验方法

Test methods for railway signal relays

2010-11-10 发布　　2011-03-01 实施

中华人民共和国国家质量监督检验检疫总局
中国国家标准化管理委员会　发布

前　言

本标准代替GB/T 6902—2001《铁路信号继电器试验方法》。本标准与GB/T 6902—2001相比主要变化如下：

——增加了继电器外罩阻燃试验的两种方法：塑料燃烧性能试验方法　垂直法、针焰试验方法。

——对继电器电气测试电路图5、图14进行了修改。

——增加了JZXC-H$\frac{0.14}{0.14}$型整流继电器的测试方法及测试电路。

——删除了JCRC二元差动、JMC2-110型脉冲、JRXC型热力等继电器的相关测试内容。

本标准由西安全路通号器材研究所提出并归口。

本标准起草单位：西安全路通号器材研究所、沈阳铁路信号工厂、西安铁路信号工厂。

本标准主要起草人：周达三、刘炜、左立萍、张丽范、邱红蕴。

本标准所代替标准的历次版本发布情况为：

——GB 6902—1986、GB/T 6902—2001。

铁路信号继电器试验方法

1 范围

本标准规定了铁路信号继电器通用试验方法和各种继电器电气特性和时间特性的测试。

本标准适用于铁路信号设备中的各种铁路信号继电器(以下简称"继电器")。

2 规范性引用文件

下列文件中的条款通过本标准的引用而成为本标准的条款。凡是注日期的引用文件,其随后所有的修改单(不包括勘误的内容)或修订版均不适用于本标准,然而,鼓励根据本标准达成协议的各方研究是否可使用这些文件的最新版本。凡是不注日期的引用文件,其最新版本适用于本标准。

GB/T 2408—2008 塑料 燃烧性能的测定 水平法和垂直法(IEC 60695-11-10:1999,Fire hazard testing—Part 11-10:Test flames—50 W horizontal and vertical flame test methods,IDT)

GB/T 2423.1—2008 电工电子产品环境试验 第2部分:试验方法 试验A:低温(IEC 60068-2-1:2007,Environmental testing—Part 2-1:Tests—Test A:Cold,IDT)

GB/T 2423.2—2008 电工电子产品环境试验 第2部分:试验方法 试验B:高温(IEC 60068-2-2:2007,Environmental testing—Part 2-2:Tests—Test B:Dry heat,IDT)

GB/T 2423.4—2008 电工电子产品环境试验 第2部分:试验方法 试验Db:交变湿热(12 h+12 h循环)[IEC 60068-2-30:2005,Environmental testing—Part 2-30:Tests—Test Db:Damp heat,cyclic(12 h+12 h cycle),IDT]

GB/T 2423.5—1995 电工电子产品环境试验 第2部分:试验方法 试验Ea和导则:冲击(idt IEC 60068-2-27:1987)

GB/T 2423.10—2008 电工电子产品环境试验 第2部分:试验方法 试验Fc:振动(正弦)(IEC 60068-2-6:1995,IDT)

GB/T 2423.16—2008 电工电子产品环境试验 第2部分:试验方法 试验J和导则:长霉(IEC 60068-2-10:2005,Environmental testing—Part 2-10:Tests—Test J and guidance:Mould growth,IDT)

GB/T 2423.17—2008 电工电子产品环境试验 第2部分:试验方法 试验Ka:盐雾(IEC 60068-2-11:1981,Basic environmental testing procedures—Part 2:Tests—Test Ka:Salt mist,IDT)

GB/T 2423.21—2008 电工电子产品环境试验 第2部分:试验方法 试验M:低气压(IEC 60068-2-13:1983,Basicenvironmental testing procedures—Part 2:Tests M:Low air pressure,IDT)

GB/T 5169.5—2008 电工电子产品着火危险试验 第5部分:试验火焰 针焰试验方法 装置、确认试验方法和导则(IEC 60695-11-5:2004,IDT)

3 术语和定义

下列术语和定义适用于本标准。

3.1

动接点 heel contact

随同继电器衔铁(翼板)一起动作的接点。

3.2

动合接点(前接点)　front contact

继电器衔铁(翼板)吸合时与动接点闭合的接点。

3.3

动断接点(后接点)　back contact

继电器衔铁(翼板)释放后与动接点闭合的接点。

3.4

定位接点　normal contact

有极继电器按规定正方向通电时与动接点闭合的接点。

3.5

反位接点　reverse contact

有极继电器按规定反方向通电时与动接点闭合的接点。

3.6

充磁值　energized value

为了测试释放值或转极值,预先使磁系统充分磁化,向继电器线圈通以几倍的工作值或转极值。

3.7

释放值　release value

向继电器线圈通以充磁值,然后逐渐降低电压或电流,至全部动合接点断开时的最大电压或电流值。

3.8

额定值　rated value

继电器在规定或特定运用状态时的电压或电流值。

3.9

工作值　working value

向继电器线圈通电,直到衔铁止片(钉)与铁芯(极靴)接触、全部动合接点闭合,并满足规定接点压力时所需要的最小电压或电流值。

3.10

反向工作值　reverse working value

向继电器线圈反向通电,直到衔铁止片(钉)与铁芯(极靴)接触、全部动合接点闭合,并满足规定接点压力时所需要的最小电压或电流值。

3.11

反向不动作值　reverse no-moving valtage

向偏极继电器线圈反向通电,继电器不动作的最大电压值。

3.12

正向转极值　pole-changing value

使有极继电器的衔铁转极,全部定位接点闭合,并满足规定接点压力时的正向最小电压或电流值。

3.13

反向转极值　reverse pole-changing value

使有极继电器的衔铁转极,全部反位接点闭合,并满足规定接点压力时的反向最小电压或电流值。

3.14

临界不转极电压值　critical no pole-changing voltage

有极继电器在转极瞬间,因衔铁受阻力作用,而不能转极的最小电压。

3.15

缓放时间　slow release time

向继电器线圈通以额定值，从线圈断电起，至动合接点断开所需要的时间。

3.16

返回时间　transfer time

向继电器线圈通以额定值，从线圈断电起，至全部动断接点闭合所需要的时间。

3.17

吸合时间(对缓吸继电器称缓吸时间)　pick-up value

向继电器线圈通以额定值起，至全部动合接点闭合所需要的时间。

3.18

接点回跳时间　contact bounce time

继电器接点闭合或断开时，接点不规则通断现象所包括的时间。

3.19

接点压力　contact pressure

继电器处于释放(反位)或工作(定位)状态时，闭合接点相互间的压力。

3.20

接点间隙　contact clearance

继电器处于释放(反位)或工作(定位)状态时，断开接点相互间的间隙。

3.21

接点共同行程　contact travel route

接点从接触开始到运动终了的行程。

3.22

接点齐度　contact homogeneity

继电器各组接点间同时接触的误差。

4　试验要求

4.1　试验种类和项目

4.1.1　继电器的试验分为出厂试验和型式试验两种。

4.1.2　继电器的试验项目应符合表1的规定。

表1　继电器的试验项目

编号	试验项目	出厂试验	型式试验	标准章条
1	外观	●	●	5.1
	外形和安装尺寸	●	●	
2	电气特性和时间特性	●	●	6
3	机械特性	●	●	5.2
4	接触电阻	●	●	5.3
5	线圈电阻	●	●	5.4
6	温升		●	5.5

表 1（续）

编号	试验项目	出厂试验	型式试验	标准章条
7	绝缘电阻	●	●	5.6
8	耐压试验	●	●	5.7
9	接点回跳时间		●	5.8
10	低温		●	5.9
11	高温		●	5.10
12	交变湿热		●	5.11
13	低气压		●	5.12
14	盐雾		●	5.13
15	长霉		●	5.14
16	阻燃		●	5.15
17	振动		●	5.16
18	冲击		●	5.17
19	寿命		●	5.18
注：●为必做项。				

4.2 试验条件

4.2.1 试验的标准条件

本标准中规定的测试(除特殊规定外)均在标准的试验大气条件下进行。

试验的标准大气条件为：

——温度：15 ℃～35 ℃；

——相对湿度：45%～75%；

——气压：86 kPa～106 kPa。

4.2.2 仲裁试验的标准大气条件

如果所测的参数随温度、湿度、气压的变化规律为未知或有特殊要求时，应采用下列标准大气条件：

——温度：20 ℃±1 ℃；

——相对湿度：63%～67%；

——气压：86 kPa～106 kPa。

4.3 测试仪表的要求

4.3.1 制造和检验部门使用直流电压表、电流表的准确度不应低于 0.5 级，交流(50 Hz)电压表、电流表的准确度不应低于 1 级。

4.3.2 交流 25 Hz 继电器可采用近似有效值的交流电压表、电流表测量。

4.3.3 相位表的准确度不应超过±3°。

4.4 试验电源的要求

电源电压应保持稳定，其波动范围不应超过 5%。直流电源应采用直流发电机、蓄电池或交流全波整流电源(除特殊规定外，纹波系数不应大于 5%)。交流电源的波形应为正弦波，频率为 50 Hz±1 Hz。

4.5 测试电路图中代号及含义

测试电路图中各种代号含义见表 2。

表2 测试电路图中各种代号含义

序号	代号	含义	备注	序号	代号	含义	备注
1	E	直流电源	—	11	SB	示波器	—
2	A̲	直流电流表	—	12	MB	电秒表	—
3	V̲	直流电压表	—	13	K	开关	—
4	A～	交流电流表	—	14	XD	信号灯泡	12 V、25 W
5	V～	交流电压表	—	15	C	电容器	—
6	B	变压器	—	16	BP	变频器	25 Hz、300 VA
7	YB	移相变压器	可用4个BGI代替	17	JL	局部滤波器	—
8	ZOB	自耦变压器	250 V、1 kVA	18	GL	轨道滤波器	—
9	R	变阻器(电阻器)	—	19	XC	相位测试仪	—
10	J	继电器	—	—	—	—	—

5 通用测试方法

5.1 外观、外形和安装尺寸的检查

5.1.1 按产品标准的规定目测进行外观检查。

5.1.2 应采用准确度不低于0.05 mm的量具,按产品标准的规定,对外形和安装尺寸进行测量。

5.2 机械特性的测量

5.2.1 测量接点压力时,应逐渐增加测力计端头在接点处的压力,并在接点断开的瞬间进行读数。测力计的着力点(除特殊规定外)应在簧片上紧靠接点前端处,测力计的测杆应平行于簧片的平面。

5.2.2 测量接点间隙时,塞尺的轴线应垂直于接点相互间最小距离的连线,接点簧片不得产生位移。

5.2.3 测量接点共同行程应根据不同类型的继电器分别采用以下方法:

a) 将规定厚度的塞尺插入接点簧片和托片间,塞尺的轴线应垂直于接点簧片和托片间最小距离的连线,接点簧片不得产生位移;

b) 将规定厚度的塞尺插入接点簧片和推动卡间,接点簧片不应产生位移;

c) 将规定厚度的塞尺插入衔铁与铁芯间(一般测量点为铁芯中心),或衔铁和后止挡间,然后推动衔铁使衔铁压紧塞尺。此时,所有接点接触,则接点共同行程符合要求。

5.2.4 接点齐度的测量,推动衔铁检查各接点同时接触或同时断开的误差,其差值用量规测量和表示灯监测,应符合产品标准的规定。

5.2.5 塞尺、测力计应符合下列要求:

a) 塞尺的准确度不应低于2级;

b) 测力计的测量误差不应大于2%。

5.3 接触电阻的测试

5.3.1 接触电阻是指在接点间或插片与插簧间通过规定的电流时,在接触处所呈现的电阻。一般是在引出端进行测试。

5.3.2 采用电压表-电流表法测试,测试电路见图1,或用双臂电桥测试,接点的闭路电流按产品标准的规定。

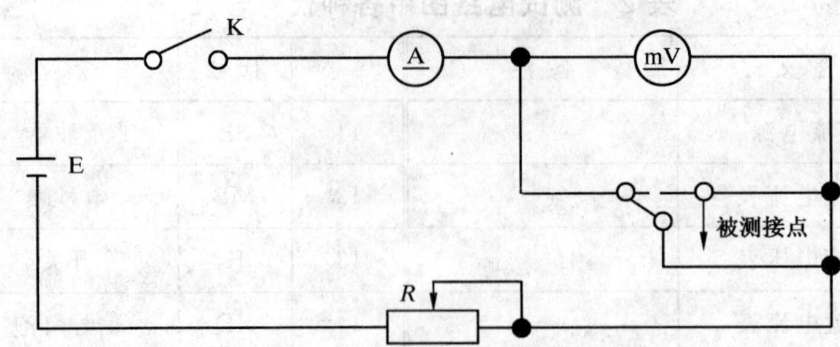

图 1　接触电阻测试电路

接触电阻按公式(1)计算：

$$R_1 = \frac{V}{I} - R_i \qquad (1)$$

式中：

R_1——接触电阻值，单位为欧姆(Ω)；

V——电压值，单位为伏特(V)；

I——电流值，单位为安培(A)；

R_i——引接线电阻值，单位为欧姆(Ω)。

5.3.3　接点不加负载，继电器施加额定值，动作两次后再开始测量，共测三次，取其数据的最大值。

5.3.4　测插座簧片-接点单元或电源片单元接触电阻时，待测的两者先插拔 5 次后再开始测量，共测三次，取其数据的最大值。

5.4　线圈电阻的测试

5.4.1　继电器线圈电阻是指环境温度为+20 ℃时线圈的直流电阻。

5.4.2　继电器在标准的试验大气条件下应放置 2 h 后进行测试。线圈电阻在 5 Ω 以上的可采用单臂电桥测量，5 Ω 及其以下的可采用双臂电桥测量。

5.4.3　测量 5 Ω 及以下的线圈电阻时，应排除引接线电阻及线圈与插片连线对测量结果的影响。

5.4.4　将测得的电阻值换算到+20 ℃时的数值，按公式(2)换算。

$$R_{20} = \frac{R_t}{1 + \alpha(t - 20)} \qquad (2)$$

式中：

R_{20}——换算到+20 ℃时的电阻值，单位为欧姆(Ω)；

R_t——环境温度为 t 时测得的电阻值，单位为欧姆(Ω)；

α——在 0 ℃时被测线圈导体材料的电阻温度系数(铜为 0.004 1/℃)；

t——测量时的环境温度，单位为摄氏度(℃)。

5.5　温升的测试

5.5.1　线圈温升是在规定的测试条件下，线圈的稳定温度与环境温度之差。一般用电阻法测量，平均温升按公式(3)计算。

$$\tau_{pj} = \theta_2 - \theta_{02} = \frac{R_2 - R_1}{R_1}\left(\frac{1}{\alpha} + \theta_{01}\right) + (\theta_{01} - \theta_{02}) \qquad (3)$$

式中：

τ_{pj}——被测线圈的平均温升，单位为开尔文(K)；

θ_2——被测线圈在发热情况下的温度，单位为摄氏度(℃)；

θ_{02}——被测线圈热态电阻时的环境温度，单位为摄氏度(℃)；

R_2——温度为 θ_2 时，被测线圈的电阻值，单位为欧姆(Ω)；

R_1——温度为 θ_{01} 时，被测线圈的电阻值，单位为欧姆(Ω)；

α——在 0 ℃时被测线圈导体材料的电阻温度系数(铜为 0.004 1/℃)；

θ_{01}——被测线圈冷态电阻时的环境温度，单位为摄氏度(℃)。

冷态电阻、热态电阻测试时应符合以下规定：

a) 测试冷态电阻时，继电器放在测量室内不少于 8 h，在测量前 1 h 内，室温的变化不应大于 3 ℃时进行测试；

b) 测试热态电阻时，将继电器放入产品标准规定的最高环境温度的恒温箱内，并在线圈上施加产品标准规定的额定值，经 2 h 后测试第一次；以后每隔 1 h 测试一次，当每 1 h 温度变化不超过 1 ℃时，则认为已达到稳定温度，才能测试热态电阻。

短时工作的线圈 0.44 Ω、0.13 Ω 和 0.17 Ω 温升试验在测试热态电阻时，应将继电器放入＋60 ℃的恒温箱内，保温 2 h 后，在线圈上通以额定电流 20 min 时测量。0.06 Ω 的线圈温升试验在测试热态电阻时，应将继电器放入＋60 ℃的恒温箱内，保温 2 h 后，在线圈上通以额定电流 6 min 时测量。

5.5.2 接点温升是在规定的测试条件下，接点的稳定温度与环境温度之差。将继电器放置在产品标准规定的最高环境温度恒温箱内，接点通以产品标准规定的电流，用点温度计测量接点的稳定温度，即每 1 h 内温度的变化不超过 1 ℃，接点温升按公式(4)计算。

$$\tau = \theta_2 - \theta_{02} \qquad (4)$$

式中：

τ——被测接点温升，单位为开尔文(K)；

θ_2——被测接点温度，单位为摄氏度(℃)；

θ_{02}——环境温度，单位为摄氏度(℃)。

5.5.3 测试时应注意：继电器与恒温箱壁要保持一定距离，以减少恒温箱壁的辐射热和温度的不均匀性对测试结果的影响。

5.6 绝缘电阻

5.6.1 绝缘电阻的测量应在按正常工作位置安装的继电器上进行。

5.6.2 绝缘电阻是各不相连导电部分之间，在规定的环境条件下，用 500 V 兆欧表所测得的电阻值。

5.6.3 绝缘电阻的测量部位如下：

a) 每一线圈各绕组之间；

b) 线圈绕组与继电器其他部件之间；

c) 各接点之间；

d) 带电部件与地之间；

e) 继电器线圈在无电状态下，测量上述部位的绝缘电阻。线圈在有电状态下，不测量线圈绕组与继电器其他部件之间的绝缘电阻。

5.6.4 注意事项：测量绝缘电阻时，继电器应置于优质绝缘板上进行。

5.7 耐压试验

5.7.1 耐压试验应在按正常工作位置安装的继电器上进行。

5.7.2 施加电压的部位同 5.6.3。

5.7.3 继电器在无电状态下，对上述部位进行耐压试验。

5.7.4 逐渐升高试验电压至产品标准规定值，历时 1 min，应无击穿和闪络现象。

5.7.5 试验电压上升与下降的速度不应大于 500 V/s。

5.7.6 注意事项如下：

a) 耐压试验时，试验电压应为交流 50 Hz 正弦波，当高压输出端短路时，电流不应小于 0.5 A；

b) 试验设备应有良好的安全保护装置。

5.8 接点回跳时间的测试

5.8.1 线圈加以额定值，采用示波器测试所有动合和动断接点回跳时间(可采用带有外触发和时标的长余辉示波器)，其测试电路见图 2。

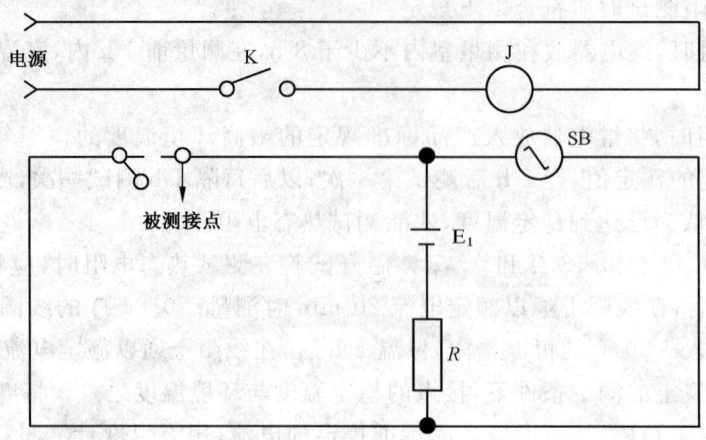

R——无感电阻；

K——无回跳的接点或水银开关。

图 2 接点回跳时间的测试电路图

5.8.2 接点开路电压不应大于 6 V，闭路电流不应大于 6 mA。

5.8.3 采用示波器测试接点回跳时间的典型波形见图 3，回跳时间不包括变化过程。

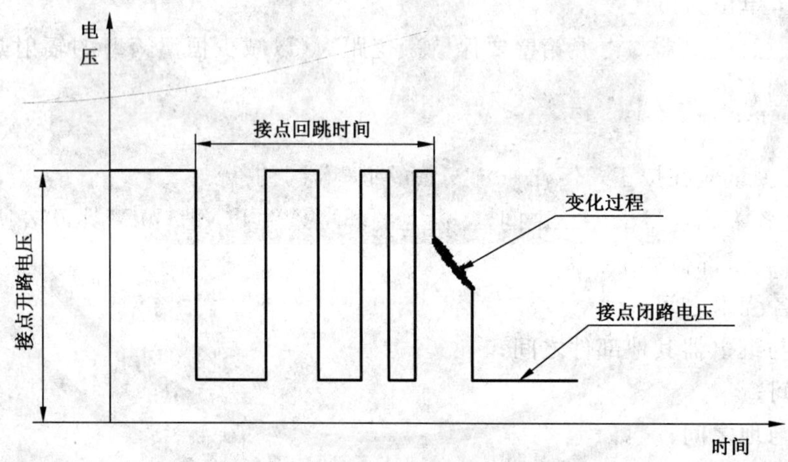

图 3 接点回跳时间的典型波形

5.8.4 测试时应注意：

a) 示波器的基准时间误差不应大于 3%；

b) 继电器的线圈应直接跨接在电源输出端上；

c) 当采用整流电源时，直流输出的纹波系数不应大于 1%。

5.9 低温试验

应按 GB/T 2423.1—2008 的规定进行，并应符合以下要求：

a) 按产品标准的规定，对继电器进行外观检查和机械、电气特性的测试；

b) 将继电器在试验的标准大气条件下放置 2 h，然后按正常工作位置牢固地装在试验架上，并放入试验箱内；

c) 将试验箱内温度降低到产品标准的规定值，持续时间 2 h，在降温和保温过程中，继电器在额定值下应正常工作；

d) 保温后，在试验箱内测试继电器的时间特性和电气特性，应符合产品标准的规定；

e) 将继电器从试验箱内取出，在标准的试验大气条件下放置 2 h 或产品标准规定的恢复时间，进行外观检查和机械、电气特性的测试，应符合产品标准的规定；

f) 试验时应注意：

1) 继电器与试验箱壁应保持一定距离，以减少箱温不均匀性对测试结果的影响；

2) 试验箱内继电器的相互间距离不应小于继电器的外形尺寸。

5.10 高温试验

应按 GB/T 2423.2—2008 的规定进行，并应符合以下要求：

a) 按产品标准的规定，对继电器进行外观检查和机械、电气特性的测试；

b) 将继电器在试验的标准大气条件下应放置 2 h，然后按正常工作位置牢固地装在试验架上，并放入试验箱内；

c) 将试验箱内温度上升到产品标准的规定值，持续时间 2 h，在升温和保温过程中，继电器在额定值下应正常工作；

d) 保温后，在试验箱内测试继电器的时间特性和电气特性，应符合产品标准规定的要求；

e) 将继电器从试验箱内取出，在标准的试验大气条件下放置 2 h 或产品标准规定的恢复时间，进行外观检查和机械、电气特性的测试，应符合产品标准的规定；

f) 试验时应注意：

1) 继电器与试验箱壁要保持一定距离，以减少箱壁的辐射热和温度的不均匀性对测试结果的影响；

2) 试验箱内继电器的相互间距离不应小于继电器的外形尺寸。

5.11 交变湿热试验

应按 GB/T 2423.4—2008 的规定进行，并应符合以下要求：

a) 初始检测：按产品标准的规定，对继电器或插座进行外观检查和机械、电气特性的测试；

b) 条件试验：将继电器按正常工作位置牢固地装在试验架上，并放入试验箱内；

c) 严酷程度：高温 40 ℃、循环次数按产品标准的规定；

d) 降温方法采用方法 1；

e) 中间检测：试验最后一个循环结束前 2 h，在箱内测量继电器或插座的绝缘电阻，应符合产品标准要求；

f) 恢复条件：试验结束后，从箱内取出继电器在正常的试验大气条件下放置恢复 2 h；

g) 最终检查：恢复后马上进行绝缘耐压试验，复验时的试验电压值，应为原试验电压值的 75%，外观检查和机械电气特性的测试，应符合产品标准的规定；

h) 试验时应注意：

1) 被试继电器放在恒温恒湿箱的中央，四周应有足够的距离，箱内温度和湿度应保持均匀；

2) 试验期间被试产品上应无水滴。

5.12 低气压试验

应按 GB/T 2423.21—2008 的规定进行，并应符合以下要求：

a) 按产品标准的规定，对继电器进行外观检查和机械、电气特性的测试；

b) 将继电器按正常工作位置牢固地安装在试验架上，放入正常空气压力的试验箱内；

c) 使箱内气压以 10 kPa/min 的速率降至 70.1 kPa，持续时间 2 h，继电器在额定电压或电流下应正常工作；在此状态下，测量继电器的电气持性，绝缘耐压应符合产品标准的规定，并按寿命试验规定的负载和动作速度观察接点间有无持续电弧存在；

d) 以上述压力变化速率恢复到正常气压，然后进行外观检查和机械、电气特性的测试，应符合产品标准的规定；

e) 试验时应注意：

1) 测试线的绝缘耐压应高于继电器的试验电压；

2) 测试线焊接端应清洁无毛刺。

5.13 盐雾试验

盐雾试验仅作金属零件试验，应按 GB/T 2423.17—2008 进行，并应符合以下要求：

a) 试验前对试样进行外观检查，并按产品标准进行性能测定，试样表面应干净，无油污、无临时性防护层和其他弊病；

b) 试样应按正常使用状态进行试验，试样之间不应有接触，也不能与其他金属部件接触；

c) 试验温度为 35 ℃±2 ℃，试验时间为 16 h；

d) 试验结束后，应在自来水下冲洗 5 min，然后用蒸馏水或者去离子水冲洗，然后晃动或者用气流干燥去掉水滴；清洗用水温不应超过 35 ℃，然后在标准的恢复大气条件下放置 1 h～2 h，再评定试样腐蚀等级；

e) 盐雾腐蚀等级按表 3 的规定评定。

表 3 盐雾腐蚀等级

耐腐蚀等级	腐 蚀 情 况
1	1）色泽无变化或轻微变暗 2）镀层和主金属均无腐蚀
2	1）色泽明显变暗或镀层有均匀连续轻度膜状腐蚀 2）镀层腐蚀面积小于 3% 3）主金属无腐蚀
3	1）镀层腐蚀面积为 3%～15% 2）主金属腐蚀点不应多于 1 个/dm^2，且其直径不应大于 1 mm。若试样总面积小于 1/dm^2，则每一试样上的主金属腐蚀点不多于 1 个，且直径不大于 1 mm
4	1）镀层或主金属的腐蚀程度超过 3 级者 2）镀层腐蚀面积虽未超过 15%，但呈局部严重块状腐蚀
注 1：镀层腐蚀面积是指镀层锈点总面积占整个腐蚀区域面积的百分数。 注 2：经规定周期试验后，1 级者为良好，2 级者为合格，3 级者以下为不合格。 注 3：只要达到等级中腐蚀程度的任何一项，即作为该级论。	

5.14 长霉试验

按 GB/T 2423.16—2008 的规定进行，并应符合以下要求：

a) 仅作零件外观检查；

b) 试验时间为连续暴露 28 d；

c) 经 28 d 暴露结束后，取出的试验样品应立即观察，其长霉程度应符合产品标准的规定。

5.15 阻燃试验

5.15.1 阻燃试验仅作外罩材料试验。

5.15.2 塑料燃烧性能试验应按 GB/T 2408—2008 中垂直法的规定进行，试验结果应符合产品标准的规定。

5.15.3 针焰试验应按 GB/T 5169.5—2008 的规定进行，并应符合以下要求：

a) 试验火焰施加于样品上靠近载流部件的绝缘件位置；

b) 试验火焰高度：12 mm±1 mm；

c) 持续时间：按产品标准的规定；

d) 在进行单独试验时一般在厚约 10 mm 的平滑木板上，紧密覆盖一层包装绢纸，将其置于施加针焰的试验样品下方 200 mm±5 mm 处；

e) 试验结果评定：在试验火焰离开后，试验样品和周围的零部件的火焰或灼热在 30 s 之内熄灭，即 t_b＜30 s，而且周围的零部件没有完全烧毁以及规定的铺底层或包装绢纸没有起燃。

5.16 振动（正弦）试验

5.16.1 应按 GB/T 2423.10—2008 的规定进行。

5.16.2 共振检查时应符合以下规定：

a) 将继电器按与实际使用相当的安装方法牢固地固定在振动台上；

b) 继电器在释放状态和工作状态下分别进行共振检查；

c) 按产品标准规定频率和振幅，频率从低到高，再从高到低进行扫频试验，扫频三次，用目测判断有无共振现象；

d) 若产生共振，应设法消除，不能消除时，则在产生共振的频率下振动 0.5 h，产品不应出现机械损伤、误动作、紧固件松动等不良现象；

e) 扫频速率为每分钟一个倍频程（即每分钟 2 Hz～4 Hz，4 Hz～8 Hz，8 Hz～16 Hz……）。

5.16.3 振动试验时应符合以下规定：

a) 按产品标准的规定，对继电器进行外观检查和机械、电气特性的测试；

b) 继电器按正常工作位置牢固地安装在振动台上，按产品标准规定的频率和振幅（或者加速度）进行试验；

c) 继电器在释放状态和工作状态下均进行试验；

d) 试验持续时间如下：

1) 在机车上使用的继电器（或减振器）需依次进行三个轴向（垂直、横纵向）振动试验，每个轴向试验持续时间为 10 min；

2) 其他场合使用的继电器，按产品标准规定进行垂直轴向的振动试验，持续时间为 0.5 h；

e) 在试验中，用指示灯监视接点通断情况，指示灯不应出现明显闪烁现象；应闭合的接点不应断开，应断开的接点不应闭合；

f) 试验结束后，进行外观检查和机械、电气特性的测试，应符合标准的规定；并检查有无机械损伤。

5.16.4 试验时应注意：

a) 试验夹具应有足够的强度和刚性，防止共振；

b) 试验夹具与试验台之间应刚性连接；

c) 振动和振幅应保持稳定。

5.17 冲击试验

5.17.1 应按 GB/T 2423.5—1995 的规定进行。

5.17.2 按产品标准规定，对继电器进行外观和机械、电气特性的测试。

5.17.3 继电器按正常工作位置，牢固地安装在试验台上。

5.17.4 按产品标准规定的冲击条件，对继电器进行试验，在工作环境（机车内）时，峰值加速度为 300 m/s^2（30g），脉冲持续时间为 18 ms；在运输环境时，峰值加速度为 500 m/s^2（50g），脉冲持续时间为 11 ms，采用半正弦波冲击脉冲，按正常工作位置垂直轴向进行三次冲击试验。

5.17.5 试验结束后，应无零件松动和机械损伤，机械、电气特性应符合产品标准的规定。

5.18 寿命试验

5.18.1 机械寿命试验

5.18.1.1 按产品标准规定给线圈施加额定值，接点不加负载时，按规定的动作频率和总动作次数进行试验。

5.18.1.2 试验结束后，其电气特性应符合产品标准的规定。

5.18.2 电寿命试验

5.18.2.1 按产品标准规定给线圈施加额定值，接点回路施加额定负载（电压、电流、时间常数），按规定的动作频率和总动作次数进行试验。

5.18.2.2 试验结束后,其机械和电气特性应符合产品标准的规定。

5.18.3 试验原则

电寿命试验时,对于多接点的产品,至少应做到相邻两对接点带负载进行。

6 各种继电器电气特性和时间特性的测试

6.1 继电器电气特性测试程序

6.1.1 继电器电气特性测试程序见图4(有极继电器除外)。

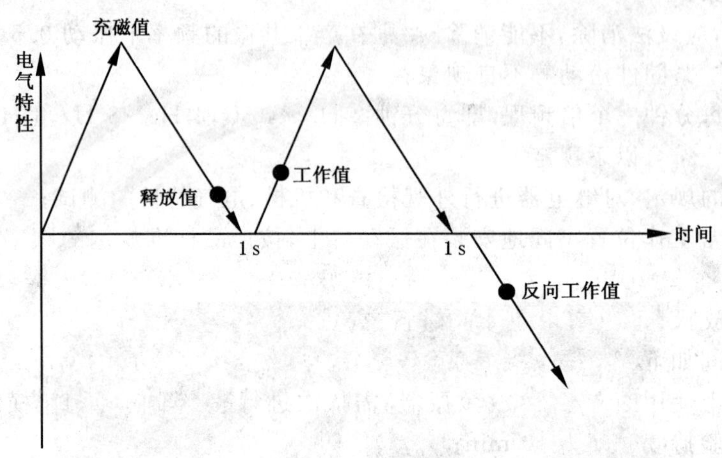

图4 继电器电气特性测试程序

6.1.2 释放值测试:将线圈接入正向电压或电流,逐渐升高至充磁值,然后逐渐降低至全部动合接点断开时的最大电压或电流值。

6.1.3 工作值测试:继续将线圈电压或电流降至零,断开电路1 s,然后正向闭合电路,从零逐渐升高线圈电压或电流至衔铁止片(钉)与铁芯(极靴)接触及全部动合接点闭合,并满足规定接点压力时的最小电压或电流值。

6.1.4 反向工作值测试:逐渐升高线圈正向电压或电流至充磁值,然后将线圈电压或电流降至零,断开电路1 s,再将反向电压或电流接入线圈,并将其逐渐升高,至衔铁止片(钉)与铁芯(极靴)接触及全部动合接点闭合,并满足规定接点压力时的最小电压或电流值。

6.2 无极、无极缓放继电器电气特性和时间特性的测试

6.2.1 无极、无极缓放继电器的测试电路见图5。

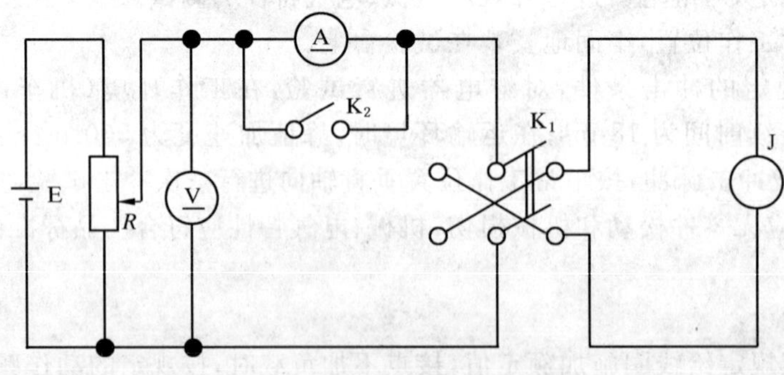

图5 无极、无极缓放继电器测试电路

6.2.2 释放值、工作值和反向工作值的测试程序同6.1。

6.2.3 缓放时间的测试电路见图6。将线圈接入产品标准规定的额定值,然后断开电路,至动合接点断开的时间。

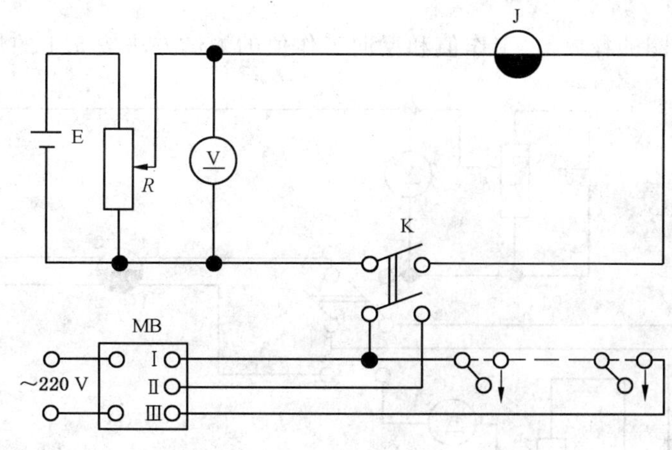

图 6　缓放时间测试电路

6.2.4　返回时间的测试电路见图 7。将线圈接入产品标准规定的额定值，然后断开电路，至全部动断接点闭合的时间。

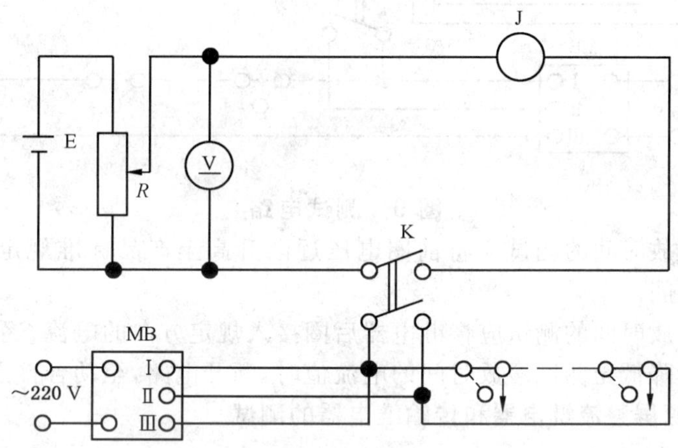

图 7　返回时间测试电路

6.2.5　吸合时间的测试电路见图 8。将线圈接入产品标准规定的额定值，然后断开电路，再闭合电路，至全部动合接点闭合的时间。

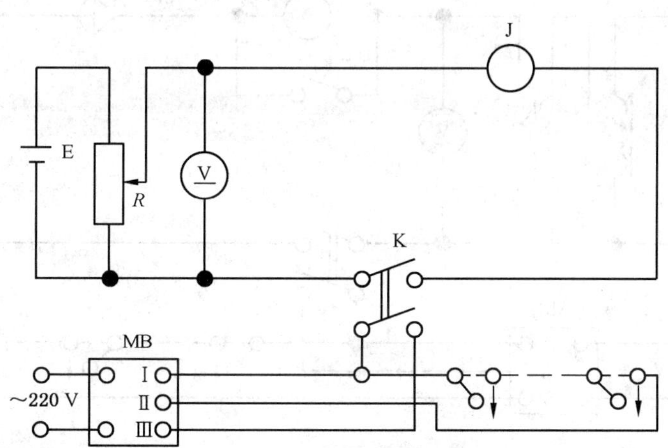

图 8　吸合时间测试电路

6.3　无极加强接点缓放继电器的测试

6.3.1　JWJXC-H $\frac{125}{0.44}$型、JWJXC-H $\frac{125}{0.13}$型、JWJXC-H $\frac{80}{0.06}$型、JWJXC-H $\frac{120}{0.17}$型无极加强接点缓放

继电器的测试电路见图 9。

6.3.2 继电器前圈和后圈的释放值、工作值和反向工作值的测试方法按 6.1 的规定进行。

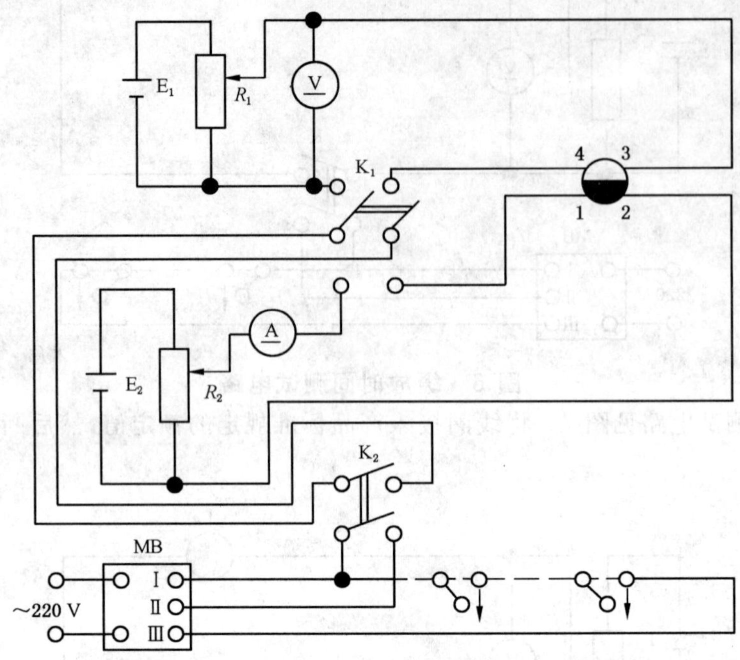

图 9 测试电路

6.3.3 继电器前圈的缓放时间的测试应将前圈电压逐渐升高至产品标准规定的电压值，然后断开电路，至动合接点断开的时间。

6.3.4 继电器后圈的缓放时间的测试应将继电器后圈接入规定方向的电流，逐渐升高电流至产品标准规定的电流值，然后逐渐降低至测试缓放时间的电流值时，断开电路，至动合接点断开的时间。

6.4 整流型继电器、电源屏整流继电器和传输继电器的测试

6.4.1 JZXC-480 型、JZXC-H156 型、JZXC-H18 型、JZXC-$\frac{16}{16}$型、电源屏整流继电器和 $JCZC_2$ 型传输继电器的测试电路见图 10。

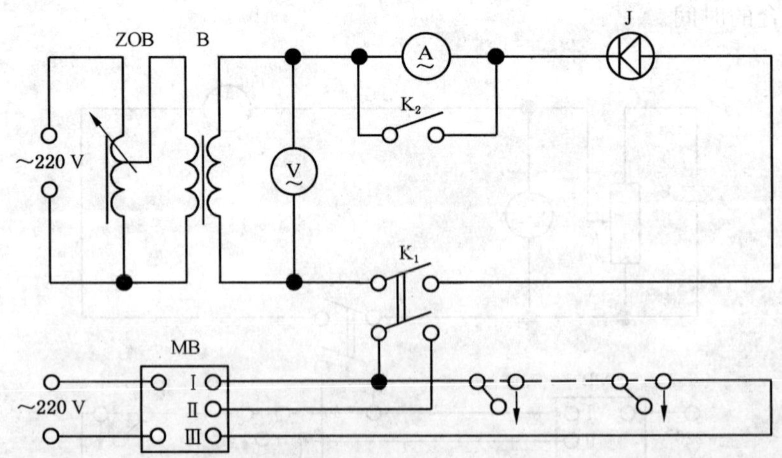

测试电源屏整流继电器时，图中应取消变压器 B。

注 1：测试 JZXC-480 型继电器用电压表。

注 2：测试 JZXC-H156 型、JZXC-H18 型和 JZXC-$\frac{16}{16}$型继电器用电流表。

图 10 测试电路

6.4.2 释放值、工作值的测试方法按 6.1 的规定进行。

6.4.3 缓放时间的测试：将线圈接入产品标准规定的电流值，然后断开电路，至动合接点断开的时间。

6.4.4 缓吸时间的测试电路见图 11，测试时应将线圈接入产品标准规定的额定值，然后断开电路，再闭合电路，至全部动合接点闭合的时间。

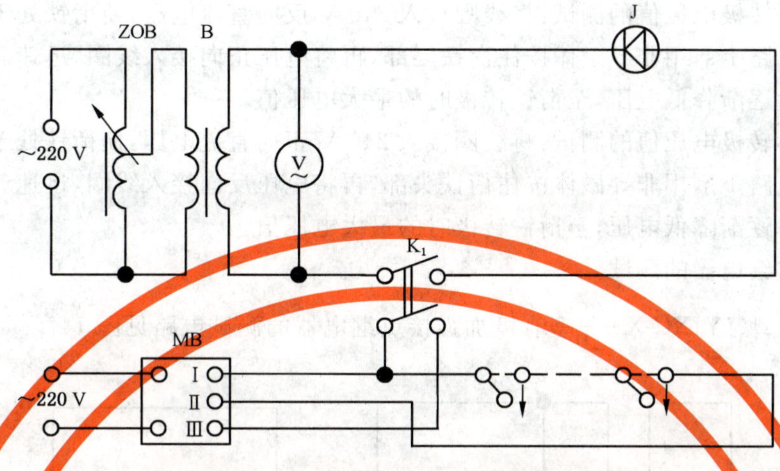

图 11 缓吸时间的测试电路

6.5 JZXC-0.14 型整流继电器的测试

测试电路见图 12。释放值、工作值的测试方法按 6.1 的规定进行。

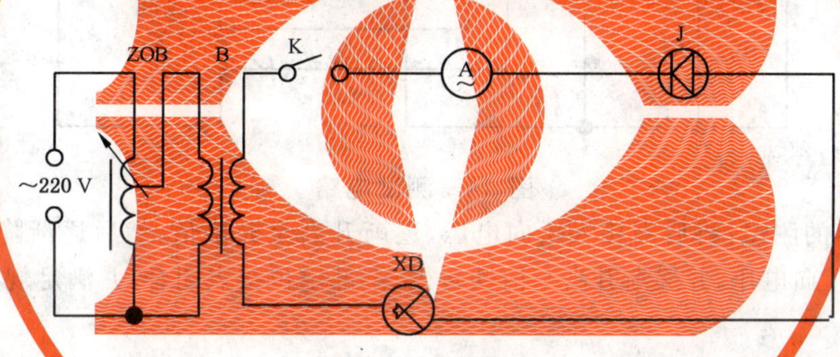

图 12 测试电路

6.6 有极继电器的测试

6.6.1 JYXC-660 型、JYXC-270 型、JYJXC-J3000 型有极继电器的测试电路见图 13。

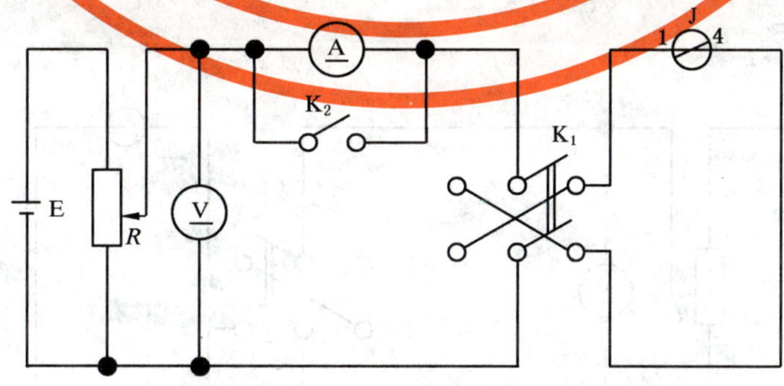

注 1：测试 JYXC-660 型和 JYJXC-J3000 型继电器用电压表。

注 2：测试 JYXC-270 型继电器用电流表。

图 13 测试电路

6.6.2 正向转极值的测试：将线圈接入反向电压或电流，逐渐升高至充磁值，然后逐渐降低至零，断开电路 1 s，再将正向电压或电流接入线圈，并逐渐升高至衔铁转极、全部定位接点闭合，并满足规定接点压力时的最小电压或电流值。

6.6.3 反向转极值的测试：将线圈接入正向电压或电流，逐渐升高至充磁值，然后逐渐降低至零，断开电路1 s，再将反向电压或电流接入线圈，并逐渐升高至衔铁转极，全部反位接点闭合，并满足规定接点压力时的最小电压或电流值。

6.6.4 临界正向不转极电压值的测试：将线圈接入240 V反向直流电压，使衔铁处于反位状态，逐渐降低电压至零，断开电路1 s，用非导磁体按住衔铁尾部，再将电压正向接入线圈，迅速升高电压到240 V，去掉非导磁体，然后逐渐降低电压，至衔铁转极时的最大电压值。

6.6.5 临界反向不转极电压值的测试：将线圈接入240 V正向直流电压，使衔铁处于定位状态，逐渐降低电压至零，断开电路1 s，用非导磁体按住衔铁头部，再将电压反向接入线圈，迅速升高电压到240 V，去掉非导磁体，然后逐渐降低电压，至衔铁转极时的最大电压值。

6.7 有极加强接点继电器的测试

6.7.1 JYJXC-$\frac{135}{220}$型、JYJXC-X $\frac{135}{220}$型有极加强接点继电器的测试电路见图14。

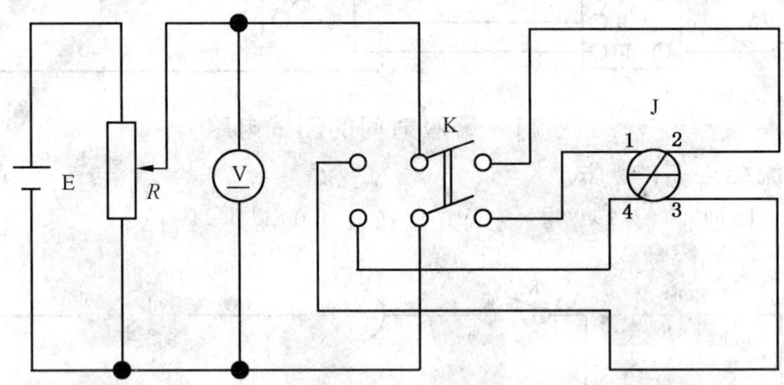

图14 测试电路

6.7.2 正向转极值的测试：将后圈接入反向电压，逐渐升高至充磁值，然后逐渐降低至零，断开电路1 s，再将前圈接入正向电压，并逐渐升高至衔铁转极，全部定位接点闭合，并满足规定接点压力时的最小电压值。

6.7.3 反向转极值的测试：将前圈正向电压继续升高到充磁值，然后逐渐降低至零，断开电路1 s，再将后圈接入反向电压，并逐渐升高至衔铁转极及全部反位接点闭合，并满足规定接点压力时的最小电压值。

6.8 JPXC-1000型偏极继电器的测试

6.8.1 测试电路见图15。

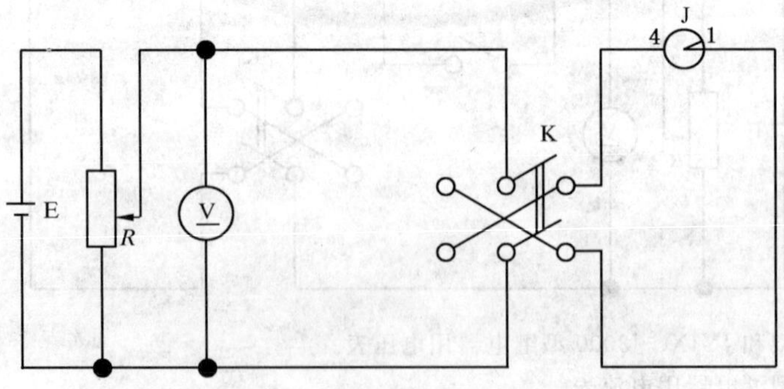

图15 测试电路

6.8.2 释放值、工作值的测试方法按6.1的规定进行。

6.8.3 反向不动作值的测试应将线圈反向通电，逐渐升高线圈电压至200 V，此时继电器不应动作。

6.9 **JDBXC-$\frac{550}{550}$型单闭磁继电器的测试**

6.9.1 测试电路见图16。

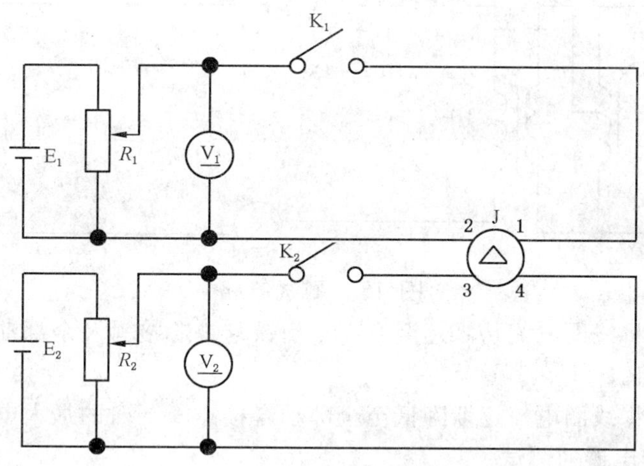

图16 测试电路

6.9.2 释放值的测试:将局部线圈接入固定电压20 V,逐渐增加控制线圈电压至充磁值,然后逐渐降低控制线圈电压,至全部动合接点断开时的最大电压值。

6.9.3 工作值的测试:将继电器控制线圈电压降至零,断开电路1 s,再闭合电路,接入规定方向的电压并逐渐升高至衔铁止片与铁芯接触及全部动合接点闭合,并满足规定接点压力时的最小电压值。

6.10 **电源屏交流继电器的测试**

6.10.1 释放值、工作值和吸合时间的测试电路见图11,返回时间的测试电路见图17。

6.10.2 释放值的测试:将线圈接入交流电压,逐渐升高至额定值,然后逐渐降低至全部动合接点断开时的最大电压。

6.10.3 工作值的测试:继续将线圈电压降至零,断开电路1 s,然后从零逐渐升高线圈电压至衔铁吸合,全部动合接点闭合,并满足规定接点压力时的最小电压值。

6.10.4 吸合时间的测试:将线圈接入产品标准规定的额定值,然后断开电路,再闭合电路,至全部动合接点闭合的时间。

6.10.5 返回时间的测试:将线圈接入产品标准规定的额定值,然后断开电路,至全部动断接点闭合的时间。

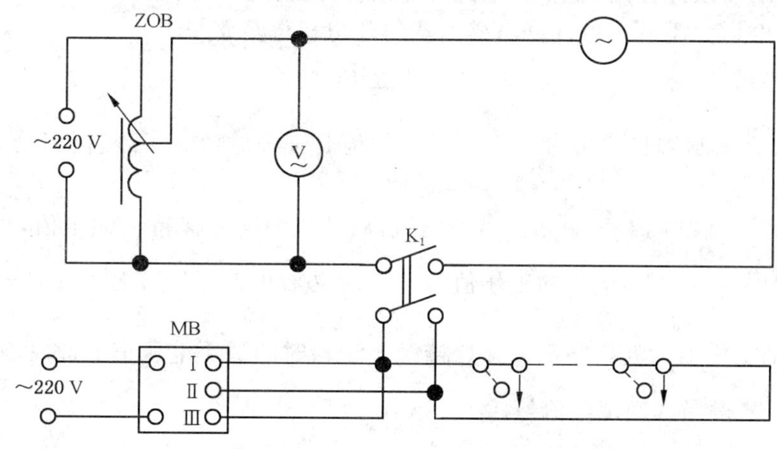

图17 返回时间的测试电路

6.11 JZCJ 型、JZSJC 型、JZSJC2 型交流灯丝转换继电器的测试

6.11.1 测试电路见图 18。

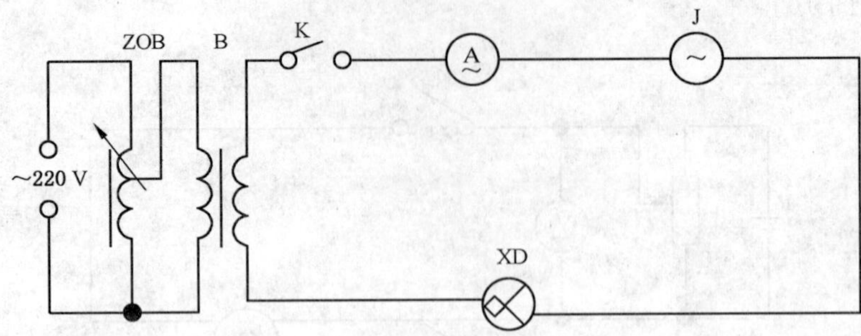

图 18 测试电路

6.11.2 工作值的测试：将线圈电流从零逐渐升高至衔铁与铁芯接触及全部动合接点闭合，并满足规定接点压力时的最小电流值。

6.11.3 释放值的测试：将线圈电流逐渐降低至全部动合接点断开时的最大电流值。

6.12 25 Hz 交流二元继电器的测试

6.12.1 磁路平衡程度的检查

检查电路见图 19，将 ZOB 电压调至交流 220 V，然后闭合开关 K，测量轨道线圈上的感应电压，电压表 V_2 的数值不应超过 5 V。

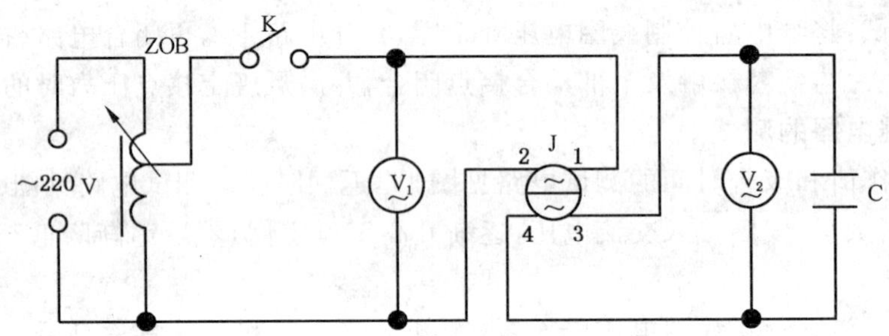

C——无极性电容器，250 V　5uF。

图 19 检查电路

6.12.2 理想相位角的测试

测试电路见图 20，将局部线圈和轨道线圈的电压调到规定值，并在整个测试过程中保持不变。

按一定方向调整 R_1，使动合接点断开，再反方向调整 R_1，使动合接点接触，通过电路中的相位计记录此时的相位角 α_1，继续按此方向调整 R_1，使动合接点再次断开，再向正向调整 R_1，使动合接点再次接触，记录此时的相位角 α_2。用下式可计算出继电器的理想相位角 α。

$$\alpha=\frac{\alpha_1+\alpha_2}{2}$$

调整 R_1，使相位计指示的相位角为 α，在测试工作值时和释放值时，不应再调整 R_1。

6.12.3 工作值

测试电路见图 20。在继电器理想相位角调整后，局部线圈电压保持在额定值，然后，将轨道线圈电压从零逐渐升高，JRJC1-$\frac{70}{240}$型继电器的工作值为继电器主轴止挡开始接触上止挡轮时的最小电压值，JRJC-$\frac{66}{345}$型继电器的工作值为翼板辅助夹开始接触上滚轮时的最小电压值。此时断开 K_1，测得最小工作电流值。断开 K_2，测得局部额定电流值。

6.12.4 释放值

测试电路见图 20。在继电器理想相位角调整后，局部线圈电压保持在额定值，逐渐降低轨道线圈

电压至全部动合接点断开时的最大电压值。此时断开 K_1，测得最大释放电流值。

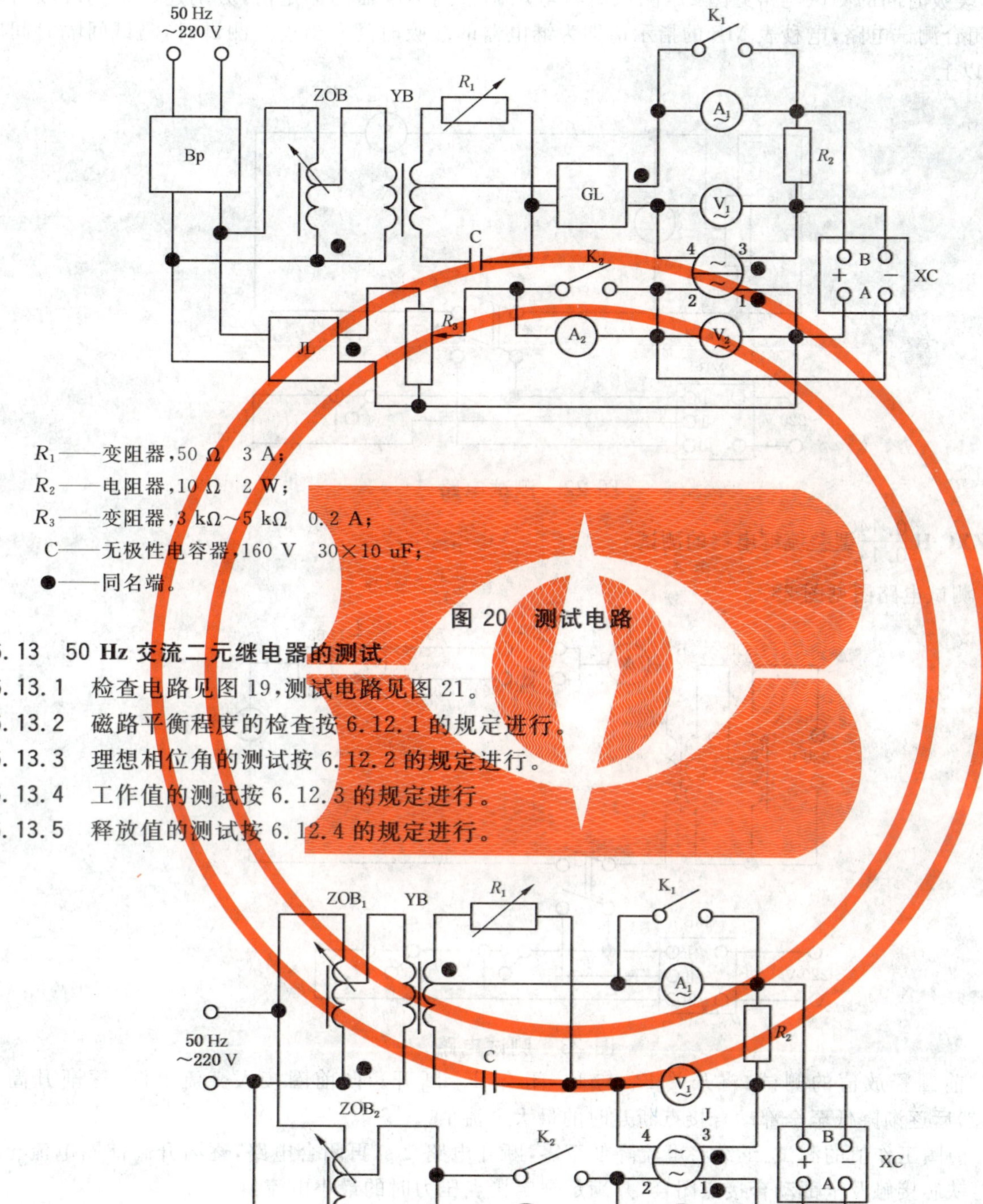

R_1——变阻器，50 Ω　3 A；

R_2——电阻器，10 Ω　2 W；

R_3——变阻器，3 kΩ～5 kΩ　0.2 A；

C——无极性电容器，160 V　30×10 uF；

●——同名端。

图 20　测试电路

6.13　50 Hz 交流二元继电器的测试

6.13.1　检查电路见图 19，测试电路见图 21。

6.13.2　磁路平衡程度的检查按 6.12.1 的规定进行。

6.13.3　理想相位角的测试按 6.12.2 的规定进行。

6.13.4　工作值的测试按 6.12.3 的规定进行。

6.13.5　释放值的测试按 6.12.4 的规定进行。

R_1——变阻器，50 Ω　3 A；

R_2——电阻器，10 Ω　2 W；

C——无极性电容器，160 V　30×10 uF；

●——同名端。

图 21　测试电路

6.14 半导体、单片机时间继电器的测试

6.14.1 释放值、工作值的测试方法按 6.1 的规定进行。

6.14.2 缓吸时间的测试电路见图 22,测试时将电压调整到继电器的额定值,分别连接不同缓吸时间的端子,闭合测试电路,电秒表 MB 的指示值即为继电器的缓吸时间。当连续测试时,测试间隔时间应在 120 s 以上。

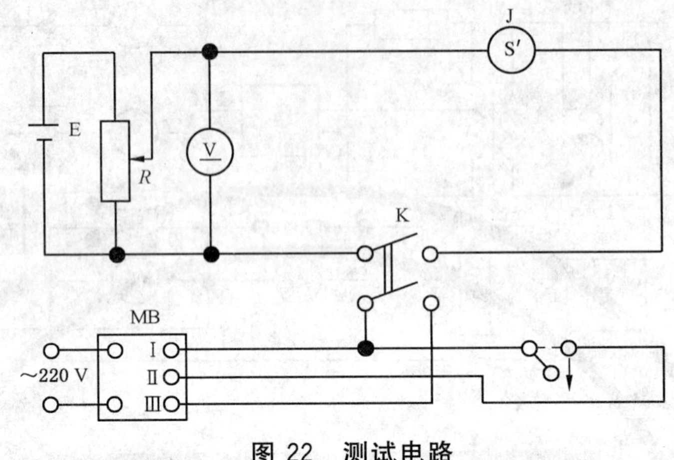

图 22 测试电路

6.15 JZXC-H $\frac{0.14}{0.14}$ 型整流继电器的测试

6.15.1 测试电路图见图 23。

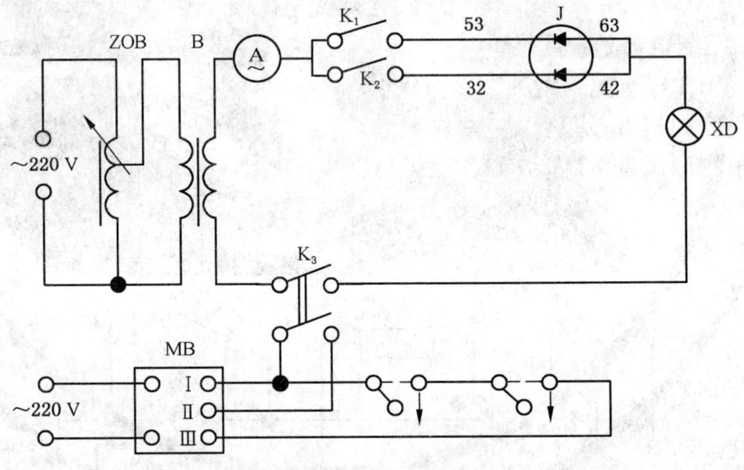

图 23 测试电路

6.15.2 前圈释放值的测试:将开关 K_1 与 K_3 闭合,K_2 断开。向前圈接入交流电源,逐渐升高至 2.08 A,然后逐渐降低至全部动合接点断开时的最大电流值。

6.15.3 前圈工作值的测试:继续将电流降低至零,断开电路 1 s,再闭合电路,逐渐升高前圈电流至衔铁止片与铁芯接触及全部动合接点闭合,并满足规定接点压力时的最小电流值。

6.15.4 前圈缓放时间的测试:将前圈接入交流 2.08 A 电流时,断开 K_1,至动合接点断开的时间。

6.15.5 后圈释放值的测试:将开关 K_2 与 K_3 闭合,K_1 断开。向后圈接入交流电源,逐渐升高至 2.08 A,然后逐渐降低至全部动合接点断开时的最大电流值。

6.15.6 后圈工作值的测试:继续将电流降低至零,断开电路 1 s,再闭合电路,逐渐升高后圈电流至衔铁止片与铁芯接触及全部动合接点闭合,并满足规定接压力时的最小电流值。

6.15.7 后圈缓放时间的测试:将后圈接入交流 2.08 A 电流时,断开 K_3,至动合接点断开的时间。

ICS 65.020.30
B 43

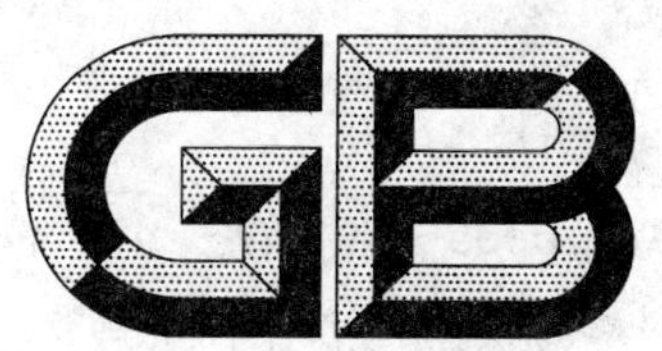

中华人民共和国国家标准

GB/T 6935—2010
代替 GB 6935—1986

中国梅花鹿种鹿

Breeding stock of Chinese sika-deer

2011-01-14 发布 2011-07-01 实施

中华人民共和国国家质量监督检验检疫总局
中国国家标准化管理委员会 发布

前言

本标准代替 GB 6935—1986《中国梅花鹿种鹿》。

本标准与 GB 6935—1986 相比，主要变化如下：

——删除原标准的前置段，增加“范围”，将原标准的开头部分内容放入“范围”内，并增加了“本标准规定了中国梅花鹿种鹿的形态特征、生产性能、必备条件和评定分级”；

——增加了“术语和定义”；

——将原标准“生产性能”中的“肉用性能”部分内容删除，增加了“体重”性能指标；

——将原标准“品质分级标准”修订为“种鹿评定”，并增加了种鹿“必备条件”；

——将原标准“表1 中国梅花鹿体形外貌评分标准”修订为“表1 中国梅花鹿种鹿体形外貌评分标准”，并对原表中的内容、数据和格式进行了修改；

——删除原标准 “表2”中全部内容；

——删除原标准“体尺标准”中全部内容；

——将原标准“表4 体重标准”修订为“表3 中国梅花鹿种鹿的体重评定分级(下限值)”，并对原表中数据进行了补充和修改；

——将原标准“表5 中国梅花鹿各龄锯茸产量及分级”修订为“表2 中国梅花鹿种公鹿的鲜茸产量评定分级(下限值)”，并对原表中的内容和数据进行了修改；

——删除原标准“后代品质标准”中全部内容；

——删除原标准“综合评定”中的“表8”，并增加了各单项评定的加权值及种鹿综合评定分值计算公式；

——删除原标准“梅花鹿茸(角)测尺部位”中全部内容。

本标准的附录A为资料性附录。

本标准由中华人民共和国农业部提出。

本标准由全国畜牧业标准化技术委员会归口。

本标准起草单位：农业部特种经济动植物及产品质量监督检验测试中心、中国农业科学院特产研究所。

本标准主要起草人：王峰、李生、肖家美、何艳丽、姜英。

本标准于1986年10月首次发布，本次为第一次修订。

中国梅花鹿种鹿

1 范围

本标准规定了中国梅花鹿种鹿的形态特征、生产性能、必备条件和评定分级。

本标准适用于中国梅花鹿种鹿的鉴别和等级评定。

2 术语和定义

下列术语和定义适用于本标准。

2.1

中国梅花鹿 Chinese sika-deer

自然条件下分布于中华人民共和国境内的梅花鹿亚种及其人工培育的品种或品系。

2.2

繁殖成活率 survival rate of reproduction

仔鹿哺育到3月龄离乳分群时存活的仔鹿数占上年适配母鹿的百分比。

3 特征特性

3.1 形态特征

3.1.1 体态特征

中国梅花鹿为中型鹿种,体态紧凑、清秀,头较小,鼻梁平直,耳稍大、直立,角柄粗圆、端正,眼明亮、灵活,泪窝明显,腰背平直,胸宽深,臀部丰满、稍高,尾短,四肢匀称、健壮,主蹄狭尖,副蹄细小,全身皮肤无皱褶。中国梅花鹿种鹿图片参见附录A。

3.1.2 被毛特征

毛色季节变化明显。夏毛稀短、无绒,呈棕红色或棕黄色;背部和体侧分布着不规则的白色斑点;由颈部到尾基部沿脊部有一条完整或不完整的背线,一般呈棕色或黑棕色;白色、扇形臀斑明显,且周边具有黑毛圈;腹部和四肢内侧的毛色呈灰白色。冬毛长而密,呈棕褐色;白色斑点不明显,翌年春天脱掉冬毛后明显的白色斑点再现。

3.1.3 茸角特征

茸角是公鹿的第二性征,着生于额骨的顶部。正常情况下,公鹿的茸角每年新生和脱落一次。仔公鹿出生后第二年长出椎形的茸角,从第三年起每年长出分杈的茸角,发育完全的茸角通常为3杈型~4杈型,但在5岁~7岁期间有的可长到4杈型~5杈型,茸角左右基本对称。

3.2 生产性能

3.2.1 产茸性能

2岁公鹿二杠茸(鲜茸)单产1 200 g以上,3岁、4岁、5岁、6岁和7岁公鹿三杈茸(鲜茸)单产分别不低于2 500 g、3 500 g、4 000 g、4 500 g和5 000 g。

3.2.2 繁殖性能

母鹿性成熟期16月龄~18月龄,繁殖成活率不低于75%;公鹿的适宜配种年龄为4岁~7岁。

3.2.3 体重

公鹿初生、1岁、2岁、3岁和4岁以上体重分别不应低于5.5 kg、60 kg、90 kg、110 kg和120 kg;母鹿初生、1岁、2岁、3岁和4岁以上体重分别不应低于5 kg、50 kg、60 kg、70 kg和75 kg。

4 种鹿评定

4.1 必备条件

种鹿应同时具备以下条件：

a) 血缘清楚；

b) 体质结实，整体结构匀称，全身皮肤无皱褶，茸角左右对称；

c) 睾丸和阴部发育正常，乳头发育正常且分布匀称；

d) 具有种类特征，夏毛呈棕红色或棕黄色，背部和体侧的白色斑点明显，白色、扇形臀斑明显，且周边具有黑毛圈；

e) 无生理缺陷，无恶癖，性情温顺，母性强。

4.2 评定与分级

4.2.1 体形外貌评定分级

公、母种鹿的体形外貌评分项目包括：头部、颈部、体躯、肢蹄、外生殖器与泌乳器官以及被毛与茸色共六个部分，细目为19项。评定划分为四个等级，即特级、一级、二级和三级；其中，特级分数为90分～100分、一级分数为80分～89分、二级分数为70分～79分、三级分数为60分～69分。公、母鹿体形外貌评定为三级均不宜留种。种鹿体形外貌各细目的满分评定依据及其分值见表1。

表1 中国梅花鹿种鹿体形外貌评分标准

项目		满分评定依据	公鹿	母鹿
头部	头形	呈长方形或楔形，端正秀美，轮廓清晰	8	8
	额	额面宽广，眶间稍凹，角间略凸	6	6
	面部	清秀，夏季隐约可见静脉	3	3
	耳	耳大小与头相称，活动自如	2	2
	眼	有神，灵活	3	3
	泪窝	呈裂缝状，开闭正常	2	2
	口	口、唇灵活，嘴角深长	4	4
	角柄、茸形	角柄粗圆、端正，茸形具有品种特征，左右对称，角杈排列匀称，主干粗，嘴头肥大	12	—
颈部	颈	颈与头部、肩部连接紧凑，坚实强壮，无皱褶	4	4
体躯	肩胛	上部稍隆起，肌肉发达坚实	4	4
	胸	深宽	6	6
	背	长宽、平直	4	4
	腰	腰与背平直	4	4
	腹	宽、深、大而圆	6	7
	尻部	宽平，肌肉丰满，坐骨结间距大、无斜尻	6	15
肢蹄	四肢、蹄	筋腱和韧带发达，肌肉着固良好，关节灵活，管围粗，蹄形规正，角质坚韧光滑无裂纹	10	10
外生殖器与泌乳器官	外生殖器	公鹿睾丸发育正常，左右对称	8	—
	泌乳器官	母鹿乳房发育正常，乳头分布匀称、大小适中，无盲乳头	—	11

表 1（续）

项目		满分评定依据	公鹿	母鹿
被毛与茸色	被毛	被毛色深、有光泽，夏毛白色斑点和臀斑明显，冬、夏毛换毛快且均匀	5	7
	茸色	茸皮呈棕红色、红褐色、深褐色，色泽光亮	3	—
合计			100	100

4.2.2 产茸量评定分级

公鹿的产茸量评定划分为三个等级，即特级（95 分）、一级（85 分）、二级（75 分），其各龄产茸量（鲜茸重）评定分级标准见表 2。公鹿产茸量评定为二级不宜留种。

表 2 中国梅花鹿种公鹿的鲜茸产量评定分级（下限值） 单位为克每副

年龄	茸型	特级	一级	二级
2 岁	二杠	1 500	1 200	900
3 岁	三杈	3 000	2 500	2 000
4 岁	三杈	4 000	3 500	3 000
5 岁	三杈	4 500	4 000	3 500
6 岁	三杈	5 000	4 500	4 000
7 岁	三杈	5 500	5 000	4 500

4.2.3 体重评定分级

公、母鹿的体重评定划分为四个等级，即特级（95 分）、一级（85 分）、二级（75 分）和三级（65 分），其各龄体重评定分级标准见表 3。体重测定以公鹿锯茸时和母鹿配种后的实际称重为准。公、母鹿体重评定为三级不宜留种。

表 3 中国梅花鹿种鹿的体重评定分级（下限值） 单位为千克

性别	公鹿				母鹿			
等级	特级	一级	二级	三级	特级	一级	二级	三级
4 岁以上	140	130	120	110	95	85	75	65
3 岁	130	120	110	100	85	75	70	60
2 岁	110	100	90	80	75	65	60	55
1 岁	70	65	60	55	60	55	50	45
初生	6.5	6	5.5	5	6	5.5	5	4

4.3 综合评定

4.3.1 种公鹿综合评定

种公鹿的综合评定以个体评定为主，其综合评定中产茸量、体形外貌和体重的加权值分别按 0.5、0.3 和 0.2 进行计算。综合评定划分为特级和一级，特级不低于 90 分，一级 80 分～89 分。其计算公式见式（1）：

种公鹿综合评定分值＝产茸量评定分值×0.5＋体形外貌评定分值 0.3＋体重评定分值×0.2…（1）

4.3.2 种母鹿综合评定

种母鹿的综合评定以个体评定为主，其综合评定中体形外貌和体重的加权值分别按 0.6 和 0.4 进行计算。综合评定划分为特级、一级和二级，特级不低于 90 分，一级 80 分～89 分，二级 70 分～79 分。其计算公式见式（2）：

种母鹿综合评定分值 ＝ 体形外貌评定分值×0.6＋体重评定分值×0.4 …………………（2）

附 录 A
（资料性附录）
中国梅花鹿种鹿照片

A.1 种公鹿照片

A.1.1 种公鹿侧面照

种公鹿侧面照如图 A.1 所示：

图 A.1 种公鹿侧面照

A.1.2 种公鹿正面照

种公鹿正面照如图 A.2 所示：

图 A.2 种公鹿正面照

A.2 种母鹿照片

A.2.1 种母鹿侧面照

种母鹿侧面照如图 A.3 所示：

图 A.3 种母鹿侧面照

A.2.2 种母鹿正面照

种母鹿正面照如图 A.4 所示：

图 A..4 种母鹿正面照

ICS 65.020.30
B 43

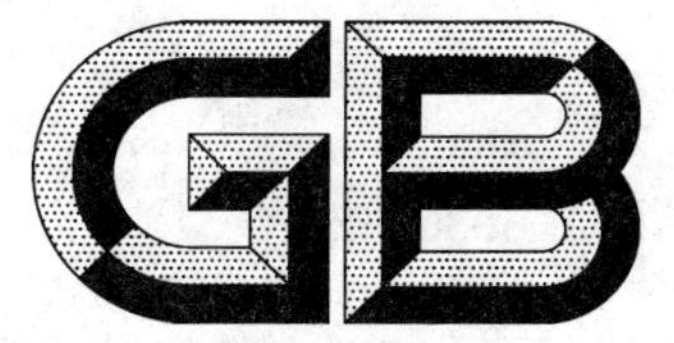

中华人民共和国国家标准

GB/T 6936—2010
代替 GB 6936—1986

东北马鹿种鹿

Breeding stock of Chinese northeast wapiti

2011-01-14 发布　　2011-07-01 实施

中华人民共和国国家质量监督检验检疫总局
中国国家标准化管理委员会　发布

前言

本标准代替 GB 6936—1986《东北马鹿种鹿》。

本标准与 GB 6936—1986 相比，主要变化如下：

——删除原标准的前置段，增加“范围”，将原标准的开头部分内容放入“范围”内，并增加了“本标准规定了东北马鹿种鹿的形态特征、生产性能、必备条件和评定分级”；

——增加了“术语和定义”；

——将原标准“生产性能”中的“肉用性能”部分内容删除，增加了“体重”性能指标；

——将原标准“品质分级标准”修订为“种鹿评定”，并增加了种鹿的“必备条件”；

——将原标准“表 1　东北马鹿体形外貌评分标准”修订为“表 1　东北马鹿种鹿体形外貌评分标准”，并对原表中的内容、数据和格式进行了修改；

——删除原标准“表 2”中全部内容；

——删除原标准“体尺标准”中全部内容；

——将原标准“表 4　东北马鹿各锯龄三杈茸重标准”修订为“表 2　东北马鹿种公鹿的鲜茸产量评定分级(下限值)”，并对原表中的内容及数据进行了补充和修改；

——将原标准“表 5　东北马鹿体重标准 ”修订为“表 3　东北马鹿种鹿的体重评定分级(下限值)”，并对原表中的内容和数据进行了修改；

——删除原标准“生产性能等级评定”中全部内容；

——删除原标准“后代品质标准”中全部内容；

——删除原标准“综合评定”中的“表 8”，并增加了各单项评定的加权值及种鹿综合评定分值计算公式；

——删除原标准“东北马鹿(黄臀赤鹿)茸(角)测尺部位”中全部内容。

本标准的附录 A 为资料性附录。

本标准由中华人民共和国农业部提出。

本标准由全国畜牧业标准化技术委员会归口。

本标准起草单位：农业部特种经济动植物及产品质量监督检验测试中心、中国农业科学院特产研究所。

本标准主要起草人：王峰、李生、何艳丽、肖家美、张秀莲。

本标准于 1986 年 10 月首次发布，本次为第一次修订。

东北马鹿种鹿

1 范围

本标准规定了东北马鹿种鹿的形态特征、生产性能、必备条件和评定分级。

本标准适用于东北马鹿种鹿的鉴别和等级评定。

2 术语和定义

下列术语和定义适用于本标准。

2.1

东北马鹿 Chinese northeast wapiti

自然条件下分布于中国长白山和大、小兴安岭一带的东北亚种马鹿(*Cervus elaphus xanthopygus*),亦称黄臀赤鹿。

2.2

繁殖成活率 survival rate of reproduction

仔鹿哺育到3月龄离乳分群时存活的仔鹿数占上年适配母鹿的百分比。

3 特征特性

3.1 形态特征

3.1.1 体态特征

东北马鹿为大型鹿种,体态高大,头呈楔形,额面较宽,鼻梁平直,耳大、直立,眼大、有神,角柄粗圆、端正,泪窝明显,嘴角周围呈黑棕色,下唇两侧具有对称的黑色斑块,肩高背直,臀部丰满,尾短粗,尾尖钝圆,四肢修长、强健,蹄大而圆,全身皮肤无皱褶。东北马鹿种鹿照片参见附录A。

3.1.2 被毛特征

夏毛稀短、无绒,呈红棕色或栗色;冬毛厚密,呈灰褐色;具有明显的深色背线;臀斑界限分明、边缘整齐,大而圆,呈米黄色;尾毛较短,颜色与臀斑相同;颈毛粗长、色深;腹下及四肢内侧被毛细软、色淡。初生仔鹿躯干两侧有白色斑点与梅花鹿相似,白色斑点随着仔鹿的生长发育逐渐模糊不清,到5月龄~6月龄消失。

3.1.3 茸角特征

茸角是公鹿的第二性征,着生于额骨的顶部。正常情况下,公鹿的茸角每年新生和脱落一次。仔公鹿出生后第二年长出椎形的茸角,从第三年起每年长出分杈的茸角,发育完全的茸角通常为5杈型~6杈型,但在5周岁~9周岁期间有的可长到7杈型~8杈型,茸角左右基本对称。茸角第一分枝(眉枝)与第二分枝(冰枝)距离短,俗称"双门桩";第二分枝与第三分枝(中枝)的距离较长。茸毛长而密,茸色呈灰褐色、棕褐色或黑褐色,茸角表面油脂较多。

3.2 生产性能

3.2.1 产茸性能

2岁公鹿三杈茸(鲜茸)单产不低于2 500 g,3岁、4岁、5岁、6岁、7岁和8岁四杈茸(鲜茸)单产分别不低于4 500 g、5 500 g、6 500 g、7 500 g、8 500 g和9 500 g。

3.2.2 繁殖性能

母鹿的性成熟期为16月龄~18月龄,繁殖成活率不低于75%;公鹿的适宜配种年龄为5岁~8岁。

3.2.3 体重

公鹿初生、1岁、2岁、3岁、4岁和5岁以上体重分别不低于12 kg、100 kg、165 kg、215 kg、240 kg和260 kg;母鹿初生、1岁、2岁、3岁、4岁和5岁以上体重分别不低于11 kg、80 kg、140 kg、170 kg、185 kg和195 kg。

4 种鹿评定

4.1 必备条件

种鹿应同时具备以下条件:

a) 血缘清楚;

b) 体质结实,整体结构匀称,全身皮肤无皱褶,茸角左右对称;

c) 睾丸和阴部发育正常,乳头发育正常且分布匀称;

d) 具有种类特征,夏毛呈红棕色或栗色,冬毛呈灰褐色,米黄色臀斑大而圆、界限清晰,下唇两侧有对称的黑色斑块;

e) 无生理缺陷,无恶癖,性情温顺,母性强。

4.2 评定与分级

4.2.1 体形外貌评定分级

公、母种鹿的体形外貌评分项目包括:头部、颈部、体躯、肢蹄、外生殖器与泌乳器官以及被毛与茸色共六个部分,细目为19项。评定划分为四个等级,即特级、一级、二级和三级;其中,特级分数为90分~100分、一级分数为80分~89分、二级分数为70分~79分、三级分数为60分~69分。公、母鹿体形外貌评定为三级均不宜留种。种鹿体形外貌各细目的满分评定依据及其分值见表1。

表1 东北马鹿种鹿体形外貌评分标准

项目		满分评定依据	公鹿	母鹿
头部	头形	呈楔形,端正秀美,轮廓清晰,具有种类特征	8	8
	额	额面宽广	6	6
	面部	清秀,夏季隐约可见静脉,鼻梁平直	3	3
	耳	耳大小与头相称,活动自如	2	2
	眼	有神、灵活	3	3
	泪窝	呈裂缝状,开闭正常	2	2
	口	口、唇灵活,嘴角深长	4	4
	角柄、茸形	角柄粗圆、端正,茸形具有种类特征,左右对称,角权排列匀称,主干粗,嘴头肥大	12	—
颈部	颈	颈与头部、肩部连接紧凑,坚实强壮,无皱褶	4	4
体躯	肩胛	上部稍隆起,肌肉发达坚实	4	4
	胸	深宽	6	6
	背	长宽、平直	4	4
	腰	腰与背平直	4	4
	腹	宽、深、大而圆	6	7
	尻部	宽平,肌肉丰满,坐骨结间距大、无斜尻	6	15
肢蹄	四肢、蹄	筋腱和韧带发达,肌肉着固良好,关节灵活,管围粗,蹄形规正,角质坚韧光滑无裂纹	10	10

表 1（续）

项目		满分评定依据	公鹿	母鹿
外生殖器与泌乳器官	外生殖器	公鹿睾丸发育正常，左右对称	8	—
	泌乳器官	母鹿乳房发育正常，乳头分布匀称、大小适中，无盲乳头	—	11
被毛与茸色	被毛	夏毛呈红棕色或栗色，冬毛呈灰褐色，被毛有光泽，米黄色臀斑大而圆、界限分明，冬、夏毛换毛快且均匀	5	7
	茸色	茸皮呈灰褐色、棕褐色或黑褐色，茸角表面油脂较多，色泽光亮	3	—
合计			100	100

4.2.2 产茸量评定分级

公鹿的产茸量评定划分为三个等级，即特级（95 分）、一级（85 分）和二级（75 分），其各龄产茸量（鲜茸重）评定分级标准见表 2。公鹿产茸量评定为二级不宜留种。

表 2 东北马鹿种公鹿的鲜茸产量评定分级（下限值） 单位为克每副

年龄	茸型	特级	一级	二级
2 岁	三杈	3 000	2 500	2 000
3 岁	四杈	5 000	4 500	4 000
4 岁	四杈	6 000	5 500	5 000
5 岁	四杈	7 000	6 500	6 000
6 岁	四杈	8 000	7 500	7 000
7 岁	四杈	9 000	8 500	8 000
8 岁	四杈	10 000	9 500	9 000

4.2.3 体重评定分级

公、母鹿的体重评定划分为四个等级，即特级（95 分）、一级（85 分）、二级（75 分）和三级（65 分），其各龄体重评定分级标准见表 3。体重测定以公鹿锯茸时和母鹿配种后的实际称重为准。公、母鹿体重评定为三级均不宜留种。

表 3 东北马鹿种鹿的体重评定分级（下限值） 单位为千克

性别	公鹿				母鹿			
等级	特级	一级	二级	三级	特级	一级	二级	三级
5 岁以上	300	280	260	240	225	210	195	180
4 岁	280	260	240	225	215	200	185	170
3 岁	250	230	215	200	195	180	170	160
2 岁	200	180	165	150	160	150	140	130
1 岁	130	115	100	90	100	90	80	70
初生	14	13	12	11	13	12	11	10

4.3 综合评定

4.3.1 种公鹿综合评定

种公鹿的综合评定以个体评定为主，其综合评定中产茸量、体形外貌和体重的加权值分别按 0.5、0.3 和 0.2 进行计算。综合评定划分为特级和一级，特级不低于 90 分，一级 80 分～89 分。其计算公式见式(1)：

种公鹿综合评定分值＝产茸量评定分值×0.5＋体形外貌评定分值×0.3＋体重评定分值×0.2…(1)

4.3.2 种母鹿综合评定

种母鹿的综合评定以个体评定为主，其综合评定中体形外貌和体重的加权值分别按 0.6 和 0.4 进行计算。综合评定划分为特级、一级和二级，特级不低于 90 分，一级 80 分～89 分，二级 70 分～79 分。其计算公式见式(2)：

种母鹿综合评定分值 ＝ 体形外貌评定分值×0.6＋体重评定分值×0.4 ……………………(2)

附　录　A
（资料性附录）
东北马鹿种鹿照片

A.1　种公鹿照片

A.1.1　种公鹿侧面照

种公鹿侧面照如图 A.1 所示：

图 A.1　种公鹿侧面照

A.1.2　种公鹿正面照

种公鹿正面照如图 A.2 所示：

图 A.2　种公鹿正面照

A.2　种母鹿照片

A.2.1　种母鹿侧面照

种母鹿侧面照如图 A.3 所示：

图 A.3 种母鹿侧面照

A.2.2 种母鹿正面照

种母鹿正面照如图 A.4 所示：

图 A.4 种母鹿正面照

ICS 73.040
D 21

中华人民共和国国家标准

GB/T 6949—2010
代替 GB/T 6949—1998

煤的视相对密度测定方法

Determination of apparent relative density of coal

2011-01-10 发布　　2011-06-01 实施

中华人民共和国国家质量监督检验检疫总局
中国国家标准化管理委员会　发布

前言

本标准代替 GB/T 6949—1998《煤的视相对密度测定方法》。

本标准与 GB/T 6949—1998 相比的变化如下：

——修改了附录 B，用 GB/T 2559—2005《褐煤蜡测定方法》中“10 褐煤蜡密度的测定方法”的内容代替原标准中附录 B。

本标准的附录 A 和附录 B 为规范性附录。

本标准由中国煤炭工业协会提出。

本标准由全国煤炭标准化技术委员会归口。

本标准主要起草单位：煤炭科学研究总院西安研究院。

本标准主要起草人：王杰玲、龙亚平、朱春笙。

本标准所代替标准的历次版本发布情况为：

——GB 6949—1986、GB/T 6949—1998。

煤的视相对密度测定方法

1 范围

本标准规定了煤的视相对密度测定的仪器设备、试剂、煤样制备、测定步骤、结果计算和精密度。

本标准适用于褐煤、烟煤、无烟煤。

2 规范性引用文件

下列文件中的条款通过本标准的引用而成为本标准的条款。凡是注日期的引用文件，其随后所有的修改单(不包括勘误的内容)或修订版均不适用于本标准，然而，鼓励根据本标准达成协议的各方研究是否可使用这些文件的最新版本。凡是不注日期的引用文件，其最新版本适用于本标准。

GB 474 煤样的制备方法(GB 474—2008,ISO 18283:2006,Hard coal and coke—Manual sampling,MOD)

GB 475 商品煤样人工采取方法(GB 475—2008,ISO 18283:2006,Hard coal and coke—Manual sampling,MOD)

GB/T 482 煤层煤样采取方法

GB/T 19494.1 煤炭机械化采样 第1部分:采样方法(GB/T 19494.1—2004,ISO 13909-1:2001 Hard coal and coke—Mechanical sampling—Part 1:General introduction,ISO 13909-2:2001 Hard coal and coke—Mechanical sampling—Part 2:Coal—Sampling from moving streams,ISO 13909-3:2001 Hard coal and coke—Mechanical sampling—Part 3:Coal—Sampling from stationary lots,NEQ)

煤炭资源勘探煤样采取规程 1989

3 术语和定义

下列术语和定义适用于本标准。

3.1

煤的视相对密度 apparent relative density of coal

在 20 ℃时煤(含煤的孔隙)的质量与同体积水的质量之比。

4 方法提要

称取一定粒度的煤样，表面用蜡涂封后，放入密度瓶内，以十二烷基硫酸钠溶液为浸润剂，测出涂蜡煤粒所排开的十二烷基硫酸钠溶液体积，减去蜡的体积后，计算出 20 ℃时煤的视相对密度。

5 试剂

5.1 优质石蜡:熔点(50～60)℃。

5.2 十二烷基硫酸钠($C_{12}H_{25}NaSO_4$)溶液:用化学纯的十二烷基硫酸钠配制 1 g/L 溶液。如溶液放置时间长，有白色沉淀物，应加热溶解后，冷却至室温使用。

6 仪器设备

6.1 电炉:(500～600)W。

6.2 分析天平:最大称量 200 g,感量 0.000 1 g。

6.3 密度瓶:带磨口毛细管塞，容量为 60 mL,见图 1。

单位为毫米

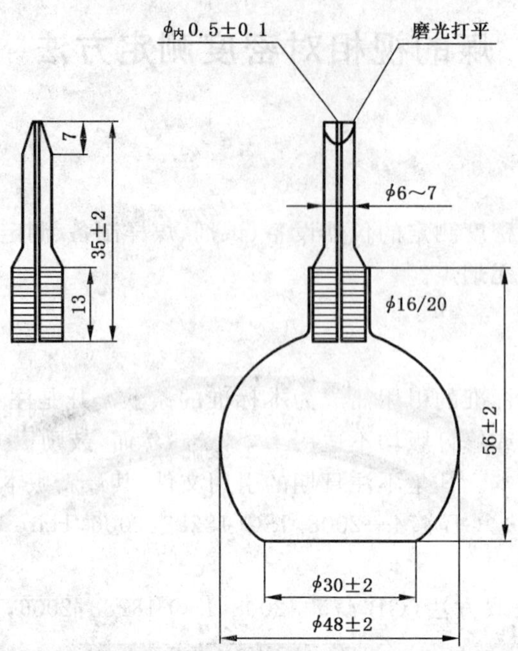

图1 60 mL 密度瓶

6.4 水银温度计：(0～100)℃，分度为 0.5 ℃。

6.5 小铝锅：(ϕ16～ϕ20)cm。

6.6 网匙：用(3×3)mm 的筛网制成。

6.7 玻璃板：(300×300)mm 两块。

6.8 标准筛：1 mm 方孔筛一个，10 mm 圆孔筛一个，13 mm 圆孔筛一个。

6.9 塑料布：不小于(500×500)mm 一块。

6.10 恒温器：控温范围(15～35)℃，控温精度±0.5 ℃。

7 煤样的采集和制备

按 GB 475、GB/T 19494.1、GB/T 482 或《煤炭资源勘探煤样采取规程》中的规定，采集有代表性煤样，然后按 GB 474 用逐级破碎法破碎到粒度小于 13 mm，从中缩分出一半煤样，用 10 mm 圆孔筛(6.8)，筛出(13～10)mm 粒级煤样并使其达到空气干燥状态，装入煤样瓶中，作为测定视相对密度的煤样。

8 测定步骤

8.1 将煤样瓶中的煤粒摊在塑料布(6.9)上，用棋盘法取出(20～30)g 煤样，对灰分大于 30%或全硫大于 2%的煤称取(40～60)g；放在 1 mm 方孔筛(6.8)上用毛刷反复刷去煤粒表面附着的煤粉，称出筛上物质量(m_1)，称准至 0.000 2 g。

8.2 将称量过的煤粒置于网匙(6.6)上，浸入预先用小铝锅(6.5)加热至(70～80)℃的熔融石蜡(5.1)中，使石蜡温度保持在(60～80)℃，用玻璃棒迅速拨散煤粒至表面不再产生气泡为止。立即取出网匙，稍冷，将煤粒撒在玻璃板(6.7)上，并用玻璃棒迅速拨开煤粒使其不互相粘连。冷却至室温，称出涂蜡煤粒的质量(m_2)，称准至 0.000 2 g。

8.3 将涂蜡煤粒装入密度瓶(6.3)内，加入十二烷基硫酸钠溶液(5.2)至密度瓶 2/3 处，盖上塞，用手摇荡或用手指轻敲密度瓶，至涂蜡煤粒表面不再附着气泡，再加入溶液至距瓶口约 1 cm 处。将密度瓶置于恒温器(6.10)中，在(20±0.5)℃下恒温 1 h，或在室温下放置 3 h 以上并记下溶液温度。

8.4 用吸液管滴加溶液至瓶口，小心塞紧瓶塞，使过剩的溶液从瓶塞的毛细管上端溢出，确保瓶内和毛细管内没有气泡。

8.5 迅速擦干密度瓶立即称量(m_3)，称准至 0.000 2 g。

8.6 空白值的测定：在煤样测定的同时，测定空白值。按 8.3 和 8.4 操作(但不加煤样)称出密度瓶和水溶液的质量(m_4)，称准至 0.000 2 g。同一密度瓶连续两次测定值的差值不得超过 0.010 0 g。

8.7 对于粒度小于 10 mm 的煤样，可按附录 A 计算出其视相对密度，但应在报告中注明。

9 结果计算与表述

测定结果按式(1)计算：

$$ARD_{20}^{20}=\frac{m_1}{\left(\frac{m_2+m_4-m_3}{d_s}-\frac{m_2-m_1}{d_{\text{Wax}}}\right)\times 0.998\,2} \qquad \cdots\cdots(1)$$

式中：

ARD_{20}^{20}——20 ℃时煤的视相对密度；

m_1——煤样质量，单位为克(g)；

m_2——涂蜡煤粒的质量，单位为克(g)；

m_3——密度瓶、涂蜡煤粒及水溶液的质量，单位为克(g)；

m_4——密度瓶、水溶液的质量，单位为克(g)；

d_s——t ℃时 1 g/L 十二烷基硫酸钠溶液的密度(可由表 1 查出)，单位为克每立方厘米(g/cm^3)；

d_{Wax}——石蜡的密度，单位为克每立方厘米(g/cm^3)，应按附录 B 的方法测定石蜡的密度；

0.998 2——水在 20 ℃时的密度，单位为克每立方厘米(g/cm^3)。

每一煤样重复测定两次，取两次测定结果的算术平均值，修约到第 2 位小数报出。

表 1 1 g/L 十二烷基硫酸钠溶液的密度

温度/℃	密度/(g/cm^3)	温度/℃	密度/(g/cm^3)
5	1.000 23	21	0.998 26
6	1.000 21	22	0.998 04
7	1.000 17	23	0.997 80
8	1.000 12	24	0.997 56
9	1.000 05	25	0.997 31
10	0.999 97	26	0.997 05
11	0.999 87	27	0.996 78
12	0.999 76	28	0.996 50
13	0.999 64	29	0.996 21
14	0.999 51	30	0.995 91
15	0.999 37	31	0.995 61
16	0.999 21	32	0.995 30
17	0.999 04	33	0.994 97
18	0.998 86	34	0.994 64
19	0.998 67	35	0.994 30
20	0.998 47	40	0.992 48

10 方法的精密度

视相对密度的重复性限和再现性临界差如表 2 规定。

表 2 煤的视相对密度测定的精密度

灰分 A_d 或全硫 $S_{t,d}$	重复性限
A_d≤30%且 $S_{t,d}$≤2%	0.04
A_d>30%或 $S_{t,d}$>2%	0.08

附　录　A
（规范性附录）
根据真相对密度计算视相对密度的经验公式

在无法进行视相对密度测定时，可由煤的真相对密度 TRD_{20}^{20} 计算出煤的视相对密度。其计算值的标准不确定度一般都不大于 0.03；对灰分大于 30%或硫分大于 2%的煤，其计算值的标准不确定度一般不超过 0.06，计算公式如下。

对于褐煤及低阶烟煤（长焰煤、不黏煤等）：

$$ARD_{20}^{20} = 0.20 + 0.78TRD_{20}^{20} \quad \cdots\cdots\cdots\cdots\cdots\cdots\text{（A.1）}$$

对于中、高阶烟煤（气煤、肥煤、1/3 焦煤、焦煤、瘦煤、贫煤、弱黏结煤等）：

$$ARD_{20}^{20} = 0.14 + 0.87TRD_{20}^{20} \quad \cdots\cdots\cdots\cdots\cdots\cdots\text{（A.2）}$$

对于无烟煤和灰分大于 30%或硫分大于 2%的各类煤：

$$ARD_{20}^{20} = 0.05 + 0.92TRD_{20}^{20} \quad \cdots\cdots\cdots\cdots\cdots\cdots\text{（A.3）}$$

式中：

ARD_{20}^{20}——20 ℃时煤的视相对密度；

TRD_{20}^{20}——20 ℃时煤的真相对密度。

附 录 B
（规范性附录）
石蜡密度的测定方法

B.1 方法要点

用广口密度瓶测出 20 ℃下石蜡的体积，根据同温度下石蜡的质量和体积计算出石蜡的密度。

B.2 仪器、材料和试剂

B.2.1 广口密度瓶：高 70 mm，外径 25 mm，带有一直径 1.6 mm 小孔的磨口玻璃塞，如图 B.1 所示。

单位为毫米

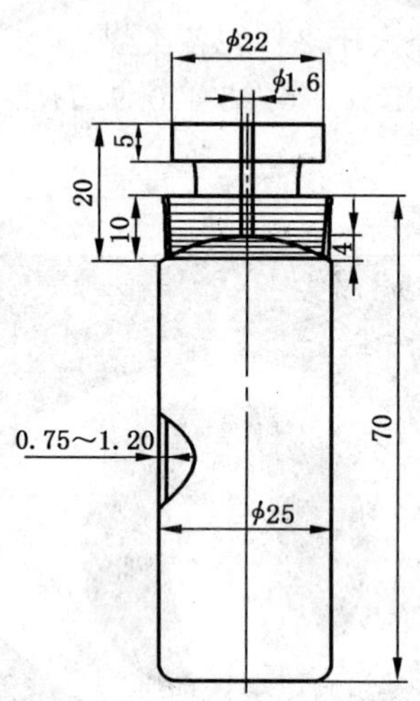

图 B.1 广口密度瓶

B.2.2 恒温水浴：能保持(20±0.5)℃恒温。

B.2.3 托盘天平：感量 0.5 g。

B.2.4 鼓风干燥箱：能在(100～110)℃恒温。

B.2.5 干燥器。

B.2.6 移液管：1 mL。

B.2.7 有柄瓷蒸发皿：100 mL。

B.2.8 乙醇水溶液：用 95%乙醇与水 1∶1 配制。

B.3 测定步骤

B.3.1 称量已质量恒定的密度瓶的质量(m_a)(称准至 0.000 2 g，下同)。

B.3.2 用移液管沿瓶壁向密度瓶加入 1 mL 乙醇水溶液(B.2.8)，再把新煮沸过并冷却到 20 ℃左右的蒸馏水倒入密度瓶中，然后在恒温水浴中恒温 30 min。恒温水浴中水面应低于密度瓶口 10 mm。

在恒温水浴中小心地塞上瓶塞，过剩的水即由塞上的毛细管中溢出，此时应注意小孔中不应有气泡存在。用一小条滤纸吸去瓶塞上小孔口的水至齐口，取出密度瓶，擦净密度瓶外壁附着的水，立即称其质量(m_b)，此值每月至少检查一次。

B.3.3 称取 40 g 石蜡放入有柄瓷蒸发皿中，再将瓷蒸发皿放到(102～105)℃的干燥箱中，在石蜡熔化后应不时搅拌，保温 1 h，然后在该温度下静置 30 min。

B.3.4 在干燥、预先温热的空密度瓶中装入熔化的石蜡至约 2/3 高度，然后在(102～105)℃的干燥箱中放置 1 h，以便使可能包含的气体逸出(可轻敲或轻摇密度瓶以促使空气除去，必要时也可用温热的细玻璃棒搅拌石蜡)。

B.3.5 将装有石蜡的密度瓶冷却至室温后称其质量(m_c)。然后沿密度瓶壁加入 1 mL 乙醇水溶液，使其充满石蜡与瓶之间的空隙，用新煮沸过的并冷却到 20 ℃左右的蒸馏水将其充满，再放入恒温水浴中恒温 1 h。

B.3.6 在恒温水浴中，小心地塞上瓶塞，过剩的水溢出后，小孔中不应留有气泡。用一小条滤纸吸去瓶塞上小孔口的水至齐口。取出密度瓶仔细擦干后立即称其质量(m_d)。

B.4 结果计算

B.4.1 石蜡密度按式(B.1)计算：

$$d_{\mathrm{Wax}}=\frac{m_c-m_a}{(m_b+m_c)-(m_a+m_d)}\times 0.9982 \qquad \cdots\cdots(\mathrm{B.1})$$

式中：

d_{Wax}——石蜡在 20 ℃时的密度，单位为克每立方厘米(g/cm^3)；

m_a——空密度瓶的质量，单位为克(g)；

m_b——装满水的密度瓶质量，单位为克(g)；

m_c——装有部分石蜡的密度瓶质量，单位为克(g)；

m_d——用石蜡和水装满密度瓶质量，单位为克(g)；

0.998 2——水在 20 ℃时的密度，单位为克每立方厘米(g/cm^3)。

B.4.2 取重复测定结果的算术平均值作为测定结果，修约到小数点后第 4 位。

ICS 65.150
B 56

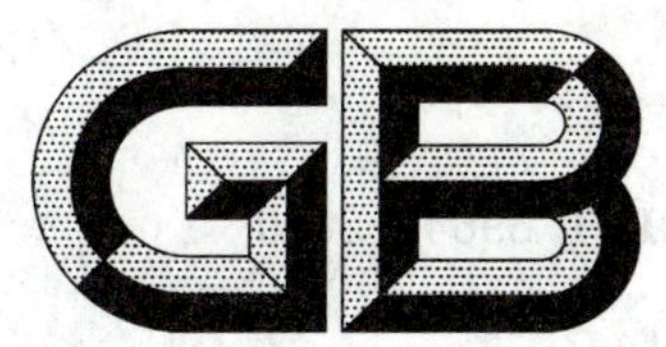

中华人民共和国国家标准

GB/T 6964—2010
代替 GB/T 6964—1986

渔网网目尺寸测量方法

Determination of mesh size of fishing nets

2010-09-26 发布　　2011-05-01 实施

中华人民共和国国家质量监督检验检疫总局
中国国家标准化管理委员会　发布

前　言

本标准代替 GB/T 6964—1986《渔网网目尺寸测量方法》。

本标准与 GB/T 6964—1986 相比主要变化如下：

——增加了规范性的引用文件条款；

——增加了数据处理条款；

——增加了试验报告条款。

本标准由中华人民共和国农业部提出。

本标准由全国水产标准化技术委员会渔具及渔具材料分技术委员会(SAC/TC 156/SC 4)归口。

本标准起草单位：中国水产科学研究院东海水产研究所、农业部绳索网具产品质量监督检验测试中心。

本标准主要起草人：石建高、汤振明、柴秀芳。

本标准所代替标准的历次版本发布情况为：

——GB/T 6964—1986。

渔网网目尺寸测量方法

1 范围

本标准规定了测量渔网网目尺寸的测量器具、测量用力、试验要求、测量步骤、数据处理、试验报告。

本标准适用于渔网网目内径、网目长度的测量。

2 规范性引用文件

下列文件中的条款通过本标准的引用而成为本标准的条款。凡是注日期的引用文件，其随后所有的修改单(不包括勘误的内容)或修订版均不适用于本标准，然而，鼓励根据本标准达成协议的各方研究是否可使用这些文件的最新版本。凡是不注日期的引用文件，其最新版本适用于本标准。

GB/T 6965　渔具材料试验基本条件　预加张力

3 术语和定义

下列术语和定义适用于本标准。

3.1

网目内径　opening of mesh

当网目充分拉直而不伸长时，其两个对角结(或连接点)内缘之间的距离(见图1中的 M_j)。

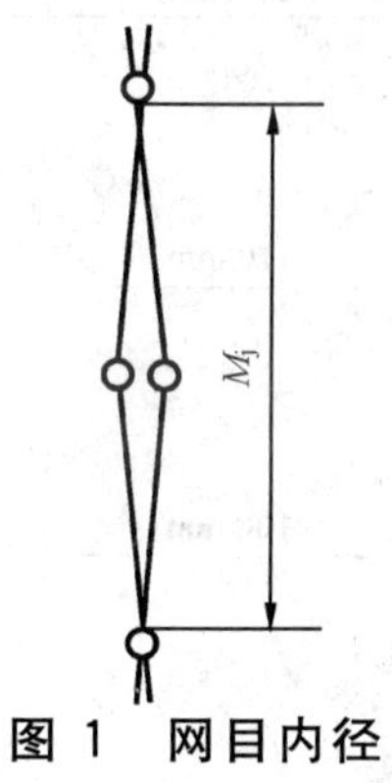

图1　网目内径

3.2

网目长度　length of mesh

目大

当网目充分拉直而不伸长时，其两个对角结或连接点中心之间的距离(见图2中的 $2a$)。

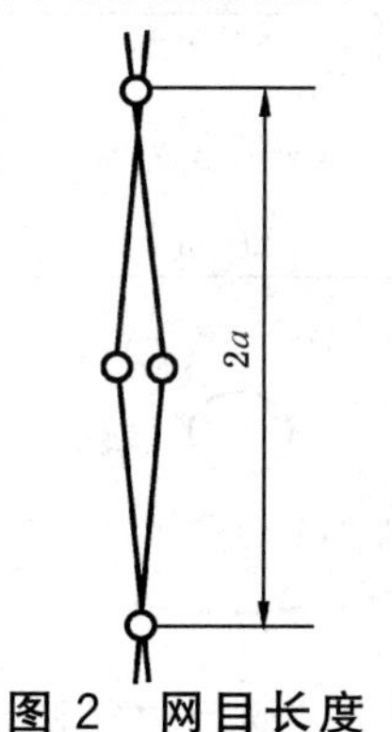

图2　网目长度

3.3

网目尺寸　mesh size

网目的伸直长度。一般用网目内径、网目长度两种尺寸表示。

4　测量器具

4.1　渔网网目内径测量器具

渔网网目内径一般采用扁平楔形网目内径测量仪。网目内径测量仪由铝合金制成,其表面有涂层(见图3)。网目内径测量仪 2 mm 厚,扁平且有两条逐渐变细的边,边的锥度为 1∶8。在网目内径测量仪的细端应有一个孔。网目内径测量仪的边缘成半径为 1 mm 的圆形。离印刷或雕刻标记末端 2 mm 范围内的数字均可以使用。量程的刻度间隔为 1 mm、5 mm 和 10 mm。距离测量仪细端 50 mm 外无刻度标记处不可以使用。

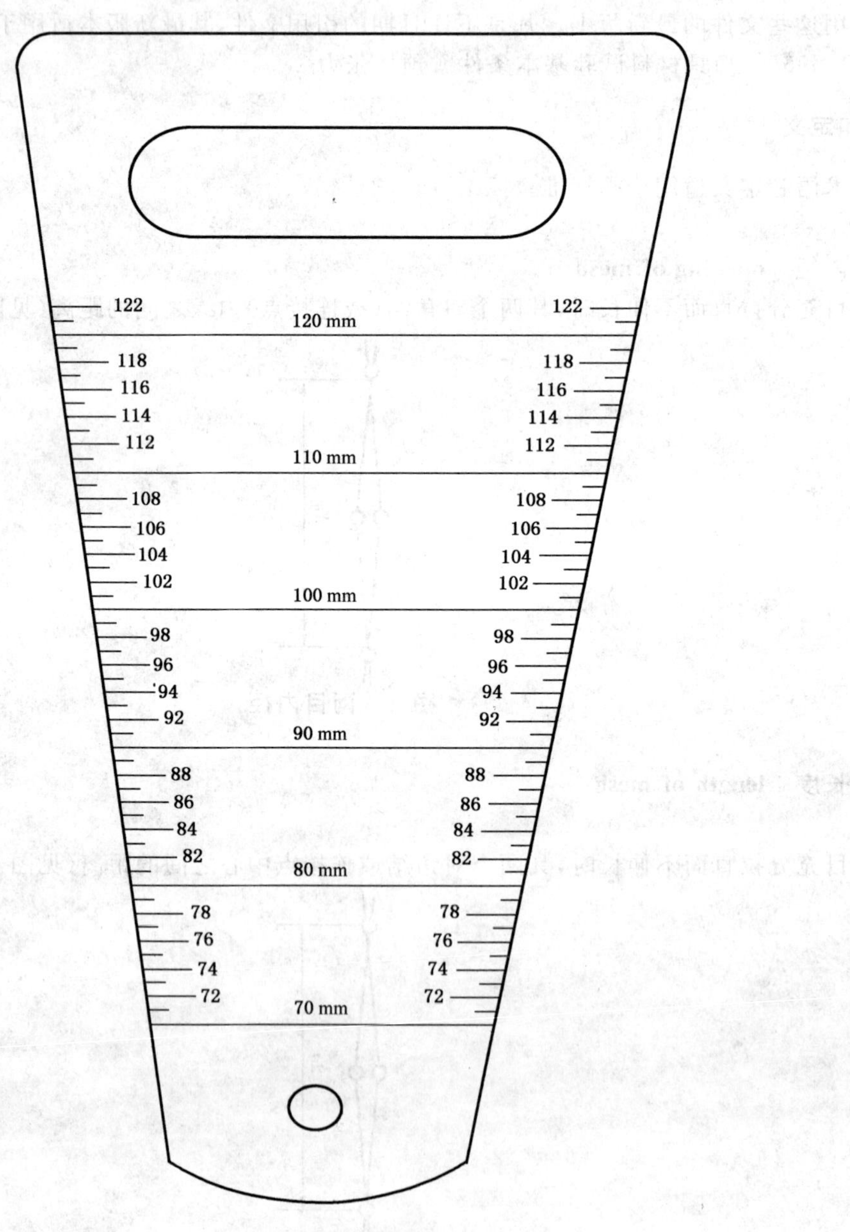

图 3　网目内径测量仪

渔网网目内径一般需配备 10 mm～70 mm、60 mm～120 mm、110 mm～170 mm、150 mm～250 mm 几种尺寸的网目内径测量仪。当渔网网目内径大于 250 mm 时可选用其他尺寸的网目内径测量仪。

4.2 渔网网目长度测量器具

当渔网网目长度大于 20 mm 时，使用钢质直尺测量，钢质直尺分辨力为 1 mm；当渔网网目长度小于或等于 20 mm 时，使用游标卡尺测量，游标卡尺分辨力为 0.02 mm。

5 测量用力

5.1 网目内径测量用力

网目内径测量时对网目尺寸不大于 50 mm 的网片，所需网目内径测量用力为 2 kg；对网目尺寸 50 mm 以上至 120 mm 的网片，所需网目内径测量用力为 5 kg；对网目尺寸 120 mm 以上的网片，所需网目内径测量用力为 8 kg。

5.2 网目长度测量用力

网目长度测量时网目应沿有结网的纵向或无结网的长轴方向被充分拉直，每个目脚上所需网目长度测量用力值应按 GB/T 6965 规定。

6 试验要求

6.1 试验用大气

在干态条件下试验的网片样品均需暴露在 20 ℃±3 ℃、65%±5%的大气下达到平衡。无法在标准大气下进行的试验，试验应在网片样品从 20 ℃±3 ℃、65%±5%大气环境里移出后立即进行。

6.2 湿态下的试验

在湿态下试验的网片样品应该浸泡在 20 ℃±2 ℃的水中不少于 12 h 或浸泡于放有润湿剂的 20 ℃±2 ℃的水中不少于 1 h。

6.3 网目尺寸测量部位要求

网目尺寸测量时须在距离网片边缘 3 目以上的任意部位选取网目。

6.4 网目尺寸测量其他规定

网目尺寸测量时须保持有结网的网结或无结网的网目连接点稳定和不受损伤。

7 测量步骤

7.1 网目内径测量步骤

7.1.1 沿有结网的纵向或无结网的长轴方向拉紧网片。

7.1.2 将 4.1 中网目内径测量仪的细端垂直于网片平面沿有结网的纵向或无结网的长轴方向插入网目。

7.1.3 用 5.1 中规定的测量用力将网目内径测量仪插入网目，直至测量用力等于网目阻力时为止。

7.1.4 网目内径测量时至少测量 20 个连续的网目。

7.1.5 根据 7.1.2 和 7.1.3 使用网目内径测量仪时，网目内径大小为网目内径测量仪受力达到规定用力时所对应的刻度。网目内径测量时，在网线的上方读数以保证用网目内径测量仪的两端均能得到相同的数值。

7.2 网目长度测量步骤

7.2.1 沿有结网的纵向或无结网的长轴方向拉紧网片。

7.2.2 用 5.2 中规定的测量用力测量网目长度。当渔网网目长度大于 20 mm 时，用钢质直尺测量；当渔网网目长度小于或等于 20 mm 时，用游标卡尺测量（见图 4）。每次用连续的 5 网目测量，将测量长度除以 5 得到网目长度。

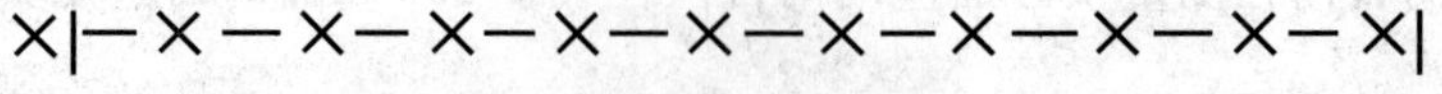

×|—×—×—×—×—×—×—×—×—×—×|

图4 测量网目长度

7.2.3 除非委托方同意或合同许可，网目长度测量时每块网片至少进行10次单独的测量。

8 数据处理

8.1 记录每次测量得到的以毫米为单位网目内径或网目长度的尺寸，并计算平均值，计算到毫米的下一位。

8.2 计算网目内径或网目长度的标准偏差和变异系数。

9 试验报告

试验报告宜包含以下信息：

a） 依据本标准进行试验的声明；

b） 试验日期；

c） 以毫米为单位的网目内径或网目长度平均值；

d） 试验次数；

e） 标准偏差和变异系数；

f） 与规定试验过程有关的任何偏差。

ICS 53.020.20
J 80

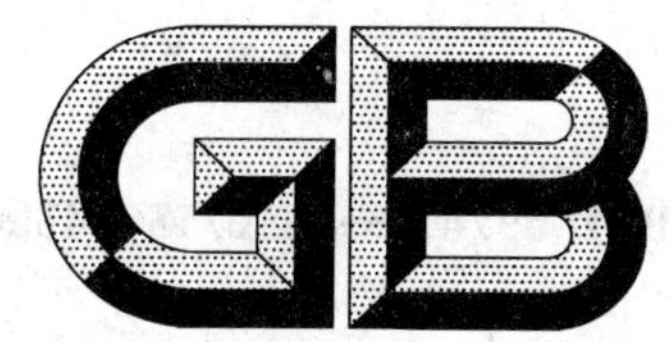

中华人民共和国国家标准

GB/T 6974.2—2010/ISO 4306-2:1994
代替 GB/T 6974.6—1986

起重机　术语
第2部分:流动式起重机

Cranes—Vocabulary—Part 2:Mobile cranes

(ISO 4306-2:1994,IDT)

2010-09-26 发布　　2011-02-01 实施

中华人民共和国国家质量监督检验检疫总局
中国国家标准化管理委员会　发布

前　言

GB/T 6974《起重机　术语》分为4个部分：

——第1部分：通用术语；

——第2部分：流动式起重机；

——第3部分：塔式起重机；

——第5部分：桥式和门式起重机。

本部分为GB/T 6974的第2部分。

本部分等同采用ISO 4306-2:1994《起重机　术语　第2部分：流动式起重机》(英文版)。

本部分等同翻译ISO 4306-2:1994。

为便于使用，本部分作了下列编辑性修改：

——“ISO 4306的本部分”一词改为“GB/T 6974的本部分”；

——删除ISO 4306-2:1994的前言；

——将ISO 4306-2:1994的第1章中“ISO 4306规定了用英、法、俄文表达的起重机领域最常用的术语”改为本部分的第1章中“GB/T 6974规定了起重机最常用的术语”；

——对于ISO 4306-2:1994参考文献中引用的国际标准，用已被采用为我国的标准代替对应的国际标准；对于未被采用为我国标准的国际标准，在本部分中均被直接引用；

——将ISO 4306-2:1994的“附录A(资料性附录)　参考资料”并入本部分的“参考文献”。

本部分代替GB/T 6974.6—1986《起重机械名词术语　流动式起重机》。

本部分与GB/T 6974.6—1986相比，主要变化如下：

——标准名称改为《起重机　术语　第2部分：流动式起重机》；

——本部分删除了按安装型式划分汽车起重机和轮胎起重机；

——增加了上车回转式和臂架回转式的流动式起重机概念，取消了按结构型式分的特殊流动式起重机；

——增加了立柱式(塔式)和副臂两种臂架型式的定义；

——取消了参数、外形尺寸、机构和零部件以及各种使用情况下的专用名词术语的定义。

本部分由中国机械工业联合会提出。

本部分由全国起重机械标准化技术委员会(SAC/TC 227)归口。

本部分起草单位：长沙建设机械研究院、长沙中联重工科技发展股份有限公司。

本部分主要起草人：杨武、李为民、孙汉香。

本部分所代替标准的历次版本发布情况为：

——GB/T 6974.6—1986。

起重机 术语
第2部分:流动式起重机

1 范围

GB/T 6974 规定了起重机最常用的术语。

GB/T 6974 的本部分规定了各种基本型式的自驱动流动式起重机的术语,GB/T 8498 描述的挖掘机和其他建筑机械除外。

2 术语和定义

2.1 总则

2.1.1

流动式起重机 mobile crane

可以配置立柱(塔柱),能在带载或不带载情况下沿无轨路面运行,且依靠自重保持稳定的臂架型起重机。

2.2 安装型式

2.2.1

履带式 crawler-mounted

用履带行走的流动式起重机。见图1、图2和图7。

2.2.2

轮式 wheel-mounted

用轮胎行走的流动式起重机。见图3、图4和图5。

2.2.3

特殊式 specially mounted

除用轮胎、履带以外的其他方式行走的流动式起重机。

2.3 结构型式

2.3.1

上车回转式 slewing upper structure

整个上车连同附件在下车(底架)上回转的流动式起重机。见图1~图4。

2.3.2

臂架回转式 slewing jib

不带上车,臂架相对于下车(底架)回转的流动式起重机。

2.3.3

铰接式 articulated

由两个部分铰接而成,通过这种铰接方式可实现臂架水平回转和起重机转向的流动式起重机。见图5。

2.3.4

臂架非回转式 non-slewing jib

带或不带固定上车,臂架相对于下车(底架)不回转的流动式起重机。见图6。

2.4 臂架型式

2.4.1

定长式 fixed length

作业长度固定的臂架,其长度可以通过增加或减少中间臂节而变化,但不能在作业循环过程中改变。

2.4.1.1

桁架式 lattice

桁架结构的定长式臂架。见图1和图3。

2.4.2

伸缩式 telescoping

由一节基本臂及设置在其中的一节或多节臂节组成,通过基本臂中的臂节伸缩来改变长度的臂架。见图2、图4和图5。

2.4.3

立柱式(塔式) mast-mounted

安装在垂直或接近垂直的立柱顶端或顶端附近的臂架。见图7。

2.4.4

副臂 fly jib

安装在臂架端或接近臂架端以增加长度和辅助起升的臂架。见图7。

2.4.5

铰接臂(折叠臂) articulated jib

由铰接构件组成的,能在垂直平面内绕铰点转动的臂架。

2.5 特殊配置

2.5.1

特殊配置 special configuration

为增加基本型流动式起重机的起重能力或其他功能,而加装的各种不同的附加装置。履带式或轮式起重机的特殊配置示例见图8。

2.5.2

随车起重机 loader crane

液压驱动的起重机,通常安装在商用车上,用于本车货物的装卸。带随车起重机的商用车示例见图9。

注1:商用车:采用发动机,设计用于运输货物,也可带拖车的机动车辆(见ISO 3833:1977中的3.1.3)。

注2:如2.5.2的起重机被安装在其他类型的车辆上或固定在基座上的也认为是随车起重机。

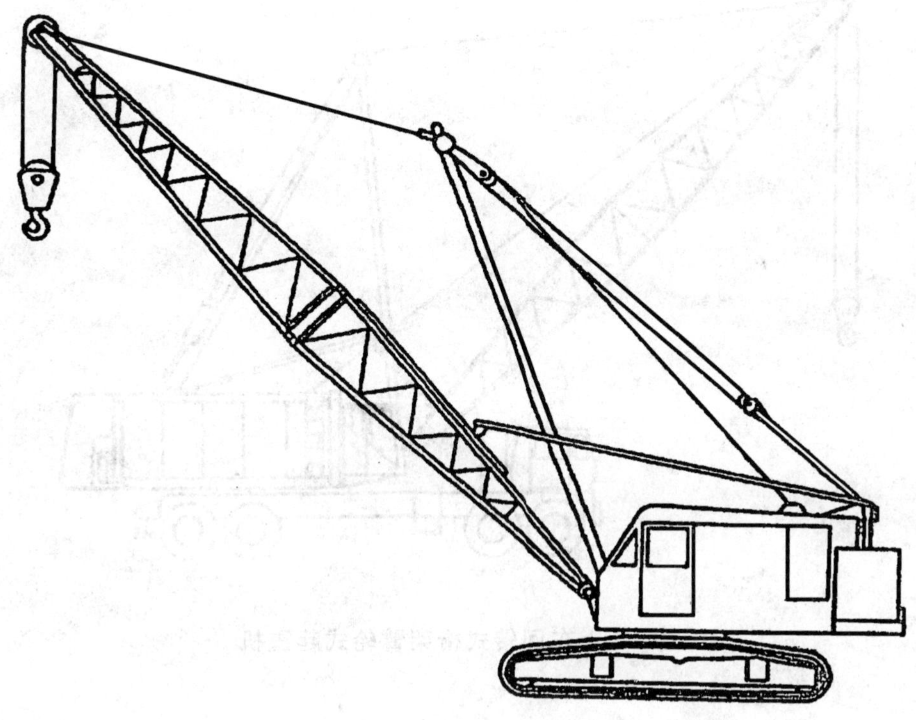

图 1 上车回转式桁架臂履带起重机

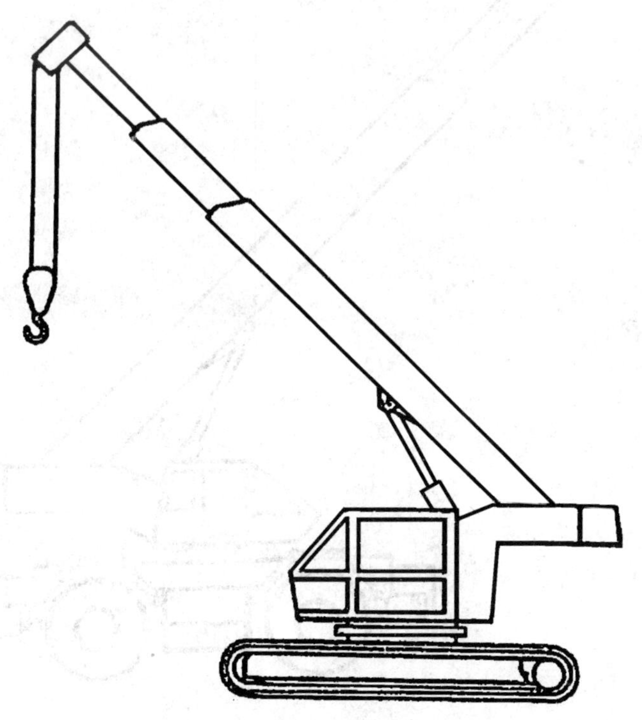

图 2 上车回转式伸缩臂履带起重机

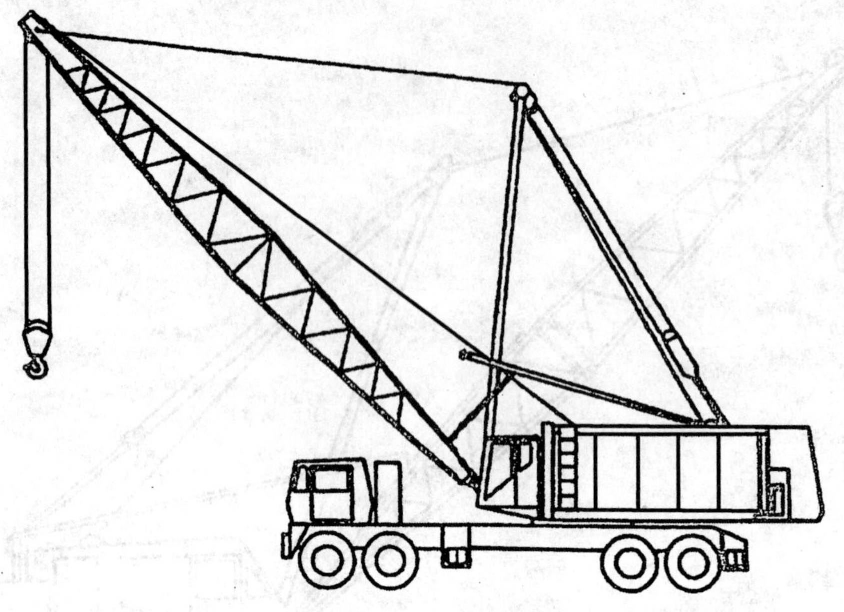

图 3　上车回转式桁架臂轮式起重机

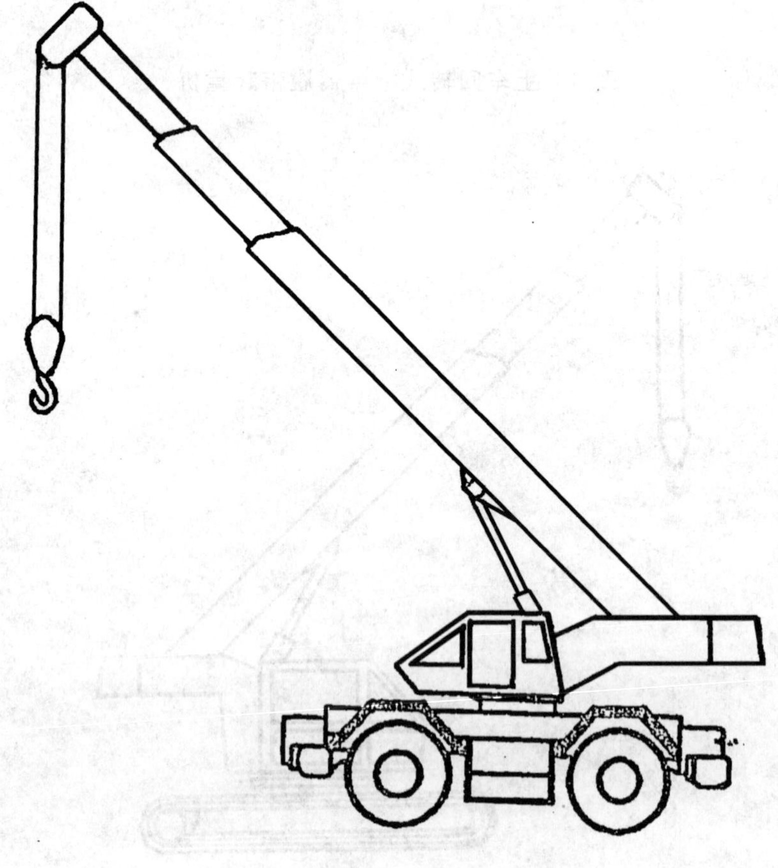

图 4　上车回转式伸缩臂轮式起重机

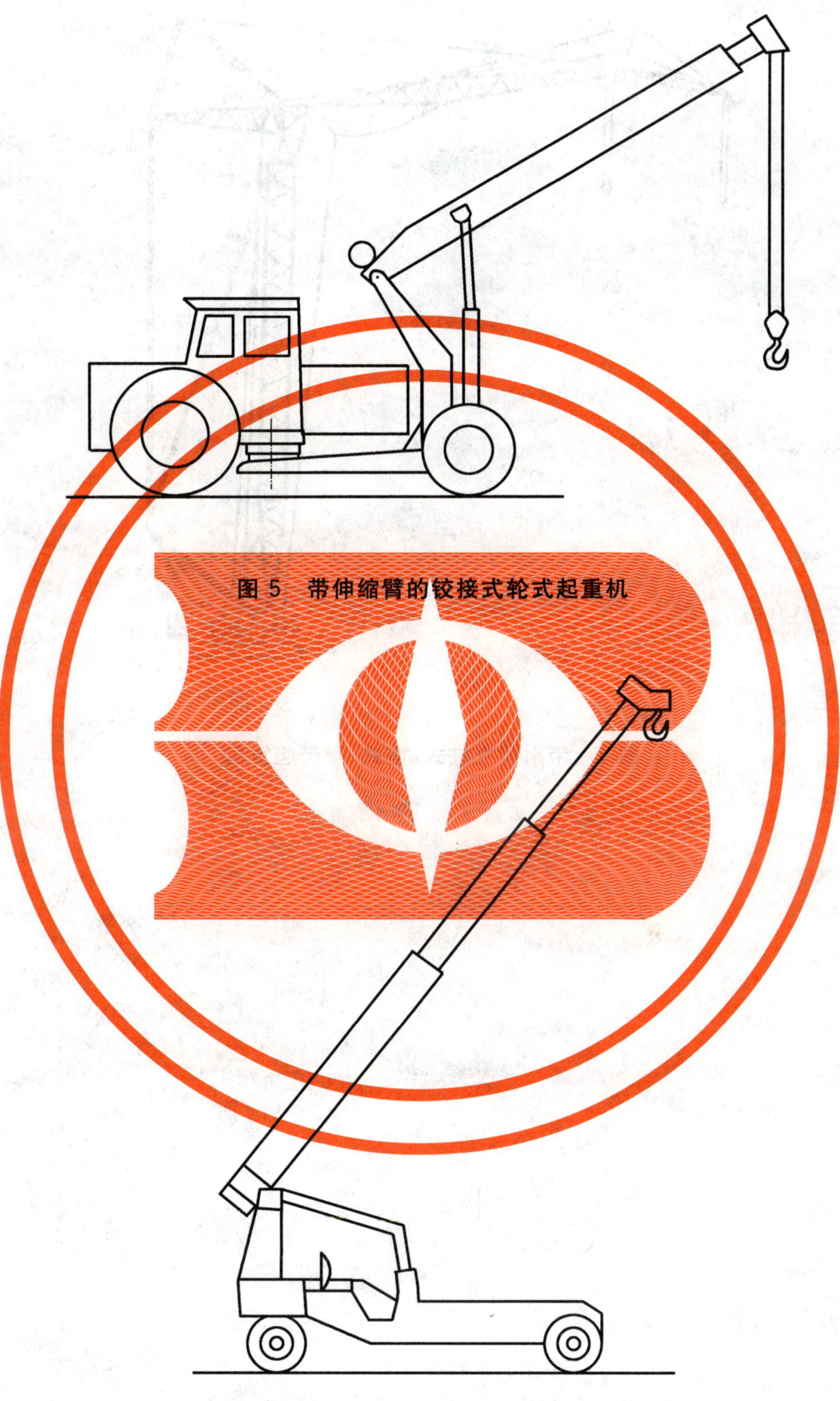

图 5　带伸缩臂的铰接式轮式起重机

图 6　臂架非回转轮式起重机

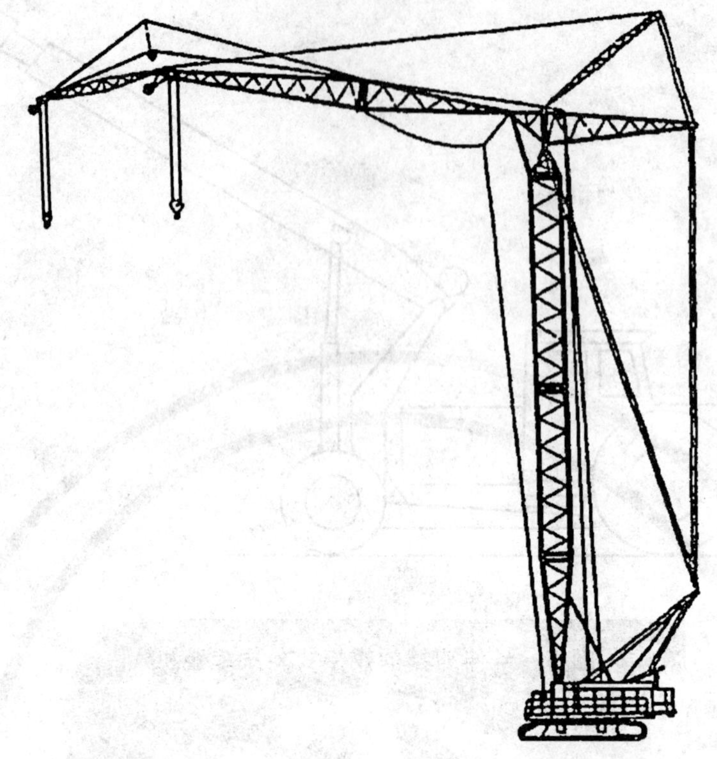

图 7　带副臂立柱式(塔式)履带起重机

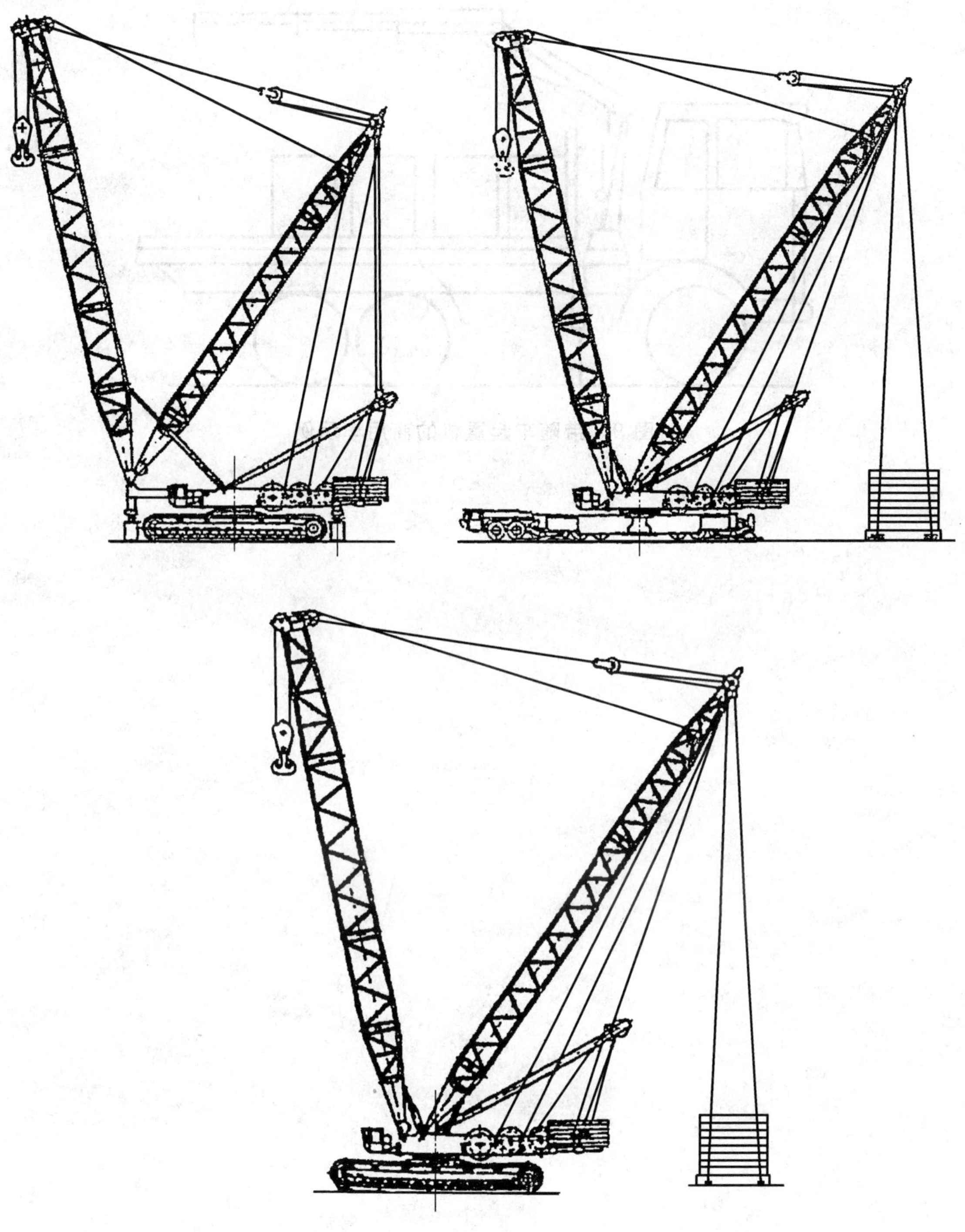

图 8　特殊配置示例

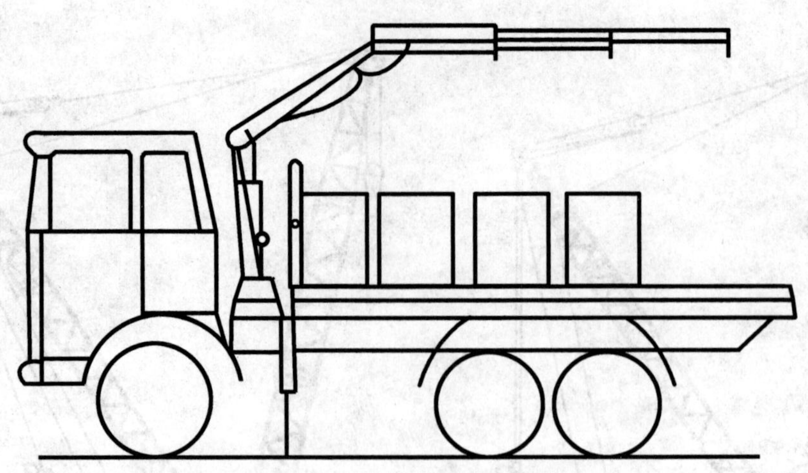

图 9　带随车起重机的商用车示例

参 考 文 献

[1] GB/T 8498 土方机械 基本类型 识别、术语和定义(GB/T 8498—2008,ISO 6165:2006,IDT).

[2] ISO 3833:1977 道路车辆 类型 术语和定义.